国家出版基金项目
NATIONAL PUBLICATION FOUNDATION

载人航天出版工程
总主编：周建平
总策划：邓宁丰

载人航天飞行中的事故与灾难

DISASTERS AND ACCIDENTS IN MANNED SPACEFLIGHT

［英］戴维·J·谢勒　著
袁家军　译

CAPH 中国宇航出版社
·北京·

图书在版编目（CIP）数据

载人航天飞行中的事故与灾难/（英）谢勒（Shayler，D. J.）著；袁家军译．--北京:中国宇航出版社,2013.12

书名原文：Disasters and accidents in manned spaceflight

国家出版基金项目

ISBN 978-7-5159-0590-7

Ⅰ.①载…　Ⅱ.①谢…　②袁…　Ⅲ.①载人航天飞行－飞行事故－概况－世界　Ⅳ.①V528

中国版本图书馆 CIP 数据核字（2013）第296142号

责任编辑　马　航　　　**封面设计**　姜　旭

出版发行	中国宇航出版社		
社　址	北京市阜成路8号 (010)68768548	**邮　编**	100830
网　址	www.caphbook.com		
经　销	新华书店		
发行部	(010)68371900 (010)68768541		(010)88530478(传真) (010)68767294(传真)
零售店	读者服务部 (010)68371105		北京宇航文苑 (010)62529336
承　印	北京画中画印刷有限公司		
版　次	2013年12月第1版		2013年12月第1次印刷
规　格	880×1230	**开　本**	1/32
印　张	17.125	**字　数**	476千字
书　号	ISBN 978-7-5159-0590-7		
定　价	78.00元		

本书如有印装质量问题，可与发行部联系调换

《载人航天出版工程》总序

中国载人航天工程自1992年立项以来，已经走过了20多年的发展历程。经过载人航天工程全体研制人员的锐意创新、刻苦攻关、顽强拼搏，共发射了10艘神舟飞船和1个目标飞行器，完成了从无人飞行到载人飞行、从一人一天到多人多天、从舱内实验到出舱活动、从自动交会对接到人控交会对接、从单船飞行到组合体飞行等一系列技术跨越，拥有了可靠的载人天地往返运输的能力，实现了中华民族的千年飞天梦想，使中国成为世界上第三个独立掌握载人航天技术的国家。我国载人航天工程作为高科技领域最具代表性的科技实践活动之一，承载了中国人民期盼国家富强、民族复兴的伟大梦想，彰显了中华民族探索未知世界、发现科学真理的不懈追求，体现了不畏艰辛、大力协同的精神风貌。航天梦是中国梦的重要组成部分，载人航天事业的成就，充分展示了伟大的中国道路、中国精神、中国力量，坚定了全国各族人民实现中华民族伟大复兴中国梦的决心和信心。

载人航天工程是十分复杂的大系统工程，既有赖于国家的整体科学技术发展水平，也起到了影响、促进和推动着科学技术进步的重要作用。载人航天技术的发展，涉及系统工程管理，自动控制技术，计算机技术，动力技术，材料和结构技术，环控生保技术，通信、遥感及测控技术，以及天文学、物理学、化学、生命科学、力学、地球科学和空间科学等诸多科学技术领域。在我国综合国力不断增强的今天，载人航天工程对促进中国科学技术的发展起到了积极的推动作用，是中国建设创新型国家的标志性工程之一。

我国航天事业已经进入了承前启后、继往开来、加速发展的关键时期。我国载人航天工程已经完成了三步走战略的第一步和第二步第一阶段的研制和飞行任务，突破了载人天地往返、空间出舱和空间交会对接技术，建立了比较完善的载人航天研发技术体系，形成了完整配套的研制、生产、试验能力。现在，我们正在进行空间站工程的研制工作。2020年前后，我国将建造由20吨级舱段为基本模块构成的空间站，这将使我国载人航天工程进入一个新的发展阶段。建造具有中国特色和时代特征的中国空间站，和平开发和利用太空，为人类文明发展和进步做出新的贡献，是我们航天人肩负的责任和历史使命。要实现这一宏伟目标，无论是在科学技术方面，还是在工程组织方面，都对我们提出了新的挑战。

以图书为代表的文献资料既是载人航天工程的经验总结，也是后续任务研发的重要支撑。为了顺利实施这项国家重大科技工程，实现我国载人航天三步走的战略目标，我们必须充分总结实践成果，并充分借鉴国际同行的经验，形成具有系统性、前瞻性和实用性的，具有中国特色的理论与实践相结合的载人航天工程知识文献体系。

《载人航天出版工程》的编辑和出版就是要致力于建设这样的知识文献体系。书目的选择是在广泛听取参与我国载人航天工程的各专业领域的专家意见和建议的基础上确定的，其中专著内容涉及我国载人航天科研生产的最新技术成果，译著源于世界著名的出版机构，力图反映载人航天工程相关技术领域的当前水平和发展方向。

《载人航天出版工程》凝结了国内外载人航天专家学者的智慧和成果，具有较强的工程实用性和技术前瞻性，既可作为从事载人航天工程科研、生产、试验工作的参考用书，亦可供相关专业领域人员学习借鉴。期望这套丛书有助于载人航天工程的顺利实施，有利于中国航天事业的进一步发展，有益于航天科技领域的人才培养，为促进航天科技发展、建设创新型国家做出贡献。

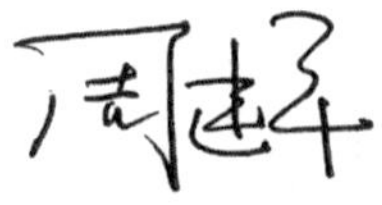

2013年10月

本书献给世界上所有的，无论过去、现在和将来，为人类航天飞行事业作出贡献的人们；献给为了和平开发太空事业而甘冒生命危险的航空飞行员和航天员们，尤其要献给在阿波罗 1 号、联盟 1 号、联盟 11 号和挑战者号上牺牲的航天员，以示对他们的纪念。

如果我们死了，我们希望我们的人民能接受它。因为我们从事的是充满危险的事业，因此我们希望无论我们发生了什么事情，都不要延误航天计划的进行。毕竟，探索太空是值得冒生命危险的。

——格斯·格里索姆，阿波罗 1 号指令长

休斯敦，我们遇到了麻烦。

——吉姆·洛弗尔，阿波罗 13 号指令长，1970 年 4 月 13 日

挑战者号的航天员们实践自己生命价值的方式让我感到骄傲，我们永远不会忘记他们，在我们的心中，他们永远就像今天早晨一样，在为他们的旅程做着准备，然后和我们挥手告别，冲出地球的樊笼去揭开“上帝的神秘面纱”。

——罗纳德·里根，总统，1986 年 1 月 28 日

序

在航天和航空领域，灾难像闪电一样往往来得非常突然，之前很少有征兆，而机组人员通常没有多少选择的余地——有时甚至没有选择。由于飞行员或航天员工作的外在环境非常危险，因此灾难来临时，他们几乎没有多少思考的时间。从事这种工作的人必须接受训练，学会应对这种灾难性的后果，并且时刻保持警惕，随时准备迅速作出准确无误的反应。那时，方可明显看出训练才是提高生存机会的关键。

航空航天界流传着这么一句话，“飞行过程是99%的乏味操作穿插着1%的惊慌失措”。在某种程度上，这是一句使人产生误解的话，因为它忽略了飞行中见到的壮丽景色和那种飞行时才有的鸟瞰世界的感觉，正是这些东西吸引着我们去飞行，并促使我们每次都要平安返回，以便能有下次飞行。因此我觉得用“常规操作”来代替“乏味操作”更好。利用常规操作，人们能容易地驾驶飞机，然而也容易产生注意力分散。注意力分散之际，也是无时不在的潜在危险出现之时。

凭我多年来作为海军飞行员、美国国家航空航天局（NASA）的航天员和私人飞行员的经历，我知道我所受的绝大部分训练都是为意想不到的失败作准备的。它们教你“永远领先于你的飞机”，也就是说当事故发生时，要始终考虑下一步你该怎么做。最近，我的工作已经变得轻松起来，因为，相比于驾驶F—8飞机飞离航空母舰甲板、在拥挤的空间驾驶T—38飞机以及在天空实验室4号任务中驾驶阿波罗指令服务舱，我现在的私人飞机“Mooney Ranger”的飞行速度要慢得多，发生意外的次数也要少得多，但是我的训练还与以前一样，那就是不断地练习和预测未来飞行中可能遇到的问题。

然而，对于有些危险，无论如何准备，飞行员都无法逃脱。有些失败的原因或是飞行器设计上的问题，或是飞行动作已接近了人类的未知领域。我们这些驾驶飞机和航天器的人必须面对我们的职业带来的高死亡率，我们的家人也必须面对它；如果觉得危险太大而不能接受它，那就只能改行了。作出改行的决定是合理的也是值得称赞的，但明智的职业飞行员往往是不会放弃的。这个问题需反复的考虑。

戴维·谢勒在《载人航天飞行中的事故与灾难》中的论述，让人们清楚地认识到太空飞行不是件容易的事，而且处处充满危险。如果他的努力使驾驶这些机器的人和支持载人航天的人们对此获得了更加深入的理解，那么可以认为他的工作是成功的。

杰拉尔德·P·卡尔，美国海军陆战队上校

天空实验室4号指令长

卡尔上校曾是美国海军陆战队战斗机飞行员，1966年4月被挑选出来参加阿波罗登月计划的训练。他是阿波罗8号和12号的后备机组成员和地面支持航天员，在被任命为阿波罗19号登月机组的登月舱航天员前，参加了登月舱和“月球漫游飞行器”的研制工作。登月任务因经费问题被取消后，他转到天空实验室(skylab)计划，指挥了1973年11月至1974年2月间的第3次也是最后一次载人飞行任务，创造了最长持续时间84天的新世界纪录。在参加了一段航天飞机的研制工作后，1977年卡尔离开NASA，进入了航空航天的商业领域。后来，他建立了CAMUS来开发人的潜能，并成为人类航天工程和航天生存方面的咨询专家，经常与NASA和主要的航空航天制造公司在载人航天器的研制和发展方面进行合作，其中也包括国际空间站的研发。现在他已退休，与妻子帕特·缪齐克住在阿肯色州的乡村，他的妻子是一位著名的艺术家、治疗学家和咨询专家。

前　言

太空曾被称为“新的疆域”——一个有待探索、发现和冒险的新的广阔领域，同时还是一个取得丰硕科技和工程成果的新领域。有人曾预言“人类的将来在星际”。为了充分探索和开发外层空间，人类必须亲自去探险，同时见证从一个未开发的世界中将能取得的奇迹和成就。当今世界中，开拓这一新领域的英雄人物是航天员，他们已到我们脆弱的大气层保护之外探险了大约40年，但也不过是刚刚触摸到了广袤的太空。

对于一般大众而言，在人类第一次进入太空的40多年后，太空飞行已不再被认为是什么新鲜事。在公众的印象中，每次飞行任务都一样，都没有完成预期目标，没能从开发太空中得到更多的好处。然而，真正令人难以忘怀的倒是人类航天飞行中的挫折和少数的几次灾难性事故。由于太空环境的严酷，太空中充满危险的事实早已为人所熟知，因此，飞船设计师们和飞行任务的决策者们首先想到的就是对飞船的保护，当然还有对人的保护，尽管从事政治的人和会计师们并不一定都这么想。

正常情况下，每次载人航天飞行过程的信息会通过各种方式向外公开，因此所有飞行中的挫折和问题与取得的成功一起被记录。美国实时公开自己的计划的做法，在阿波罗13号和STS—25两次事故中得到明显证实。然而，在苏联的航天计划中，其信息实时公开的程度不如西方，因此它的计划中的主要事故报道通常不如美国的清楚。近10年来随着国际空间站计划的开展，俄罗斯航天计划的公开程度增加了。

当然，失败总是难免的。本书的目的就是回顾人类航天飞行计

在阿波罗 13 号任务期间，航天员杰瑞·卡尔在任务控制中心的观察室（得克萨斯州休斯敦）向玛丽·海斯——登月舱航天员弗雷德·W·海斯的妻子——解释修改了的飞行计划

划实施 40 多年来所发生的主要航天飞行事故。可以说几乎每次飞行都多多少少存在这样或那样的小事故，如仪器设备故障、机组人员生病或不能完成全部预定目标等。这里不可能记述所有的事故，只能挑选其中的 9 次主要的事故，在这些事故中，或者造成了人员伤亡，或者由于出现了危及生命的情况而被迫放弃飞行任务。另外，在每节中着重讲述了几个小事故，目的是为了说明一些飞行任务其实离一场大事故或大灾难只有半步之遥。

太空探索并非起始于进入地球轨道前的发射，当一队人被挑选出来为某次飞行任务作准备时，探索活动就已经开始了，这些准备工作是建立在以往飞行任务中获得的经验和人们早期探索大气层上层时取得成果的基础上的。人们通过平流层气球飞行、火箭飞机研究、火箭动力橇以及高空跳伞，冒险探索了大气层上层空间的性质，解决了实际航天飞行前所必须解决的数不清的问题，为最后航天飞行的成功铺平了道路。本书的第一部分回顾了人们在早期探索平流层时遇到的危险，同时回顾了人类在地球外生存所需的条件，以及为满足这些条件所要解决的问题。

每次载人航天飞行任务都可分成 4 个主要阶段：训练、发射、飞行和返回。每一阶段都有其独特的危险性，而这 4 个阶段也构成了本书相连的 4 个部分。

几十年来，太空事故一直是太空小说的主题（例如马丁·凯丁 1964 年出版的畅销小说——《孤立无援》，1969 被搬上银幕）。在航天领域真正发生的事故中，机组人员和地面控制人员在解救危险局势中的表现确实能够写成一部畅销小说。在阿波罗 13 号飞行任务成为头条新闻的 25 年后，根据这次飞行任务拍成的电影在 1995 年引起了全球的轰动。

本书的每一主要部分都有一个结论，来回顾在所讨论领域事故中我们得到的经验教训。第 6 章对不久将来的人类太空飞行作了展望，并讨论了新千年的太空探索者在国际空间站的建设和运行中、在重返月球的行动中和在探索火星及以外的星体中可能遇到的危险。在内容上，本书试图在无数的小事故、伤害严重的大事故和致命的灾难事故间取得一个平衡，目的是强调任何一次远离地球的飞行都曾是，也将是极度危险的。在近 40 年的人类太空探索过程中，所有的人员伤亡（到写作本书时为止）都发生“在大气层范围内”，而那句令人不寒而栗的话——“消失在太空中”，也必将会出现在太空探索的报告或事故调查报告中。

在 21 世纪的前几年内，随着载人航天飞行的次数的增多，这类不幸的事情还会发生。“如果我们死了，我们希望我们的人民能接受它……不要延误航天计划的进行”。阿波罗 1 号的指令长格斯·格里索姆在葬身于 1967 年发射台大火前说了这句话。无论现在和将来，火箭和航天飞船都是两种极其危险的运载工具，它们还将继续吞噬那些敢于到太空深处探险的人的生命。如果航天员们做好了为了“全人类”而面对这些太空危险的准备，那么我们是否就应准备见证和接受将来的挫折和胜利，让他们将这个事业继续下去呢？

在编写这本书的时候，我本打算将70年内发生的悲剧性事故和近乎侥幸脱险的小事故，用相同的篇幅来叙述，但在文献记录的差不多500名探索者和200多次载人地球轨道飞行任务中，发生的大事故非常有限。尽管太空对人类生命来讲是危险和致命的，但人类在每次到太空探险的飞行前都已对此进行了充分的准备。

到太空“旅行”过的人是永远不会忘记这些致命危险的，本书也正是要献给那些在过去、现在和将来对太空进行探索的旅行者们，尤其是要献给那些为和平探索太空事业而献出生命的人们，以示对他们的纪念。

戴维·J·谢勒

2000年1月

致　谢

在我的印象里，最早听说人类太空探险是在1967年1月30日，在星期一学校的早礼拜中听到了为丧生的阿波罗1号航天员的颂词。许多年后，编写这本书的想法就来自这些记忆。在伴随人类太空探险的成功与失败走过了近20年后，1986年挑战者号航天飞机的失事使我下决心要编写一本书，详细记述人类太空探险史上的每一次重要事故。

在我编写这本书的10年中，我曾向许许多多的人和组织咨询、请教，并得到了他们的有益的帮助。在此，我要感谢所有的在收集数据和史料方面给我支持和指导的人们。

多年来，NASA的各中心及其工作人员在历史、公众事务和飞行作战等资料方面给予我极大的帮助。在此我要致谢：华盛顿特区NASA总部；华盛顿特区历史资料办公室（李·萨奇瑟和罗杰·劳尼斯）；得克萨斯州休斯敦的约翰逊航天中心；公共媒体事务办公室（巴巴拉·施瓦茨，詹姆士·哈茨菲尔德，杰夫·卡尔和艾琳·霍利）；寂静图片库（迈克·金特里，莉萨·瓦斯奎茨，黛比·多兹，乔迪·卢梭和玛丽·威尔金森）；音频库（黛安娜·奥姆斯比和皮特·纽贝利）；佛罗里达州的肯尼迪航天中心历史资料办公室（珍妮特·科瓦切维奇，乔伊·佩勒林，大卫·布波特和格伦·斯汪森）；公共事务（凯·格林特普），寂静图片库（玛格丽特·珀辛格）；加利福尼亚爱德华兹空军基地的德赖登飞行研究中心历史资料办公室（肯·奈尔和伊莱恩·利斯顿）；历史办公室（迪尔·赫利），瑞斯大学方德雷图书馆（琼·费里和洛伊丝·莫里斯）；美国空军、美国海军和美国海军陆战队的历史和公众事务办公室部门提供了同温层、载人气球和火箭研究等事件的详细资料和图表。

我要特别感谢杰拉尔德·卡尔为本书写了序言，感谢大卫·哈兰德、雷克斯和莱因·豪尔在手稿阶段，以及安德鲁·法罗在文本编辑阶段给予的批评、建议和指导。我还要感谢我弟弟迈克·谢勒，他花费了许多时间，利用他杰出的计算机才能将原文变成最终的草稿。

另外，还要对以下人员表达特别的感谢：格鲁曼历史资料办公室洛维所罗女士提供了有关格鲁曼公司对阿波罗 13 事故的支持的资料；英国皇家空军准将柯林·福尔许可我使用了他的儿子——NASA 航天员迈克·福尔——1997 年在和平号空间站发回的家庭电子邮件；此外，阿斯法·A·西迪奇发表的关于联盟 1 号和联盟 11 号的两篇文章（Soyuz 1 Revisited：From Myth to Reality，Quest，Vol. 6，No. 3 ；Triumph and Tragedy of Salyut 1，Quest，Vol. 5，No. 3）对我有非常大的帮助。

我也要感谢全世界从事空间研究的人们。美国：迈克·卡苏特，柯蒂斯 ·皮布尔斯，尼克·约翰逊，吉姆·奥贝格和艾夫·“苏格兰人”——艾夫·斯科特曾任职于 NASA 约翰逊航天中心的公共事务办公室；比尔·桑顿（前 NASA 航天员)；华盛顿特区，美国航空航天博物馆的航天历史部门职员。英国：内维尔·吉德格，提姆·弗尼斯，戈登·胡珀，菲尔·克拉克，安迪·萨拉蒙，马克·韦德和安德斯·汉森。欧洲：伯特·维斯，安妮·范登博格（荷兰），巴特·亨德里克（比利时）和布莱恩·哈维（爱尔兰）。俄罗斯：莫斯科的俄罗斯空军博物馆的领导 V·托尔科夫上校；最后要感谢弗拉季米尔·莫勒恰诺夫，俄罗斯新闻信息社/塔斯社和维杰奥科斯莫斯出版社的代办处提供了苏联的信息。

除非另有说明，书中有关美国的所有照片均来源于 NASA，书中有关俄罗斯的所有照片均来源于俄罗斯新闻信息社的航天信息服务部，并且被授权使用。书中部分摘录了柯林·福尔所著的《去往星际的中间站》（Waystation to the Stars）的一些内容，获得了作者和出版者的许可。

我还要感激许多前空间探险者们讲述了他们的经验：1988 年 8 月，在得克萨斯的休斯敦与斯托雷·马斯格雷夫会面；1988 年 8 月和 1989 年 8 月，在得克萨斯的休斯敦同吉恩·塞尔南会面；1988 年 8 月，1989 年 8 月和 1991 年 7 月，在得克萨斯的休斯敦与卡尔·赫尼泽会面；1989 年 7 月，在伦敦同尤里·罗曼年科会面；1989 年 8 月，在得克萨斯的休斯敦同万斯·布兰德会面；1991 年 7 月，在得克萨斯的休斯敦与德克·斯莱顿会面；1994 年 4 月，在英国的曼彻斯特与格里高里·格里奇科会面；1994 年 9 月，在得克萨斯的休斯敦同迈克·柯茨会面。

最后，诚挚的感谢给予项目编辑鲍勃·马里奥特和实践出版社的主席克莱夫·霍伍德，他们的热情和鼓励使作者对空间探索的事故和灾难的记述更加全面和深入。

本书主要物理量美制单位与国际单位换算表

长度	1码	0.914 4米
	1英寸	2.54厘米
	1英尺	0.304 8米
	1英里	1 609.3米
	1英寻	1.828 8米
	1海里	1 853.184米
面积	1平方英尺	0.092 903平方米
	1平方英里	2.589 99平方千米
体积	1品脱	0.473 176升
	1加仑	3.785 41升
质量（重量）	1磅	453.6克
速度	1英尺/秒	0.304 8米/秒
	1英里/小时	1.609 3千米/小时
力	1磅力	4.448牛
压强	1磅/平方英寸	6 894帕
	1磅/平方英尺	47.88帕
温度	摄氏温度＝（5/9）×（华氏温度－32）	

目　录

序　　幕

挑战者号航天飞机机舱

发射台 39B，肯尼迪航天中心，佛罗里达州，美国

1986 年 1 月 28 日

挑战者号的窗外是一个相当寒冷的早晨，指令长迪克·斯考比（Dick Scobee）刚刚完成对他面前控制设备的例行检查。在他的右边坐着驾驶员迈克·史密斯（Mike Smith）。在他俩身后的中间是任务专家朱迪·里斯尼克（Judy Resnik），作为飞行工程师来帮他们俩为发射作准备，发射定于当日上午的 11 点 30 分。

斯考比和他的 6 名机组人员将在地球轨道上度过一周的时间，在此期间他们要部署一颗 NASA 的通信卫星、跟踪哈雷彗星和进行太空微重力方面的实验研究。这是挑战者号的第 10 次飞行任务，也是航天飞机计划的第 25 次，但对格里格·贾维斯（Greg Jarvis），这位来自休斯飞机公司的载荷专家、史密斯和中学教师克里斯塔·麦考利芙（Christa McAuliffe）来讲，这却是他们的第一次太空飞行。这次是斯考比、里斯尼克以及任务专家埃里森·奥尼祖卡（Ellison Onizuka）和罗恩·麦克耐尔（Ron McNair）的第二次太空飞行，也是斯考比和麦克耐尔的第二次挑战者号飞行。

当他们登上航天飞机时，从发射台上悬挂着的冰柱下穿过，他们都注意到了外面天气的寒冷。尽管发射被几次推迟，任何一位参加太空飞行的机组成员都会试图让自己相信，每当他们进入航天飞行器，发射的时刻就将到来。斯考比的机组也曾因种种原因经历了

数次发射推迟。对任何进入太空的发射，天气始终是一个重要因素，而在航天飞机计划中天气可能比在阿波罗计划中显得更为重要，因为航天飞机在世界上任何一个紧急着陆机场上降落时都必须有良好的天气。自 1969 年 11 月阿波罗 12 号在发射中被闪电击中以来，NASA 从未在恶劣的天气条件下进行过发射。进行那次发射的部分原因是尼克松总统会亲临现场观看第二次载人登月任务的发射过程。

在以前的几次航天飞机的发射中，发动机均已点火，但由于存在技术问题而被紧急关机，最终发射被中止。从前的飞行任务 STS61－C 曾被戏称为“不可能的任务”，因为 7 次试图起飞均未成功。在每架航天飞机上都设计了几种可能的中止模式，但直到航天飞机计划的第 19 次飞行之前，这些模式从未被使用过；在 1985 年夏天的第 19 次飞行中，其中的一种模式“在轨中止”（Abort To Orbit，ATO）被派上了用场，当时的情况是发射 5 分钟后，一台主发动机熄火了。尽管如此，那次飞行任务还是取得了成功，从此人们对整个系统和紧急方案的信心大大增加了。

斯考比和他的机组成员可能认为他们至少已经到了漫长且复杂的训练过程的最后阶段。像他一样，史密斯和里斯尼克也完成了发射前最后的操作程序，终于到了临近发射的时候，他们都已为飞行做好了准备。尽管出现了一些小问题，尽管数次推迟发射，但训练过程进行得还是相当顺利。斯考比知道，对于世界上未来的任何一个太空探索者来说，太空训练绝不是件轻而易举的事；而对有些人而言，在飞行训练阶段，一切就已经结束了，因为他不可能进入最后的实际飞行了。很久前的一件事使斯考比想起了这些：在 1967 年的 1 月 27 日比这次挑战者号发射日期早整整 19 年零 1 天，3 名美国航天员葬身于发射台大火中，他们当时正在为完成阿波罗的首次载人飞行任务而进行最后阶段的训练，后来发射日期改在了 1967 年 2 月。

斯考比和他的机组人员将面临的是任何太空飞行中最困难也是最具危险性的阶段——发射入轨阶段，他们可以对航天飞机后部的 3

台主发动机实施一定的节流控制，但固体火箭助推器是不可控的，它们一旦被点燃，就会不停地燃烧直到燃料耗尽，而航天员乘坐的轨道器就在助推器的上面。发射绝不是件容易的事，苏联曾在1975年和1983年遭受两次严重的发射失败，但航天员都生存了下来，这得益于系统内部固有的安全程序。美国在1966年的情况与此差不多，经历了双子星号无法发射、阿波罗12号被闪电击中和几次航天飞机中止发射，在第19次航天飞机任务中，航天飞机上升时一台发动机失去了推力，通过转变成“在轨中止”方案，才算挽救了此次任务。这是美国航天飞行中最近的一次“侥幸脱险”的飞行。然而，斯考比的飞行已是航天飞机计划的第25次飞行，而系统自第5次任务后就一直在使用中，谁知到底会出什么问题?

一旦进入到太空，航天员们就能放松一些，并且能开始实施他们的行动计划了，但太空本身也充满了潜在的危险。1966年3月，双子星8号的一个推进器发生故障，全体机组人员不得不艰难地运用控制装置来实现在太平洋上的紧急降落。1970年4月阿波罗13号登月任务的失败是最引人注目的太空事故。航天员的驾驶技术、训练有素的飞行控制人员和技艺高超的设计师以及没有分开的登月舱，成了帮助3名航天员得以侥幸生还的主要因素。

的确，返回过程中也会有其独特的问题。在1967年和1971年，分别有两个机组的苏联航天员在再入和着陆事故中丧生，而美国在此方面则幸运得多。斯考比接受过驾驶航天飞机在飞机跑道上降落的训练，他能驾驶航天飞机像驾驶飞机那样降落，这样就不必像阿波罗号飞船那样在海中溅落。然而驾驶从地球轨道上返回的航天飞机在飞机跑道上降落也绝不是件简单的事。在研制火箭飞机和大气层外及高空两用机——航天飞机的前身的过程中，几架火箭飞机和大气层外及高空两用机都曾经历过紧急降落。它们能进行滑行降落是没问题的，但由于没有发动机，它们只有一次机会，必须一次降落成功；而不能像飞机那样，一次降落不成功还可以重试。

作为NASA的职业航天员，他们清楚地认识到，尽管他们的任

1986 年 1 月 28 日上午 11 点 38 分（美国东部标准时间），挑战者号航天飞机在位于佛罗里达州肯尼迪航天中心的 39B 发射台发射升空，全体机组人员开始了这次致命的旅程，然而，从照片显示的角度看，此时航天飞机一切正常

务被认为是“常规的”：只部署一颗卫星，只在中舱做一些小的实验而且没有太空行走计划——也远不是没有危险。对于载荷专家来说，他们仅参加一次太空飞行，而且那种被挑选出来参加太空飞行的喜悦以及紧张的训练往往分散了他们对将要面对的危险的注意力。当挑战者号最后起飞时，可能机上的一个或多个经验丰富的航天员就感觉到这次飞行有些异常：可能是由于挑战者号的老化，或者是由于外面的环境，或者只是他们的幻想而已。但是，这时已没有时间多想——他们正在上升，已经穿过发射台，他们要执行转弯程序，驶过飞行器承受最大动压的阶段。他们打算加大发动机推力，飞得更高些，直到蓝天变黑处。

第 25 次航天飞机任务的开始几秒钟慢慢过去了，期间他们正经受着上升过程中的紧张与兴奋，并且在大西洋上空加速直飞太空，然而，这种发射过程中的紧张与兴奋没有持续太长的时间。

第1章　探索太空

1.1　概述

“人类必须探索，而这是最伟大的探索”

这是阿波罗15号指令长戴夫·斯科特（Dave Scott）[①] 1971年7月踏上月球时说的第一句话。在人类首次冒险进入太空的10年后，这句话恰如其分地表明了人类探索其他星体的时代的到来。在人类发展的历史进程中，探索和发现是推动人类不断进步，使人类从穴地而居的石器时代发展到探索月球的太空时代的两个主要因素。

1.1.1　知识之门

科学技术的发展和充满艰险的发现之旅都曾激励着人们去学习和掌握知识，然而知识的获取却不是件轻而易举的事。为了获得新知识，取得新进展，我们要开拓未知的领域，勇于面对新领域的各种危险。通常，这些危险可作为我们的警示和新知识，但在最坏的情况下，可能导致人的死亡。

随着20世纪的来临，人们开始渴望探索新的、具有挑战性的环境。经过陆地和海洋探索的黄金时代，地球上未被探索过的地方已所剩无几，于是人类的眼光不止一次地转向了我们头上的天空和遥远的群星，科幻小说家也在神话故事和魔幻传说中创造了大量冒险离开地球去开创新的奇特世界的英雄人物。但是，直到20世纪30年代人类才迈出具有科学意义的第一步，去探索高层的大气层——

① 即戴维·斯科特（David Scott），戴夫是戴维的昵称。——译者注

平流层。人类乘气球飞到大气层边缘所需的技术和技能，是从 18 世纪和 19 世纪的早期气球驾驶员的探索和失败中逐渐发展起来的。技术的进步导致密封的增压舱、生命保障系统和第一批压力服的出现。

与此同时，驾驶技术也得到了发展。莱特兄弟之后的早期飞行员，也从第一次世界大战时追求能生还的一代，演变为 20 世纪 20～30 年代能进行空中特技表演的一代。从此开始了飞行试验和尖端飞行技术发展的黄金时代。那些冒着生命危险发展这一技术分支的人就是早期的试飞员。

随着飞机由活塞式到喷气式再到火箭推进式的发展，新的一代试飞员诞生了，同时还诞生了“王牌飞行员”这个传奇英雄般的又带有神秘光环的称号。拥有这一称号的是那些冒着生命危险将飞机的操作性能发挥到极限或超过其极限的人。这些人若能活着回来，他在以后的日子里将可以讲述他的经历和汇报他的发现，然而许许多多的飞行员没能活到这一天。

20 世纪 60 年代为飞行员提供了一个展示其技能的新舞台——太空。从地球上两个大国的优秀喷气式飞机飞行员和试飞员中产生了一批新的飞行员和探险家——航天员。在媒介的宣传和公众的追捧下，这些航行家几乎变成了超级英雄。他们是国家和全世界的地球外新危险环境中的开拓者。

对许多人来讲，这些冒险家好像是一批与众不同的人：他们挑战困难，并用实践证明技术和训练可以冲破任何障碍；他们镇定从容，既具有专长又富有决断力，努力追求自己的“神圣使命”。

但是，他们尽管可能有很高的技能，思维也很敏捷，但毕竟也是人。他们也是由其他人训练出来的，操纵的机器也是由许多人制造的，在整个过程中包含了许多未知数，因为存在着这么一个简单的事实，那就是理论和实践经常被证明是两个不同的东西。

其实，人们从事的每一项依赖技术的活动——无论是进入太空还是开车上路，危险总是在时刻伴随着。无论多么值得信赖、多么安全，也无论尝试了多少遍，检查了多少遍，也总是无法保证每个影响因素就正好按理论所要求的那样在发挥着作用。话又说回来，不但技术会失效，人也经常会犯错误。若将人的因素再考虑到航天飞行中，那么潜在的问题和危险又增加了。

如果没有人类和机器的能力极限不断向前推进，离开了对未知领域的实践探索，人类的进步是不可能的。但是，就像世间的其他事一样，要事先做好充分的准备。仅就航天飞行而言，这种准备就意味着长年累月的训练、模拟、实践以及对各种可能危险情况的预测。

任何一次太空飞行也不是开始于环绕地球飞行的轨道上，亦不是开始于发射台上，而是开始于为此次飞行任务制定的训练计划时。该计划根据以往飞行中获得的知识和技术而制定，目的是培养航天员在危险的环境下生活和工作的清醒意识。

经过数周、数月甚至数年的训练，航天员熟悉了飞行过程的所有细节，从起飞时的紧张感和飞行中的陶醉感到飞行结束时再入过程中的如释重负。除此之外，还要熟练掌握赖以生存的驾驶技术。所有这些训练提高了他们应对问题和潜在危险的能力。

无论怎样周密地计划，危险因素和发生错误的可能性总是存在的，不面对这些危险，直至今天我们的航天技术也不可能发展到飞离我们所居住的地球的水平。对航天员的训练和取得的经验能尽可能减少发生错误的可能性，帮助他们顺利完成飞行任务。

1.1.2　风险因素

建造探索太空的机器设备是一项尖端的现代工程。为了开发出安全的载人飞行器，设计师和建造者不得不采用以往陆地项目中取得的经验和惨痛教训，尤其是那些关于结构破坏方面的教训。正如亨利·彼特罗斯基（Henry Petroski）在 1985 年所言①，结构破坏

---

① *To Engineer is Human: The Role of Failure in Successful Design*. Henry Petroski, Macmillan, 1985.

往往由于超过零件的极限承受能力所致。引发结构破坏的因素包括：过载或材料强度不够；运动超速或零件磨损；或者是随机性的灾难，如着火、爆炸或受到冲击等。人们在设计、制造和维修中的失误也可能引起结构破坏。

1962 年，托马斯·麦凯格（Thomas Mckaig）对建造中的失误进行了总结，将各种可能造成失误因素归纳如下：

- 缺乏技术、经验和（或）知识；
- 没有先例可借鉴；
- 建造和（或）维护经费不足；
- 精神不集中，粗心大意。

1993 年斯科特·萨根（Scott Sagan）进行了进一步的研究①，他回顾了在一些高技术领域采取的安全措施，得到的结论是细致的准备能防止危险技术领域（如核能、火箭燃料）中事故的发生。他为此建议如下：

- 建立有效的安全管理体制及相应的管理机构；
- 各系统的职能应有所交叉，进行系统冗余设计以避免安全疏漏；
- 重大问题的决定应发扬民主；
- 总结以往经验，建立可靠性系统；
- 提高训练、模拟及平时操作的水平将有利于实际运行的高可靠性；
- 从过去事故中吸取教训，采取所谓的“试凑方法”（trial and error）。通过对灾难的预想和对可能发生事故的模拟，可以提高应对能力。

尽管这些是关于地面条件下环境与技术的研究，但他们可以被应用于探索太空的实践中，以减少可能的危险。危险在字典中的解

① *The Limits of Safety：Organisations，Accidents and Nuclear Weapons*. Scott D. Sagan，Princeton University Press，1993.

释为：有遭到损害或失败的可能。

对于太空飞行，这些危险存在于 5 个主要领域：

• 训练过程。此过程为航天员进入太空作准备，包括身体训练和心理训练，并对航天员的身体状况和他们处理正常与非正常情况的能力作出评估。

• 发射过程。此过程考验航天员的驾驶技术，以及对如此高技术的飞行器的设计结构、操作方法等知识的掌握程度。使用这样一种有爆炸风险的系统进入一个恶劣的飞行环境，人们总是希望一切都能按部就班。

• 飞行过程。人们总是确信飞行器的整体结构和各支持系统能在此过程中保持正常。在此过程中过冷和过热、压力和真空、加速和减速，以及辐射过量等是飞行器经常遇到的问题。同时航天员还需克服因遥远、孤独和紧张带来的问题。

• 降落过程。在此过程中，只能期望飞行器的各系统有足够的结构强度来抵抗热与载荷的剧烈变化，同时希望在系统出现异常情况时，回收系统、地面支持系统和应急程序能够有效运行。

• 人为错误。这是唯一的一个不能预先确定的危险因素。上述研究和许多的相关研究都建议要对航天员进行充分的训练，使之有足够的准备来减少错误的发生，然而错误是无论如何都难以完全避免的。

对于太空的研究已有多年的历史，首先是早期的太空探险先驱者们，他们用高空气球对近地太空进行研究。随后，人们通过高速飞行的火箭和卫星对太空有了全面深入的了解，从而认识到太空环境是恶劣的，而且对人有致命的危险。

太空飞行的危险性对人类来讲不仅是一种刺激，同时它促使人类不断将认识向前推进。随着成功飞行次数的增多，公众的危险意识淡漠了，以至太空飞行变成了习以为常的事情。因此，当一次重大的飞行事故发生的时候，整个世界都会为之震惊，人们又重新认识到太空飞行有益于人类，但充满着危险。

对于 NASA 而言，成功往往就意味着失败。它仅用了 8 年时间就完成了人类登月计划，随后用了 4 个月又重复了这一成绩。紧接着，使太空飞船的飞行变得毫无悬念，这一切都使人们觉得太空飞行已成了件轻而易举的事，因此人们不再特别关注安全及为之进行深入的工程研究，而是强调如何在有限的经费下快速取得成果。这种不断要求取得成果的压力，在美国和苏联/俄罗斯的太空计划中，都曾造成过严重的后果。

和任何探险活动一样，取得的成功越多，经验就会越丰富，但自满情绪也会随之增加。不断取得的成功及不断增长的自满情绪，预示着下次事故的临近，而且在人们努力从事的任何领域，完全成功的次数与彻底失败的次数之间总存在着一个非常稳定的比例，太空飞行也不例外。硬件设施是否符合要求，如何应对太空恶劣的飞行环境以及返回地球时的各种危险，都是每次太空飞行时都必须考虑的关键方面。最后，包括太空探险在内的所有人类活动有一个显著特点，那就是运气永远是一个不可预知的因素。

1.1.3 恶劣的环境

如果你认为太空探险家是一群与你毫无共同之处的人，那你可就大错特错了。从某种意义上说，我们每个人都是太空探索者，乘坐着地球这个太空船在宇宙中遨游。但当我们为了探索外太空，穿越逐渐变薄的大气层时，我们必须有类似地球周围大气层的东西保护我们，而这正是人类探索太空时遇到的主要难题。

在 17 世纪，人们认为太空旅行不仅是可能的而且是可行的，因为当时认为我们人类赖以生存的大气环境到处存在直到月球表面，因此，为了能到达月球人们只需找到合适的运输工具。尽管当时的登山家曾提出相反的意见，即山越高的地方空气越稀薄，但人们仍然认为气球的发展能将人类送入太空。后来，太空旅行的想法得到部分实现，但所用的方法与起初的设想迥然不同。

在 17 世纪和 18 世纪，新研制的水银压力计被用来进行重力影响的研究，研究结果表明，携带压力计登山时，随着上升高度的增加，压力计的水银柱随之下降。不久，人们就断定海平面空气的压力要远高于高处的压力。这一重要结果促使早期的大气科学家分析高层空气的成分，结果发现我们呼吸的空气是一种由氮气（约占 78%）和氧气（约占 21%）组成的混合物，其余部分包括一小部分氩气（0.9%）、一部分二氧化碳和一些更少量的其他气体。很多年后，进一步的研究发现，这些气体在空气中的比例在大约 5 000 英尺高度以下保持不变。在海平面处测量的空气压力为 14.69 磅/平方英寸（$1.013\,25\times10^5$ 帕斯卡）。随着高度的增加，测得的压力值下降，而空气分子的含量越少，空气越稀薄。

这些研究结果使大气科学家逐渐划分出了我们周围大气的层次。从地球表面开始向上，依次是：对流层（0～10 海里，生命可以存在的高度范围）、平流层（10～30 海里，人类首先达到的高度）、中间层（30～50 海里）、热层（50～250 海里，多数轨道飞行器运行的高度），以及外太空（250 海里以上的高度）。

1.1.3.1　空气

人体需要氧气才能生存。离开了氧气，生命存活不了多长时间，但是生命赖以生存和发展所需的氧气量是地球大气层在海平面或稍微高出海平面处的氧含量。人类直到 20 世纪才开始进入对流层外的大气层，但不久就发现人若到达到此区域且要能活着回来，就必须设法为肺提供氧气。这样，弄清人类的肺是如何传送氧气的问题就变得重要起来。对这些问题的研究导致了适合潜水员和登山者使用的呼吸设备的产生，凭借它人类深入到海洋的深处，攀登上地球上最高的山峰。从那以后，适合乘气球和飞机到更高处探险的生命保障系统被制造了出来，随后是压力可调的太空舱和适合人体压力需要的太空服，有了这些设备的帮助，人类可以进行任何高度的太空探险了。

1.1.3.2　压力

在不同高度，身体周围空气中氧气压力的百分比直接影响到维持生命所需空气量的多少。含 30％氧气的空气混合物在 10 磅/平方英寸压力下的效果，与分压为 3.0 磅/平方英寸的氧气效果相同。人们很快发现在海平面或高于海平面一些的地方，当氧气压为 3.08 磅/平方英寸时，人的身体无论是工作还是生活都感到非常舒适。

研究还发现，只要肺中氧气的压力高于二氧化碳的压力，肺就能继续吸收氧气并通过血液循环系统将之送到全身各处。这种比率关系的改变将引起如下病变：缺氧、失压、过氧、血液析氮（通常称为减压病）或一氧化碳中毒等。

显然，在飞行器内部维持合适压力的空气对航天员正常的工作是至关重要的。另外能滤除有害的二氧化碳气体的装置也是不可缺少的。

1）俄罗斯的做法。从载人航天飞行计划的开始到和平号空间站，苏联/俄罗斯采用的都是调压舱，其内混合气体压力可调到海平面处的空气水平。这种方式增加了发射的重量，而且航天员进行出舱活动时，必须预先吸纯氧，以消除血液中的氮，从而减小患减压病的危险。

2）美国的做法。NASA 设计的第一艘载人太空飞船，采用的是单一气体环境（100％氧气）。这种方法能有效防止由于减压造成的疾病，同时，航天员太空行走时也不必预先吸纯氧，但是这种方法易引起火灾。这个系统在水星号和双子星号上运行良好，但阿波罗 1 号却因采用此系统，在 1967 年 1 月发生了大火，3 名航天员失去了生命。后来，此系统中的气体被改造成 64％氧气与 36％氮气的混合物，才防止了火灾的再次发生。

3）相容性。由于苏联与美国在各自的太空飞船中采用了不同的气体成分和压力，这带来了另外一件复杂的事情。如果两国的飞船在实施救援时需要对接和输送航天员，两飞船的不相容性就会给救援带来困难，甚至使救援不能进行，因为使两船的气体达到平衡需要很长时间。

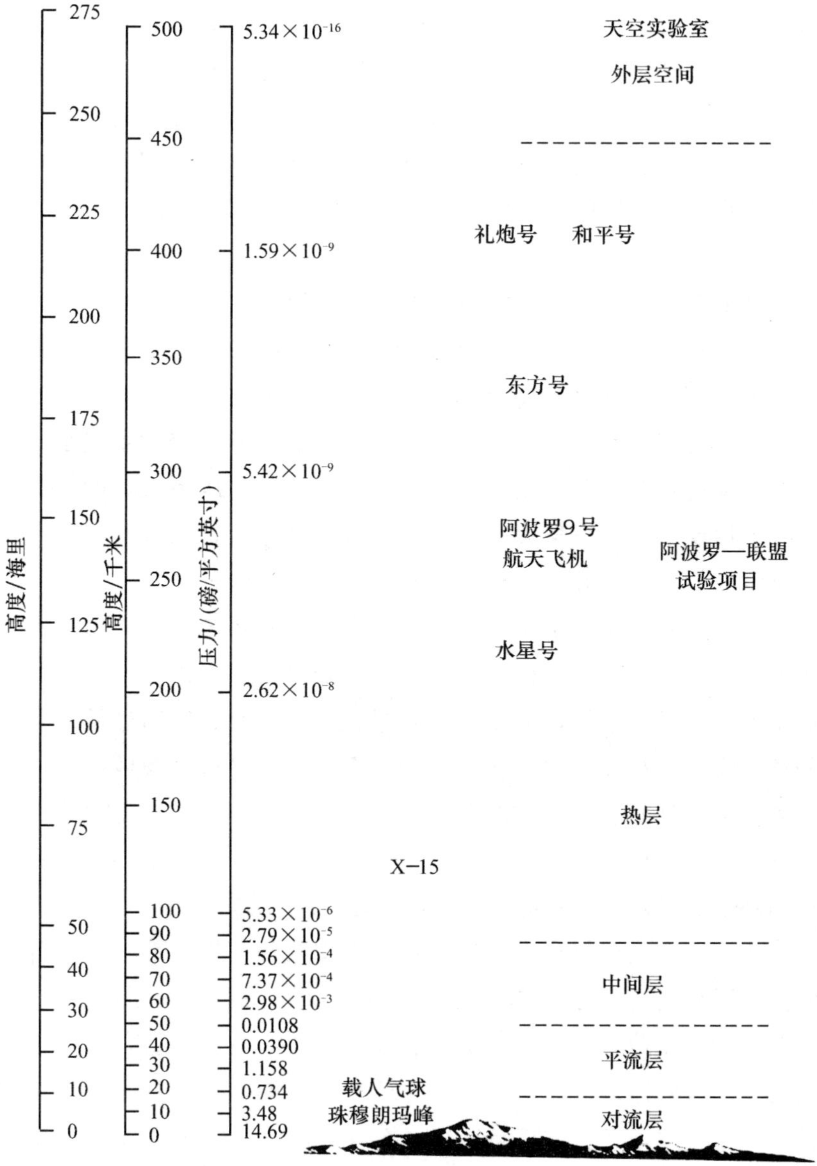

大气的分层与飞行器的飞行高度

在20世纪70年代早期，这是阿波罗一联盟试验计划中主要面对的问题。为了解决此问题，提出了一个折中的对接舱方案。此对接舱相当于一个气压过渡，可以允许航天员进出两太空飞船。随着航天飞机的出现，美国也有了具有海平面空气水平的太空飞船。这样，与苏联（俄罗斯）飞船的对接变得更加容易，20世纪90年代后，一系列航天飞机与和平号空间站的成功对接就是明证。

1.1.3.3　温度

温度控制是另一个需要考虑的问题，温度要适合人体正常活动的需要。对于生命保障系统的设计来讲，保持合适的温度和湿度（空气中水蒸气的量）是最困难的问题之一。人体内部温度要维持在37 ℃，人最重要的器官，如大脑等，允许此温度的变化量很小。在一个“空气容器”中，湿度的大小依赖于空气的压力及温度。温度越高，周围空气压力越大，空气中的水分越容易是水蒸气状态；随着温度降低，压力减少，水蒸气变成雨、雨雪或雪。

飞行期间，为了保证飞船内有一个舒适的环境，温度和湿度必须控制在一定水平。这样，人的身体才能进行正常活动，主要器官的功能才能得以维持，从而避免热量耗尽、衰弱、体温过低或麻木等危险发生。在过去的一些飞行中，发生过超过这些参数正常值的现象，最明显的情况发生在阿波罗13号的飞行中（1970年）、联盟23号的回收中（1976年）以及礼炮7号的飞行中（1985年）。另外船内环境还必须保证其他系统的安全运行。

为了能使人在太空生存和工作，无论时间长短，都必须对各因素间的平衡进行仔细的考虑，必须确保大气、压力、温度、湿度、新鲜食物和净化水、衣物、个人和公共卫生设备的供应，且对供应情况不断进行监测；自动调节的生命保障系统必须能在远离地球条件下完全独立地运行，而且在每天24小时飞行过程中准确无误地工作。确保对所有航天员及其活动所需提供充分的供应，包括紧急情况下所需的供应。

1.1.4　最终的疆域

1.1.4.1　微重力

把人类送入太空的一个主要原因是研究人体组织在微重力条件下的反应。太空这一全新的环境曾被称为失重区、零重力区，更确切地说应该是微重力区。完全没有重力是不可能的，即使在更加遥远的太空，太阳和其他星球的重力影响依然存在，只不过很小而已；但是在飞行的轨道上，这些影响不明显，因此有了失重的感觉。

由于地球的引力作用，地球表面的重力加速度为 1 g，人们在地球上不会有失重（0 g）的感觉，但是可以以地表的重力加速度为基础测量其他地方的引力状况。为了使航天员对太空轨道的环境有所认识，人们对失重状态进行了模拟，主要采用两种方法克服地球引力的影响：一种是建立巨型的水池，让航天员穿着沉重的出舱服在水下来模拟太空行走，但由于水有黏性，此法有明显的缺陷；另一种方法是让航天员在一个有适当防护的飞行器内随飞行器作抛物线飞行。在飞行器攀升到曲线的顶端时，将有 20 秒钟的时间体验失重的感觉。若一次飞行中包括 40 个上下运动，那么将有不到 15 分钟的失重体验。这个飞行器通常被戏称作“呕吐彗星”。

通过变换“呕吐彗星”上升的角度，或利用背带式装置分担一部分身体的重量，在此飞行器内就可以模拟不同的重力加速度，如月球的重力加速度——$\frac{1}{6}\,g$。

地球引力的影响一直延伸到深空，直到其他星体的引力起主要作用时方中止。这一点在阿波罗号向月球飞行的过程中得到证实。当飞船飞过大约地月间$\frac{2}{3}$的距离时，月球的引力开始对飞船起作用，并将飞船快速拉向月球中心。综合运用轨道力学、星际航行学和运行良好的制动发动机可以控制飞船的轨道。此时航天员可以选择是否飞过行星或月球，还是绕其飞行；或者减速进入该星球的飞行轨道，但不降落；或者在其轨道上交会。

引力作用的有无对飞行器和人都有非常重要影响，人进入太空后，位于内耳中的平衡系统需要时间来调整，以适应新的环境——一个它从未遇到的环境。适应所需时间因人而异，但一般 2～3 天后就能适应“0 *g*”环境，很难说清楚谁会患上“太空适应综合症”。早期挑选航天员时往往以军事试飞员为最佳人选，因为他们适应大过载和不同加速度迅速变换的环境，但当这些身体强健的飞行员进入太空后，他们中的有些人变得非常虚弱。

从太空回到地球时，同样需要有一段调整时间来克服不良反应。在零重力加速度条件下，心脏不必克服引力将血送往大脑，人的下肢也不经常使用，致使心脏的肌肉必须依赖锻炼来维持其功能，否则就会萎缩。进行长时间的太空飞行，航天员必须坚持有规律的锻炼，保持一定的适应能力，以便在飞行结束的再入过程中，身体能调整到适应地球上的引力环境。

在早期的短时间飞行中，为缓冲下降过程增加的载荷，航天员躺在与各自身体相适应的软垫之上。当航天飞机出现后，人们担心，在再入过程中由于引力的突然增加，航天员无法操纵飞机的舵面。航天飞机只能在无动力的条件下着陆。然而，来自 X 系列试飞器、升力器及企业号航天飞机的大气试验的结果表明，这个问题容易解决。

100 多次航天飞机成功的着陆也证明了这一点。经过长达 17 天的太空飞行，无论跑道和风向、风速条件如何，都能成功地降落。然而，若在太空飞行长达几个月的时间后快速返回地面，会是什么情况呢？这个问题仍需研究。

1.1.4.2　加速和减速

为了进入太空，你必须乘坐火箭推进的飞行器（至少目前是这样）。以迅速达到 17 500 英里/小时的轨道速度。在太空飞行计划的早期，航天员在发射台上火箭开始起飞的过程中被巨大的过载紧紧压在他们的座椅上。人类身体第一次感受到如此高的过载是在 20 世纪的第二次世界大战时期，当时的战斗机飞行员在近距离空战时，常做快速的大角度的转弯，此时他们的身体就会受到巨大的过载。由于他们既没有保护措施又没有准备，他们常发现他们不能移动，也无法操纵飞机，同时他们的眼睛好像被压进了脑袋中（后来称作"眼球陷入"）或被拉出眼眶（"眼球突出"），这往往导致短暂昏迷、飞机结构破坏或不能安全打开降落伞。20 世纪 40 年代至 60 年代，人们通过火箭飞机、火箭橇及高空降落伞继续研究迅速加速和减速的影响，研究结果导致了压力服的产生。压力服能在战斗机飞行员作不利于血液回流的动作时，通过对飞行员下肢施加一定的压力，帮助血液的流动，同时它增加了飞行员高空或高速弹射时的生存机会。

1.1.4.3　辐射

一旦离开地球后，航天员将要面临辐射的严重威胁。对太空辐射的研究已有几十年的历史，在暴露时间不长情况下，其中有些辐射——如太阳的光和热——对身体器官危害很少；然而来自太阳大气中的气体形成的太阳风却带有强烈的辐射物质，太阳风在太空中可以到达太阳系最远的地方。1958 年，美国的第一颗人造卫星——探险者 1 号，绘制了辐射带，这些辐射带和地球的磁场保护地球免受连续不断的太阳辐射。辐射带被称做范·艾伦带（范·艾伦发明了发现这些辐射带的仪器），阿波罗号飞船登月时两次穿越此带——一次是去月球时，一次是回来的时候。

NASA 为太空探索者编制了关于辐射暴露时间限制的标准，分别对 30 天、3 个月、6 个月的飞行和 1 年的飞行受到的辐射量，以及一生最多可承受的辐射量作了规定。对于在地球轨道上和到月球的飞行，辐射量是可控制的。通过对每年或一生的飞行次数作一个限制，辐射量就可以控制在安全的程度内。然而，到目前为止，飞往火星的过程中所受辐射的影响还不清楚，因为飞行需要 2～3 年的时间；而且辐射对早期太空探索者的长期影响也还不清楚。早期的航天员们（有时还有他们的后代）正在接受定期的健康状况检查。将老一代的航天员（如约翰·格伦 77 岁，停飞 36 年）重新送入太空，那么就可以得到一些基本的医学数据，来帮助了解无论在飞行时还是在以后的岁月里辐射对他们身体的影响。未来到火星的飞行要花很长时间，也就是说每人一生只能有一次这样的飞行，因此作太空适应性研究只能在几代人身上进行。

在太阳11年活动周期中最活跃的一段时间里，太阳耀斑受到密切监视。在联盟号飞船及和平号空间站上的航天员需要及时得到提醒，事先明确他们是否需要立即回到地面上来。对于体积更大，寿命更长的国际空间站而言，对太阳活动情况的观察变得更为重要。

1.1.4.4 太空碎片

人们普遍认为太空是空空荡荡的，但其实它不但不空而且还很拥挤。虽说太空是一个真空，但其中充满太阳风的微粒、陨石微粒、大量的石块（尺寸小到微尘大到星体）以及人类探索太空留下的痕迹——太空垃圾。这些碎片围绕载人航天器飞行，与航天器碰撞是早晚的事。在阿波罗13号任务过程中，在真正的设备故障原因确定之前人们曾怀疑发生了此类碰撞事故。

人类40多年的太空探索，将大量垃圾留在地球轨道上。有几次航天飞机差点与太空垃圾相撞，因为它们的飞行轨道相交。太空飞行不仅要避免与大块的可见的太空垃圾相撞，如爆炸的火箭碎片、丢弃的仪器设备以及完成了使命的人造卫星；而且要注意微小的物体，因为即使是一片油漆，当它与飞行器以17 500英里/小时的速度迎面相撞时，也能对其造成严重的损坏。

当航天员离开飞船的保护，进行太空行走时，他们就会面临被太空垃圾伤害的危险。现在的“软式”航天服允许航天服的纤维受压时弯曲，而且它的每一层都有许多极其微小的洞，设计时使得任何两个小洞都不能形成一个太空尘埃进入航天服内层的通道。

由于国际空间站尺寸更大，它与太空垃圾相碰的机会也更大。1997年发生在和平号上的相撞事件表明，一点点的太空垃圾就能造成致命的危害。

1.1.4.5 推进剂

对任何进行太空飞行的人而言，更深层的危险来自于运载器和太空飞船的燃料。与固体燃料相比，液体燃料更难控制，因为它必须被贮存在极低的温度和极高的压力下，且压力高到足以使其始终保持液体状态。例如液氢需要 −252.8 ℃ 的低温，而液氧需 −182.8 ℃。土星 V 火箭采用液氧作氧化剂，用煤油或液氢作燃料。

在阿波罗系统中，采用的是自燃燃料，如肼和四氧化二氮，两种物质一混合，就立即燃烧起来，根本不需点火系统。固体燃料是燃料和氧化剂的混合物，为泥状或颗粒状，易于保护，使用简便，但是其一旦被点燃，燃烧就不能停止，直到燃料耗尽。

固体燃料的低温易爆特性在 1986 年挑战者号事故中暴露无疑。当时一个固体火箭助推器刺破了外部燃料箱，引起了固体燃料大爆炸，另一个助推器相继起火。最后由发射场安全人员发出自毁指令将其炸毁。

早在 1960 年火星探测器的运载火箭的点火爆炸，就向人们证明了使用这种燃料的巨大危险性。1960 年 10 月 24 日的事故是由技术故障和忽视基本安全程序造成的。发射命令没有使运载火箭点火，而安全命令却自动启动了飞行器。这是经两次发射失败后的第三个，也是最后一个可用的能将探测器发往火星的运载火箭，此次若再失败，再次发射必须等 2 年后出现行星连线时才有可能。当时战略火箭部队司令米特罗凡·涅杰林（Mitrofan Nedelin）要求对火箭作全面检查，他本人亲自站在发射台下等待结果。正当几十名工作人员进行检查时，最上级火箭依然按原先的时间计划进行着计时，因它有独立的时钟，到了预订的时间后，此级火箭在距发射台 120 英尺的高度突然点火，引发了下面火箭的爆炸，煤油和液氧形成了巨大火球。包括涅杰林在内的几十名工作人员全部遇难，许多人受重伤。这次事故以“涅杰林大劫难”闻名西方。

1.1.4.6　航天员的选择及其兼容性

知道了人在太空生存需要具备的条件，也知道了如何将之送入太空，以及他在太空中可能遇到的问题后，剩下的主要问题就是组建一支能和谐相处的航天员队伍。

起初，航天员来自优秀的试飞员，他们习惯于严格的飞行试验条件和驾驶高性能的飞机，他们受到专门训练，能正确面对各种艰难险境。随着飞行计划的进展，飞行员中的组成中包括了工程师、科学家和专家，他们有很强的学术背景，而不是飞行经验。当国际空间站和探索火星、开发月球的时代到来后，新世纪的航天员是那些在建设、维护和系统管理方面，以及在农业，矿业及资源开发等方面拥有新技术的人。

尽管为太空飞行所进行的训练还基本保持不变，但是航天员需要掌握更多的技术，受到的训练也会更多，以便他们能更好地协作。将来到火星的长途飞行更加依赖航天员的熟练技术及团队精神，而不是来自地面的支持。

1.1.4.7　结论

太空飞行不仅仅是一个从发射台起飞与降落的过程，它是一个对载人舱及运载工具所面对的环境和问题的不断认识过程。早在人类首次试图将航天员送入太空之前的 20 世纪 30 年代到 50 年代，人们用气球、降落伞及火箭飞机进行了大量的开拓性工作来探索大气层的上层空间。

只有正确认识人体的活动规律及人体的正常活动所需环境，再结合以前关于太空环境的认识，人类才拥有了进入太空的条件。

若没有几个世纪积累起来的医学上和理论上的数据，及在此基础上进行的深入研究，人类的太空飞行是根本不可能的。

1.2　平流层的开拓者

1.2.1　早期的努力（1930—1940）

到 1927 年为止，没有飞机能达到海拔 40 000 英尺，载人气球不超过 36 000 英尺。人类在大气层内的探险活动没有获得关于平流层组成的有用信息，因为绝大多数探索这一新领域的人都为他们的尝试付出了生命代价。那些为小型气球研制的自动化仪表也未能带来真正有用的科学数据。直到 1931 年，一个名叫奥古斯塔·皮卡德（Auguste Picard）的比利时人到达了 51 775 英尺（9.81 英里）的高度，第二年又到了 55 152 英尺（10.07 英里）的高度，他首次进入平流层，并且安全返回。皮卡德的飞行采用了增压舱，为了感谢国家科学研究基金的支持，增压舱被命名为 FNRS——the Fonds National de la Recherche Scientifique。他的飞行成功在欧洲、美国及苏联引发了创造新的高度纪录的热潮，可以说整个 20 世纪 30 年代是人类追求新的高度的时代，标志着人类探索新的太空领域的开始。

在随后的美国之行中，皮卡德利用增压舱将他的研究拓展到宇宙射线领域，并且表明乘坐增压舱可以实现到月球的飞行。在美国，陆军航空勤务队（后来的陆军航空军）曾进行过飞行增压舱的研制，但在 1921 年放弃了此项研究，因为当时无法调节空气的压力。1927 年 5 月 4 日，霍索里·C·格雷（Hawthorne C. Grey）上尉达到 42 240英尺的高度，由于他不得不逃离他乘坐的开口吊筐，所以纪录没有被承认。当时国际航空联合会要求，飞行员必须在其飞行器内报告他的飞行高度（这也导致后来东方号的第一批航天员在报告

1933 年，平流层气球苏联一1 号在做升空前的准备工作

飞行高度时谎称他们在飞船里，其实他们正在乘降落伞下降)。格雷在同年 11 月份的飞行导致了他的身亡。很明显，要想进一步探索平流层，必须研制专门的增压舱或压力服。早期最有名的压力服是美国首批飞行员之一的威利·波斯特在 20 世纪 30 年代研制的，但是最后用来探索平流层的却是增压舱。

就在皮卡德 1933 年 1 月周游美国时，名为“世纪进步”的博览会刚刚在芝加哥开幕了。当时美国人对载人气球飞行的热情不断高涨，因此在博览会上升起一个美国人自己的气球的想法获得了资金支持。由于博览会被认为是事关国家荣誉和有利于科学进步的大事，高科学技术又服务于国家的需求，因此这个想法变成了一个对国家有重要意义的计划。

该计划后来发展成“世纪进步”飞行计划，由美国科学院国家研究委员会支持，芝加哥的几家联合企业赞助。随后美国地理学会/美国陆军支持探索者号的飞行来进行科学研究，同时兼顾军事目的。战后，人们对平流层载人气球探险的兴趣又高涨起来，在 20 世纪 50 年代到 60 年代早期，美国空军和美国海军为几个相关计划的提供了支持。

在 20 世纪 30 年代早期，苏联的载人气球飞行由苏联陆军和苏联科学院联合研制，其不光为了科学目的还有军事目的；他们不仅联合研制了用于平流层的气球，还研制了高空飞机以及压力服。

苏联的第一次载人气球飞行原定于 1932 年 12 月，但由于一系列的组织上和财政上的原因，计划被推迟了 10 个月。1933 年 9 月，USSR－1 号带着 3 名飞行员升空，在耗时 8 小时 15 分钟的飞行中，达到了 12.6 英里的高度。由于天气恶劣，前 7 次起飞都被取消，终于在第 8 次时取得成功。在这里，还有一件有趣的事情值得一提，就是此前每次发射前总是邀请许多重要客人来观看，但他们每次看到的都是起飞被取消。为了避免此类尴尬，苏联规定，以后所有发射都秘密进行，只有发射成功后才宣布。自此无论成功和失败都对西方保密多年，直到 30 年后，才又向世界公布其航天情况。

在整个 20 世纪 30 年代直到二次世界大战前夜，苏联一直在谋求在平流层取得优势。在战后的 50 年代和 60 年代，像美国一样，苏联利用伏尔加计划来恢复高空气球探险，以为轨道飞行作准备。

人类 20 世纪 30 年代到 60 年代进行的平流层气球探险活动列在了表 1—1 中。也正是在这段时间里，人们开始争论是支持一个要用航天员的生命去冒险的项目呢，还是支持一个利用自动仪器的项目？在随后的几十年里，这种争论在人们制定载人航天计划和不载人航天计划的时候时常发生，直到现在。

表 1—1　平流层载人气球飞行（1927—1966 年）

日期	气球名称	国家	高度（英尺）	乘员
		二战前，1927—1939 年		
1927-11-04		美国	42 470	Gray
1931-05-27	FNRS	比利时	51 775	A. Picard
1932-08-18	FNRS II	比利时	55 152	A. Picard
1933-09-30	USSR—1	苏联	60 698	Prokofiev, Birnbaum, Godunov
1933-11-20	Century of Progress	美国	61 237	Settle, Fordney
1934-01-30	Osoaviakhim—1	苏联	72 182	Fedeseenko, Vasenko, Usykin
1934-10-23	Century of Progress II	比利时/美国	57 579	A. and J. Picard
1934-07-28	Explorer 1	美国	60 613	Kepner, Stevens, Anderson
1935-06-26	USSR—1 Bis	苏联	52 496	Christopzille, Prulutski, Varigo
1935-11-11	Explorer 2	美国	72 395	Stevens, Anderson
1939-10-12	SP—2 Komsomol (VR60)	苏联	55 154	Fomin, Krikun, Volkov
		二战后，1956—1966 年		
1956-11-08	Strato—Lab I	美国	76 000	Ross, Lewis
1957-06-02	Manhigh I	美国	96 000	Kittinger
1957-08-19	Manhigh II	美国	101 500	Simons

续表

日期	气球名称	国家	高度（英尺）	乘员
(1957-10	Sputnik 1	苏联		首颗人造地球卫星)
1957-10-18	Strato—Lab II	美国	86 000	Ross, Lewis
1958-07-26	Strato—Lab III	美国	82 000	Ross, Lewis
1958-10-08	Manhigh III	美国	99 700	McClure
1959-11-16	Excelsior I	美国	76 400	Kittinger
1959-11-28	Strato—Lab IV	美国	81 000	Ross, Moore
1959-12-11	Excelsior II	美国	74 700	Kittinger
1960-08-16	Excelsior III	美国	102 800	Kittinger
(1961-04-12	Vostok 1	苏联		人类首次进入太空)
1961-05-04	Strato—Lab V	美国	113 740	Ross, Prather
1962-11	Volga	苏联	93 970	Andreyev, Dolgov
1962-12-13	Stargazer	美国	81 500	Kittinger, White
1966-02-02	Strato Jump II	美国	123 500	Piantanida
1966-05-01	Strato Jump III	美国	57 600	Piantanida

有一件事是无可争议的，那就是在平流层飞行很危险，若无适当的保护，此环境对人的健康不利。但皮卡德认为，虽然无人驾驶气球有它的优势，但只有人才能做出准确和详细的记录，而且在采集完数据后，可以给仪器充电延长其使用时间。随着手动摄影技术在数据记录方面的普遍使用，皮卡德不必亲自到载人气球外面进行射线研究了。事实上，皮卡德对载人气球飞行所作的贡献完全凭借的是他的热情，而不是科学的计划。这与60年代早期实施的阿波罗计划有些相似。当时，人们只是渴望能到达月球并能安全返回，而不管到月球去干什么。将人送到大气层高处而且能安全返回的计划一旦得以实现，那么在后继的飞行计划中，科学的、生物医药的研究目的变得重要起来。这又反映在了阿波罗登月的计划当中，一旦人类登月成功，更加复杂的科学研究被列在了后面的飞行任务中。

随着人类平流层气球飞行的进展，与这些大胆的冒险行为相关联的险情和事故增加了。

1.2.1.1　Osoaviakhim－1号（苏联，1934）

1934年1月30日清晨，苏联的Osoaviakhim－1号气球发射升空，其上有3名飞行员，分别是指令长潘沃·费杰森科（Pavel Fedeseenko）、物理学家伊利亚·尤西金（Ilya Usykin）和工程师安德雷·瓦森科（Andrei Vasenko）。继早些时候的苏联－1号的成功飞行后，飞行员要对平流层继续进行科学观测。在飞行了3小时18分钟后，他们达到了72 182英尺的新高度，并在几分钟后开始降落。凭此成绩，他们将获得苏联国家英雄的荣誉，然而结果却事与愿违。

为了能创造新的高度纪录，他们扔掉了793多磅的配重，而且为了使气球膨胀，他们又烧掉了大量的贮存在气囊中的氢。如果他们能有效控制其降落过程，他们需要1 500磅的配重，然而此时他们仅剩下925磅的配重。白天阳光对气球的加热，还能使其在空中飘荡；但是当太阳下山后氢气的温度降低，他们开始迅速下降。随着速度的增加，越来越厚的大气撕破了气球的气囊，从而造成飞行员密封舱的剧烈摇晃。舱内3人试图扔掉剩余的配重及沉重的仪器以减缓下降的速度，但没有成功。3人在舱内像布玩具一样被摇来荡去，根本无法做飞行记录。在57 000英尺高空，支撑缆绳突然绷断，3个飞行员随着密封舱垂直落向地面。

经过7小时8分钟的飞行，Osoaviakhim－1号坠毁在尹萨·雷厄恩地区波提升—奥斯楚格村附近，位于莫斯科—喀山之间的喀都升基诺火车站以东10英里处。3天后，为他们举行了隆重的军人葬礼，并将他们埋葬在克里姆林宫墙内。

根据收集到的残骸，人们对酿成悲剧性事故的原因进行了调查。飞行员最后的无线电通信是在莫斯科时间15时28分，直到这时，飞行看似一切正常。然而，到了莫斯科时间16时零5分，他们在飞行记录里写道他们正"急速下降，已经扔掉许多配重（目的是减轻重量和维持高度）"。在16时10分时，他们勉强做了最后一条记录。根据飞行员瓦森科摔坏的手表记录的时间得知，他们是在16时23

分坠落到地面的，事后通过对他们所作的记录的检查，及他们与地面的最后的通话可知，3 名飞行员当时的心情都很好，直到最后的无线电通信前，飞行的一切方面都进行得非常顺利。

调查委员会最后得出结论，事故是由配重不足和密封舱密封不严两个因素共同作用造成的。它们致使气球的气囊撕裂以及后来的支撑缆绳突然绷断。由于剧烈的摇晃，飞行员无法逃出密封舱，更无法实现个人乘降落伞下降，直到飞行结束，他们仅设法打开了 24 个密封舱螺母中的 7 个。

这次悲剧性事故带来的直接后果是苏联开始研制无人驾驶气球，此后，无人驾驶的气球飞行在苏联进行了几十年。事故发生后不久，苏联一1 号的飞行员为了纪念失去的同志，自愿驾驶气球进入平流层，然而他们未能成行。直至 18 个月后，苏联一1 号的 3 名飞行员再次在 1935 年 6 月乘坐苏联最新式的气球飞行了 2 小时 30 分钟，上升到大约 10 英里的高度，才得以继续进行苏联一1 号和 Osoaviaknim一1 号的飞行员开始的研究工作。

2 个月后，人们被告知，苏联一1 号第二批的飞行员差点儿就成了再次牺牲的飞行员。由于在气囊上发现了大的未被检查出的裂缝，飞行工程师 M·普里鲁特斯基（M. Prilutski）和科学观察员亚历山大·瓦里果（Alexandr Varigo）教授不得不脱离气球，只留下指令长 M·奇里斯托普泽列（M. Christopzille）来驾驶这个新的更轻的气球，使其得以安全降落。

1.2.1.2 探索者号（美国，1934）

仅仅在苏联的 Osoaviakhim 气球失事的 7 个月后，美国的探索者号气球在 1934 年 7 月 28 日的飞行中经历了相同的危险。气球从位于南达科它镇布兰克山区发射升空，上面有 3 名飞行员，分别是阿尔伯特·W·史蒂文斯（Albert W. Stevens）上尉、威廉姆·E·凯普纳（William E. Kepner）、奥维尔·A·安德森（Orvil A. Anderson）上尉。发射和上升阶段一切运行良好，他们创造了60 613英尺（11.48 英里）的新的高度纪录。

在飞行了 7 小时 15 分钟后，飞行员们发现气球底部有一系列的裂缝，幸运的是，尽管裂缝在变大，但没有发生气球撕裂。这时飞行员最容易想到的就是离开平流层并使探索者号尽快着陆。他们的好运没有持续多久，在 5 000 米的高度时气球被撕破，并开始以 656 英尺/分钟的速度下落，气球的剩余部分像一个大而薄的降落伞。

飞行员们决定等他们降到一个合适的高度再跳伞，这样他们既能打开密封舱又不至于造成快速减压。接着他们开始为个人乘伞降落做准备。正当此时，其中一人被密封舱出口卡住了，这更增加了紧张气氛。凯普纳沿着支撑绳爬出密封舱，以便为他的同伴提供更多的空间。在匆忙的准备过程中，史蒂文斯踩到他的降落伞包上，降落伞卷成了一团。由于已没有时间弄顺降落伞，他们决定让他先跳——背着风，两手抓住降落伞。这样如果他出现什么问题，他们两个还可以给予一定的帮助。就在他们刚刚离开密封舱后，气囊中的氢气与大气中的氧气发生了掺混，并引发了爆炸，致使探索者号的密封舱撞到内布拉斯加的霍德雷吉附近的平原上，其上的多数摄影记录及 2～3 台光谱仪全部被毁，值得庆幸的是 3 名飞行员安然无恙。

1934 年 7 月至 9 月，对事故进行了调查。许多后续的试验以及对回收到的织物材料的检验表明，气球的气囊在上升的过程中没有均匀打开，织物中的初始裂缝由折叠处的应力造成，而应力来源于不正确的膨胀过程。当时由于发射地区的恶劣气候，发射被推迟了一个月，这造成了三种不同重量的胶化棉线在折叠处发生一定的粘连，以致膨胀时仍然粘在一起。爆炸是由气囊中的氢气与大气中的氧气混合造成的。当时没人提议再进行一次飞行来重新得到失去的结果。鉴于探索者号发生的事故及苏联发生的类似事故，探索者号再次发射时有效载荷更小，且只携带两名飞行员。它在 1935 年 11 月顺利升空，创造了 72 395 英尺（13.71 英里）的纪录，并安全返回。尽管这次飞行获得了成功，但计划中的第 3 次飞行仍然没有获得支持。甚至探索者号气球的一部分在第 2 次飞行后被裁成许多条，送给那些支持过该计划的成员做书签，这表明在一段时间内美国载人气球飞行研究结束了。

1.2.1.3 共青团员号（SP－2 Kom somol VR60，苏联，1939）

苏联试图在第二次世界大战开始前尽可能地增加载人气球升空的次数。在1937～1938年间，一位年轻的工程师在作毕业论文时，提出了一个气球降落伞方案，并得到民用航空飞行队的支持。气球降落伞的概念是，无论是在正常下落的情况下，还是在气球上出现裂缝的紧急危险情况下，气球的外罩都将展开成一个降落伞，使飞行员在舱内也能安全降落。

1939年10月12日，苏联气球SP－2共青团员号（VR60）发射升空，这是战前最后一次平流层探险

经过数月的准备，共青团员号气球在1939年12月12日发射升空，其上有3名飞行员，分别是指令长A·福明（A. Fomin），飞行员A·克里昆（A. Krikun）和负责科研工作的M·沃尔科夫（M. Volkov）。他们最高到达了383 254英尺（译者注：原文有误）。上升过程中的唯一问题就是花了30分钟设法将装有金属弹丸的配重用的袋子扔掉。到达最高处后，他们用了一个小时进行科学观察，然后开始下降。在距地高度29 500英尺时，气球按计划变成了降落伞形状。在23 600英尺处，沃尔克夫检查气囊时发现囊内剩余的氢气正在燃

烧，燃烧可能由硬件部分变换形状时产生的火花引起。福明立即将密封舱与着火的外罩分离，克里昆用手操纵着降落伞的支撑系统，使飞行器下落。在距离地面大约 5 000 英尺处，他们做完保护科学数据和仪器的工作后，分别跳伞离开了气球，并且都安全着陆。

已无人的密封舱落在了积雪覆盖的沼泽地上。当他们走向密封舱时，由于冷却作用它还在嗞嗞地作响，而且烟和火不断从其内部冒出，使他们一时还无法靠近。

1.2.2　战后载人气球飞行（1950—1960）

随着二战的结束，围绕军事目的的载人气球平流层飞行又重新开始了，一是为了冷战的需要，再就是为了使政府的项目承包商和制造商能试验计划中的火箭与导弹所需的新技术和硬件设施。美国海军的“平流层实验室”计划由取消的“赫利瓦斯”计划发展而来，该计划使美国自二战以来首次达到大气层的更高的地方。1956 年 8 月，美国海军上尉马尔科姆·罗斯（Malcolm Ross）和李·刘易斯（Lee Lewis）为了试验压力服和气球的控制系统，乘坐一开口的吊舱上升到 40 000 英尺处，这也是美国人自 1935 年以来首次进入平流层，它也是新一轮太空探索的开始。

随着研究和研制工作的进展，一系列研究计划得以开展，包括美国海军的“平流层实验室”和美国空军的“人类高度”气球飞行计划，以及“精进”和“平流层跳伞”高空跳伞计划，它们都为后来的火箭研究计划以及随后的水星计划提供了生物医学数据（见表1—2），高空跳伞研究在“精进”和“平流层跳伞”计划中同时完成。

苏联一方面用伏尔加号气球吊舱进行载人平流层飞行，此吊舱曾在几次飞行中使用；一方面进行高空降落伞下降的研究，以及与东方号太空计划相关的工程研究。

表 1—2　1946—1975 年，X—系列飞行器和升力体飞行器计划的关键事件

日　期	飞行器	飞行员	创造纪录
1946-01-19	Bell XS-1-1	Woolams	X—1 首次滑翔飞行
1946-08-29	XS-1-1	Yeager	首次动力飞行，0.85 马赫

续表

日　期	飞行器	飞行员	创造纪录
1947-08-20	D-558-1-1	Caldwell	创造了 640.663 英里/小时的新空速纪录
1947-10-14	XS-1-1	Yeager	载人飞行器首次突破声速：在 43 000英尺高空，速度 700 英里/小时，1.06 马赫
1948-03-26	XS-1-1	Yeager	X－1 原型机最快的飞行速度(957 英里/小时)，1.45 马赫
1949-08-08	XS-1-1	Everest	达到 71 902 英尺高度
1951-08-15	D-558-2-2	Bridgeman	创造了 79 494 英尺的高度纪录
1953-11-20	D-558-2-2	Crossfield	在小角度俯冲时达到 2.005 马赫
1954-03-28	X-1A	Murray	载人飞行器高度纪录：87 094 英尺
1954-06-04	X-1A	Murray	达到 89 750 英尺高度
1954-08-26	X-1A	Murray	达到 90 440 英尺高度
1956-09-27	X-2-1	Apt	在 65 500 英尺达到 3.2 马赫；机毁人亡
1959-06-08	X-15-1	Crossfield	X-1 5 首次滑翔飞行
1959-09-17	X-15-2	Crossfield	首次动力飞行
1961-09-07	X-15-2	White	达到 4.43 马赫
1961-06-23	X-15-2	White	达到 5.27 马赫
1962-07-17	X-15-3	White	国际航空联合会的新高度世界纪录：314 750 英尺
1963-08-22	X-15-3	Walker	X－15 最高飞行纪录：354 200 英尺，非正式的飞行世界高度纪录
1966-07-12	M2-F2	Thompson	首次升力体飞行器飞行
1966-11-18	X-15-2	Knight	达到 6.33 马赫
1967-03-10	M2-F2	Peterson	着陆事故
1967-10-03	X-15-2	Knight	速度纪录：6.70 马赫
1967-11-15	X-15-3	Adams	261 000 英尺；致命的飞行

续表

日 期	飞行器	飞行员	创造纪录
1968-10-23	HL-10	Gentry	首次动力飞行；发动机失灵
1969-03-09	HL-10	Manke	升力体飞行器首次超声速飞行：1.13 马赫
1970-02-18	HL-10	Hoag	升力体飞行器的最快飞行速度：1.86 马赫
1970-02-27	HL-10	Dana	升力体飞行器的最大飞行高度：90 303 英尺
1975-11-26	X-24B	McMurty	升力体飞行器最后一次飞行
(1977-08-12	OV-101	Haise / Fullerton	首次从波音 747 飞机上投放航天飞机进行返回及着陆测试)
(1981-03-12	OV-102	Young / Crippen	航天飞机首次太空轨道飞行)

1.2.2.1 平流层实验室（Strato-Lab Ⅰ号，1956）

美国的飞行计划进行得相当顺利，仅有一些轻微的挫折。1956年11月8日，罗斯（Ross）和刘易斯（Lewis）驾驶 Strato-Lab Ⅰ号升空，创造了 76 000 英尺的高度纪录。他们刚刚记录下他们的成绩，气球就开始迅速下落。开始他们以为是气球被撕破了，并且立即把这个紧急情况用无线电告诉了地面上的人。他们在急速下降的过程中，将自己绑在座位上而不是躲进压力服系统中。他们报告说他们感到在旋转而且有明显的坐电梯的感觉。

在以 4 000 英尺/分钟的速度下降时，他们试图扔掉配重钢球，但没有成功。他们想离开气球，利用回收降落伞下降，但当他们意识到他们正处在一块非常崎岖而不适于着陆的区域上空时，他们决定先尽可能的留在飞行器上不离开。当他们最后进入到低空时，他们打开舱口，扔掉了所有的手能够得着的东西，来减缓下降的速度。他们共扔掉了 200 多磅的东西，包括他们刚刚与地面通过话的无线电设备，他们告诉地面上的人，他们将失去一段时间的联络。

最终，两人随着吊舱安全降落在内布拉斯加州布朗利附近农场的一块偏僻的河滩地上。刘易斯后来告诉记者他们更多的是担心而不是害怕；罗斯也尽力掩饰失控下落的实质，而给人以顺利、安然降落在相对平缓地带的印象。这种泰然自若的态度是后来被称为“真正品质”——一种专业的军事人员才拥有的在极端的压力条件下不流露人性的软弱，而能保持镇定自若的素质。事后的调查显示事故由一个氦气减压阀过早地漏气造成。

1.2.2.2　人类高度Ⅰ号（Manhigh Ⅰ，1957）

1957年6月2日，美国空军的乔·基廷格（Joe Kittinger）上尉开始了人类高度计划的首次飞行，在平稳飞行的过程中他一直通过一个长码电报指令系统与地面保持着联系。到达45 000英尺时，Manhigh Ⅰ号吊舱遭遇到100英里/小时的风暴，此处也是多数的气球发生事故的地方。基廷格坐在那里，观察着风将气球吹成的各种各样的古怪形状，以至他在后来记述这次经历时说他被吓得真魂出窍了。

当他上升到这股风暴之上时，他发现本应是差不多满的氧气贮备，现在仅剩下了一半的量。当把这一情况报告给地面上后，人们推断，安装这个设备的机械师将氧气供应阀安装反了。主要的氧气供应被排出到舱外，而基廷格正在用来呼吸的是该泄漏的那部分氧气。而事实已经如此，此刻，基廷格必须立即下降——而且要快——以免在降落前氧气用光。当认识到这一切都太晚了时，基廷格关闭了舱内系统，停止给吊舱供氧气，恢复他的压力服的氧气供应，这样就终止了泄漏。到达96 000英尺时，他停止了上升，花了些时间观察窗外。当时只有X—2火箭飞机的飞行员——空军上尉伊文·C·肯切罗（Iven C. Kincheloe）到达过这个高度之上，他曾到达126 000英尺。

然而已经没有时间来欣赏这沉静的景色，因为舱上的仪表显示仅剩下1升的氧了——可能连下降所需都不够了。正当基廷格放掉气球中的氦气准备下降时，无线电中传来了让他返回的命令。基廷格用断续的莫尔斯电码回答道：“C-O-M-E-A-N-D-G-E-T-M-E”（来接我呀)，地面上的救援人员以为基廷格正在遭受“精神分裂”，这是一种高空飞行员经常发生的超现实梦幻状态，是远离地面后的极度孤独感所造成的。基廷格没有这样的问题，他只不过是在心满意足地调侃他飞行中遇到的危险。

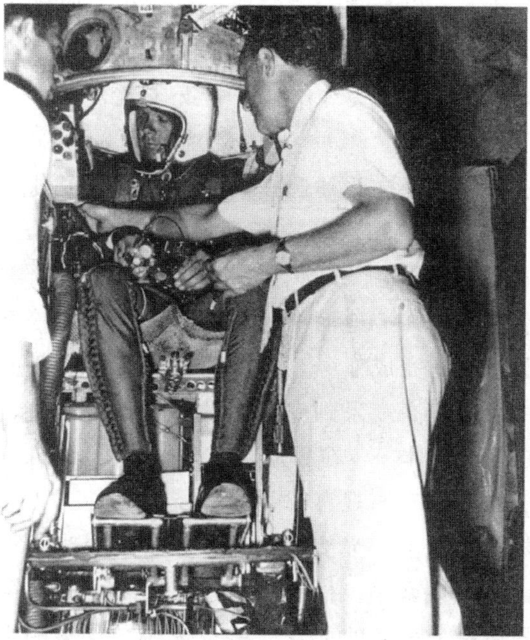

正在为人类高度气球的升空作准备，这次飞行打破了世界纪录，照片摄于20世纪50年代（引自美国空军）

基廷格是幸运的，他通过放气加速飞行，而氧气供应一直持续到最后。最后，Manhigh Ⅰ号吊舱溅落在印第安河一密西西比河的小的混沌的分支。基廷格到达了19英里高度而且得以生还。

1.2.2.3　人类高度Ⅱ号（Manhigh II，1957）

在极端严酷的条件下，人对突发事件的反应往往对随后的行为有重要的影响。而对突发事件的解释有时会使其看上去比真实情况更糟。这就是Manhigh II飞行员在1957年得到的经验。

在Manhigh II的密封舱中被关了11小时后，空军少校戴维·G·

西蒙斯（David G. Simons）终于乘坐 Manhigh II 的吊舱升空了，但令人想不到的是此次飞行的时间是如此漫长。他最高到达了 101 500 英尺处，从这里他可以欣赏到遥远处地球的曲线，只有 X—2 火箭飞机曾超过这一高度。不久之后问题就出现了。劈啪作响的甚高频无线电联络告诉他，不仅高频无线电通信已丧失，而且密封舱也从轨迹监视装置上消失，所有的无线电通信都可能丧失。这时，除了在黑暗中迅速下落或在失去无线电通信情况下整夜在空中飘荡外已别无选择。

西蒙斯仔细权衡了这两种选择，他既不担心孤独，也不担心与地面失去联络，因为他相信无论降到何处，他们总是能找到他的。他真正担心的是失去测距仪。差不多经过 24 小时他都没合过眼，他变得非常疲惫，但他知道地面上正在监测他的关键信息。他浑身疼痛，但满脑子想的是完成任务，为此他曾进行了 2 年的训练。他告诉地面，他将在这一高度呆到完成他的研究任务为止，他的主要研究对象也就是他的身体——在平流层上一整天的反应。

又经过了几个小时的观察，他终于支持不住了，他想睡觉，将头依在他的降落伞包上。突然他被频频闪过的白光所惊醒。他意识到他飞进了巨大的风暴中。他后来写道，在飞行中他第一次感到害怕了，因为即使一个轻微的火花就能点燃舱内富氧的空气而酿成悲剧事故。假若他被 10 亿伏的闪电击中而烧焦该怎么办？但是那不是闪电，而是自动照相机在按程序每间隔 5 分钟拍摄一次仪表盘。白天早些时候，由于冷凝作用系统短路了，现在它已完全变干燥了，因此又开始了工作。这差点把西蒙斯吓死，他想笑，但他太累——又想打瞌睡了。

不久，他就被再次惊醒，他已开始快速降落而且感到吊舱在旋转，他以为气囊裂了。看了看外面，他知道了他突然下降 500 英尺的原因。他看到了周围的大量的雷雨区，这次他真正掉进了风暴中了。他想扔掉安在下面着陆环上 100 磅的贮备电池，但地面通过甚高频无线电告诉他，这可能通过缆绳对气球气囊造成严重冲击而使之毁坏。若此事故发生，无论谁都难以幸存。

西蒙斯觉得他别无选择。如果暴风雨影响了吊舱下降的轨迹，这也只是增加一些寻找他的时间而已，他不愿落入暴风雨区的更深处。他启动释放装置并且等待对气球形成的冲击。8秒钟后，冲击确实发生了而且很强烈。他的这一做法也发挥了作用，气球迅速上升并脱离了暴风雨区域。他逃过了这一劫，并于第二天的傍晚驾驶着气球经过一个略微颠簸的着陆过程后，安全降落在埃尔姆湖的南达科它镇附近的新犁过的亚麻田上。

1.2.2.4　人类高度Ⅲ号（Manhigh III，1958）

1958年10月8日，美国空军少尉克利夫顿·麦克鲁尔（Clifton McClure）驾驶Manhigh III气球升空。之前，他已经拯救了这次飞行计划，因为他重新对急救伞进行了捆扎。当他在密封舱内等待发射时，在完成飞行前的准备工作后无意间用手敲击了一下挂在舱壁上的急救伞包。正当他意识到他做了什么时，他向两脚之间看了一眼，立即被整齐折叠在舱内地板上的白色尼龙绳吓坏了。通过敲打紧紧捆在一起的降落伞，限位销弹了出来，降落伞就散落在舱内地板上。真是太糟糕了，如果他将此事通知地面控制处，飞行将被推迟。

太空计划中研制的任何东西都是一个在大小、重量和安全性等因素综合平衡的结果。曾经有过要与不要个人降落伞的争论，最终还是决定要有个人降落伞，但问题是在舱内如此狭小的空间内将之放在何处。因为飞行员不能穿着它，它只能被挂在墙上的某一可能位置。对麦克鲁尔的这天来说，这却实在不是一个好的放降落伞的位置。

外面没人知道里面发生的事情，都以为降落伞仍然叠着。由于不愿因推迟飞行而作漫长的等待，麦克鲁尔决定保持沉默并试图重捆降落伞。以前他从未亲自捆过降落伞，但他看别人捆过，而且他也颇感兴趣地观察过。这时，他在训练时做的询问和观察派上了用场。但舱内的空间太小了，而且还穿着限制行动的压力服。尽管他没有空间，没有经验，运动不灵活，但他有充分的等待起飞的时间。

按舱内录像带上所示的步骤，麦克鲁尔花费了 2 个小时的时间将伞捆好，伞包的销钉都在一定的位置上。在费了很大的力气将伞包放回舱壁上后，麦克鲁尔放松了下来，开始准备休息了。然而在他随意看一下使他花费了很大力气的伞包后，发现伞包的限位销钉安装反了。他当时考虑更多的是将它们放回而忽略了使它们排列整齐，又花了 90 分钟，他才将错误改掉，并准备起飞，这时离起飞已不到 2 个小时。

起飞过程中没有发生什么问题，3 个多小时后就达到了最高处 99 700 英尺。麦克鲁尔报告说他感到有些累，但地面好像无人对此感兴趣。他后来报告说舱内温度为 31.7 ℃，这引起了地面人员的注意，他们认为这是由于温度传感器安装在空气再生系统上所致。麦克鲁尔认识到他捆扎降落伞的额外努力无益于他降低体温。随后当他报告说可能发生了事故，他的声音有些倦怠，此时舱内的温度超过了 32.2 ℃。当要求他查看一下他的压力服上测量体温的温度计的读数时，他回答他们是 38.5 ℃，地面上的人对这一回答的反应好像是好莱坞电影中类似事情的翻版，这意味着形势严峻。在这样的温度下穿着那么紧的压力服，麦克鲁尔会由于温度太高而感到燥热和出汗。

他们告诉麦克鲁尔多喝水，但他发现饮水器中已无水可取，这时舱内温度已达 36.1 ℃，Manhigh III 变成了一个飞行的炉子。地面上决定让麦克鲁尔下来，他却坚持留在上面，而且说除了感觉有点累外，他一切都很好。由于软管很热，他不能把它从再生空气的气扇上解下来，冷空气吹不进密封舱，但是他却修好了饮水器，而且足足喝了一顿冷水。

他选择了留在空中直到太阳落山，利用夜间飞行，这样舱内的温度会降低些——这个选择是欠考虑的。到太阳落山还有 6 个小时，麦克鲁尔在这么高的温度下不会存活那么长时间。Manhigh III 必须降落而且要快。为了不引起飞行员的警觉，地面上的人决定将他带下来，而不告诉他们正在终止上升。他们建议他降低些高度以利于降低温度，但实际上密封舱正在逐渐降落回地面。麦克鲁尔猜到了下降的真正意图，并且表示了他的反对意见。他的反对被驳回，并被命令返回，他只好保持沉默。

夜间降落很困难，而且有可能降落在偏远的山区，有人建议采用强迫降落的办法，即在后期将吊舱与气囊分离，加速吊舱下落，这个办法没有被采纳，因为飞行员有可能被摔死或被舱内泄漏的化学物质烧死。若温度维持在 38.5 ℃，麦克鲁尔也可能会失去知觉。他不能接触舱的壁面，因那里的温度已高到可以燃烧的程度，并且当他努力释放氦气来开始下落时，他的视线模糊了。下降过程中，他的体温显示是 40.7 ℃，有时高达 41.7 ℃。地面控制已与他失去了无线电联系，因此也不知麦克鲁尔是否还清醒，但他们在监测着他的心跳和呼吸是否稳定，因此至少还知道他好像还活着。

在吊舱内，麦克鲁尔已逐渐能减缓下降的速度。他也曾想到用降落伞离开密封舱，但他怀疑自己是否还有足够的力量能做到，因此，他决定留下来，安然度过下降的难关，同时期待着这次艰难的着陆。他还要面对越来越急迫的个人问题：他需要小便。与试图在吊舱内小便比起来，试图重捆降落伞真是算不得什么。他知道膀胱内充满尿在艰难着陆时的危险性。他曾听说撞击地面情况发生时，充满尿的膀胱会破裂而致人死亡，因此他必须解决这个问题。他费了很大的劲来解开部分加压航天服，而且格外小心不使降落伞再掉下来，最终他用一个杯子解决了问题，然后又重新穿戴起来。这些事几乎使他筋疲力尽，但是他感到非常舒适。

随着砰的一声响，他落到了地面，一架直升机尽可能地落到其近处，他们原以为会看到飞行员奄奄一息地躺在舱里的情景。当救援队冲向密封舱时，他们吃惊地发现舱门打开了，麦克鲁尔站了起来，摘掉头盔，咧着大嘴在笑，他想知道为什么他们这么慌乱。他很快就恢复了，真是不幸中的万幸。

事后的调查报告显示，温度和绝缘的计算中存在问题。由此可推知，重新捆扎降落伞有助于发生过热现象。麦克鲁尔在事后的报告中说，他在 95 000 英尺观察到了类似极光的光，人们将之解释为人在极端压力下的幻像。麦克鲁尔认为不是幻像，因为他觉得压力不是问题，他都很好地解决了。其实问题是由过热引起的。在“王牌飞行员”传说中，麦克鲁尔是那种克服种种困难而活着回来，面带微笑讲故事的人。

1.2.2.5　平流层实验室 V 号（Strato-Lab V，1961）

气球飞行计划已经清楚揭示出正在探索的空间环境的严酷性。但有时被人们忘记的是飞行结束后发生的事可能与飞行中发生的事有相同的危险性。到 1961 年 5 月，为 Strato-Lab 第 5 次升空，也是最后一次升空所做的准备已基本就绪。乘载人气球到大气层的更高处，已不像从前那样是开拓性的探险了。的确，就在前一个月，尤里·加加林（Yuri Gagarin），这位苏联年轻的空军飞行员做了当时世界上最高（最高到 203 英里）、最快（17 400 英里/小时）、最长（25 000 英里）的飞行。飞行在 108 分钟内完成，但在这如此短的时间内，他却成了第一个环绕地球轨道飞行的人。只这么一次，就把人类推进到了一个运载工具和空间探索的全新领域——载人航天领域。

正当有关加加林的消息在世界传播之际，1961 年 5 月 4 日凌晨，海军中校马尔克姆·罗斯（Malcolm Ross）和上尉维克托·普拉泽（Viktor Prather）正并肩坐在 Strato-Lab 的开口结构吊舱内等待升空，他们穿着一种全压航天服，由 B·F·古德里奇（B. F. Goodrich）为水星计划的航天员设计的，各处压力都增加到每平方英寸 5 磅。他们的目标是 102 800 英尺的新纪录。这次他们选择的发射地点不是在陆地，而是在安提坦号航空母舰的甲板上，该航母游弋在距新奥尔良市 138 英里的墨西哥湾内。

此次飞行从一开始就小毛病不断，起飞前降落伞的绳子就拉断了航空母舰上的一个系缆墩。此后，他们开始升空，而且速度很快。与以往不同，这次是在一个开口结构的吊舱中，凛冽的寒风使他们感到刺骨的冷，尽管他们都穿了好几层的衣服，而且手套和袜子都有电加热。到达 43 000 英尺时，温度降低到 −58.3 ℃。随着高度上升，大气压力降了下来，他们身上的衣服也膨胀起来。

随着他们继续上升，他们的头盔上的面部防护罩开始结霜。由于头盔上带有加热装置来防止冷凝的发生，但是如果温度升得太高，也可能将塑料面板融掉。如果加热的防护罩温度达到 57.2 ℃，一个警示灯将提醒飞行员。尽管知道这些危险，但由于太冷了，两人还是小心地增加了头盔加热器的加热温度。

同时，罗斯听到了嗞嗞的声音。当他见到水蒸气从两个人的下面升起并弥漫时，他担心他的压力服发生了致命的泄漏，但由于服装的压力限制，他不能弯腰去检查泄漏来自何处。当他与地面联系时，无论主要通道还是紧急通道的无线电通信都没有了。幸运的是，压力服没有发生泄漏，泄漏来自何处仍然是个迷。

罗斯还发现他们上升速度在减慢，他认为是气球的气囊上有漏洞。但事实上他们正通过一个暖气流，它造成了上升速度下降。后来，既没有了警告，嗞嗞声也停止了，无线电联络也恢复了。来自地面的第一条信息就是他们的面板过热了。这个消息来得太及时了，因为他们的警示灯损坏了，再过几分钟后他们的面板就可能发生爆碎，释放出的气体压力对他们俩有致命的危险。他们达到的最高处是 113 740 英尺（21.5 英里），这是载人气球所达到的最高处，此前无人能够不乘坐增压舱而达到此高度。压力服的性能是优良的，上面的景色也是壮观的，可惜到了下降的时候了。两个人开始缓慢下降，他们打开了气阀，并利用升起的太阳的热量加热氦气。1 小时后，他们的下降速度才达到 70 英尺/分钟。

由于受氧气的限制，他们不能停在如此高的地方太久，于是罗斯决定让气阀打开 15 分钟，结果下降速度增至 750 英尺/分钟。当他们以 1 140 英尺/秒的速度通过低层的大气时，他们感到脚部很冷。这个速度有些太大了，因此他们决定减轻载荷以减缓速度。扔掉所有 125 磅的配重后，他们开始扔不想要的设备，像电池供电单元及无线电设备。随着高度越来越低，他们下降得也越来越慢，这样，他们不再急于扔掉不想要的东西。他们还甚至有时间抽支烟和想象最后落入海湾的情景。

人们开始还希望 Strato-Lab 能降落在航母的甲板上，因此航母开足马力去追他们，但当吊舱最后溅落在海湾中时，航母还在 20 英里之外。飞行员们松开了气球和降落伞的绳子，气球的外罩分离开了，但降落伞还在他们身上，幸运的是伞没吸太多的水，以至将他俩拉下水面。令他们哭笑不得的是，他们在等航母时，他们发现他们下降时扔的垃圾就漂浮在他们周围，像失事船只的碎片。当第一架直升机赶到时，普拉泽让罗斯先上去。罗斯穿上吊索，挂上了救援勾。当他被吊起时，他滑了下来，半个身子掉入水中。尽管在水中泡了很长时间，他还是被设法吊了起来。第二架直升机垂下一根绳子给普拉泽，当飞机用此绳向上拉他时，他也滑了下来，但不像罗斯，他没有抓紧绳子，而是掉入了海中。由于他的面板正敞开着，海水灌入了头盔和压力服。尽管经历了一次航空史上最值得赞誉的飞行，尽管有海军救援潜水员的迅速抢救，他还是被淹死了。

罗斯伤心透了：尽管他坚持认为飞行是成功的，普拉泽的死是有意义的，而且在白宫举行的一个仪式上，肯尼迪总统亲手将杰出飞行十字勋章交到普拉泽遗孀手里，但 Strato-Lab 计划还是结束了。

就在第二天，即 1961 年 5 月 5 日，NASA 的航天员艾伦·B·谢泼德（Alan B. shepard）成了第一个绕地球亚轨道飞行 15 分钟后降落在大西洋的美国人。

1.2.3 降落伞和火箭橇

到了 20 世纪 60 年代的早期，太空探索的前沿已从对大气层的高度探险转到太空飞行本身。在第一批航天员乘坐火箭发射的运载工具进行了绕地飞行，并且通过降落伞成功地返回到陆地或海洋上的同时，研制新一代航天飞船的工作也在进行着，人们希望研制出火箭推动的带翼的飞船。

约翰·斯太普和他的航空医学研究小组在用火箭橇证明高速飞行的影响。他们证明：人若得到充分保护，可承受 48 g 的过载。地点是加利福尼亚州爱德华兹空军基地（照片引自美国空军）

在 X 系列火箭飞机的研究中，伴随着许多此类飞行器独有的危险，诞生了一批新的探索者——试飞员。火箭飞机飞行中的问题推动着空气动力学研究不断发展，人们希望这种发展能导致超声速飞机和太空运载工具的出现。与此同时，人们还进行了火箭橇的加速滑跑实验和高空跳伞实验。

最先进行火箭橇实验的是约翰·斯太普（John Stapp）上校，他是空军的一名医生，而且曾亲自驾驶火箭橇进行试验。试验目的是研究由于快速加速和减速产生的力对人体的影响，这个问题不仅存在于飞机研究计划中，也存在于太空开发计划中。

早期滑跑试验地点选在了加利福尼亚州的莫洛克空军基地（后改名为爱德华兹空军基地），在那里建有一条 2 000 英尺长的滑道。一个模拟的飞行员安装在滑轨橇上。火箭橇后部装有 3 台发动机，一起工作时可使橇的速度达到 200 英里/小时。在这条滑道上，共进行了 255 次滑跑实验（其中 94 次用假人、88 次用猩猩、73 次用人为试验对象）。在开始的试验中，安全带常常断裂，其中一次一个假人撞穿1英寸厚的木挡风窗飞了出去，当火箭橇停下来后，它还继续在沙漠中飞行了700英尺。斯太普是载人滑跑的第一个试验对象，并且参加了数次载人滑跑实验。试验证明，人在18 g 的加速度下是可以存活的，但高速运动的突然停止会对人造成一些伤害。斯太普遭受到的伤害包括肋骨和腕骨的骨折，持续几天的剧烈头痛，双眼视网膜出血，划伤、擦伤以及多处青肿。

斯太普的试验结果推翻了人不能承受接近18 g 的加速度的推断，但人能承受的极限到底是多少？为了回答这一问题，斯太普设计了3 500英尺长的高速滑道，轨间距为7英尺，一台诺思罗普（Northrup）设计的雪橇由9个火箭推动，最高推力达40 000磅。滑跑试验在新墨西哥州的霍洛曼空军基地进行。1954年12月10日，在霍洛曼的最后一次雪橇试验中，斯太普在时速超过600英里的情况下，承受住了开始是20 g，在减速时达46.2 g 的加速度。他证明只要人身体得到充分保护，可以比飞机的飞行员承受更高的力，也能承受高于绝大多数太空飞行员所能遇到的加速度。

高空跳伞的研究是气球计划和火箭橇与X系列火箭飞机研究的合理延续。考虑到安全问题，就要对火箭飞机飞行员的逃离方式进行研究。这不但要研究弹射座椅问题，还要研究乘降落伞如何从高空、高速、高弹射力条件下返回的问题。高空跳伞还可为研究长时间下降对人的影响提供有价值的医学数据，而且为设计太空飞船从地球轨道返回时的个人救助系统提供有用的工程数据。俄罗斯做的这类试验，为研制东方号太空飞船的航天员弹射和降落伞系统提供了直接的数据。

1.2.3.1 精进Ⅰ号（Excelsior Ⅰ，1959）

在很多方面，精进计划都远比人类高度计划和平流层实验室计划简单，因为它的目标就是让飞行员跳出吊舱利用降落伞着陆，不需要增压舱、复杂的加热系统和提供实验和观察用的设备。然而，这却是一个挑战性的计划。

1959年11月16日，乔·基廷格（Joe Kittinger）上尉进行了首次跳伞。他上升的高度是76 400英尺，媒体称之为一次英雄般勇敢的跳伞。事实上，在他的上升过程就险些出现大的事故，而下降过程几乎要了他的命。到二战结束时，在平流层的飞机上跳伞而能保证生还，对飞行医学来讲还是一个最具挑战性的难题。因为人的身体在下落过程中出现翻滚的本能反应，引起了一种旋转，在降落伞到达地面前这一段时间内，旋转可能增加到每分钟几百转，这种旋转增加了跳伞者死亡的可能性。若一个飞行员躲过了飞机解体造成的灾难，却在下降过程中死亡，那么带上降落伞也起不到任何防护作用。

精进计划的一个目的就是想评估人在降落过程的控制能力，这种下降称之为“特技跳伞”；另一个目的是检验降落伞打开前减速伞的稳定性。这些技术若可行，将被用于太空飞船的回收计划中；而且当飞船在高空遇到困难时，也允许航天员个人乘降落伞着陆。

随着精进Ⅰ号攀升，一个人人熟知的现象给基廷格带来了麻烦，那就是太阳光在旋转的吊舱内来回闪烁，使基廷格看不清吊舱内的仪表盘上的数据，包括非常重要的头盔压力表上的数据。另外，他的面板也结了霜，这意味着他在盲目地飞行着。在58 000英尺时，他的压力服上的头盔脱离了他的肩部，由于害怕头盔可能撕破颈部的密封，他试了一下其他飞行员在相同高度的同类事件中采取的一个很有效的措施。他用几段降落伞上的绳子将头盔上的钩子和伞带系在了一起。此法果然奏效，同时，头盔上的凝结现象也消失了。当他飞过76 000英尺的高度时，已准备好了离开密封舱，并且抬步跳向地面——长长的一大步。

当基廷格跨出吊舱时，他下意识地吸了一大口氧气并屏住了呼吸——这是一种本能的反应。他的确是一个人在平流层，但奇怪的是他却不能感到自己在运动，他好像悬在了半空中。他担心他是否上升得太高以至地球引力对他已不起作用，同时担心他会一直这样自由下落直到氧气用完。他期待着导引伞发挥作用，但还是没动静。

当他转身面对黑暗的天空时，他第一次感受到了他在运动，而且很快，直冲地面。此时温度是−95.5 ℃，他下落的速度是400英里/小时，但由于压力服的保护他很安全，他是人类历史上不借助动力运动得最快的人。

最后当降落伞打开，他被吊在了下面时，他的视线变得模糊了并且晕了过去，当他醒来时正躺在沙漠里。他活了下来。在进行第二次精进气球发射前，项目组决定下面的5个问题需要仔细研究：

- 降落伞开启装置安装方面的困难；
- 头盔面板凝霜问题；
- 由间歇的太阳强光造成的失明；
- 内部压力造成的压力头盔从颈部开始上升的问题；
- 离开吊舱前，跳伞者需进行的活动。

这次飞行中获得的经验被用到了精进Ⅱ号的飞行中，它于1959年12月11日升空，飞行员仍是基廷格，他再次从74 700英尺的地方跳下。这次他没遇到任何问题，安全回到地面，耗时仅12分32秒。

1.2.3.2　精进Ⅲ号（ExcesiorⅢ，1960）

1960年8月16日，基廷格进行了第三次精进飞行，地点是新墨西哥州的图拉罗斯。气象学家一直在关注着天气的变化。随着暴风雨的来临，传来了取消任务的命令，这时，精进Ⅲ号刚刚升空，基廷格在以1 200英尺/分钟的速度上升,也注意到了云层正在聚集。他相信如果天气有问题，就不会让发射进行了。

在他上升的过程中，他发现右手上的压力手套失去了作用，因为供应氧气的管子裂了。这个情况很危险：上升时若他的手没有足够的保护，身体内部压力与外部压力不平衡，将使皮肤肿大、淤血，手也会变得非常的冷而且非常的疼。

基廷格决定不立即报告地面。对这个项目人们付出了太多的努力，因此不能终止它。他的目标是在100 000英尺跳下，没有达到这一目标就是失败，而失败则意味着计划的结束，因为空军方面已威胁要减小预算。他知道手将会让他疼痛难忍而且将会失去这只手，但他已决定除了死，什么都不能使他放弃上升。他受的疼痛是他愿意为飞行成功付出代价。他的右手灵不灵活对飞行任务不重要。

他继续上升直到超过 103 000 英尺，此时 99％的地球大气已在他的脚下，他看了一下无际的太空。他的右手现在变得比正常时大 1 倍，而且眼睛酌热，但他还是被眼前所见迷住了。在预定下跳的前 90 秒，他很随意地告诉地面，他的右手手套没有压力了。他接到地面控制发来的信息，说他的压力服其余部分的状态是 3 级，于是他自信地告诉地面，他很好，不用担心，接着他按计划关掉了无线电，他把双脚放在了吊舱边的一块标牌上，上写“世界最高的地方”，此时他的脉搏为 136 次/分钟。随着一声平安祈祷，他迈出了吊舱，脉搏为 156 次/分钟（正常值的两倍），坠向他身下 103 000 英尺（20 英里）的地面。

下降中他穿过不同的大气层面，在 90 000 英尺时，下降速度为 614 英里/小时——接近当地声速。当作用于他身体的压力增加时，他感到呼吸急促且有些窒息，这样一直落下来，直到降落伞打开才减缓了下降速度。到这时，他终于确认他能活着回来了。在着陆前，他想丢掉一些仪器，但由于右手疼痛没能实现。他的下降过程耗时 13 分 45 秒。着陆 3 小时后，他肿胀的手和血液循环恢复正常，此时的他正坐在霍洛曼空军基地的计划办公室里，满面笑容地讲述他的经历。他坦承在下降的大部分时间里他很害怕。他成了著名试飞员而且为塑造“王牌飞行员”的神话作出了自己的贡献。当 NASA 航天员艾伦·谢泼德——美国乘火箭进入太空的第一人——被问及是否愿意尝试这一跳时，他说了一句经典而简洁的话：“这很容易，但太危险，我不干，绝不。”

1.2.3.3　伏尔加号（Volga，1962）

苏联高空跳伞计划的发展得益于降落伞在军事上的应用，以及 20 世纪 30 年代在苏联各地创办的跳伞运动俱乐部，它们的目的是打破世界纪录，包括高度纪录。此项计划对 50 年代发展的载人航天计划提供了一些支持。在东方号计划中，航天员在飞行任务结束时从下落的飞船中弹出，并乘个人降落伞着陆。最早对这些技术进行试验的是空军试飞员：为试验弹射技术他们从高空飞行的喷气式飞机后座舱弹出，为试验降落伞下降技术从伏尔加计划的高空气球上跳下。

1962 年 11 月 1 日，耶维金尼·安德里耶夫（Yevgenny Andreyev）上校和派奥特·多戈夫（Pyotr Dolgov）中校在萨拉托夫乘上伏尔加号。多戈夫将进行高空跳伞来为东方号试验压力服，而安德里耶夫将进行东方号弹射系统的无爆炸模拟试验。在多戈夫身上穿着一整套东方号的压力服，另外还有独立的氧气供应装置、2 个降落伞和 1 个压力表。安德里耶夫身上穿着一套高空压力服，外罩冬天用的飞行服和 1 个压力头盔，另外还配有一套供热用的电池、主降落伞及备用降落伞。

飞行 2 小时 20 分钟后，安德里耶夫坐在模拟东方号的弹射座椅上，被机械装置弹出伏尔加号，高度是 83 500 英尺。在 270 秒后的 79 650 英尺处，他与弹射座椅分离，开始自由下落。在 3 940 英尺处，降落伞打开。7 分钟 30 秒后他安全着陆。

多戈夫继续随气球上升，到达 93 970 英尺处，即安德里耶夫跳出 78 秒后，他也跳出了吊舱。这是多戈夫漫长而且辉煌的跳伞生涯中的第 1 409 次跳伞。按计划，在下降中他要启动个人降落伞（他在 1960 年 6 月创造了在 48 671 英尺开伞的新的世界高度纪录），但是不知下降过程中的什么时候，他的航天服没有了压力，他因此而死亡。37 分钟后，他的遗体落回地面。苏联开始只宣称他在完成任务时牺牲了，死亡的原因并未立即公布。据推测他或者是由于氧气用光被冻死在下落过程中，或者是降落伞在如此高的地方打开时的冲击造成了他的死亡。多年以后，西方才知道了真正的死亡原因。

1.2.3.4　平流层跳伞 Ⅲ（Strato Jump，1966）

1963 年，苏联跳伞员安德里耶夫从位于 83 000 英尺高空的气球上跳下，创造了一项新的自由跳伞纪录。尼克·皮安坦尼达（Nick

Piantanida）听到这个消息后，就想着要为美国夺回这项纪录。他既不是航天员也不是飞行员，甚至也不是一名军人，而是一个对跳伞和攀岩有兴趣的宠物商人。以后的 2 年多的时间里，他为打破苏联纪录在加紧准备着。他争取到了支持和赞助，虽然没有得到 NASA 的帮助，但得到了美国空军的一些帮助。他创建了一家名叫“特殊环境生存计划”（Survival Programs Above a Common Environment）公司。他也给他的计划取了名字——平流层跳伞。

最终，皮安坦尼达于 1965 年 10 月 1 日乘平流层跳伞Ⅰ号气球到达 22 700 英尺的高空，而且跳伞成功。1966 年 2 月 2 日，他乘平流层跳伞Ⅱ号上升到 123 500 英尺的地方，创造了新的世界高度纪录，但由于未能脱离冻结了的输氧软管，导致跳伞失败。正当他奋力对付连接吊舱系统与压力服的软管时，气球又上升了 2 英里，达到别人乘气球从未达到过的高度。当他最终认识到不能摆脱这根氧气管时，他只好选择自动分离气球。怀着极度失望的心情，他进行了分离操作，并随降落伞返回系统飞行 32 分钟回到地面，剧烈的振荡使他不断呕吐，但他平安回来了。他立即用铅笔刀切掉那段冻结的软管。

1966 年 5 月 1 日，皮安坦尼达乘平流层跳伞Ⅲ号再次升空。1 小时后到达 57 600 英尺的高空，这时地面控制仪器上显示有一股气体喷出，同时传来一声痛苦的叫喊“危险”。看起来好像他的压力头盔或压力服出了问题，地面上的人必须赶快将皮安坦尼达救回。他们在57 000英尺处启动了吊舱自动脱离机构，同时启动返回降落伞以便使下降速度得以控制。这增加了用于下降的宝贵时间，25 分钟后皮安坦尼达才安全降落在明尼苏达州的莱克菲尔德镇附近。

一支美国空军的救援队早已等候在那里。他们把他从吊舱中救出时，他呻吟着，大口地吸着空气，他们设法将一根管子插到他的喉部，然后将他迅速送往附近的沃墨顿市立医院，在那里外科医生对他进行了 1 小时的紧急抢救。他患了有史以来最严重的急速减压病。后来他平静下来，但他的脑部受了损伤，他的意识已不可能恢复，人们不可能再知道到底发生了什么。1966 年 8 月 29 日，他死了，最终也没能从昏迷中苏醒过来。他不是官方探险计划的成员，但他对增加人们对高空的认识作出了贡献，他创造了一项不可能再被超越的气球高度纪录。到此为止，人类面临的平流层探索带来的危险结束了，取而代之的是航天员探索太空时带来的生命危险。仅仅在以后的 5 个月内，就有 3 名阿波罗航天员葬身于发射台大火中；又过了 3 个月，1 名航天员牺牲在返回地球的途中。

1.2.4 火箭研究飞行员事故：王牌飞行员的传奇

到 20 世纪 40 年代中期，人们通过获得的丰富资料和经验已清楚了解了大气层上层的性质，明白了在高空生存所需要的条件。平流层气球飞行证明了增压舱可为人提供高空生存的条件，而且全世界也正在进行深入研究，来改进这种技术以便适合高空飞行飞机的需要。此外，压力服为有效保护处于恶劣环境中的飞行员起了重要作用。正是凭借这些技术，人类才在 50 年代和 60 年代的气球飞行和高空跳伞中创造了一系列高度纪录。

然而，航空领域还存在着一个对人类及其技术的能力具有挑战性的难题。人们发现，在第二次世界大战时的空中格斗中，当飞机作机动飞行、俯冲和高速飞行时，飞机前面形成了一道阻碍波，它产生了一种飞机无法穿越的阻碍，而常常导致飞机在空中解体。

19 世纪，一位奥地利的物理学家——厄恩斯特 · 马赫（Ernst Mach）博士，发现了莱福枪子弹在空中产生的激波与子弹产生的声音速度的关系。后来，人们把穿过“声障”的物体的运动用一个数字量来描述，这个数字量就被称作马赫数。声速的大小依赖于周围空气的温度和压力，因此在大气层中声速不是常数，随着高度和空气的温度变化，声速的大小也随之变化。

在海平面处，声速为 760 英里/小时，而在 36 000 英尺及更高的高空，空气已非常稀薄，声速降为 660 英里/小时。若飞机要在36 000 英尺的高空突破声障飞行，它的速度必须大于 660 英里/小时。

20世纪40年代后期，飞机设计面临的难题是不仅要使飞行速度接近和超过声障时飞机安然无恙，而且还能把飞行速度推向更高的马赫数，如马赫数2或3（即2或3倍的声速），或者更高。

当时的公众对突破这道不可见的屏障非常着迷，他们将它当成了实物屏障，认为飞行员要冒肢体伤残甚至牺牲生命的危险，驾驶他们脆弱的飞机才能撞穿这道声音的墙。在西方，受命从事这项工作的飞行员都成了英雄和传奇人物——尽管后来他们成了媒体的明星，但开始时却处于秘密的状态，原因是为了所谓的国家安全。而同期的苏联试飞员都是躲在“铁幕”后的无名人物。

这种实物屏障的观念是不正确的。实际上，这个屏障是由流过飞机表面的空气质点组成的。在屏障的一边，速度低于声速的空气质点受到压缩；在另一边，速度大于声速，空气质点膨胀。屏障两侧的两个区域是气流性质截然不同的两个区域，而屏障是位于两区域间的一个极薄的区域。飞行速度由亚声速、跨声速到超声速，飞行员要驾驶飞机穿越两种空气性质相反的区域——空气的收缩区和膨胀区。

1947年10月14日，查克·伊格（Chuck Yeager）驾驶贝尔X—1飞机，成为第一个成功突破声障的人，尽管几天前他刚从马上摔下来，并摔断了两根肋骨。他让一名普通医院的医生给他做了包扎，并用一个锯短的扫帚把来控制门栓，以便他能将X—1的舱门关住。只有他的几个好朋友和他的家人知道这事，而B—29投放飞机的机组人员只是知道他从马上摔了下来。几乎是从着陆的时候起这一成绩就被以国家安全的名义封锁起来，但伊格终于还是成了X系列飞机研究计划中的第一个英雄人物，因为他将人和机器的能力发挥到了极致。这些对进入太空来说具有开拓性的工作，是在莫洛克空军基地的荒漠上进行的。此基地位于加利福尼亚州的一个干枯的湖床上，后来成了著名的爱德华兹空军基地，它是美国空军试飞员学校的所在地，早期的几次航天飞机飞行都是在这里着陆。

X系列飞机的成功也伴随着悲剧的不断发生。20世纪40年代和

50 年代，生活在爱德华兹空军基地试飞员家庭有一个共同的特点，那就是需参加那些因飞行事故捐躯的同事的葬礼。他们往往在远远不到退休的年龄就死去了。

1.2.4.1　X—1

在 1946 年到 1958 年间，总共对 X—1 飞机及其改型（X—1A，X—1B，X—1D 和 X—1E）进行了 237 次滑翔和带动力飞行。因为是一项研发和试飞计划，在该计划和所有类似计划的整个过程中，小的事故频频发生（见表 1—2）。

在 X—1 计划期间，美国空军的弗兰克·埃弗里斯特（Frank Everest）上校，遇到了所有事故中最有生命威胁的事故。1949 年 5 月 2 日，他第 4 次驾驶 X—1—1 飞行。刚刚从 B—29 飞机的下部脱离，他就点燃了 XLR—11 火箭发动机并开始爬升，这时他听到他身后传来剧烈的爆炸声，随即所有的火箭发动机熄火。他本能地试着用舵来控制，但舵被卡住了。他沉着地向地面汇报了事故，并开始滑翔回基地，下降过程中他丢弃了燃料。当他飞到 30 000 英尺时，一架 F—80 伴航飞机飞到 X—1 后，其飞行员察看了 X—1 的损伤情况，向他报告说 1 号发动机炸毁，损伤到了操纵舵。最终，埃弗里斯特安全降落了。事后的检查显示，1 号发动机的点火器有问题，它没能点燃推进气体，而另外两个发动机的排出气体与 1 号发动机的气体混合并将之点燃，火焰沿着推进剂进入到推进剂供给装置，引起了爆炸。6 个星期后，X—1—1 重新起飞。

1949 年 8 月 25 日，埃弗里斯特在他的第 7 次飞行中，成了第一个在飞行的紧急情况下使用部分压力服的人。他在等待从 B—29 飞机上落下的时候，注意到在 X—1 的座舱罩的内部有一条 1 英寸的裂缝。然而，裂缝没有增大，因此他进行了脱离并依靠 X—1 的自身动力飞行。当飞机升到 65 000 英尺后，他听到“噗”的一声巨响，并感到他的压力服立即膨胀起来。那条 1 英寸的口子已扩展到 6～8 英寸，而且内外贯通了座舱盖，致使他的座舱中的空气迅速向真空中泄漏。他立即关掉了发动机，并垂直俯冲到 20 000 英尺，因为在此高度他将不必依赖压力服。

1951年8月22日，飞行员埃弗里斯特在为X－1D的脱离作准备时，发现各仪表指数都在变化，油箱压力也在下降。经过对下一步行动的讨论，决定放弃此次发射，埃弗瑞斯特重新回到X－1D的座舱准备抛掉燃料。然而，当他触到燃料控制的把手时，发生了巨大的爆炸，X－1D被炸得摇晃起来，一股火苗冲向B－29飞机的弹舱。埃弗里斯特本能地跳出X－1D，B－29飞机的机组人员扔掉了这架火箭飞机，飞机直撞向地面，摔成了碎片。事故的原因是一个厄尔默皮垫圈没有发挥作用。在LOX系统中，该垫圈被用来密封内隔板的通道门。

1955年8月8日，X－1A飞机遭受一次相似的爆炸，爆炸造成飞机的一个液氧箱破裂，此时X－1A仍然连在B－29飞机上。这一次又很幸运，没有人员受伤，但是由于遭到破坏，X－1A上的燃料无法卸掉，于是B－29飞机的飞行员将X－1A带到一个爱德华兹空军基地的投弹区域扔了下去，X－1A触地发生大规模的爆炸。又是厄尔默皮垫圈造成了这次事故。

进一步的调查和试验显示，有机垫圈在室温下的应用效果很好，然而在发动机试验中，当温度升到200℉时，一定量的磷酸酯和石蜡，就从垫圈中析出。把它们收集起来并冷却，这些东西就会固化，而且遇液氧能产生剧烈的化学反应。通常反应在受到一定的冲击情况下才能发生。

试验表明，当用小锤击打时，即使很小的力也能使很少的几滴磷酸酯发生爆炸。在X－1上箱的密封用了1.75磅的皮垫圈，其中含有0.45磅的磷酸酯（接近满满一小杯）。箱内任何小的冲击——如出口支撑的振动——就足以引发爆炸。结果，从那时开始，厄尔默皮垫圈被永远排除出X系列的飞机研究计划。

对待危险职业的幽默态度，在X－1出现的其他的紧急情况中显示出了非常重要作用。一次飞行中，杰克·瑞德雷（Jack Ridley）报告说离开B－29一分钟后发现座舱内有火花。侦察机飞行员安慰他说可能是一个电火花，不会对你有什么危险的，因为座舱内没有什么东西可烧。瑞德雷立即回答说他正在座舱内呢！

1.2.4.2 X—2（1956）

尽管X—2计划遭受了许多挫折，但却在高马赫数飞机的稳定性及控制方面获得了进展。另外，在该计划中首次研制了可以抛射的增压座舱段和个人救助降落伞，而不再需要弹射座椅。可以说，X—2计划既取得了辉煌的成绩，也遭受了巨大的挫折。

1953年5月12日——在加满液氧试验期间，运载飞机正在安大略湖面上30 000英尺处飞行——X—2（46—675）在运载飞机弹舱内突然炸成一个大火球。当时，飞行员简·齐格勒（Jean Ziegler）没有在X—2上，而是在运载飞机的弹舱内记录仪器状态。当他被抛出弹舱时，已经被炸死。贝尔公司的一名职员——弗兰克·沃尔科（Frank Wolko），当时正在飞机的后部，开始人们认为他逃了出来，但是他的降落伞没有打开，而且尸体也没有找到。巨大的冲击把运输飞机在空中前推了100英尺。尽管发生了爆炸，但没有引发大火，严重破损的飞机还是安全着陆了。调查指出厄尔默皮垫圈的易爆特性又一次导致了重大事故。

X—2飞机与飞行员。米尔顿·艾普特坐在飞机上，伊文·C·肯切罗站在旁边（照片来自美国空军）

1956年9月7日，伊文·C·肯切罗（Iven C. Kincheloe）上尉驾驶X－2（46－674)创造了126 200英尺（23.9英里）的高度纪录。由于他在大气层边缘飞行，媒体称之为“进入太空的第一人”。

X－2第20次也是最后一次飞行中发生的悲剧，证明了高速飞行的飞机沿三个轴滚转时是难以控制的。1956年9月27日，美国空军的米尔顿·阿普特（Milton Apt）上尉在脱离了运输机后，启动了X－2的2个火箭发动机，沿33°角向上攀升。当他以2.0马赫的速度达到72 000英尺后，因他的推进操作超出了X－2飞机的飞行包线，飞机在发动机仍然工作的情况下，开始了长距离的竖立向下俯冲。在以6°角向下俯冲的过程中，他的速度超过了马赫数3，创造了一项新的速度纪录，即马赫数3.196（2 000英里/小时——差不多35英里/分钟）。当145秒钟后发动机熄火时，他试图调整飞机，开始了一次漫长而快速的着陆。

此时的X－2已失去了控制，仅在16秒内就下落了40 000英尺。当阿普特努力重新控制飞机时，他被抛起来撞在了驾驶舱的内壁上，因为此时的X－2不但旋转，上下俯仰，而且还左右摆动，就像一匹发狂却也是致命的野马。

阿普特摸到了他两腿间的弹射把手，并拉动了它，逃逸舱立即从下降的飞机上弹了出来，同时给正在遭受折磨的飞行员身上加了更多的重力载荷。接着，他弹射出了降落伞并解开了座椅皮带，但是可能由于眩晕的缘故，他没有离开座舱，因而迎头冲下，重重摔在沙漠上，最终因撞击致死。

随后的调查指出：因机上设备失灵，不能给出实时数据，当时阿普特看到的飞行速度远远低于实际的速度。结果，当他试图加速时，出现了后继的这些事情，最终导致超声速失稳，对此他已无能为力。也有人认为，阿普特没有丰富的火箭动力飞机驾驶经验，不应在他的首次火箭飞机飞行中尝试这么重要的任务。

1.2.4.3　X－15（1959）

1959年11月5日，飞行员斯科特·克罗斯菲尔德（Scott Cross-

X－15 飞行艺术设想图

field）驾驶的 X－15 的一个火箭发动机在飞行中爆炸起火，这使他不得不放弃该飞机的第三次动力飞行，他必须倒掉剩余的燃料并设法尽快降落。然而，由于燃料没倒光，降落时的重量仍然高于要求，因此他决定到罗斯芝德的一个干枯的湖中去降落。他先放下飞机下面的腹鳍来为降落扫清地面障碍，然后在伴随飞机的导引下降落。他以 200 英里/小时的速度降落，飞机的尾起落橇撞到了湖床上。由于超重，飞机重重地跌落了下来。克罗斯菲尔德听到身后飞机扭曲变形的声音，而现场的人看见的是飞机在挣扎着停下来前，在稍后于座舱的地方发生断裂。救援队迅速冲向飞机，因为克罗斯菲尔德还在里面，他们认为飞机随时都会爆炸起火。令人惊奇的是爆炸没有发生。救援队不久就使飞机解除了危险，并从中救出了克罗斯菲尔德。飞机是在座舱与燃料箱间断掉的！

飞机前轮的设计是这样的：为了节省空间，起落架的放下与收回都利用油压。在飞机起落架展开着陆时，原来在飞机飞行中被油封住的氮气将利用压力使起落架的支柱放下。这种情况下，由于气

1959 年 X－15 飞机的降落事故，照片显示了后部折断的机身

体和油混合，使三分之一的压缩量无法使用。由于这次飞行降落中，有过量的着陆载荷部分传到这个结构上，才暴露出了设计中的疏忽。这种事故可能会发生在以往的任何一次着陆中。受损的飞机被送往洛杉矶的工厂去修复，修复将要花几个月的时间。

1.2.4.4　X－15（1962）

1962 年 11 月 9 日，飞行员约翰·麦凯（John McKay）第 7 次驾驶X－15飞行——该计划的第 74 次自由飞行。在这架 2 号飞机的第 31 次飞行中，一切进行得都很顺利，直到飞行员试图点火起飞时。点火不久，巨大的 XLR－99 火箭发动机在推力达到 33％时就熄火了，飞行员没办法只好放弃飞行，此时飞行高度为 53 950 英尺，时速 1 000 英里。在抛掉了剩余的燃料后，他试图着陆，但当他操纵襟翼时，发现飞机没有反应。当麦凯驾驶着 X－15－2 向地面疾驰时，速度还有每小时 290 多英里，着陆现场的人只能眼睁睁看着灾难的发生。

出于本能的反应，麦凯延缓了操纵起落架——它将产生阻力，降低着陆速度和高度——来保持对他来说至关重要的上升能力直到

1962 年 X－15 降落事故，事故中飞机翻了过来，飞行员麦凯逃出，但身受重伤

最后时刻。几乎就在他放下并锁紧起落架的同时，飞机就撞到了干枯的湖床上。尾部滑橇和前轮插进土里，随着受力过大，前轮弯曲并损坏，飞机的头部插入土中。飞机内，麦凯只能坐着那里等待撞击地面。由于左后滑橇受力损毁，飞机突然偏向一边并开始翻滚，随着翻滚，飞机解体了。X－15 最终停下来，伤势严重的飞行员仍然被困在座舱内。4 个多小时后，救援队将麦凯从杂乱的机舱中救出。同样，X－15 还是被运往工厂进行修复。后来该飞机又在此计划中继续飞行了许多次。此次事故中他的 3 块脊椎骨被撞坏，致使身高下降 3/4 英寸，而且事故给他留下了持续的伤痛。然而，他毕竟是王牌飞行员，这位二战的老兵又飞了 22 次 X－15 的任务，包括 1965 年 9 月 20 日驾驶 3 号飞机的飞行，这是一次弹道飞行，高度达 50 英里，为此他赢得了“航天员”的称号。1966 年 9 月 8 日在完成了他的第 29 次也是最后一次飞行后，他退休了。1962 年的事故造成的伤害，不但是他提早退休的原因，也是他过早死亡的原因。1975 年 4 月 27 日，麦凯去世，终年 52 岁。

1.2.4.5　M2－F2 升力体飞行器（1967）

从 1946 年到 1975 年的 30 年间，美国实施了一系列的渐进的飞机研究发展计划，为后来的航天飞机计划作准备。从著名的 X－1 系列飞机研究开始，经过对 X－2、太空火箭、X－3、X－20 飞机的研究和一系列载人升力体飞行器的设计，在航天飞机最后设计完成的多年以前，它的大部分空气动力学研究工作已完成。这一时期工作目的有两个，一是获得在高空以高速飞行的高性能飞行器的数据；二是对这种飞行器在常规飞机跑道上降落进行详细的研究。这些问题的成功研究保证了近年来航天飞机降落的高成功率。然而，降落这种飞行器实际上是不容易的，1967 年的又一次事故就说明了这一点。

M2－F2（M 表示载人，F 表示飞行）升力体飞行器是那些计划其中之一，到 1967 年 5 月 10 日，它的滑翔飞行计划已接近尾声，这天是最后一次飞行。NASA 的飞行员布鲁斯·皮特森（Bruce Peterson）进行这次飞行，他已飞过三次升力体飞行器。与母机 B－52 飞机的分离和在空中开始的机动都很顺利。当皮特森做出一系列的“S”转圈的最后一圈，准备着陆时，飞机开始了“荷兰翻滚”，包括同时进行的一个振动性转动和一个重复性偏航运动，这种情况通常发生在两种情况下：一是小攻角飞行时，阵风改变了飞机的攻角；二是飞行员为了实现降落前的外倾机动飞行，在飞机头部施加了用于加速的向下的俯仰力矩。根据经验，皮特森知道采用副翼和舵控制都不能解决这个问题，此时，飞行器每秒滚转 200°，过了 11 秒，飞行员通过增加飞行器的攻角来补偿急剧的机动。这个操作足以使他重新控制住飞机，但在这一操作结束时，皮特森发现又出现了另一个问题，他看不见跑道上的标记，因为标记已远离他右边 1/3 英里。

为了避免在他的飞机的恢复过程中产生湍流，皮特森的伴航飞机几秒钟前就离开了，从而无法来引导他降落到没有标记的沙漠上，于是他现在只能盲目地向前冲，空中的唯一援助是与他同航向的一架救援直升机。

皮特森关掉了飞机发动机，增加了下降的速度，就在撞到地面

1967 年坠毁的 M2－F2 飞机，飞行员皮特森受伤

前，他放下了起落架。飞机仍以 217 英里/小时的速度向前冲，激起尘土飞扬，突然飞机后部向上弹起，扭向空中，飞机滑向一边并开始在沙地上打转，剪断了起落架、座舱顶盖和尾翼及其他部分，又扬起一片尘土。随着尘埃落定，人们看到飞机翻了过来，飞机的座舱盖和断了的尾翼在地面上支撑着飞机。

救援队在飞机停止滚转前就奔向了现场。在现场，大家一齐动手救助被困且昏迷的皮特森，他还在座椅上。他被立即送往爱德华兹空军基地的医院，被诊断为重伤，包括几处面部划伤，右眼部分失明，几处骨折，头骨开裂，以及全身的伤和青肿。很幸运他还活着。

接下来的 2 年多时间里，外科医生几乎是重造了一个皮特森，包括一个为期 18 个月的脸部修复手术。1970 年他又回到了试飞员岗位（尽管不再是升力体飞行器），1971 年他去 NASA 总部工作。他的事故的录像被制成 70 年代的一个电视系列片，名为“前航天员的故事——六百万美元的人”。皮特森是世界上的第一个仿生人。

1.3　X—15失事（1967.11）

在20世纪50年代和60年代，正当太空竞赛逐步升级之时，NASA、美国空军（USAF）和美国海军的一项联合飞机研究计划开始实施，目的是研究可重复使用的飞行器。这种飞行器以高马赫数飞行，可经常性地往返于陆地和太空，使用常规的跑道来降落，有和普通飞机一样的控制系统。这个几乎被遗忘的高超声速飞行器研究计划被称为X—15。它是许多研究工作发展的平台，这些研究的进展最终体现在当今的航天飞机中。

X—15计划包括3架外表光滑的、呈黑色的、火箭推动的试验机，在1959年到1968年间，完成了近200次到太空的飞行任务，其中3次突破50英里的高度——这里被认为是大气与太空的分界线。8名执行太空飞行任务的飞行员被授予“航天员”称号。尽管对这种称呼存在一些争议，但美国空军还是将“航天员徽章”奖给了那些达到此目标的飞行员。其中的一个空军飞行员——乔·恩格尔（Joe Engle）上尉，在1966年成为NASA航天员前已经进行了3次X—15的超过50英里高度的飞行任务。在他拥有了美国空军的“航天员徽章”20年后，他才在1981年的第二次航天飞机任务中实现了他的首次太空飞行。

到1967年的秋天，3架X—15飞行器已经经常性地从B—52运输机下起飞，而且未发生飞行员死亡事故。考虑到飞行器的复杂性和此计划的要求，这是个了不起的成就。当时，预算限制已在实行中，在这个十年年底，计划将被终止。实际当计划终止时，已实现了所有的主要研究目标。X—15的飞行任务已变得如此“常规”，以至遭到了媒体的冷落。此时，阿波罗计划已开始从年初阿波罗1号的悲剧事件中恢复过来。

1967年10月5日是斯巴特尼克（Sputnik）号10周年纪念日的第二天，这天飞行员迈克·亚当斯（Mike Adams）被选中来进行X—15

的 191 次任务飞行。他将飞行的是 3 号飞机的第 65 次任务——他个人的第 3 次飞行。为准备此次飞行，亚当斯完成了 23 小时的模拟飞行。

3 号飞机为一项高空实验研究计划而设计，类似于前两次试验。这架飞机被当作一个实验平台，几年前就已经达到了它的大多数飞行目标，其中一些实验是为了研究高空高速飞行。28 项实验中，包括了天文学和微陨石收集方面的研究，以及阿波罗一土星计划中的研究，例如导航仪器的研制、热防护以及 NASA 其他领域的研究。X－15 计划中大量的短期、高速和高空的研究性飞行，为研究者和工程师提供了独一无二的研究条件。

亚当斯站在 X－15－1 旁边

3 号飞机的第 65 次飞行原定于 1967 年 10 月 31 日，但是当飞机从 B－52 母机脱离前，飞行被中止了。由于需要更换有故障的 XLR－99 发动机，再加上天气不好，发射日期只好推迟到 11 月 5 日。

1967 年 11 月 15 日，太平洋标准时间（PST）9 点 52 分，巨大的 B－52 升空，在它的右翼下带着 X－15－3，亚当斯坐在 X－15－3 上。计划的最大飞行高度为 250 000 英尺（这足以使亚当斯获得美国空军的“航天员徽章”）。科学实验包括太阳光谱的测量，大气层上层微陨石的收集，检测助推一制导系统和测量在高马赫数时弓形激波的脱体距离。这些实验结果将在几年后设计航天飞机时发挥重要作用（X－

1513—65 飞行日志见表 1—3)。

表 1—3　X—15 (3—65) 飞行日志

太平洋标准时间（PST）	1967 年 11 月 15 日上午
09.12.00	B—52 从加州爱德华兹空军基地起飞
10.30.07.4	在德拉马（Delamar）干湖附近 4 500 英尺高度，X—15 以 0.78 马赫投放
10.30.08	发动机点火
10.30.42	速度：2 000 英尺/秒，高度 60 000 英尺
10.31.07	首次出现电子干扰信号，持续了 2 分 46 秒
10.31.28	由于干扰引致惯性系统计算机和仪表失效灯显亮
10.31.29	4 秒后，亚当斯关闭发动机，速度为 5 236 英尺/秒，比预计高 136 英尺/秒；高度为 150 000 英尺，而不是预计的 140 000 英尺
10.31.36	亚当斯尝试恢复计算机失效灯至正常
10.31.45	启动机翼摇滚试验
10.31.54	高度 200 000 英尺
10.32.10	X—15 开始缓慢偏离预定航向
10.33.00	峰值高度 261 000 英尺，峰值速度 4 600 英尺/秒，最大偏离航向 15°
10.33.05	亚当斯手动启动 3 个偏航发动机，但方向朝右，是错的
10.33.25	亚当斯又进行了两次向右偏航信号输入，增大了偏离量
10.33.28	亚当斯进行了右、左、右偏航控制，再一次扩大了偏离量，离预定航向偏离了 50°
10.33.39	X—15 与预定航向成 90°角，很明显驾驶员不知晓总的偏差
10.33.49	X—15 与预定航向完全相反
10.34.02	X—15 已经转了 360°，进入了尾旋，亚当斯告知地面他进入了尾旋状态
10.34.36	启动尾旋中止系统，飞机开始振荡，以 3 000 英尺/秒降落
10.34.54	飞机由于侧向过载而解体，高度为 80 000 英尺
10.34.59	遥测信号表明，过载为 13 *g*，高度 62 000 英尺，速度 2 500 英尺/秒，飞机碎成许多碎片。驾驶员也许因为高过载所致无法弹射，与地面撞击中死亡，飞机残骸散落在 10 英里×1.5 英里的带状区域内

在内华达州的德拉马干湖上空 45 000 英尺处，飞机被从 B—52 上释放，时间是 10 点 30 分 7.4 秒。于是，亚当斯驾驶着速度为 0.78 马赫的飞机，开始了他的第 7 次 X—15 的飞行，并计划于 10 分钟后降落到爱德华兹空军基地的干湖床上。从 B—52 的翼吊架上脱离开几秒钟后，他点燃了巨大的 XLR—99 发动机，X—15 开始直冲太空。接下来关于亚当斯最后一次 X—15 飞行中的一系列事件的论述是在综合了飞行数据和事后调查报告中的部分内容写成的。

进入动力飞行后不到 1 分钟，飞机的电子系统出现的一个干扰，影响了传往地面的数据质量，后来认为此干扰可能由弓形激波实验中的一个电弧引起。干扰还中断了来自惯性飞行数据系统（IFDS）计算机提供的高度和速度数据，同时被中断的还有惯性导航系统、MH—96 自适应控制系统自动驾驶仪的数据显示，以及飞机的主控制系统。

飞行不到 5 分钟，弓形激波实验按计划完成了。不久，所有电子干扰停止了。“噪声”开始不易与无线电频率干扰相区分，因为在过去的 X—15 飞行中经常出现无线电干扰，通常认为是由发动机噪声所致。在上述过程中，亚当斯与地面的直接联络非常困难，不得不通过 B—52 母机来进行。

在一小段时间里，亚当斯精力有些不集中，但记录下来的飞行数据表明推力控制系统（RCS）的自动控制效率降低到 50%以下。X—15 有一个特点，那就是如果 RCS 的利用率降到 60%以下时，自动控制系统将无法工作，而飞行必须改由飞行员手动控制。由于此时飞行器还在较稠密的大气层中，空气动力还在起作用，因此没有使用 RCS 子系统。这样亚当斯还有足够的飞行手段和控制能力来继续飞行。

X—15 攀升过程中，所有导航数据来自助推导航实验。实时测量的数据要与飞行前已预装的机载试验数据作对比，根据两套数据间的差异来修正飞行路线，以使现有的飞行路线符合原定的要求。其他要显示的还包括航向、高度和沿三个轴的运动，如俯仰（上或

X－15 飞机悬挂在运输机翼下的发射位置上

下），偏航（左偏或右偏）以及滚转（向左或向右），在这些数据中，只有助推导航数据受到了电子干扰的影响，而飞行员并没有从这些有效的数据中看出什么问题。

当亚当斯向前推发动机控制杆时，或者由于无意中施加了反向的力（在 X－15 以往飞行中常常发生此事），或者是由于对显示仪上的一条指令的操作响应，使飞行器产生了较小的纵向振动，振动大约 20 秒后消失。

就在按计划关掉发动机前，电子干扰变得如此强烈，以致使机上的导航系统计算机失灵，所以，直到电子干扰消失时，来自计算机的所有飞行数据都是错误的，凭这些数据不能确定飞机的速度、高度以及爬升的速度（角度）等，也不能确定飞机的航向是否对。由于故障，仪表盘上的警示灯开始闪烁。8 秒钟后，亚当斯试图重启计算机，但计算机的警示灯依然闪烁，所有这些都记录在后来找回的座舱中的胶片上。

在警示灯依然闪烁的情况下，亚当斯根据惯性导航系统的数据和发动机燃烧时间，发出了关掉 XLR－99 发动机指令，这比计划的

X—15飞机脱离载机，发动机正在点火，飞机将开始研究任务

燃烧时间78秒长了4秒。关闭发动机时，他的实际飞行速度是5 236英尺/秒，而不是原定的5 100英尺/秒。然而，仪表盘显示的只是5 020英尺/秒——比实际飞行速度低了200英尺/秒。后来的研究确定，电子干扰造成了实时数据的时间延迟。

亚当斯在发动机燃料耗尽前的瞬间关掉发动机，是典型的X—15飞行员的行为。这样保证飞机上燃料尽可能少，其重量达到最轻，从而获得最大推力。关闭发动机时，他的飞行高度比计划的150 000英尺高出了10 000英尺，而他的仪表却显示140 000英尺。亚当斯正朝最高高度飞去，但那将远远超出计划飞向250 000英尺。

这时，飞行数据系统本应早已在一两秒钟内完成恢复和自动重新设定，然而却未能如此。警示灯还亮着，这意味着这些问题或者是连续存在的，或者是重复产生的，不断地将错误数据传给计算机。后来找到的飞行数据显示，在电子干扰期间，机载计算机在不到3分钟内转存了至少61次。

刚刚熄灭了发动机，亚当斯就发出了精确高度驾驶指令，在飞机飞向最高点的过程中，指令数据与助推导航系统的数据，一起出现在显示器上。接着，太阳光谱实验和微陨石实验也开始实施。

亚当斯下一步行动就是推动操纵杆使飞机变回零攻角，目的是启动设计好的摆动机翼实验，在尾部的锥形箱内进行UV排气羽流测量实验。用一台照相机记录仪器设备的状态，后来这台照相机被找到了，并通过对照相机记录结果和实验结果的分析，被用来判断飞机此时的飞行高度。按计划，机翼的左右摇摆应控制在10°以内，速度不大于5°/秒。找回的数据显示实际摆动远远大于要求。

根据过去实际飞行和模拟飞行的经验，亚当斯应该已经判断出飞行器的反应是不正确的了，应启动RCS的转向喷气发动机来修正。到这时，他应该处在一个有效的高度上来削除气动力的影响。然而，RCS没能启动，这就说明或者亚当斯没意识到问题，或者他遇到了更严重的飞行控制问题。很可能持续的电子干扰和伺服传动装置阻碍了RCS的自动运转，而通常在这个高度它应该投入运转。

地面观察人员意识到了这个问题，并作了记录，指出在摇摆机翼实验过程中，RCS应该启动，而实际没有启动。但不知什么原因，他们没有设法找出问题的根源所在。

在计算机转存30多秒钟后，亚当斯终于开始与地面通话，此时通信系统已恢复到足以将他遇到的问题传回地面的程度。他说："好，我现在能听到你的声音了。我的计算机和仪表出现了警告。"但他没有告诉地面人员他试图取消警告，却没能取消掉。这样，地面控制人员没能意识到问题的严重性，并让他利用他前面仪表显示的数据继续飞行，其实这些数据全是错的。他打算飞到230 00英尺，并记录飞行轨迹的侧滑角和攻角。这些数据由飞机头部的Q形传感器测出，记录时只需用一只手按下仪表盘上的α/β按钮即可。

根据Q形传感器数据，亚当斯输入了新的侧滑角和攻角信息。飞行控制系统将进行数据的自动对照，并很快作出更新，这样飞行控制系统的操作程序将恢复到90%，并且解开对RCS的锁定，从而允许亚当斯手动启动喷气发动机来阻止飞机向右的偏航和滚转。2秒钟后，亚当斯实现了这一操作，并开始将飞机头部调向左方和零攻角。几乎就在亚当斯正在通过机动来停止向左运动的同时，MH96飞行控制系统掉线了，RCS也随之失灵。操纵杆上有一个触发器，

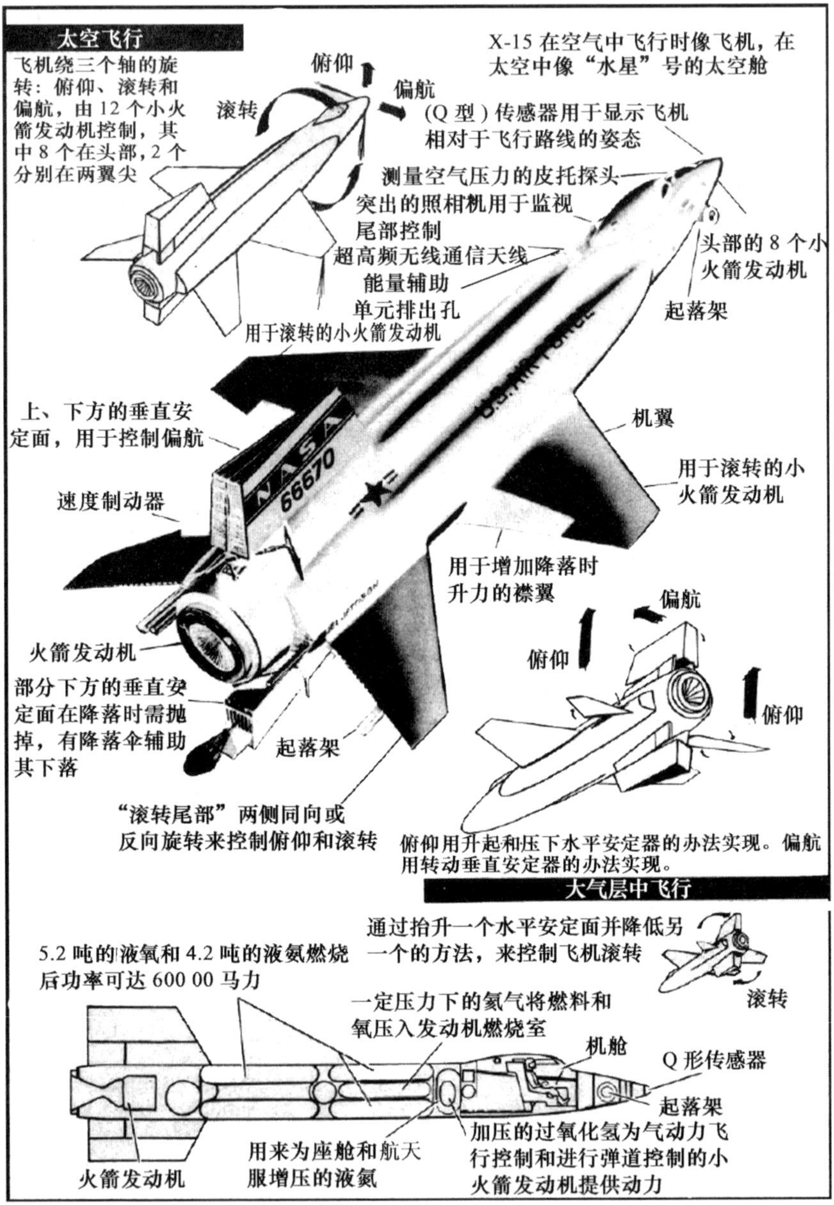

X－15 飞机的操纵与燃油供应示意图

可以用来点燃 RCS 的转向喷气发动机。尽管亚当斯在触发器上按了 8 秒钟，仍然没有任何效果。后来找到的座舱记录胶片显示，除了 RCS 系统失灵，X－15在此时总的状态还相当稳定。

地面控制台要求亚当斯立即检查飞行攻角。座舱记录显示，不知何故，亚当斯在执行命令前，将手指放在控制开关上呆了足足 7 秒钟。这时的数据表明 X－15 的头部向右偏离了 6°～8°，而它本应保持在 0°。3 秒钟后，向右的侧滑角和向右航向角都超出了显示的最大值，但是亚当斯明显地没有采取措施阻止这种飘移或修正航向。

紧接着，飞行控制系统的俯仰和偏航阻尼器上都亮起了警示灯。亚当斯发现这一情况后立即重新启动飞行控制系统进行消除，但是由于电子干扰的影响，出现了 20 秒钟的延迟。正常情况下，20 秒钟的时间足可以摆脱现在的俯仰和偏航模式。在飞行计划中，由于此阶段没有必要使用 RCS 自动系统，因此当自动系统失去作用后，亚当斯也没有尝试手动点火。

当 X－15 达到最高高度时，地面控制通知亚当斯，他的实际高度是 261 000 英尺，并且建议他重新控制姿态，以便开始太阳光谱测量实验所需的精确飞行姿态。虽然俯仰和滚转角几乎处于 0°，但此处的航向却比计划要求向右偏离了 14°。听到地面控制给他的关于他正在到达最高点的消息后，亚当斯打算启动太阳光谱测量实验。当他操纵X－15到达要求的位置后，飞行控制系统显示出飞行侧滑角已达到19.5°，比预想整整大了 15°。对此，他的第一反应就是启动 RCS 来控制滚转，但按要求应该同时控制俯仰和滚转。此时，飞行器正以 4 600 英尺/秒的速度飞行。

亚当斯明显地错把滚转当作偏航。他试图修正其偏差，但却改错了方向。他喜欢依赖仪器飞行的自然天性，以及几次精神不集中和过度的实验负担，都增加了他思考上的混乱。当飞行器达到最高点时，已远在大气层之外了，但是飞机的航向是错误的。亚当斯试图用自动控制系统来重新恢复控制，但是当他没有得到飞机足够的响应后，他又选择了手动控制系统。亚当斯将命令输入后，错误不但没有得到改正反而增加了。在地面上，由于无法判断飞机的航向，因此当飞机返回大气层后，没有人能告诉亚当斯 X—15 的航向错了。

亚当斯在控制盘的滚转角显示器上看到了一个 2°的偏离，很明显，数据是错的。他启动了 RCS 来消除它，但实际上他使问题变得更加复杂，因为他过多地启动发动机以致增加了向右的滚转。当他努力将航向调回他正在飞行的方向时，地面控制人员仍然不清楚发生了什么。这时 X—15 已偏离它离开 B—52 时的飞行方向 53°。从最高处下降 30 秒后，飞机进入到较稠密的大气层，对飞机的空气动力作用恢复了，这样使 X—15 的航向向右的偏差增加到 90°，飞机的头部向下俯仰角为 20°。实际上，X—15 正在侧向飞行，但是亚当斯并没有意识到主航向偏离。用了 109 秒的时间，他一直在启动转向发动机来纠正偏离，但由于他忙于手上的事情，以致他没有将他遇到的困境告诉地面控制人员。

在大约 230 000 英尺处，飞机以 5 马赫（3 000 英里/小时）飞行，进入了尾旋状态，差不多与此同时，亚当斯告诉彼特·耐特(Pete Knight)。耐特作为副驾驶在飞行的 B—52 上（NASA 1），他同时作为 X—15 与地面通信的中转。亚当斯说："我正在旋转，彼特。" NASA 1："再说一遍。" 亚当斯重复了几遍。耐特显然没听清或误解了通话，因此回答道："让我们把它改过来。" 在地面控制处，亚当斯的母亲和妻子正在注视着飞行。当人们认识到事态严重时，她们被迅速地带出了观看现场。

地面控制人员不相信他正在旋转的报告。没有人注意到 X—15 的航向，虽然航向明显不是人们所期望的。没有人会想到时速为 3 500英里/小时的飞机会进入尾旋，他们只能看到他们仪表盘上显示飞机在慢慢地做滚转和俯仰运动。

旋转 43 秒后，飞机通过 120 000 英尺的高度，RCS 被持续启动来停止旋转运动。令人难以置信的是，飞行员手册上面没有关于如何结束这种水平旋转的方法。另外，在此高度和速度条件下，以往未发生过此种旋转，因此没有这方面的经验。基于亚当斯的飞行技术、飞行器的稳定特性、空气动力以及机上 MH—96 控制系统的作用等各方面的因素，飞机终于在马赫数 4.7 时停止了旋转。然而，刚从旋转中恢复出来，X—15 又开始了俯仰振动（一种飞机头部的反复上下运动）。由于这种运动的缘故，飞行器的自动控制系统变得饱和，致使用来修正俯仰运动的俯仰阻尼器停止在最大设定值。另外，水平稳定器也在±10°范围做“锯齿形振动”，结果，又引起了26°/秒的摆动。由于设定值太高，以致于自动控制系统不但使振动的强度增加，而且使之变成了一种自激性质的振动。

舱内照相机拍下的最后的静止画面之一，显示了仪表盘及其读数

此刻终止这些运动的最有效办法应是把俯仰增益减到最小或者是关掉阻尼器，然而，亚当斯没有这么做，也许是沉重的压力和剧烈运动使他无法做到这些。他身上的过载越来越大，而且他在座舱内被剧烈地摇晃着。当飞行器以每分钟 160 000 英尺的速度下降时，他的身体每平方英尺面积上的力差不多是 100 磅，这使得亚当斯已不能启动弹射座椅了。

X—15 侧向过载极限最先被超出，引起舵面破坏和方向失稳。持续的俯仰和偏航振动也使飞机的飞行控制系统严重超载。在此期

X—15—3 飞机最后留下的残骸。飞机躺在地上，左侧边着地，安放前轮的机舱敞开着，断掉的前轮躺在飞机右前方

间，亚当斯没有与 NASA 1 及地面通话，尽管耐特试图与他保持通话："迈克，你听到没有？要升起来"。飞机的结构在正负两个方向 15 g 的载荷的反复作用下，机体结构设计的过载极限被超过了，使得飞机在空中 60 000 多英尺处解体。

机身是在 62 000 英尺的高空断开的，当时的速度为 318 000 英尺/秒（译者注：原文有误），作用于其上的动压载荷为每平方英尺 1 300磅。当 X—15 在亚当斯周围解体时，他还没有弹射出来的打算，很明显，他仍在设法从这种毫无希望的状态中转换出来。在解体的过程中，可能他已经因过载过大、座舱罩的失去，或碎片撞击等原因而昏迷。事故后人们发现他的头盔的侧面有一个黑色的标记，这可能是剧烈摇晃时撞击座舱留下的，也可能是碎片的撞击所致。

一架飞机报告，"我已发现失事地点"。救援直升机根据地面控制台的报告，迅速起飞赶往现场，到达后，他们报告说，亚当斯的遗体依然在座舱中的椅子上。

失事飞机的碎片散落在加利福尼亚州约翰内斯堡东北的 10 英里×

1.5英里的地面上。收回残骸的主要部分是机身的三段、两个机翼、座舱以及找了很久才找到的座舱内的照相机。

NASA 成立了一个调查委员会来对事故进行调查，并且要确定飞机解体的原因以及亚当斯的死因。报告在 1968 年 7 月公布，对 1967 年 11 月 15 日的事件进行了详细的评估。报告分析了所有有效的数据，并提出了几项提高未来飞行安全的建议。

报告指出，尽管从亚当斯以前的经历和飞行前的健康检查上看，他非常适合这次飞行，但是当仪表出现异常时，他却未能通过无线电通信或通过改变飞机的姿态等办法，去解决仪表读数中存在的问题。据此调查委员会认为在飞行控制问题发生的早期，他并没有觉察到了问题。在问题逐渐增多的过程中，他似乎仍然没认识到事态的严重，直到最后进入旋转状态。这种状态在 X－15 飞行中是一个普遍存在的问题：因为在零重力飞行阶段，缺少加速度形成的动力；对于这个问题的正常的处理办法是放弃研究任务，将飞机的状态恢复过来。亚当斯上校的行为不能准确地表明是否他正设法做这些事情，或是否由于忙于实验而误解了他的飞行剖面图。

医学调查的评估指出了飞行员的两处身体异常。一处是他的心脏状况较差，但空军军医却认为这与他的飞行能力没有关系，也与本次事故没有关系。另一处是他对眩晕的异常敏感，这可能与本次事故密切相关。后来的调查表明亚当斯在以前的一次飞行中的确出现过头晕，在事后对他的询问中，他表示当眩晕发生时，他感到不知道该怎么应付。他没有向空军军医提到过其他的眩晕，因为这是一个常识，多数X－15的飞行员在爬升高度时都会遇到眩晕，这是由火箭动力飞行时的高过载引起的。

从找回的氧气设备上没有发现任何异常。从医学角度看，好像亚当斯在这次飞行的早期就迷失了方向。然而记录的飞行数据和座舱中照相机的胶片记录却显示出，起码到飞机解体前他都在清醒而符合逻辑地设法控制飞机。另外，没有弹射失败和是否试图弹射的迹象。在调查结论中委员会指出：

1）事故突然发生在弹道飞行阶段，此时，飞行员没有改变飞机的偏航飞行。从飞行轨迹上看，他后来的飞行使飞机达到了极限状态，以致在再入飞行阶段，飞机完全失去了控制。飞机的破坏由发散性的飞机振动超过了飞机结构设计的极限引起。

2）工作在自动状态的 MH－96 控制系统是造成事故的原因之一。因为 a）在自动控制状态，该系统在弹道飞行阶段允许法向推力控制系统和稳定性短暂消失；b）它使后来发生的控制系统的振荡得以维持，最终导致了过载超出了飞机设计的结构承载极限。

3）位于飞机前部右翼端吊舱内的弓形激波脱体测量（移动探针）实验，可能引起了一次电磁干扰，该干扰对飞行数据系统和自适应飞机控制系统的正常运行产生了不利的影响。这些影响对飞行员来讲就意味着飞机对输入控制命令没反应、俯仰和滚转阻尼器失灵、惯性速度和姿态显示不准确，以及系统计算机故障引起的警示灯闪烁。

4）失去控制前，飞行员仍然有必要的飞机辅助系统、充分的显示数据和足够的飞机操控能力可以利用。

5）飞行员对飞机的不合理的控制操作，是数据显示、精力不集中和可能的眩晕等诸因素综合作用的结果。

另外，为提高 X－15 及类似飞机在未来飞行中的安全性，X－15 飞机事故调查委员会提出了下列建议：

1）飞机航向的遥测数据显示必须放在 X－15 的飞行员可以直接看到的控制室内。

2）由于仅在这架破坏的 X－15 装有自适应控制系统，因此对此系统的详细建议显得不太必要。然而，由于设计者和操作者之间的信息交流看起来并不十分充分，需要提醒注意的是自适应控制系统的固有特性在某些情况下对飞机的操控是不利的。因此，建议 NASA 和空军的工程师在 90 天内写出一份报告，对这种系统在空军飞行试验中心的使用经验加以总结。

3）所有的要在 X－15 或其他高空飞机上做的实验，或要装的其他设备，事前均须进行实验检验。

4）所有X—15飞行员的候选人都要经过同选拔航天员一样标准的身体检验，包括特殊的眩晕试验。

5）在以弹道飞行条件为主的飞行中，为了减少X—15飞机偏航的可能性，应采取下列措施。

• 主要的姿态显示器及其相关的微调功能只能按常规方式使用，而且只用来显示基本的飞行参数。

• 就实际而言，飞行应保持在“球头”传感器可用的范围内，而且“球头”传感器得到的数据（攻角和侧滑角）必须连续不断地显示给飞行员。

• 如果进行更高的飞行，除了稳定的导航平台外，还必须有其他的航向数据来源以保证充分的信息。

报告中没有说明飞行员的失误。严重的眩晕、功能障碍和精力分散都是最后悲剧结果的原因。高过载载荷对飞行员感觉系统的影响的评估仍在进行中。亚当斯可能不愿意承认他有克服不了的困难，但不幸的是此次事态的发展太快了，以致他没有挽回的余地了。

在迈克·亚当斯死后，此计划只剩下8次飞行，资金可以支持到1968年底。随着第200次飞行的推迟和最后取消，这个有历史意义的计划在完成了其第199次飞行后于1968年12月24日结束。亚当斯失事后的所有飞行都是由1号飞机进行的，该架飞机自1959年开始进行了一系列飞行。亚当斯飞行的悲剧事故对于长期以显著的安全记录著名的此项计划是一个沉重的打击。

来自X—15飞行中的经验教训，在航天飞机的研制和发展中起了重要作用，主要体现在飞行数据系统在高动压和太空环境的应用中，如测量湍流加热率、测量高超声速飞机的表面摩擦阻力和发现飞机结构中不规则地出现的局部加热。另外，还体现在为飞行器跑道着陆进行的定位中。

亚当斯的死也再次说明，无论什么时候在高空以高速飞行的飞行员必须保持精神集中，而且，带翼高超声速飞行器从太空的返回不是件容易的事。

航天飞机从太空中成功返回的经验来源于 X 系列飞机的返回试验。而像亚当斯这样的飞行员在保证带翼航天飞行器高速大角度成功返回方面作出的贡献，只有在航天飞机发射成功后才会被人理解。因为发射一旦成功，接下来的企盼就是着陆成功，而且必须一次成功。

1.4 总结

到 1957 年来临之际，人们利用气球、飞机和高空火箭在平流层探索中获得了大量的经验。接下来理所当然的就应该是让人造卫星绕地飞行，这个在 1957 年 10 月 4 日由斯巴特尼克（Sputnik）1 号卫星完成。11 月苏联将一只名为莱伊卡的狗放在斯巴特尼克 2 号上送入地球轨道，此狗成了第一个绕地飞行的生物。不久的将来，人将被送入地球轨道。随着 1961 年尤里·加加林绕地飞行和艾伦·谢泼德（Alan Shepard）太空飞行的成功，人类探索太空的时代来临了。从 1961 到 1975 的 14 年中，先后实施了平流层气球飞行计划，火箭飞机研究计划和升力体飞行器计划，取得的研究成果被直接应用到航空航天的研究中，直到今天。

根据在高空气球和火箭飞机试验中取得的经验以及在军用弹道导弹计划中取得的经验，美国和苏联研制了第一代的载人航天器。在两个超级大国关系紧张的时期，谁先将物体并最终将人送入地球轨道将明显证明谁的技术强大。苏联用斯巴特尼克号和莱伊卡的绕地飞行，赢得了第一回合的胜利。通过两国在将人送入太空的先后竞争，可以看出“冷战”在航天领域引发了“太空竞赛”。

航天飞船的设计师们，根据参加气球计划和最早期火箭飞机计划的飞行员们取得的经验改进了增压舱和飞行员控制、显示装置的设计，增加了压力服及其辅助设施。在早期的平流层探索中，人们总结出了太空环境中人类生存的条件，这些也在第一艘载人航天器的设计中应用。

在马赫数达6的超声速火箭飞机研究中取得的成果，不仅支持了许多航天飞机计划中的重要研究，而且被直接应用于军事和商业的空中运输中。1958年成立的NASA不仅用X系列飞机实施了飞机安全研究计划，而且还不断地利用从航天飞机和X系列飞机计划中获得的知识来帮助世界各地航空研究的发展。

用X系列飞机进行的试验为飞机的性能研究提供了基准性数据，包括飞机进入、返回大气层边缘和在大气层边缘飞行的性能数据，还包括在不同姿态、不同速度条件下的性能数据。这些都被直接用于航天飞机的研制中。同时，一系列航空航天器的飞行提供的数据为航天飞机的成功返回提供了保障，保证了100吨级的无动力轨道飞行器从25马赫降到小于1马赫后，在45分钟内一次着陆成功。

从安全方面讲，在气球吊舱、高空跳伞和火箭飞机中，使用生命保障系统和飞行员救助系统的经验，为宇宙飞船的设计提供了有用的数据，人们直接利用这些数据来评估早期的载人飞船的设计方案。在美国和苏联以前的计划中，将收缩的气球变成一具降落伞的技术已被用作个人降落伞装备的冗余备份系统。而苏联伏尔加号气球的降落标志着东方号弹射系统和压力服的研制完成，因为伏尔加号气球计划的目的就是为了试验弹射系统和压力服。

随着飞机飞行模拟器的发展，训练和模拟技术也在这些早期的计划中发展起来。地面模拟被认为是试验飞行的至关重要的准备，而且飞行员在无数次的训练中练就的应对危难环境的快速反应能力，曾使他们在很多事故中免遭劫难。

伴随着这些飞行器的发展，在20世纪30年代到50年代，还出现了一些较新的技术，如火箭发动机和超低温燃料。它们在带来高的性能的同时，也带来了高的危险性。厄尔默垫圈在X系列飞机中引起的事故及燃料的易爆炸特性都证明了这一点。在这期间得到发展的还包括：个人逃逸系统、降落伞、弹射座椅以及本已复杂的地面支持系统——该系统完成飞行任务的准备、跟踪和回收。

海上回收系统在平流层实验室计划中首次使用，后来美国在水星一阿波罗计划中也采用了这种系统。与此相反，苏联由于陆地广阔，而可用来回收的海域狭小，因此将陆地回收当作首选。

早在20世纪30年代，苏联就开始采用发射完全成功后再宣布的办法，因为他们曾遇到过众目睽睽之下取消发射的窘境；在此之后，他们选择了秘密发射，飞行结束后再发布消息的办法，在苏联的太空计划中这种办法实施到80年代。

关于如何从大气层上层获得数据，历来存在两种相左的意见，被称为“载人”和“无人”的两种飞行器就体现着这种分歧。科学家想要更多的飞行试验，但若用人来进行飞行时，必须有生命保障系统，这使得这种要求难以完全实现。用人还是用机器探索平流层的争论贯穿在整个太空计划中，直到今天。

将人送入平流层的另一目的是，初步收集人体在充分保护的条件下在极高空的医学数据，如人体在高空和高速条件下的变化、人体在正常和受压环境下的反应，以及在正常和受压条件下飞行员处理简单和复杂任务的能力等。这些知识补充了基准数据，被普遍用在了以后一系列飞行器的优化设计中（如X－15、X－20和升力体飞行器）；对航天飞船的设计也产生了影响，如设计水星号仪表盘时，采用了飞行员输入，让飞行员控制而不是完全自动控制等。

在爱德华兹空军基地的试飞员们在飞机驾驶方面突飞猛进时，NASA的航天员们也在火箭飞行和降落伞下降方面取得了骄人的成绩，两者的竞相发展，构成了早期太空计划的一部分。

总之，在人类进入太空前，已建立起了一个资料库，它的资料来源是自20世纪30年代直到整个60年代的平流层计划，40年代到70年代的火箭飞机研究计划和升力体飞行器计划、火箭橇试验，以及压力服、弹道导弹和其他相关科学技术的研究。但是，如果没有人真正进入到太空，太空对人的影响就永远无从知晓。1961年4月12日，尤里·加加林首先踏入这一未知领域。

第 2 章　航天员训练

2.1　概述

如果你认为太空飞行是航天员所要做的全部工作，那你就是大错特错了。有一句有名的谚语叫做“熟能生巧”，对于太空飞行来说，也是如此。多年的训练之后才迎来太空飞行——只有短短数天或者几星期。如果你足够幸运，你会被派到某个航天员小组，然而这也带来了它的自身问题，包括在飞行中和返回途中。

每个成员在地面、空中和水下进行的模拟中，反复练习太空任务的各个阶段。与此同时，地面人员和飞行管理控制组也进行着他们的模拟和训练。他们与航天员通力合作，共同完成一个完整的模拟，所以对于在飞行中的紧急事件，他们早已经对自己的角色进行了充分的演习。当团队进行他们的复杂训练的时候，训练教官会把各种突发问题或者故障加进来，让航天员和地面控制人员处理。有时候会将多种失败状况同时施加给训练人员，以至于他们常会误认为训练教官们并不像看起来那样友好。模拟训练如此逼真，以至于在太空任务中出现问题的时候，航天员经常询问为什么训练教官能事先把问题加进他们真实的任务中！

在任何航天员能够被任命参加一次太空任务之前，他已经从参与计划的第一天起，持续进行了大量密集的训练。不管在被挑选为航天员之前所积累的学习研究、阅历和学术工作经历如何，每个候选者都要在航天基础训练学校重新开始学习。在基本的学术训练和专项训练之后，所有的候选人会进行其他地面支援任务，或者为未来的各种飞行和计划工作完成工程任务。另外，还有一段时间的个人任职，在承包商和支持机构进行访问并且训练。航天员的生活绝非充满魅力，实际上，平凡而反复的模拟对于一些人来说，是完完全全枯燥无味的。

对于少数幸运者而言，进行哪怕一次太空飞行的机会都是在长年的准备和失望之后才降临的。比如美国航天员唐·林德（Don Lind），他从被选中到升空，等待的时间是19年。对于另外一些人，幸运的日子从不曾到来过，或早或晚，他们离开了航天计划，却没有进行过任何一次飞行。一些不幸者牺牲了他们所有的一切，为他们将永远无法实现的飞行而进行训练，却在训练事故中丧生。

在早期计划中，一些苏联航天员候选人在他们的训练计划将近结束的时候，由于种种原因，注定不合适继续下去而最终落选。不像NASA航天员（他们在挑选的时候已向全世界的媒体宣布），苏联航天员是秘密挑选的，只有在飞入太空的时候他们的身份才会得到确认。一些早期的太空灾难故事就以神秘的受训航天员为主角，想象他们毁灭于秘密的太空任务中。另外一些人可以在照片或者训练影片中看到，但是很多年都不会公布细节。“太空侦探”的本领曾经盛行一时，来想方设法弄清楚苏联航天员队伍20世纪60～90年代之间的故事。不过这是一项艰难的工作，因为很多在影片中捕捉到的并且认为可能是受训航天员的人，实际上都是技术人员和其他地面人员。

在人类开始探索太空的时候，由于任何返回地球的飞船可能在紧急状况下被要求能着陆在任何地点，航天员要在各种环境下进行一系列的生存课程训练，如北极、沙漠条件、山区、丛林和海洋等。值得一提的是，虽然这些课程有很大的艰苦性和危险性，在训练的时候和训练之间发生的事故却非常少。

不过，曾经有一名航天员在训练的早期阶段受到严重的伤害。亚历山大·维克托年科（Alexandr Viktorenko）于1978年加入航天员队伍，在飞行试验学校呆了一年之后，他开始了“联盟－礼炮号”计划的飞行基础训练。1979年在进行隔离舱试验的时候，他在一次毫无必要且可以避免的事故中被严重烧伤。他康复之后被迫退出了该队伍，但是最后重新恢复到“飞行”状态，完成了训练，并且进行了三次成功的空间站飞行任务。关于这一事故的官方说明提及了他的“非常漫长而艰难的训练课程”。这个事故发生在一次类似的隔离舱大火事件 18 年之后，那次事故中，航天员瓦伦京·邦达连科（Valentin Bondarenko）丧生。

值得注意的是，本应该从 1967 年发射台大火的悲剧性事故以及阿波罗 1 号航天员的丧生中汲取的教训，实际上并没有被人们牢记。1993 年 7 月 11 日，航天员瑟奇·沃佐维科夫（Sergei Vozovikov）和亚历山大·拉祖蒂金（Alexandr Lazutkin）、瑟奇·特什切夫（Sergei Treshchev）一起，在黑海参加水上生存训练的时候，他被遗弃的渔网缠住，溺水而死。他在 1990 年 5 月被挑选为三位军方航天员候选人之一，并已经完成了训练计划，适合被派遣参加 1992 年 3 月联盟 TM 飞船飞往和平号空间站的太空任务。

在航天员进行他们的飞行准备的阶段，医学问题确实影响了他们中的很多人。本章将先评述身体健康方面所发生的最严重事故，接着总结训练者碰到的危险中最常见的领域——飞行事故。对于美国和苏联/俄罗斯的太空飞行准备工作而言，对太空任务成员的训练包括了驾驶高性能的飞行器。国际空间站的发展使得航天员的训练更加全球化，因此对于个人而言，风险日益增加。

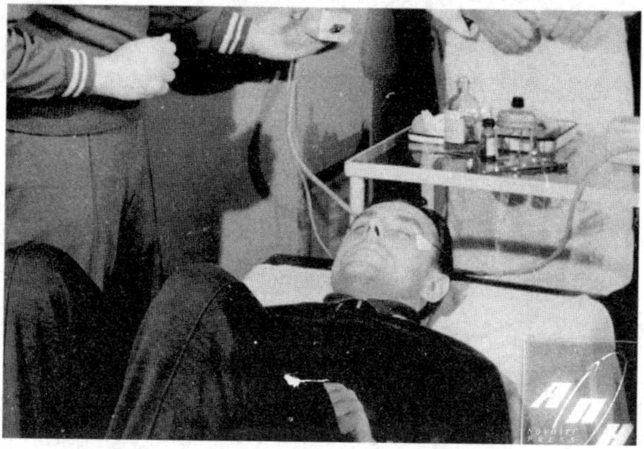

航天员弗拉基米尔·科马罗夫在 1964 年上升 1 号的准备期间进行医学检查。他由于心脏病被取消了东方 4 号的飞行，不过还是驾驶了上升 1 号以及后来 1967 年不幸的联盟 1 号（由 Novosti 新闻社的航天资料服务库提供）

2.1.1 医学上的挫折

为了在太空飞行，一个人必须足够强健，具有足够的适应能力。在航天计划早期，由于飞行器的未知性和复杂性，健康、适应能力和太空任务训练同等重要。直到今天，仍然要求航天员达到一定的体格标准，通过适应能力测试，不过对于航天员选择的一些条件和标准已经有所放宽。频繁的医学检查可以使你在好多年里都可以穿着“太空靴”，虽然太空飞行的机会可能是非常少的。

一个著名的例子是约翰·扬（John Young），他在将近38年之后，仍然是一名处于可飞行状态的航天员（至少从技术角度上如此），虽然他从1983年之后就没有再飞行过。然而，能通过各种测试，你就是合格的。1996年，斯托里·马斯格雷夫（Story Musgrave）在他61岁的时候进行了他的第6次也是最后一次飞行。约翰·格伦于1964年离开NASA，在参议院度过了接下来的25年，但仍然保持着他的适应能力和健康。而在1998年他77岁的时候，他又进行了一次航天飞机飞行。现在全世界大约有好几百人参加过一次或者两次太空任务。一个美国人或者俄罗斯人执行飞行任务的最多次数正常来说是6次，不过这需要经过很多年才能达到，而且要求进行定期的健康检查，才能继续留在飞行名单中。

在早期，所有被任命参加飞行团队的航天员都有一个替补人员作为“备用”，在“主角”生病或者受伤的时候，替补人员就顶替上来。替补和支援航天员小组成为下一项太空任务的主航天员小组，而他们也会有自己的一组替补同事。今天，情况也是如此。对于美国航天员来说，航天飞机的频繁飞行培养了一批适合飞行的航天员，必要的时候可以从中挑选替代人员，取代因为身体原因而不适宜执行任务的航天员。对于俄罗斯来说，如果需要，替补航天员小组能持续提供可以顶替上来的飞行小组。随着国际空间站计划的出现以及它涉及的训练复杂性的增加，替补成员的角色可能更频繁地转向于常驻的长期航天员。

美国的第一个“航天员”艾伦·谢泼德，患了一种内耳疾病，这使得他在地面呆了 10 年，直到纠正治疗允许他选择自己进行月球飞行。在那期间，他担任航天员办公室主任的职务。航天员德克·斯莱顿（Deke Slayton）和航天员弗拉季米尔·科马罗夫（Valdimir komarov）患过心脏病，也使他们困在地面多年，虽然他们最后都进入了太空。在 1991 年的采访中，斯莱顿（他等了 16 年才等到他的第一次太空飞行）说他在训练计划中曾经做过的一个最糟糕的事情是“允许某个愚蠢的医生把听诊器放在我的胸口。”这使他失去了水星号的飞行机会，或许也失去了一次双子星号和一次阿波罗号飞行的机会。

四肢的损伤事故在训练中也不罕见。唐·艾西尔（Donn Eisele）由于肩膀受伤而从格斯·格里索姆不幸的阿波罗 1 号航天员小组中撤出；迈克尔·柯林斯（Michael Collins）由于骨刺手术而退出了弗兰克·博尔曼（Frank Borman）的航天员小组（他们最后飞行了阿波罗 8 号），不过命运（和轮回）又把他和阿波罗 11 号太空任务连在一起；航天员瓦伦京·莱贝德夫（Valentin Lebedev）在一次蹦床事故中摔断了腿，在长达 6 个月的太空任务的发射升空之前 3 个星期被替换下来。

1993 年 5 月，航天飞机航天员雷亚·塞登（Rhea Seddon）在休斯敦附近的约翰逊航天中心（JSC）的轨道飞行器训练设备上摔断了她左脚的四根趾骨：在练习例行的着陆后从全尺寸轨道飞行器模型紧急外出的时候，她从充气滑道滑下来，左脚被扭伤。但是她正在为她的第三次航天任务做训练，而她以前的经验使得她可以不参加大多数她的队友们那时正在进行的进修课程训练。休息两周之后，她恢复了训练并赶上来，并且在那一年晚些时候进行了航天飞行任务。

1993 年 6 月，斯托里·马斯格雷夫在一次模拟的舱外活动

(EVA) 中受了轻伤，那次是为即将进行的修理哈勃太空望远镜的航天飞机飞行任务做准备。他当时穿着全套的舱外航天服，正在约翰逊航天中心的一个压力室里寒冷的真空条件下工作，因为他的舱外航天服手套的问题，使他手指被轻微冻伤。事故很小，不久他就恢复了，对他的飞行任务也没有造成影响。然而，如果航天服漏气或者撕裂，可能他就不会如此幸运地逃脱厄运了。

疾病也曾经造成麻烦。肯·马丁利 (Ken Mattingly) 在阿波罗13号发射之前不久，由于接触了他的替补航天员查尔斯·杜克 (Charles Duke) 的一位朋友的患了风疹的孩子，而在发射前3天被杰克·斯威格特 (Jack Swigert) 替换下来。他实际上并未感染上这种疾病，后来和杜克一起参加了阿波罗16号的飞行。具有讽刺意味的是，杜克却由于在发射前数周感染肺炎，几乎错过了那次太空任务。流行性感冒的发作也曾经促使NASA在3个主要航天员都感冒的时候考虑推迟阿波罗9号的发射。不过，最后他们还是按时发射了。第一次被推迟的太空任务是1990年的STS—36，它被推迟的目的是允许太空任务指令长约翰·格雷格顿 (John Creighton) 从流感中恢复过来，这是由于在短时间内无法找到合适的航天员来代替。当太空任务的时间并不是很紧迫的时候，延迟发射并等待主要成员恢复健康状态被认为是比较安全的选择。

1996年的情况有所不同，当时“联盟号—和平号 (EO—22)”的常驻航天员在发射前一周被停飞，并且由他们的预备航天员小组所取代。这并不像开始时所认为的那样是一项应急措施，因为俄罗斯人训练两组航天员，直到发射前一周体检报告出来之后才最后决定由谁来执行飞行任务。在这个例子中，指令长杰内蒂·马纳科夫 (Gennadi Manakov) 被发现患了一种未知的心脏疾病，因此被接入莫斯科的伯登科医院进行预防治疗。由于他无法进行长时间飞行，他的飞行工程师帕维尔·维诺格勒夫 (Pavel Vinogradov) 也暂时退出，和一个新的指令长阿纳托里·索洛尤夫 (Anatoly Sdovgov) 组成一对，在晚一些的时候飞往和平号空间站。这次飞行中的法国航天员克劳迪娅·安德烈·德谢斯（Claudie André-Deshays）并没有受到影响，由于这是一个短期的访问任务，所以她能够和新的飞行成员瓦列里·科曾（Valeri Korzun）和亚历山大·卡列里（Alexandr Kaleri）一起进行太空飞行。

也许被替换的航天员中最幸运的要数阿里克谢·利奥诺夫（Alexei Leonov）、瓦列里·库巴索夫（Valeri Kubasov）、皮托·科洛丁（Pytorkoldin）了，他们是联盟 11 号原先的航天员小组成员，他们接受训练准备于 1971 年在礼炮 1 号空间站上度过 3 周。6 月 4 日，就在发射前 2 天，库巴索夫被诊断出肺部有微恙，整个小组被他们的替补小组所代替。替补小组完成了这一次太空任务飞行，可就在脱离轨道返回阶段，飞船遭到了毁灭的命运。

2.1.2　地面试验

正如前面提及的那样，太空飞行训练更为平凡的单元之一是千百个小时的模拟和系统测试，在大多数情况下它发生在给一个小组委派航天任务之前。由于涉及了达到当前最新发展水平的技术，以及具有危险的材料，例如气体和燃料等，所以这种工作存在很大的危险性。在太空计划早期发生的一系列降临到 X－15 飞行员斯科特·克罗斯菲尔德（Scott Crossfield）身上的事件，就是一个证明。

2.1.2.1　X－15（1960）

当一种新的发动机试点火的时候，一般并不需要乘员坐在飞行器里面。然而，对于 X－15 计划来说，在测试和模拟期间飞行员必须坐在飞行器里。在计划的早期部分，巨大的 XLR－99 火箭发动机（它的功率大致和在水星计划中使用的红石火箭相等）落后于预定计划。对于进入高层大气的飞行，需要用两个 X－1 型发动机，直到有了大型发动机为止。到 1960 年，大型发动机已经作好准备，利用一架 X—15 进行地面测试，测试中，飞机被栓锁固定在试验架上。第三架已经留下等待发动机的到来，而 2 号飞机也将进行修改。

1960 年 6 月 8 日爆炸的结果，X—15 一分为二。这张图片显示了仍用螺栓固定在静态地面试验支架上的 XLR—99 发动机的损坏情况

在 1960 年 6 月 8 日傍晚，克罗斯菲尔德准备好了展示 XLR—99 的性能。X—15—3 已经固定在地面试验台的混凝土挡板上。混凝土观察掩体建在地下，各种设备已经各就各位，准备记录关于 X—15 和它的发动机的所有信息。由于这“只是”一次测试，克罗斯菲尔德抵达的时候只穿了件日常的衣服，坐在驾驶舱中带着氧气面具，由外部供给呼吸的空气。地面人员撤退到掩体中，而救火和救援人员则站在安全的距离之外。

预定的计划是按照在真实的太空任务中发生的事件顺序来进行试验，也就是模拟从 B—52 上落下之后，进行一次发动机点火。在获得命令“下落”之后，克罗斯菲尔德等了数秒钟，然后开始了试验点火。随着油门的移动，发动机发出轰鸣，处于半推力状态。整个飞机在钢架上振动，当他将油门推到全功率状态的时候，噪声震耳欲聋。在一次正常的飞行中，这种新式发动机的功率可以使得X－15超越 2 马赫的速度以及 100 000 英尺的高度限制，迅速飞进大气层边缘。对于这次演示，克罗斯菲尔德应该像即将在数个星期后的第一次飞行中演示的那样，关闭发动机数秒钟，然后又重新启动到 50％推力状态。在燃烧的时候，机载的安全装置探测到异常情况，自动关闭了发动机。然而，由于在驾驶舱里没有故障指示，克罗斯菲尔德开始了重新启动程序，启动原先已经关闭的发动机。当他按下重启按键的时候，灾难降临了。

在眨眼间，900 加仑的氨气和 60 加仑的过氧化氢被点燃，X－15－3 因其产生的极其巨大的能量而发生了爆炸。机身从机翼尾部边缘开始彻底毁坏。飞行器的前面部分，包括在驾驶舱中的克罗斯菲尔德，被抛射越过挡板 20 英尺。这真是历史上最短暂而且速度最快的火箭飞行！克罗斯菲尔德事先把脑袋靠在飞行座椅的椅背上，这或许救了他一命，不至于因为爆炸产生的 50 g 的加速度而折断脖颈。在驾驶舱的残骸中，克罗斯菲尔德关闭了尽可能多的仪器，以避免发生第二次爆炸。然后他所能做的就是等待救援。火焰吞没了挡板，不过在 1 分钟之内，现场救援队就开始努力将他救出来。他后来写道，他宁可呆在X－15的驾驶舱内，因为那是世界上发生火灾时最安全的地方。救火和救援人员不久就控制住了火焰，他被迅速从飞机残骸中救出。他非常幸运，居然安然无恙。

由于所有的遥测和录像都有记录，这成了历史上资料最翔实的飞行器事故。飞行后的分析显示，是发生故障的安全阀和加压节流阀导致了这一次爆炸。根据克罗斯菲尔德本人所说，它们在一个典型的事件顺序中相遇，这一切隐藏在神秘的墨菲法则（任何可能出错的事终将出错）中。X－15－3 得以重建，新的发动机曾应用在X－15－1和X－15－2的飞行中。

X—15—3 的机身从静态试验台上吊起。飞行员斯科特·克罗斯菲尔德坐在驾驶舱内经历了一次猛烈的爆炸和大火，但侥幸生还

在和新闻媒体接触的时候，克罗斯菲尔德用真正的试飞员风格，准备给他们意料之中的答案。唯一的受损是他裤子上的褶痕！消防队员在向飞行器喷水的时候淋湿了它们。一个记者后来天真地问："你确信那是消防队员干的么?""是的，我确信，"克罗斯菲尔德回答道，他默默担心可能出来的头条新闻："飞机爆炸了，飞行员尿裤子了!"

2.1.3 训练事故

2.1.3.1 邦达连科（1961）

苏联航天计划的早期的 30 多年里，充满了"秘密的历史"、传闻和猜测。直到 1986 年公开化政策之后，新的信息才开始慢慢透露出来。1991 年苏联解体之后，关于苏联航天计划的原原本本的真实故事才开始出现。揭示出来的故事之一是 1960 年挑选的第一批航天员整个队伍的身份确认。在那一年的春季，20 名男性被选中。他们中的 12 名最后飞入太空；而另外 8 人则没有，他们的名字被保密了很多年。西方的观察家从加加林小组的照片以及其他信息的片断中，得知这 8 个人因为多种原因而从计划中被排除。他们在数次的航天任务中扮演了重要的角色，但是始终没有获得一次航天飞行机会。1977 年，原航天员乔治·肖宁（Georgi Shonin）最终在他的书中确认了他们的名字，他们命运的细节则在 1986 年才得以披露。我们知道了他们中的一位悲剧人物，他可能是第一个由于太空飞行训练而丧生的人：25 岁的大尉瓦伦京·邦达连科（Valentin Bondarenko），他是当时队伍里面最年轻的一位。

1961 年 3 月 23 日，在尤里·加加林驾驶东方 1 号飞船前 3 周，邦达连科在压力隔离舱内完成了一个为期 10 天的系列实验。他与其他人一起呆在一个舱里，舱内气压已经被降低，并且加入更高浓度的氧气，来防止在模拟高空环境时发生减压病。他忍受了长时间彻底的隔离和静寂。年轻的受训航天员刚刚完成一系列的体格检查，他摘下附在身上的传感器，并用一块沾了酒精的棉花清洁自己，漫不经心地把其中一块棉签扔到一边。棉签落到一块热的平板上，立即着火了，富含氧气的压力舱变成了人间炼狱，不幸的邦达连科被严重烧伤。

航天员瓦伦京·邦达连科，他在东方 1 号发射前仅 3 周进行的隔离舱试验中成为悲剧事件的牺牲者

由于高温和平衡压力的原因，救援人员花了好几分钟才打开隔离舱。邦达连科仍然活着，据说他立即由加加林陪同，被送往航天员训

练中心附近的博特金医院。由于全身超过 90%被烧伤，他在 8 个小时之后死去。第二天，加加林和小组的其他成员第一次赶赴拜科努尔人造卫星发射基地，在那里，18 天后，加加林驾驶东方 1 号飞船进入了历史舞台。

在此后的 25 年里，1961 年 4 月 12 日的事件成为人类探索史的里程碑，可是只有极少数人知道夺去了邦达连科生命并萦绕在航天员小组成员心头多年的 3 月 23 日事件。

1967 年 1 月，3 位美国航天员也在阿波罗 1 号飞船的大火中丧生。我们很难说他们的生命是否会因为知晓邦达连科事件而得以挽救。但是如果事故的细节已经为人所知，那么也许 NASA 会事先更加仔细地考虑在阿波罗飞船里气体混合会带来的后果，考虑更有效的逃脱技巧和可以快速开启的舱门。

2.1.4　飞行事故

太空探索者的训练计划中，夺去了最多人生命的是高性能喷气飞机发生的飞行事故。由于迄今为止（尤其是在早期），绝大多数被挑选来进行太空飞行的人都是有飞行背景或者军方背景的，高性能飞机和它们特有的危险性一起成为他们日常生活的一部分。

大多数早期的航天员都是试飞员或者退伍军人，飞行试验的风险是他们工作的一部分。他们每天驾驶新飞机超出设计参数之外，来测试它们的性能。这样的本领既有个人回报也具有内在的危险性。这些仍然活着、可以讲故事的人以及诸如查克·耶格尔（Chuck Yeager）、斯科特·克罗斯菲尔德、比尔·布里奇曼（Bill Bridgeman）和其他人的英雄业绩，使得著名的爱德华兹空军基地诞生了太空先锋的传奇，塑造了航天员英雄的楷模。

由于航天计划的支持设施和承包厂商分布在全美国和世界各地，需要机组成员从一个地方迅速抵达另一个地方，因此必须拥有一批高性能的喷气飞机。美国航天员使用 T－38 系列飞机，而俄罗斯人使用米格系列飞机。航天员在 T－38 系列中，可以在 NASA 中心基地和遍布整个国家的承包商之间飞行，跨越美国大陆1 000英里。某些虚构的“来自于航天员办公室的故事”中包括一些故事，说航天员们设法在两个地点之间进行了一次旅行，起飞的时候油箱满载，降落的时候滑翔进入跑道，油箱里只剩下了一股浓烟！

在早年另一种航天员飞行“竞赛”是“吃轮胎奖”。为了赢得比同伴更多的分数而进行的竞赛在航天员办公室屡见不鲜。这甚至包括将T－38最先弄进它的停机点。一个航天员可能会飞进机场并且（飞机可以在非常短的距离内停住）刹闸，摇摆着进入事先分到的停机位置——这是一种危险的行动，很容易导致飞机翻滚。通常付出的代价是损坏的轮胎，航天员们为这种鲜为人知的技巧创立了一项特别奖项。此项奖的由来应该出自航天员迪克·特拉利（Dick Truly），他有一天在路易斯安那国际机场着陆的时候，竭尽全力要在停机区击败在另一架飞机里的同事。他在着陆的时候，几乎刹紧了所有的闸，使得它们摩擦而烧毁到了边缘。然后他平静地要求控制塔派一辆拖车来，因为他已经弄坏了一个轮胎。

大多数航天员还喜欢速度竞赛和特技飞行的刺激。有时候，这让他们付出了丧失航天飞行机会的代价，甚至付出生命。1989 年，航天飞机航天员戴夫·格里格斯（Dave Griggs）——他在成为航天员之前是一名经验丰富的 NASA 研究飞行员——在下班的时候，驾驶他那过时的北美 T－6 飞机为航空表演做排练，结果飞机在阿肯色州的厄尔附近坠毁，他死于非命。1990 年，驾驶过三次航天飞机的飞行员罗伯特·吉布森（Robert Gibson）在得克萨斯州的新布郎福斯进行的一次一级方程式空中速度竞赛中，他驾驶的小型 Cassutt racer 飞机的翅膀撞到了罗克·琼斯（Rocky Jones）驾驶的另一架飞机上。琼斯直接撞到地上，不幸丧生，而吉布森却靠他娴熟的飞行技巧，设法安全地降落到地面。在格里格斯死后一年，曾出来一项新的 NASA 规定，禁止被派遣到一个航天小组的航天员（吉布森当时正在为 1991 年的一次太空任务受训）参加“娱乐型”飞行，所以吉布森被取消了飞行资格。不过他后来的生涯并没有受到多大影响。

不久他就回来参加训练了，并且在 1992 年进行了第 4 次飞行任务，后来被任命为航天员办公室的主任，并且在 1995 年指挥了航天飞机与和平号空间站的第一次对接！

多年以来，美国和苏联的航天员们不断地进行了飞行技巧的测试——不过并不是每个飞行员都能够生存下来，讲述他们的故事。

2.1.4.1 斯科特和亚当斯（1963）

1963 年，美国空军飞行员戴夫·斯科特和迈克·亚当斯还是加利福尼亚州爱德华兹空军基地的美国空军航天研究飞行员学校（ARPS）的学员。航天研究飞行员学校是美国空军试飞员学校的一个扩充的部门，涉及的领域包括太空研究，并涵盖了火箭式飞机和有翼飞行器太空飞行的基础研究。

在那一年的 8 月，他们两人正在 F－104 飞机里完成一次模拟的 X－15降落机场试验，这时候推进系统发生故障，使得飞机尾部最先猛撞到跑道。在后座上的亚当斯立刻做了决定——弹射出去。在前座的斯科特则决定和飞机呆在一起，在冲向地面撞击中着陆。幸运的是，飞机并没有爆炸，两个人都在事故中生存下来。

在飞行后的调查中发现，两个人都依靠各自的直觉，做出了正确的选择。如果斯科特弹射了，他可能早已经丧生，因为后来发现他的座椅弹射系统有问题，只能部分工作。如果亚当斯决定留在飞机上，他肯定已经命赴黄泉了，因为在他离机几秒之后，飞机撞到地面，飞机的发动机撞进了后驾驶舱！

2 个月后斯科特被挑选成为 NASA 的第 3 组的 14 名航天员之一，后来他完成了 3 次太空飞行，其中一次是去月球。亚当斯留在空军，1965 年 11 月，被挑选加入美国空军的载人轨道实验室（MOL）计划，1966 年 7 月转到X－15计划中。悲惨的是，他第二年并没有那么幸运，他丧生于 X－15 飞机的一次飞行中，那次飞行他达到了 50 英里的高度，因此在死后赢得了令人羡慕的美国空军航天员飞行奖章。

2.1.4.2 弗里曼（1964）

1964 年 10 月 31 日，34 岁的航天员特德·弗里曼（Ted Freeman）刚刚做了 1 年的 NASA 航天员。他是在 1963 年 10 月作为第 3 批被招募者之一加入 NASA。他驾驶他的 T－38 飞机做了一次飞行，正准备在位于得克萨斯州休斯敦市外面的载人航天飞船中心附近的埃灵顿空军基地进场着陆。他在上午 10 点的时候起飞，在墨西哥湾上空做了例行飞行，然后返回到埃灵顿空军基地。他是一名熟练的 T－38 飞行员——比绝大多数航天员的技艺精湛得多，他来 NASA 之前，曾经在埃灵顿空军基地的飞机上完成了一些最后阶段的试飞工作。

1964 年 10 月，特德·弗里曼成为第一位在训练中丧生的 NASA 的航天员

当他对准了 4 号跑道的时候，控制塔告诉弗里曼在该区域有其他飞机着陆，让他第二次进场降落。上午 10 点 50 分，当他驾驶飞机爬升并且向右滚转转向东方的时候，一只重 8 磅、翼展 4 英尺的雪雁撞到飞机座舱罩的左侧，击碎了座舱盖。树脂玻璃的碎片进入了两个发动机的进气口，不过发动机继续工作了几秒，使得弗里曼能够在 400 英尺的高度拉平，然后设法在转向西北方向的时候爬升。两个发动机在1 500英尺的高度突然冒出了火焰。

弗里曼觉察到了迫在眉睫的危险，他竭力让飞机滑翔冲向跑道。不幸的是他没有足够的升力，飞机坠向了地面。不过，他急速倾斜转弯，避免撞向军事基地的军营，之后他按下了弹射器按钮。地面上的目击者看见 T－38 下降得越来越低，然后听到了一声爆炸。那个“爆炸”实际上是弗里曼在做弹射，但是那时他已经在距离地面 100 英尺以内了。更糟糕的是，由于他最后一刻操纵的结果，T－38 的前端已经朝下，所以他是向前而不是向上弹出，而他的降落伞也只有部分展开。

在距离空军基地仅仅 1 英里外的冒烟的喷气机残骸附近发现弗里曼的时候，他的尸体静静地躺在座椅里。从附近的载人航天飞船中心赶过来的 NASA 医生当场宣布了他的死亡。后来的尸体解剖显示，他死于颅骨破裂和大面积内伤。他后来以军人葬礼被安葬于阿林顿国家公墓。弗里曼是第一个在训练期间牺牲的美国航天员。令人哭笑不得的是，他的爱好之一是鸟类学——研究鸟类的学问。

2.1.4.3 西伊和巴西特（1966）

1965 年 10 月，航天员伊里奥特·西伊（Elliot See）和查尔斯·巴西特（Charles Bassett）被任命为双子星 9 号的主要成员，他们的替补者是汤姆·斯塔福德（Tom Stafford）和吉恩·塞尔南（Gene Cernan）。他们的训练进行到了临近 1966 年 5 月的发射日期，他们按照航天飞船的建造和测试进度，在位于密苏里州圣路易斯的麦克唐纳工厂内的双子星号太空任务模拟器上展开工作。

1966 年 2 月 28 日星期一的早上，4 名航天员抵达了得克萨斯州的埃灵顿空军基地，从那里他们驾驶 T－38 飞机飞往圣路易斯，准备在模拟器里进行对接训练。抵达埃灵顿空军基地的时候他们接到了最新的圣路易斯天气状况报告，那里的天气并不是很好。云层覆盖着 600 英尺高度的区域，能见度下降到只有 1.9 英里。天下着雨，而且还有雾，而在他们抵达之前，天气并不会好转。麦克唐纳工厂就在兰伯特机场的边上，在西伊和兰伯特机场塔台联系咨询最新的气象预报的时候，巴西特和塞尔南再检查了一遍可供选择的跑道。

休斯敦时间上午 7 点 35 分，4 名航天员向圣路易斯方向起飞——这是一趟将会耗费大约 90 分钟时间的飞行。西伊驾驶着领航的飞机飞行，巴西特坐在飞机的后座上。而斯塔福德驾驶着另一架

双子星 9 号最初的首选航天员小组：伊里奥特·西伊和查尔斯·巴西特，他们于 1966 年 2 月死于坠机事故

飞机在侧翼位置，塞尔南坐在他的后座。

他们刚好在上午 9 点之前抵达，西伊用无线电和兰伯特机场的塔台联系，得知在原先接到从休斯敦来的呼叫之后，覆盖的云层已经上升到了 800 英尺的高度，但是能见度却降到了 1.5 英里。另外，现在还有小雪和雨、雾混杂在一起。

两名飞行员都降低了高度，通过雾层飞向跑道，并依靠仪表指引进场。西伊和巴西特依靠视觉盘旋进场，而斯塔福德操纵第二架喷气机尾随其后。当他们降到云层之下的时候，他们发现他们自己太低也太慢，离跑道太远而无法进行安全着陆。斯塔福德按照进场指令，拉升飞机，回到云层中进行盘旋，等待另一次进场。然而西伊却选择了立刻着陆。他盘旋到左侧更低的位置，在 500 英尺的高度进场，可是他没有看到隐藏在雾气中的麦克唐纳工厂的 101 楼。他继续全速前进，直接冲向了建筑。在大楼里，技术人员们正在忙于双子星号飞船的工作，如果不出意外，他会驾驶着这艘飞船飞入太空。西伊发现大楼的时候，竭尽全力把飞机前端拉起来，试图避开大楼，但是他判断错了。当他倾斜转弯的时候他肯定意识到他的下降速度太快了，他关闭了发动机的加力燃烧室，试图做急速右转弯。可是一切都太迟了，飞机的腹部撞在101楼的屋顶，撞落了建筑内部的支架，支架砸向下面的工人们。T－38滑过屋顶，然后掉在那一边的停车场上，并且弹起，撞击的时候发生爆炸，西伊和巴西特当场死去。地面上有14个人受伤，不过都不太严重。

第二架飞机上的斯塔福德和塞尔南无法理解为何西伊继续进场。他们由于包围在他们四周的云层和雪花而无法再看到西伊的飞机。他们被告知保持状态准备着陆，对下面发生的悲剧一无所知，以为西伊和巴西特已经转移到了另外一个机场。由于燃料快要耗尽，斯塔福德得到授权可以着陆，但还是不知道他同事们的命运。几分钟后他们在兰伯特机场安全着陆，然后被要求通报他们的姓名。反过来确认了两名仍在燃烧的残骸中死去的飞行员。当他们爬出飞机的时候，他们被告知了同伴的死讯。几小时后，德克·斯莱顿告诉斯塔福德和塞尔南，他们将代替西伊和巴西特驾驶双子星9号飞入太空。

在事故发生将近6小时之后，由首席航天员艾伦·谢泼德任主席的事故委员会展开了调查。7人组成的委员会对于事故本身、飞机的维修记录、当天的天气状况以及飞行员经验和航天员健康检查历史资料进行了综合检查。他们听取了数个目击者的证词，并且对飞机残骸也进行了检查。报告发现，T－38本身并没有故障。事实上，直到飞机撞击屋顶的那一刻它都工作正常。两名航天员在飞行之前和飞行期间都是体格健全，神志清醒的，这可以从最近的例行健康检查和飞行期间进行的报告陈述，以及当天该事件的目击者们那里得到证明。另外，每个人都在这次飞行的6个月前重审了飞行资格。

据报道，西伊在当时是NASA拥有的航天员队伍中比较出色的飞行员之一。然而斯莱顿却持相反观点，他在他的自传中指出，那显然并不是那么回事。他和西伊一起飞过几次之后，得出结论认为西伊不够积极主动，飞得太慢，对于T－38而言，在速度低于270节的时候，很容易导致飞机失速。调查委员会发现天气虽然是事故发生的原因之一，但主要是因为飞行员西伊想保持机场在视野之内而造成错误，使得飞机飞得太低，以至于无法保证和它撞到的建筑物保持安全的距离。

虽然 101 楼的屋顶遭到损坏，双子星 9 号却并没有受损。斯塔福德和塞尔南代替了西伊和巴西特成为双子星 9 号的航天员，而吉姆·洛弗尔（Jim Lovell）和巴兹·奥尔德林（Buzz Aldrin）则成为他们新的替补小组。1966 年 6 月双子星 9 号飞行成功。

1966 年 3 月 2 日星期三，双子星 9 号飞船被运到运输机上运往肯尼迪中心，为发射作最后准备。飞机越过了一面飘扬在旗杆中部的美国国旗，那个院子是 T—38 残骸的最后栖息地。第二天，西伊（38 岁）和巴西特（34 岁）被安葬于阿林顿国家公墓。他们安息于距离特德·弗里曼只有 150 码远的地方。除了他们的家庭和同事痛失了两人，双子星号和阿波罗航天员名单上没有了他们的名字，这次事故还对阿波罗登月航天员的遴选方法产生了很大影响。

2.1.4.4　威廉姆斯（1967）

1967 年 10 月 4 日是太空时代开始 10 周年的纪念日。从第一颗苏联人造地球卫星发射升空到即将进行的无人驾驶的土星 4 号火箭的发射，这第一个 10 年见证了人类太空探索的伟大进步，也见证了围绕着它发生的悲剧。美国和苏联都各自从阿波罗 1 号的发射台大火和联盟 1 号的着陆事故中恢复过来了。

在美国，NASA 正在加速重新进行阿波罗计划中飞往月球的飞行。那时，前 3 个太空任务的小组正在进行训练，如果一切都按计划进行，那么他们的替补小组将进行接下来的 3 个太空任务的飞行。从这 18 个人当中，将选择第一个登月小组。

1966 年 9 月，航天员皮特·康拉德和迪克·戈登完成了双子星 11 号太空任务，并且于 12 月分别被任命为第 3 个载人阿波罗号飞船的替补小组的指令长和高级飞行员。第 2 年，3 人小组就为太空任务而进行训练，一心希望在完成他们的替补任务之后，能够转到第 6 个载人阿波罗号飞船上，进行登月飞行。

威廉姆斯（Williams）就在康拉德小组里面，1967 年 10 月 5 日，他却因为突发的悲剧性事件而走到了人生的终点。他驾驶一架崭新的飞行时间不超过 50 小时的 T—38（NASA 922 号）飞机从位于佛罗里达的帕特里克空军基地出发飞往埃灵顿的家里。很明显他想在阿拉巴马州莫布利（他的家乡）附近的布鲁克利空军基地稍作停留，去拜访他的父母。他的父亲这时候正因癌症而奄奄一息，而只要训练日程安排允许，威廉姆斯就会去看望他们。他驾驶的飞机的应答器是坏的，所以他回家途中只能限制在 24 000 英尺的高度下飞行。威廉姆斯抵达了塔拉哈西，在那里他准备向西转，在布鲁克利空军基地停留补充燃料，然后出发去休斯敦。

接下来的事情一直没有彻底地弄清楚，但是当威廉姆斯倾斜转弯的时候（可能是为了用眼睛确定塔拉哈西的方位），控制装置被锁定，飞机开始翻转俯冲。虽然高度很低，他还是设法切换到了紧急无线电频道（在频道间切换的时候需要 1 秒钟预热时间），并且发出了一次紧急求救信号，塔拉哈西的塔台清晰地接到了该信号。在美国东部时间 12 点 34 分，大概从帕特里克空军基地起飞 33 分钟之后，在佛罗里达州的巴拿马城和乔治亚州的瓦尔德斯塔市的管理员都报告听到了一声微弱而含糊的呼叫："求救！求救！NASA 922，准备弹射"，之后一片寂静。如果有时间，他可能已经安全地弹射出去了，但是结果并非如此。

T—38 几乎垂直地俯冲下去，在 13 点左右撞到一个林区里的一条土路上，它位于米克苏基镇 2 英里之外的一个私人禁猎区。随后成立的由艾伦·谢泼德领导的调查委员会的报告说它以大约 0.95 马赫的速度撞到地面，彻底被毁，并且留下了一个 15～20 英尺宽、20 英尺深的大坑。威廉姆斯已经弹射了，可是弹射时高度只有 1 650 英尺，太低也太晚了，降落伞无法打开挽救他的生命。他的遗体在飞机残骸附近找到。天气并不是事故的原因，因为当时的云层有 4 000 英尺高，能见度有 12 英里，且只有轻微变化的风。目击者报告说，飞机飞行的声音"听起来像突破了声障"，他们快速跑向失事现场，发现飞机残骸中没有什么声音，对周边的树木也没有什么损伤。它肯定是垂直掉下来的。

新闻报道指出，怀疑可能是氧气供给装置出了故障，使得威廉姆斯缺氧几秒钟从而失去了知觉。当他醒过来的时候，已经太低了，而无法完成一次可以生存下来的弹射。调查委员会无法清楚地确认事故的来源，虽然可能是一个在威廉姆斯驾驶舱后座上留下来的工具包滑动并且堵塞了后座的控制器。德克·斯莱顿认为可能就是坏运气在搞鬼，而威廉姆斯驾驶的是一架“劣质飞机”。威廉姆斯是一名优秀的飞行员，一些人可能早已经跳伞逃生，但是他却可能是用一名真正的试飞员在遇到问题时的反应来思考问题，认为自己无论在如何糟糕的情况下都可以摆脱困境。但是，他错了。

要是威廉姆斯还活着，他可能会继续参加康拉德的阿波罗小组，为阿波罗 9 号做替补，并且乘着阿波罗 12 号飞往月球。成为上月球的第 4 人。阿尔·比恩（Al Bean）负责把威廉姆斯的死讯通知了他的遗孀。1967 年 10 月 9 日，35 岁的威廉姆斯以全军葬礼被安葬于阿林顿国家公墓。比恩后来代替他参加了康拉德的阿波罗小组。他曾经和威廉姆斯一起作为双子星 10 号的替补人员，而在飞往月球的阿波罗 12 号的徽章上，由他提议添加了一颗星，以纪念他所代替的这位同事。

2.1.4.5　劳伦斯（1967）

在 1963 和 1969 年之间，美国空军实施了载人轨道实验室（MOL）计划。将改装的双子星 9 号及圆柱形实验室发射升空，全部由军方人员组成的多个 2 人小组执行为期 30 天的地球轨道任务。他们会在加利福尼亚州的范登堡空军基地用大力神 3 号火箭发射进入极地轨道。3 组军官被挑选出来，分别成为 1965 年、1966 年和 1967 年被选中的航天员，并为该计划受训。小罗伯特·劳伦斯（Robert Lawrence Jr）少校入选第 3 组，他是第一位被选中进行航天员训练的非洲裔美国人。

1967 年 12 月 8 日星期五，在载人轨道实验室航天员训练课程的最后两周期间，劳伦斯正在加利福尼亚州的爱德华兹空军基地熟练完成一次F—104星式战斗机的试飞。美国空军试飞员学校的总指挥哈维·罗伊（Harvey Royer）少校也在飞机上。劳伦斯正在模拟极高速飞行和快速下降姿态，这个类似于当时正在爱德华兹空军基地进行的升力体飞行器和X—15计划。

在X—15计划的早期，注意到在“完全展开外形”（dirty configuration）（着陆装置展开，速度操作杆在“拉下”的位置，而阻力伞打开来增加空气动力阻力）状态下，F—104滑翔飞行和X—15非常相似。这对训练未来的X—15飞行员和航天员是很有价值的工具。但是此种飞行状态，F—104是很难控制的。由于只有很小的机翼，飞行员不得不把发动机的旁通空气转移到机翼上，加快机翼的上表面流速，使机翼产生足够的升力，足够支持自己，否则飞机就会振荡得太厉害以至于失去对飞行的控制，而且无法再重新控制住它。飞得太低和增加动力使机翼产生了太大的升力，会使飞机像火箭一样升起。当关掉动力的时候，它会失去所有的发动机旁通空气，机翼会像高速的电梯一样掉下来。进行这种类型的进场飞行，唯一的途径要么是第一次就做得完美无缺，要么及早放弃，重新再来。

罗伊坐在飞机的前座，因为他必须完成一次熟练的飞行，这是他的训练计划第二阶段的一部分，而劳伦斯则坐在后座，作为副驾驶员。光滑的星式战斗机（戏称为“载人导弹”）沿着4号跑道一路呼啸起飞，头部像火箭一样径直上冲，当时是太平洋标准时间14点58分。

飞行员们飞标准的升力/阻力包络，包括两次模拟X—15进场飞行，直到油箱的燃料降为3 500磅或者更少为止。然后它将进行两次收好起落架的升力/阻力进场飞行，直到燃料消耗到大约2 500磅为止。最后，进行两次完全展开外形的升力/阻力进场飞行。这些测试是在给定的条件下用来评估学员的表现的。

那天下午当飞行员执行他们的飞行任务时出了事。根据事后的调查，在他们的其中一次进场飞行中，飞机“好像接触了跑道，但是一点也没有减低下降的速率”。F—104在距离着陆场端点2 200英尺的地方，飞机中心线的左侧撞在跑道上，飞机的下腹部着火了。在与跑道的摩擦中飞机的着陆装置崩溃了，座舱罩粉碎。机身在跑道上拖了 200 英尺后，然后又一次升空向前冲了 1 800 英尺。罗伊首先弹射出去，劳伦斯紧随其后启动弹射座椅。他们的飞机向左转，机体划过4 000英尺跑道，最终止于沙地里。

罗伊受了重伤，不过他活了下来。劳伦斯却没有那么幸运，他当场死亡，尸体在距离残骸 75 码处找到。他的身体还绑在座位上，降落伞并没有打开，他的致命伤包括胸部粉碎和心脏撕裂。数天之后，劳伦斯被安葬在他的家乡芝加哥，年仅 32 岁。如果他还活着，那么可能他会在 1969 年转到 NASA，当年空军取消了载人轨道实验室计划，他可能成为早期的航天飞机任务的驾驶员。在他死后大约 30 年，经过长时间的是否承认他是美国第一位受训黑人航天员的争论后，他的名字被加到航天员名人纪念堂附近的航天员纪念碑上，它位于佛罗里达州的蒂图斯维尔（肯尼迪航天中心附近）。

2.1.4.6　加加林（1968）

1961 年，航天员尤里·加加林成为第一个进入太空的人。他在东方号飞船里绕地球运行一圈，迈出了人类进入太空的第一步，因此，他不仅成为国际名人和民族英雄，而且也变得非常珍贵，而不再有机会飞行（肯尼迪总统也对美国第一个航天员约翰·格伦作出了这一决定）。这使得加加林非常苦恼，他一点也不喜欢坐办公室。1967 年，他又一次穿上了太空靴，成为联盟 1 号上科马罗夫的替补，在失去他的朋友之后，为了重振人们对苏联航天计划的信心，他被任命进行下一次的太空飞行任务。

到 1968 年早春前为止，加加林已经有 5 个多月没有驾驶过喷气机了。不过他为了准备返回太空飞行，他和苏联顶级的型号试飞员和指导员弗拉基米尔·索约金（Vladimir Seryogin）一起进行了一系列的熟悉性训练飞行。1968 年 3 月 27 日，他和索约金一起做了系列单独飞行前的最后一次飞行。

当地时间 9 点 15 分两人开始了飞行前的准备工作，一个多小时之后，10 点 19 分，双座的 UTI 米格－15 战机（呼号为 625）起飞了。10 点 30 分，传来报告说加加林已经完成了飞行任务，准备返回着陆。一分钟后，飞机坠毁，两名飞行员都丧生了。加加林的最后一次飞行持续了仅仅 12 分钟。

关于这次坠毁的各种传闻在西方流传了很多年。为何他们在这样一个例行飞行中坠机呢？——如果这是例行飞行的话！索约金是经验最丰富的苏联飞行员之一，而加加林也是一名非常出色的飞行员。他们是不是可能在试飞一种新型的航空器，而不是米格飞机呢？他们被烧得面目全非，是不是他们实际上还活着（仅仅活着而已）呢？无论是什么原因，在一年前损失了联盟 1 号上的科马罗夫之后，又损失了加加林，这对于本来已经充满忧伤的苏联人来说，是一次沉重的打击。直到 1988 年，加加林去世之后 20 年，贝洛托塞科夫斯基（Belotserkovski）（他的详细发现后来在《真理报》上发表）才进行了一次详细的调查。贝洛托塞科夫斯基是儒可夫斯基空军工程学院的教授，加加林就是在这个学院毕业的。

所存的证据显示，加加林和索约金起飞后仅仅一分钟，他们就在通过云层的时候被两架更快的米格－21 飞机超过，差一点导致空中撞机事故，不过最后没有发生这个情况，航天员得以继续进行训练飞行。

接着又有一架米格－15（呼号为 614）出现在现场，在距离仅仅 500 米外掠过加加林的飞机。对来自 614 号驾驶员的飞行管理对话的副本的检查显示，他并没有观察到加加林的飞机。加加林完成了一个预定的旋转机动动作，正在拐弯的时候，614 号机掠过他们身边，当时该飞机正在穿过 1 500 米高处双云层的上边界。

最初的报告显示，加加林既没有撞到气象气球，也没有进入另一架飞机所引起的旋涡，也不曾碰到强大的气流，它们都可能会让飞行员失去控制而让米格飞机俯冲向地面，以至于无可挽回。

一架搜索直升机被派遣去确定加加林的飞机发生了什么事情，它在位于莫斯科东北 96 千米的地方飞过一小块变黑的土地。最开始，飞行员以为从地上冒出的蒸汽只是自然现象。后来，他发现了一个大弹坑，某种撞击产生的散落物在很大一个区域内散布，到处都是烧焦的残骸。折断的树木上凌乱地落着扭曲的金属块。他很快就估计这是最近发生的飞机坠毁事故的现场，可是看不到飞机任何部分的明显迹象。救援队通宵达旦地探查坠毁现场，发现了属于索约金和加加林的个人物品。当他们挖进弹坑的时候，世界上第一位太空探索者的命运已经很显然了。

米格飞机的前端猛撞入地面深达数米，而且，再加上发动机的重量和动量，严重摧毁了驾驶员舱区。救援队从毁坏的驾驶舱和周围找回他们所能够找到的两个人的尸体之后，陷入了巨大的悲痛之中。不久就可以很清楚地看出，飞机撞到了树木，严重毁坏了驾驶舱区域和里面的两位飞行员。救援队伍只能确认发动机的碎片，一块机翼和一些着陆装置。其他任何东西都已经无法辨认。确认加加林身份的可怕任务落在了他的朋友和同事阿里克谢·利奥诺夫的身上。他在残留的脖颈碎块上认出了一块胎记，知道救援队伍可以停止搜寻他的朋友了。

贝洛托塞科夫斯基报告说，实际上加加林和索约金已经发现他们自己陷入了米格 614 号飞机的尾部涡流之中，导致水平翻转。他们在飞机转过 5 圈之后恢复过来，却发现他们进入了浓厚的云层，他们因此迷失了方向。他们没有选择弹射逃生，而是试图重新控制停转的发动机。他们搏斗了数秒钟，忍受高达 10～11 g 的过载。据估计，如果他们能有多 250 米的空域，或者 2 秒钟的飞行时间，那么他们就可以把他们自己从俯冲状态下拉出来，至少可以进行安全的弹射。但是上天并没有眷顾他们，飞机在莫斯科附近的弗拉基米尔地区诺瓦色罗夫村附近，坠入机场附近的森林中。

加加林的妻子瓦伦蒂纳（Valentina）那时候正在医院进行胃溃疡手术。3 月 27 日晚上她打了 90 分钟的电话给她丈夫，询问关于他飞行的事情，却总是被告知电话线坏了，她觉察出情况有些不妙。第二天早上，特里什科娃（Tereshkova）、帕维·波波维奇（Pavel

Popovich）和安德列·尼科莱夫（Andrian Nikolayev）出乎意料地出现在她的病床周围，她被恐惧包围了，问是否尤里发生了什么事情。“是的……昨天。”他们告诉她。最先她还以为他的尸体能够完整地找回来，可当她知道真相后，她变得歇斯底里（这自然可以理解）。

此后30年，神秘感一直包围着第一位航天员之死。是驾驶失误么？——如果是如此，是哪一位驾驶员？——或者是地面管理员的过错么？20世纪90年代末，相关文件重新被打开，一个新的调查委员会成立，开始了全苏联/俄罗斯历史上最深入的空难调查。它包括彻底复原米格飞机的残骸，并且对飞机过去的历史进行分析和研究。调查委员会详细审查了遗物，完成了他们的报告。这时候开始出现传闻，说两个人在坠机前的晚上喝了酒。事发数天前他们去过同事的聚会，但是尸体解剖实验检查只发现了很微量的酒精含量。乳酸含量检测显示两个人在撞击发生的时刻都是完全清醒并且保持警觉。

对于飞机残骸的检查显示，当时飞行控制装置都处于适当的位置，当飞行员试图控制一架出故障的飞机的时候，它们都伸手可及。很明显，他们曾试图从致命的翻转中恢复过来，飞机是腹部朝下，以平坠的姿势撞到地面的，而不是前端朝下。即便如此，动量也足够使得它钻入坚硬的冻土地面达数米之深。

委员会报告也指出，飞机的机龄长达12年，自从1956年被制造出来之后，经过两次大修。发动机也制造于1956年，经过4次大修。在机翼下有两个26升的外部可抛弃式油箱，这在“空气动力上是很糟糕的”，而且，根据航天员阿里克谢·利奥诺夫的说法，这是这种特殊外形的米格飞机的一个很明显的缺陷，它降低了飞行的安全系数。更重要的是，委员会还证实加加林飞机上的“到地面高度”指示仪是有故障的，可能显示错误的高度读数。

长达30卷的调查报告显示，直到撞击的那一刻，飞机、动力系统和航空电磁设备（除了高度计）都是正常工作的，飞机上所有的系统也都保持着正常状态。并没有信息支持西方的传言，比如他们是被蓄意谋害的、是被击落下来的、经历了飞机大火，或者驾驶员失去了知觉等。在短暂的飞行期间，他们也没有神经衰弱，或者因为极度兴奋而冲昏头脑。两个飞行员显然都按照要求的步骤进行了操作，以“最大的可能程度”竭力自救，做了任何可能做的事情来逃脱危机。

谴责指向了飞行控制管理员，他们似乎没有意识到在他们管理的地区有这架飞机。地面的飞行控制站不知道加加林已经起飞，因此就在加加林离开跑道后没有阻止两架米格－21 飞机和第二架米格－15 飞机随即起飞。

事故发生两天后的 3 月 29 日，加加林的尸体被火化，骨灰和索约金一起，埋在克里姆林宫墙，和科马罗夫相邻。9 名航天员在旁边守护，来表示崇高的敬意。葬礼之前，在莫斯科苏维埃军人会馆的将近 200 000 名志哀者列队行进经过两名民族英雄的棺木旁边。在国葬期间，苏共领导人柯西金、波德戈尔内和勃列日涅夫也在棺木附近简短地参加了士兵们的仪仗礼。对于航天员们和俄罗斯人来说，加加林几乎已经成了苏联航天史上圣人般的人物。他在卫星城的办公室一直保持着他最后一次走出那一刻的样子，时钟的指针停留在 10 点 31 分，这是悲剧发生的时间。新的航天员们总会在太空飞行之前拜谒加加林的办公室，并且在返回后去他的塑像前献花，这已经成了传统。在飞船的小隔间和空间站里，经常可以看到他的肖像。

在坠毁地点建起了一座博物馆，加加林航天员训练中心的航天员们会在那里举行重要活动来悼念加加林。

2.1.4.7　阿姆斯特朗（1968）

在尼尔·阿姆斯特朗飞向月球之前，他的飞行生涯曾因为数次事件而被不时打断。1951 年 9 月，在朝鲜的一次战斗飞行中，一条跨过山谷的电线将他的 F9F－2 飞机的机翼扯断，使他不得不立即进行弹射。他接下来驾驶过 X－1 和 X－15，此后被 NASA 选中。他在驾驶双子星 8 号之后，又为阿波罗飞船进行了训练。1968 年，他在登月训练飞行器坠毁爆炸前的几秒钟弹射逃生。据说他的飞行技巧和处理事件时的冷静态度帮助他赢得了早期的阿波罗太空任务。不过，在成员挑选以及轮流飞行的诸种神秘中，他被任命为阿波罗 11 号的航天员，运气也是一个很大的因素。

为了训练未来的月球登月舱驾驶员驾驶登月舱在月球上降落的技能，位于加利福尼亚的 NASA 飞行研究中心开发了月面着陆研究飞行器（LLRV），它上面的一个喷气发动机向下喷射，可以承载 5/6的飞行器重量，而火箭则支承 LLRV 整个框架，这允许一个推力控制系统在飞行器下降时控制飞行器的姿态。设计时并没有考虑空气动力学，它只是类似于一种开放式的框架结构，支持驾驶员、发动机和燃料系统。这种笨拙的外表导致了“飞行床架”这个词的出现，该词源于早期的英国飞行模拟器，那是 20 世纪 50 年代用来研究垂直起降（VTOL）技术的。

2 架 LLRV 被制造出来，并且在飞行研究中心进行了试飞。之后它们被运往休斯敦，大概是在埃灵顿空军基地用来作为航天员训练之用。根据驾驶两架原型 LLRV 的经验，造出了另外三架经过修改的飞行器。这些新的飞行器被称为登月训练飞行器（LLTV），这

登月训练飞行器（LLTV），用来训练登月舱驾驶员在月球上着陆

5 架飞行器允许将要驾驶飞行登月舱的航天员们、太空任务指令长和他的替补人员来练习着陆技巧。

两架原型的飞行器被设计为 LLTV A1 号和 LLTV A2 号，而 3 架新的飞行器则分别是 LLTV B1、B2 和 B3。一位未来可能的登月舱成员会先去直升机学校学习 3 周的课程，然后去兰利登月实验室，在那里有一座 393 英尺长，246 英尺高的大型支架，支撑着一座拴着的试验台的 5/6 重量，而火箭则支撑剩下的 1/6 重量。接下来是 15 个小时的地面模拟，最后才能到 LLTV 上进行飞行。

1968 年 5 月 6 日，阿姆斯特朗在休斯敦载人航天飞船中心附近的埃灵顿空军基地，正驾驶 LLTV－A1 号（原 LLRV－1 号）进行模拟登月演习。在仅仅 196 英尺的高度，飞行器突然失去了推进剂箱中的氦气压力，导致它的姿态控制系统关闭，使得飞行器开始前端向上做翻滚动作，然后垂直落向地面。阿姆斯特朗立刻弹射出去，降落到了安全区域，而飞行器则彻底毁坏了。同一天成立了一个 5 人调查小组，来审查这一起在载人航天飞船中心发生的事故。另外，在 5 月 16 日，NASA 总部组建了一个检查委员会来仔细考虑该事故对日后的训练飞行器以及登月舱设计的启示。

10 月 17 日，2 个委员会都报告说姿态控制系统的故障（源于早些时候推进箱中氦气的耗尽）使得向推进剂压力输送系统失效。随后对驾驶员显示的警告出现得太晚，而无法使他采取任何正确的行动。委员会最后得出结论，在未来的登月训练计划中，应该进行关于系统本身、足够的预警和警报显示控制以及操作程序等设计的改善和提高。而且也断定并没有必要调整登月舱或者预定的登陆轨道。

此后 LLTV 还发生了 2 次事故。1968 年 12 月 8 日，载人航天飞船中心的首席试飞员约瑟夫 · S · 阿尔格兰蒂（Joseph S. Algranti）被迫从变得不稳定并且失去控制的 LLTV B1 号上弹射逃生。那是它的第 11 次飞行，之后它将被转交给航天员们进行登月舱训练。调查委员会研究这起事故的时候，对以前的事件包括尼尔 · 阿姆斯特朗那一次事故都进行了重新评估。后来问题得以解决，该系统为日后所有的登月舱驾驶员提供了合适的训练工具。最后，1971年1月29日，载人航天飞船中心的航天员斯特·普雷森特（Stu Present）在LLTV B2的电子系统发生故障后安全弹射。

1968年5月6日，在休斯敦载人航天飞船中心附近的埃灵顿空军基地，登月训练飞行器失控并且在地面上坠毁，航天员尼尔·阿姆斯特朗及时弹射，安全降落，从画面背景上可以看到燃烧的残骸

2.1.4.8 塞尔南（1971）

1971年吉恩·塞尔南作为阿波罗14号的替补指令长，在进行训练。他将会指挥阿波罗17号，计划中的最后一次月球飞行，不过这并没有公布，因为还存在着很多变数。3次阿波罗太空任务以及第二个天空实验室空间站都被取消了，所谓的用航天飞机进行轨道飞行可能将有10年之遥，因此航天员变得过多，他们只能竞争很少量的飞往太空的席位。航天员们不得不小心翼翼地完成任何事情，以确保不至于因为一次判断失误或者轻举妄动而失去他们的席位。

1月23日塞尔南正在驾驶一架小型的H－13贝尔直升机，这是用来练习登月着陆的。在这时航天员们驾驶直升机是因为它们的操作有点类似登月舱。只有极少数原战斗机飞行员以前驾驶过旋翼飞机。主航天员小组和替补航天员小组的成员们都在肯尼迪中心为1

月 31 日的发射作最后阶段的准备。塞尔南决定投入更多的时间，带着一架小直升机在印第安河下游几英里外进行练习。他沿着大西洋可可海岸，在小镇莫泊恩上空飞行，正当他准备返回肯尼迪角时，他发现飞行控制有点不灵活。这是由于他携带的燃料数量太多导致的，所以他决定“四处转转”，以便开始模拟月球着陆前燃烧掉一部分燃料。他当时正在佛罗里达水道的一个游乐场上空飞行，因此就准备来一个小恶作剧。他准备在船只和岛屿上空几英尺高度飞行。他几乎从 1965 年接到双子星太空任务之后就开始了几乎没有间断的密集训练，正好可以借此机会舒缓一下情绪。他在向挥手致意的观众演示他的飞行技巧的时候，有几秒钟没有看水面。因为片刻分散了注意力（一些航天员同事喜欢开玩笑说，可能是一个穿着比基尼的女人分散了他的注意力），飞机左侧起落架的端部浸入了水中。他当即的反应是加大功率，把飞机弄出水面，可是已经太晚了。整个起落架、接着是驾驶舱都撞到水中，直升机在水花、火焰和碎片的爆炸四溅中，从 100 节的速度急降为零。这是他经历过的最严重的失败和挫折。直升机解体了，还在旋转的螺旋桨的扭曲断片从飞机残骸中翻飞出去。

当直升机解体的时候，他还绑在座位上，并开始下沉。塞尔南不能记起当时他是否失去了知觉，不过他清楚地记得在直升机沉到河底的时候，他还在试图将直升机飞起来！幸运的是，由于在坠毁的时候传动器的重量已经被分散了，残骸并没有翻倒过来。他把自己从座位上解下来，挣扎着逃出残骸并且浮向水面，这得益于他多年在海军和 NASA 的水下训练。

当塞尔南浮出水面的时候，他大口呼吸空气，并发现残骸在他四周燃烧，他自己正处于炽热的地狱。他的头发和眉毛都烤焦了，于是他深吸一口气，潜入水中，然后在火焰下一次又一次浮出水面、潜入水中，朝着河岸进发。他的飞行服和飞行靴都灌满了水，重量把他往下面拖。他很后悔那天决定不穿救生背心，以至于现在很快就累了。虽然他站起来有 6 英尺高而水只有 10 英尺深，他却不能踩

1970 年阿波罗 14 号替补指令长塞尔南驾驶贝尔直升机进行训练。1971 年 1 月他在佛罗里达驾驶和这一架相似的直升机进行训练时坠机

水而过。

突然，他发现一艘单人的渔船赶来救他了。那是旁观者之一，他们都见证了他因为疏忽而创造的烟花表演。他被带到岸上，然后转到当地的帕特里克空军基地做身体检查，并且治疗皮外伤。之后他被车送到住所，在那里他因为自己行动所可能造成的后果而备受煎熬。吃早餐的时候，他的上司之一，阿波罗 14 号的指令长谢泼德（所谓的目光冷酷的“冰冷指令长”），直勾勾地盯着他看。他想他已经失去了阿波罗 17 号的机会，不过可能正由于他爽快地承认了导致事故发生的原因是他自己的过失，他的诚实使他保住了那个席位。

1971 年 10 月 18 日，关于这个事故的报告说原因是由于高度判断失误。载人航天飞船中心（MSC）主任罗伯特·吉尔罗斯（Robert Gilruth）率领的、由吉姆·洛弗尔（Jim Lovell）任主席的五人事故调查委员会于 1 月 25 日成立。委员会成员有航天员阿尔·比恩、载人航天飞船中心办公室的哈罗德·雷姆（Harold Ream）、载人航天飞船中心飞行安全办公室的康韦·罗伯茨（Conway Roberts）和飞机质量保障办公室的迪克·卢库思（Dick Lucus）。

委员会列出了几项可能最后导致事故发生的因素，这有助于减轻事件的严重性。它们包括水面缺少熟悉的物体来帮助他判断高度，可能由于水面太过于平整光滑而注意力集中在一个假的水面上，或者是在事故发生前航线改变引起的水中阳光反射变化。委员会还假设塞尔南很多次驾驶快速高性能喷气机的经验也可能是起作用的因素之一（飞行高度越低，地面相对运动的速度显得越快）。然而，这种效果对于直升机而言并不显著，这可能导致塞尔南判断他飞得要比实际高。委员会最后得出结论，塞尔南作为海军飞行员和航天员所进行的大量的水中生存训练，使他避免了主要的伤害。对打捞上来的直升机残骸进行的检查，结合塞尔南的陈述，证明飞机没有任何机械故障的迹象。

第二年塞尔南成为第 11 名踏上月球的人——他也是 20 世纪最后一位离开月球的人。汤姆·斯塔福德——他的阿波罗 10 号指令长——几乎让他失去在阿波罗 17 号上占有一席之地的机会，让他的日子非常难过。迪克·戈登——他是阿波罗 15 号的替补人员，由于预算削减而失去了指挥阿波罗 18 号的机会——后来和塞尔南开玩笑说他当时在塞尔南坠毁直升机的时候就认为他已经赢得了指挥阿波罗 17 号的机会。塞尔南在他的办公室里保存着被损坏并已经烧焦的飞行头盔，用来提醒自己他能够从坠机中逃生，而他的很多航天员同事却并没有如此幸运。他后来写道，他可以毫发无损地飞往月球，却竟然在离地面几英尺高处驾驶直升机的时候将它坠毁。

2.1.5　苏联航天员事故

1976 年 8 月 23 日，航天员利奥尼达·伊万诺夫（Leonid Ivanov）成为从 1960 年开始第 6 批登记的空军航天员中，入选参加航天员训练的 9 名空军军官之一。小组在奥克图明斯克的查克洛夫试飞员学校经过一年的试飞员训练之后，在加加林航天员训练中心开始了为期两年的航天员候选人训练计划。完成航天员训练课程之后，候选人回来进行军事试飞，然后又一次应召去加加林航天员训练中心，被派遣到“联盟－礼炮号”航天小组参加训练，以确定一项空间站太空任务的主航天员、替补航天员和支持航天员角色的人选。1980 年 10 月 23 日，在一次试飞中，米格－23 飞机发生翻滚，伊万诺夫无法恢复控制，机毁人亡。

1977 年，苏联航空生产部（MAP）挑选了一批 5 人组成的民航试飞员小组参加官方所说的 11F35 飞行器（暴风雪号）的试飞，这是苏联对应于美国航天飞机的产品。在那时，苏联军事试飞开始都是由航空生产部的民航飞行员来进行的，之后才在实际分配形成空军建制单位之前派给军事飞行员进行计划后期的验收飞行。这类似于美国的体制，美国的飞机生产厂商的飞行员也要先进行最先的飞行测试，之后才把飞机交给军事试飞员飞行。该小组以位于莫斯科附近的儒可夫斯基飞行研究所为基地，成员包括伊格尔·沃尔克（Igor Volk）、奥尔格·科诺年科（Oleg Kononenko）、阿纳托里·利维琴科（Anatoly Levchenko）、里曼塔斯·斯坦科亚维丘斯（Rimantas Stankyavichus）、亚历山大·舍丘金（Alexandr Shchukin）。

这 5 人原先并没有加入航天员小组，不过的确于 1979～1980 年间在加加林航天员训练中心完成了基本的航天员训练。结业后他们回去进行军事试飞，也参与了他们的暴风雪号太空任务。他们以“狼群”的称号而闻名。他们和其他被选中的军事飞行员一起，为暴风雪号太空任务进行训练。他们将完成一个长期计划，使用一系列的飞机和暴风雪号航天飞机的试验型进行进场和着陆试验，包括喷气动力型跑道起飞试验和无动力着陆试验。不断的延期折磨着暴风雪号计划，最后，仅仅在 1988 年 11 月进行了一次无人轨道飞行试验，2 年之后就因为苏联的解体和载人太空飞行计划资金的限制而终止了该计划。

作为计划的一部分，用来为以后可能的航天飞机航天员提供飞行经验，“狼群”被派往空间站训练组，他们的目的是进行为期一周的联盟号飞往礼炮 7 号或者和平号空间站的短期飞行任务。他们在轨道上呆了一周，着陆后不久，他们就被带到附近的机场，在一次驾驶技巧的展示中（在监测着身体状况的同时），驾驶图－154 飞机飞回莫斯科。这用来为从轨道上返回的暴风雪号这种难度的任务提供数据。沃尔克和利维琴科最后飞入了太空，不幸的是其他 3 名成员都在获得他们飞入太空的机会之前丧生。

奥尔格·科诺年科死于 1980 年 9 月 8 日，就在他 11 月完成航天员基本训练计划前的几周。他死的时候正在位于南中国海的明斯克航空母舰上执行试飞任务。他在从航空母舰上垂直起降雅克－38A 飞机时丧生。

从 1986 年 6 月到 1988 年 4 月间，亚历山大·舍丘金驾驶暴风雪号的喷气动力型完成了 9 次进场和着陆飞行。1987 年 12 月他在联盟 TM－4 号飞往和平号空间站的太空任务中作为利维琴科的替补，而他和利维琴科还被任命为暴风雪号的第一次载人太空飞行的替补小组，该飞行准备由沃尔克和里曼塔斯·斯坦科亚维丘斯来执行。不幸的是，他于 1988 年 8 月 18 日死去，仅仅在利维琴科死于脑瘤后 12 天。舍丘金是为了在一次航展上表演而进行演习的时候，在儒可夫斯基飞行研究中心驾驶一架苏－26M 型体育飞机时机毁人亡。

里曼塔斯·斯坦科亚维丘斯在 1985 年 11 月和 1988 年 4 月之间执行了 13 次进场和着陆飞行任务，包括第一次进场和着陆飞行。在 1984 年 7 月，他被任命在联盟 T－12 号飞往礼炮 7 号空间站的太空任务中作为沃尔克的替补，1988 年 12 月被任命在联盟 TM－4 号飞往和平号空间站的太空任务中作为利维琴科的第二替补。1989 年他还和亚历山大·维克托年科和亚历山大·贝兰丁一起，驾驶联盟TM－9号飞往和平号空间站，可是由于硬件上的原因，飞行任务被暂停，导致了拖延和联盟 TM－9 号航天员的重新任命，他和另外两人一起失去了太空飞行的机会。1990 年 9 月 9 日，他在意大利特里维索进行的一次航展上驾驶苏－27 喷气飞机时，机毁人亡，成为第四位死去的“狼群”成员。

像所有的飞行员一样，航天员们的个人飞行技巧是他们非常引以为豪的东西。就像他们的美国同行一样，他们也经常试图达到飞机的“极限状态”。然而有时候，他们走得太远了。

2.2　阿波罗 1 号火灾（1967.1）

人类在 20 世纪 60 年代早期才真正开始冒险进入太空，在这很久之前，太空探索被认为是很危险的事情。在那些开拓的日子里，风险和威胁似乎是在设计每一次太空任务计划时主要考虑的因素。10 年过去了，随着先锋的东方号、水星号和双子星号计划（以及很多次不载人计划）的成功，使得征服太空的行动似乎变得比较容易，很多人错误地相信太空漫游正逐渐变得安全起来。人们认为，随着第一次登陆的胜利完成，美国阿波罗号的航天员最终可以发展成为进行例行月球探索的计划方案，但对于很多参与计划和未参与计划的人来说，阿波罗号被看作是一次伟大的宇宙冒险。

阿波罗计划的进度加快了，而苏联的计划似乎慢了下来，第一次阿波罗号载人飞行登上了历史舞台。1967 年 2 月阿波罗号飞船（指令舱和服务舱）将进行为期 14 天的试验飞行。它将拉开一系列“试验航行”的序幕。肯尼迪总统确定了 1970 年抵达月球的最后期限，为此设计了相关硬件、程序和方法。而这些“试验航行”就是设计用来对硬件进行评估，并且对各个程序和方法进行进一步检验。

这次开拓性的太空任务的小组成员包括两名经验丰富的航天员以及一名新手。指令长格斯·格里索姆以前参加过 1961 年 7 月的水星红石 4 号飞行和 1965 年 3 月的双子星 3 号飞行。高级飞行员是埃德·怀特（Ed White)，他于 1965 年 6 月在双子星 4 号太空任务期间，成为第一位在太空漫步的航天员。新手是飞行员罗格·查菲（Roger Chaffee)。

小组成员于 1966 年 3 月 21 日对外公布。他们被派遣执行阿波罗 204 号（AS—204）任务，由第 4 枚土星 1B 火箭发射升空——这是曾经设计用来携带载人飞船的威力最为强大的火箭之一——而不是强大的土星 V，它还在建造之中，将进行第一次不载人试飞。由于这也是第一次阿波罗任务，通常称之为阿波罗 1 号。起初，小组成员应该是格里索姆以及 2 个新人唐 · 艾西尔（Donn Eisele）和罗格 · 查菲。可是就在对媒体宣布航天员小组成员前不久，艾西尔肩膀受伤，他只能被迫由别人替换下来。挑选小组成员的德克 · 斯莱顿把埃德 · 怀特从阿波罗 2 号飞行计划中往前提，代替艾西尔，而艾西尔则重新被派遣到罗格 · 查菲率领的第二小组。替补航天员小组成员是吉姆 · 麦克戴维特（Jim McDivitt）、戴夫 · 斯科特和新人罗塞尔 · 斯科维卡特（Russell Schweickart）。1966 年剩下来的日子里，航天员小组成员们都在为他们的太空任务进行着准备。他们几乎马上发现，由于双子星计划下马，阿波罗计划被优先考虑，硬件和航天员的训练都碰到了技术和程序上的问题。

阿波罗 1 号首选航天员小组：埃德 · 怀特、格斯 · 格里索姆和罗格 · 查菲

阿波罗 1 号太空任务徽章，图中画着计划中的阿波罗指令舱和服务舱在地球轨道上进行首航

当 1966 年 8 月指令舱和服务舱（CSM）抵达肯尼迪中心的时候，人们发现还必须进行大量的技术工作——本来主承包商北美航空公司应该在把它运到肯尼迪中心之前就完成这些工作的。为了完成这些工作，加上一些其他问题和拖延因素，太空任务从计划中的 1966 年秋季发射（这样可以和双子星 12 号进行一个短期的联合飞行）推迟到了 1967 年的第一个季度。在训练的过程中，格里索姆经常表示他的失望，因为事实是对飞船的修改总是比对模拟器的修改来得快。当新的阿波罗航天员小组也为了以后的太空任务而加入到训练中来的时候，就开始形成一个瓶颈。格里索姆如此沮丧，以至于有一天他把一个柠檬吊在模拟器的上方。

虽然存在这些问题，按照发射日期确定的计划仍在进行着。1966 年 11 月，因为与第一次飞行任务雷同，取消了斯切拉（Schirra）建议的第二次阿波罗载人任务，1966 年 12 月只好将阿波罗航天员小组作了重新分配。

沃尔特·斯科里、沃尔特·柯宁海姆（Walter Cunningham）和唐·艾西尔组成的阿波罗 2 号的主小组在阿波罗 1 号中成为格里索姆新的替补小组。麦克戴维特的三人小组则移到新的第二次载人阿波罗任务中变成主小组，成为地球轨道上第一次载人登月舱飞行的主角。他们的替补是汤姆·斯塔福德、约翰·扬和吉恩·塞尔南。这两次太空任务都将用土星 1B 运载火箭发射，而阿波罗 3 号将成为首次用土星 V 号登月火箭发射的载人航天器，其特点是将在外层空间的高地球轨道上进行指令舱和服务舱以及登月舱的联合试验。这次飞行将由弗兰克·博尔曼指挥，小组成员还有迈克·柯林斯和比尔·安德斯，而他们的替补将是皮特·康拉德、迪克·戈登和威廉姆斯。计划是让这三个替补小组分别进行阿波罗 4 号、5 号和 6 号的飞行。第一次登月最早将可能由阿波罗 5 号或者阿波罗 6 号来进行。

时间进入 1967 年，载人阿波罗行动将由为期两周的阿波罗 1 号地球轨道飞行任务拉开序幕，人们也开始翘首以待。在 1 月末，航天员们参加了最后一次训练，位于 34 号发射台的土星 1B 运载火箭的上端，

的阿波罗 012 号飞船（阿波罗 1 号）在飞行前准备过程中

在指令舱中进行了一系列载人系统的试验。1967 年 1 月 27 日星期五的训练计划还要包含更多的例行试验，将会持续整整一天。3 名航天员一大早就在航天员住处走来走去，完成穿航天服之前的最后事项。在几位观察者看来，他们显得全神贯注，比正常情况下要安静一些。或许为阿波罗这次重要的处女飞行而进行的最后几周训练的压力使他们开始有点疲倦了。他们在上午 10 点之前穿上了进行试验用的航天服，出发去太空舱。过了一会儿，他们进了太空舱，开始进行当天的工作。

航天员小组要进行的试验是正常的飞行前试验计划的一部分，被称为“拔掉插头”试验，是用来确认发射阶段电子系统的可靠性。由于飞船将按照实际发射情况一样进行设置，太空舱会用 100％的氧气来加压，而所有的舱门将被封闭并且锁死。为了减少泄漏的风险，指令舱的内部被加压到超过正常大气压 10％的水平，这可以保证只会从里面漏气，而不会有外部的气体进入舱内。

由于该试验被认为是一次“没有危险”的练习，发射的火箭也没有加注燃料，所以医疗队和消防队都只留在站里待命，而不是处在完全戒备状态。然而，安全对于航天员是至关重要的，格里索姆已经要求在试验结尾部分把航天员逃离的模拟演习包括进来。按照程序，将会看到航天员们打开舱门，穿着航天服沿着通道跑过，进入等候的升降机，然后紧急疏散到相对安全的区域。和很多其他阿波罗任务的程序和步骤一样，训练是每一次太空任务中的重要组成部分，所有的航天员都对在发射台上他们可能面临的危险有着清醒的认识。

计划进行的试验是通往发射之路的一个重要台阶。所有的人员都完全知道如果试验成功，就极有可能在下一个月进行发射。3 名航天员进入飞船，并且根据他们自己在发射中的角色在指令舱中各就各位。第一个进去的是格里索姆，他坐进左侧的椅子里面，对着飞行控制仪器，他将在试验中对它们进行监视。当他进入飞船的时候，指令舱内部已经通电约 5 分钟了。他注意到有一股气味，明显来自于环境控制系统中航天服上的供氧回路。他报告了这个情况，倒计时的模拟立刻在 13 点 20 分停止了，随后对气体进行了取样和检查，但没有发现什么严重的问题，所以试验继续进行，不过这时候已经晚了一个多小时。

下一个进入指令舱的是查菲，他坐进右手边的椅子里面，那里有通信设备。在实际的太空任务中，他的职责是在飞船再入的时候负责通信。在这次试验中，所有的行动都是模拟的。最后进去的是怀特，他坐到中间的长椅中，负责导航工作。在那天的试验中，他要对重要的程序和行动进行监视，并且帮助格里索姆操纵飞船上的飞行控制仪器，以及开启和关闭舱门。

在这之前一天，格里索姆和斯莱顿曾经做过讨论，让斯莱顿只穿着衬衫，在试验时坐在太空舱里，对给以前的模拟试验造成过麻烦的通信进行监听。第二天早上吃早餐的时候，格里索姆建议阿波罗飞船主管乔·席亚（Joe Shea）也应该加入到试验中来，坐进下面的仪器舱里对操作进行监视。不过，实际上要这么做是很困难的，因为那儿的空间只够让一个人呆，他将被迫站好几个小时，或者趴在三名航天员的座椅下面。这个建议被否决了，因为技术人员要临时安装应急的通信设备，且和现在航天员们所用的并不相同。一旦舱门关闭，新加入的人员也不容易加入到通信回路中。而如果不进行通信，呆在飞船里并没有实际价值，最终只好由斯莱顿监控飞船和控制中心的通信，控制中心设在发射台附近的掩体中，航天员斯图尔特·罗萨（Stuart Roosa）也呆在这里。

阿波罗 1 号首选航天员小组进入指令舱，进行发射前的模拟试验

3 个人进了飞船，气味问题也已经解决了，舱门被封闭。下午 2 点 45 分，倒计时开始了。所有 3 名航天员现在都戴着面罩，穿着航天服，处于航天服提供的环境控制与生命保障子系统（ECLSS）的保护之下。

阿波罗号舱门的设计颇为复杂。不过它可以在约 60 秒内打开，而航天员们可以在 30 秒后安全出来。阿波罗服务舱舱门的初始设计只是考虑了压力安全和热保护，设计相对简单。它是单层整片设计，可以在着陆以后以爆炸的方式打开。1961 年格里索姆本人在驾驶水星 4 号的时候，他的炸开式舱门启动得太早，返回舱进水下沉，格里索姆差点淹死，因此只好对阿波罗舱门的设计进行了改变。新的舱门是 3 层设计，不过没有哪个航天员特别喜欢这种舱门，部分的原因是它使得从指令舱无法进行舱外活动。NASA 意识到了这一点，也希望能够从指令舱进行可能的舱外活动，所以 NASA 也已经开始开发一种更简单的铰接式舱门。不过，它当然还没有准备好应用在早期的阿波罗“第一批”载人轨道试验飞行中，它将会应用在“第二批”太空任务之中，此时将会飞往月球。至于阿波罗 1 号，航天员们只能针对较老的舱门设计进行训练。

首先关闭的是内层舱门。它设计来保持内部的空气密封，而且只能由坐在中间座椅上的航天员（怀特）用一种特殊的棘轮，分别独立释放六个套筒，然后将舱门从里面打开。一旦打开，舱门只能安放在座位之下的地板上。第二层舱门是一个热防护层，它同指令舱表面的烧蚀覆盖层联成一整体，在飞船的外表面形成一个光滑的整体。只要用内部的一个手柄就可以简单地开启这个舱门。最后一层舱门实际上并没有附盖在指令舱上，它是发射逃逸系统的助推器保护罩（Boost Protective Cover，BPC）的一部分，这个保护罩在早期上升通过大气层的那个阶段覆盖在指令舱外。它用玻璃纤维和软木（是 BPC 的托架）制成，设计成和外舱门一起开启，在发射的时候和发射逃逸系统一起被抛掉。指令舱的内层舱门和外层舱门都关闭并且锁定之后，再安上 BPC 舱门。不过由于在这区域有成捆的电线，舱门要想锁上就要扭曲外形，所以现在实际上它并没有锁上。

航天员小组和地面控制人员几乎进行了 3 个小时的试验。一个困扰试验的问题是指令舱和地面控制人员之间一直很糟糕的通信联系。进一步的问题都和设施之间的通信有关。17 点 40 分，查菲通过尝试不同的开关位置，试图找到“开着的”麦克风怎么也关不掉的症结。经过 8 分钟的调试，航天员们和地面之间的通信一度变得非常繁忙以验证开关的不同位置和检测系统。然而，地面还是时常无法听到或者听清楚航天员们的通话。实际上格里索姆在大声指责这种通信状态，他质问道，如果他们在地面上都无法进行正常的通信，又如何指望他们飞向月球呢？

当天的主要试验是对几种与地面绝缘的电子线路充电时的运行状况进行评估。然而，整个下午各种问题和挫折不断出现，妨碍了试验的进行，人们不由对此感到焦虑。黑暗开始笼罩肯尼迪中心，而格里索姆继续对这些明显有故障的系统和线路表示他的忧虑。他在发射试验前的某些时间已经公开对这些故障进行了批评。此外，他还怀疑环境控制与生命保障子系统（Enviromental Control and Life Support System，ECLSS）发生了泄漏，而浸泡电线的水和乙二醇混合液体可能是导致通信问题的元凶。于是命令继续延迟倒计时试验，以解决通信问题。同时，检查发现，倒计时清单上计划于18点20分要进行燃料电池内部供电模拟，所以为了先完成这件事，又一次延迟了倒计时试验。白房子里的技术人员（他们要“拔”插头）可以休息一会了。

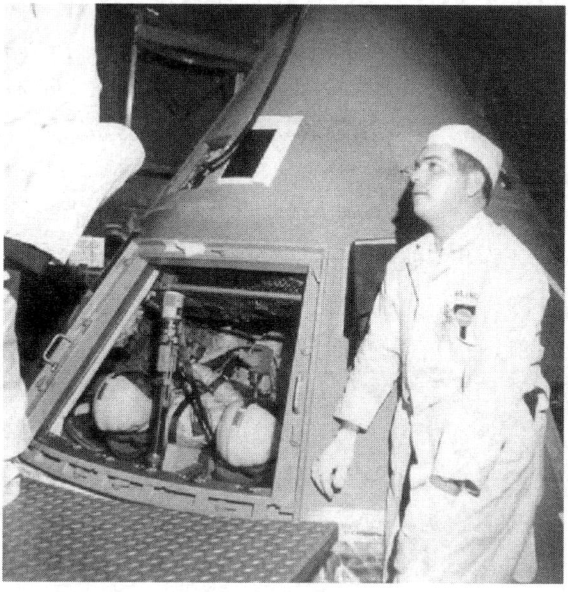

阿波罗1号的替补小组——斯切拉、坎宁哈姆、艾西尔——1966年12月训练期间在肯尼迪航天中心准备进行012号飞船（阿波罗1号）压力室试验。这张照片显示了航天员们的位置，与1967年1月（格里索姆的）首选航天员小组进行致命的试验时相似

弧光灯照亮了发射区域，27名工作人员在一边观察并等待“发射”的命令来继续进行倒计时模拟试验。这时候模拟已经进行五个

半小时了。电视摄像机和遥测设备继续记录飞船、航天员和地面小组的活动。生物医学记录仪记录着航天员们的每一个动作，而飞船上的平衡环则可以用来感知他们的动作。地面上的技术人员经过一天漫长的艰难模拟工作也疲倦了，有些漫不经心地看着图像和数据。现在是 18 点 30 分，肯尼迪中心的大部分人都希望试验早点结束或者取消，他们都盼望着早点回家度周末。这时候事件开始迅速朝着一个悲剧性的结局发展。

18：30：21.0，生命医学遥测显示怀特的脉搏加速，几秒钟之后他的心跳也开始加速了。数据还记录到格里索姆在他的座椅中移动。躺了将近 6 个小时之后，这一点都不让人吃惊。过了几秒钟，数据显示了飞船有显著的移动，它们不是很猛烈，不过航天员们肯定是都在动。还有记录表明，航天服中氧气的流速也增加了。

18：30：54.25，记录到瞬时功率突增，这是从通过 1 号换流器与地面部分相连的 2 号交流母线上传过来的。记录仪上的轨迹曲线几乎没有移动，不过一次非典型的移位已经足以确定一个严重的短路发生了，它就在指令舱内 20 英里长的电线的某个部位。

18：31：04.7，“火！驾驶舱着火了！”格里索姆在对讲系统上惊叫起来，在舱内的纯氧环境下，火势迅速蔓延。火显然是从格里索姆的座椅下开始燃烧的，经过他的脚，顺着他左侧蔓延进了三名航天员前面的仪表面板。火势所到之处，约束网被点燃，它们燃烧产生的火焰掉到下面的储物区，那里有可燃的储物柜、箱包、电线以及日志。在格里索姆向惊呆的地面控制人员发出警报的时候，怀特已经开始疯狂地试图释放 6 个锁住内舱门的栓锁。他们前面仪器的示警信号灯亮了，而警报声也响起来，警告航天员们正处于严重状况之中，可是他们已经根本不需要这样的警报了！

18：31：12，随着火势的蔓延，记录到飞船内的压力和温度显著升高。火焰很快包围了可以燃烧的一切东西。在第一批阿波罗号设计中，有很多可燃的材料。火舌在格里索姆左边的氧气释放阀附近卷动。他显然无法开启通风装置来释放舱室内迅速增大的压强，可即使打开了通风装置，他还是无法迅速扑灭这样一场充满氧气的大火，也就无法挽救航天员们的生命。

1966 年 6 月，阿波罗 1 号指令长格斯·格里索姆（左）访问位于加利福尼亚州丹尼市的北美航空公司期间，在阿波罗指令舱内检查飞船设备

18：31：16.8，“我们着火了——让我们出去。我们自己也烧起来了!”查菲惊叫起来。可他还没来得及说完，在飞船里积累的压力就达到极限，撕裂了舱室。火势在舱室里失控蔓延，航天员们的命运已成定局。

18：31：19.5，在舱室裂开那一刻的确切压力值并无法确定，不过范围在 2～2.75 个海平面大气压之间。压强增强到标准海平面大气压的两倍左右时，已经超过了设计值，突增的压力撕开了 012 号指令舱左下方的外壳。这导致气体、烟雾和火焰交织扫向航天员和面板。随着最后一阵咆哮的声音，火焰和烟雾翻腾到飞船的外面。对讲系统中传来最后一声痛苦的哭喊，然后通信线路中的一切声响归于沉寂。

18：31：25，当气压撕裂外壳的时候，火势最为凶猛。此后随着氧气供应的降低，炽热的地狱变成了黑烟翻腾的地方，氧气输送管也烧裂了，致命的毒烟进入环境系统。飞船被撕裂后仅 10 秒钟，里面的气体就足以致命了。这距离格里索姆呼叫飞船着火仅仅 25 秒的时间。

18：31：30，着火后 30 秒，3 名航天员已经根本无法从外面救援。3个人都被大面积烧伤，不过还活着，在三四秒内陷入昏迷状态。又经过三四分钟，由于大脑缺氧而造成的昏迷，无可避免地导致心跳停止和死亡。

在飞船外面，所有的旁观者束手无策。白房子中监视着指令舱舱门的电视画面突然闪过一道炫目的光，接着传来一声金属裂开的巨响。在白房子里的技术人员以为飞船就要爆炸，急忙从该区域逃离。当他们意识到情况并非如此的时候，他们拿着灭火器冲了回去，可是却被火焰逼回，而且弥漫在白房子里的浓黑烟雾令他们无法呼吸。

罗萨不停地通过对讲机呼叫飞船，希望能够接到任何航天员们还活着的信号，却毫无反应。而斯莱顿则咆哮着寻找医生。掩体内只有两名医生，他们立刻出发去发射台。而白房子内的5名地面人员最终到达了飞船那里，报告说他们已经开始努力打开舱门。悲剧发生之后大概5分钟，他们经过与浓黑的烟雾奋力拼搏，终于打开了舱门。

当最后一道门打开的时候，一阵热浪向救援者迎面袭来。有一名救援人员把这比作打开一扇烧了好多小时的烤炉的门。黑烟向外面翻腾，更令人不适，不过没有人退却，他们脑中的唯一念头是把航天员们抢救出来。

阿波罗1号返回舱，已经去除部分助推器保护罩，显示了火灾产生的后果

令怀有一丝希望的救援人员感到吃惊的是，他们最初看到情景就好像航天员们不在舱内一样。这完全是一个恐怖的停尸房，3 名航天员的尸体最后通过外貌和感觉才得以确认。他们在最初几秒钟内看到的景象，简直无法让人承受。来自火箭平台的初始报告说，在事故后不到 5.5 分钟，舱门已经打开，可里面的场景惨不忍睹，无法形容。

事故发生后 8 分钟，也就是舱门开启后 3 分钟，消防人员赶到了。他们试图搬出航天员的尸体，可事实证明这是徒劳的，因为他们好像已经和整个结构粘在一起。消防人员抵达后大概 3 分钟，医护人员也进入白房子，对尸体进行了检查，并且确认了早已很明显的事实：3 名航天员都已经死亡。对尸体的姿势和受伤情况都进行了记录。经过 1.5 小时的努力，终于搬出了 3 具尸体。

对航天员的死亡姿势的初步检查显示了 3 名航天员在他们生命的最后几秒的一些动作。格里索姆的座椅处于 170°的位置，基本是平的。人们发现格里索姆双脚在他自己的座椅上，身体趴在怀特座椅上，而双腿在怀特座椅的踏腿板上，面罩紧闭着。在这三个人中，格里索姆受到炽热和火焰的烧伤最为严重，他的航天服也烧得最厉害。很明显格里索姆已经断开了他的安全带和氧气管，试图在火势燃烧到座椅上的时候保护自己，可最终一切努力都是徒劳。

012 号指令舱（阿波罗 1 号）内部，显示了急剧燃烧产生的强热导致的结果，它夺去了 3 名阿波罗 1 号航天员格里索姆、怀特和查非的生命

怀特被发现躺在返回舱的后舱壁那边，和三个座椅垂直，在座椅的头枕之下，也就是位于侧舱门之下。他的座椅处于96°的位置，踏腿板部分向上翘起，面罩也紧闭着，而且他显然已经放弃打开舱门的努力，已经试图和格里索姆一起趴在座椅下面来逃避火焰。他的努力肯定导致了他自己极度的疼痛，因为事后发现把他束缚在座位上的安全带还是锁着的，但整条带子都已经烧尽了。他放弃打开舱门的尝试，是一个正确的决定；因为随着舱室内气压的增加，是根本无法从内部打开舱门的。

查菲处于舱室的右侧，他离大火的产生的强热最远。他躺在成264°角的座椅上，安全带解开了，可是他的航天服上的管子还是连着，他的面罩也紧紧地关闭着。查菲当时仍然在他的座椅上，设法从飞船发出最后的信息，他的航天服烧得最少。格里索姆和怀特在试图躲避大火的时候都切断了和外界的联系。

所有三套航天服都被大面积烧毁了。格里索姆的航天服几乎没有一处是完整的。最严重的伤害来自于熔化的材料，它在高温下和液态的尼龙共同作用，使航天员们和舱室几乎联成一体。当救援人员试着移动尸体的时候，航天服残骸的固化部分让这个任务变得异常困难。

消息很快就传遍了全世界的媒体。全美国都在为牺牲的航天员而哀悼。人们无法理解的是，事故发生在地面上而不是在太空。

航天员同事们和 NASA 的雇员们立刻赶往格里索姆、怀特和查菲的家安慰他们的家人。没过几个小时，就宣布将成立一个调查委员会对这个悲剧进行调查，取消所有的飞行，所有的雇员都将暂停工作。

第二天，也就是 1 月 28 日，NASA 副总管罗伯特·西曼斯（Robert Seamans）组建了一个阿波罗 204 号调查委员会，对这个夺去了 3 名航天员生命的事故进行调查。由 9 个人组成的小组包括航天员弗兰克·博尔曼和载人航天中心的工程和发展部主任、飞船主设计师之一马克斯·费奇特（Max Faget）。委员会于 1967 年 4 月 5

日递交了最终报告，它的基本结论是指令舱和整个阿波罗系统都（可能无意中）只注意到飞船任务的成功，而忽视了安全性，这一定要得到纠正。需要关注的焦点集中在复杂的舱门上，认为对高温的热防护，尤其是一旦飞船离开轨道之后的热防护，甚至要比在地面紧急状况下迅速逃出更为重要。调查结果和评价主要是针对指令舱和火灾来考虑的，同时也涵盖了计划的其他领域，尤其是服务舱、登月舱、土星 V 号和航天员的航天服。硬件也在调查委员会的调查范围之内，而随后进行的人事调动反映了调查结果。NASA 和它的主承包商北美公司的主要人物都在 1967 期间进行了调整，美国努力要从三名航天员的灾难中恢复过来，重新开始登月的赛跑，以期在这个十年末完成肯尼迪总统的预定目标。

1967 年 2 月的葬礼中，水星号的航天员同事们和约翰·扬走在格里索姆的灵柩旁

1 月 31 日，为 3 名航天员举行了全军葬礼。格里索姆和查菲安葬于弗吉尼亚州的阿灵顿国家公墓，而怀特安葬于纽约州的西点军校。葬礼紧接着 1 月 29 日和 30 日在休斯敦举行的纪念仪式。委员会还在进行调查的时候，1 月 31 日葬礼那天又有消息传来，发生了一个类似的事故。在得克萨斯州的布鲁克斯空军基地，在一个充满氧气的压力室中突然发生大火，2 名美国空军飞行员被烧死。

接下来的 2 个月里，调查委员会检查了飞船，访问了北美航空公司和肯尼迪中心，会见了关键的人员，并且进行了测试和实验，以寻找事故的起因。他们对于未来的飞船和阿波罗计划行动提出了一系列的建议。

在调查期间，记录了来自发射平台技术人员的几份事件报告，他们提供了目击证词，他们当时在发射台的各层距离飞船最近。这使得后来可以从不同的角度再现整个事件。

美国东部时间1967年1月27日18：31：00到18：31：15之间。“着火”报告之前，发射工作平台上的目击者在A—2层间感觉到了飞船尾部两次明显的震动和摇晃。它们和过去由于风、发动机平衡架或者设备输入引起的振动并不相同。在A—7层和A—8层的目击者听到了“着火”或者“驾驶舱着火”的消息传送，并且听到了一声爆炸的闷响，接着是两次泄漏气体（或者爆炸性排气）发出的嘶嘶声。他们还观察到了从指令舱边缘和白房子下面喷射出来的火焰。电视监视器捕捉到了“着火”或者“驾驶舱着火”的消息传送，并且可以透过舱门窗口观察到航天员的头盔、背部和手臂的移动。飞船的舷窗中光强增加，在飞船内出现火舌。他们观察到火焰从舷窗的左下角向右上角蔓延，接着火焰充满了舷窗，舱门口附近、指令舱下部和电缆等各处都开始燃烧。

美国东部时间18：31：15到18：33之间。在A—7和A—8层的目击者报告说他们当时试图通过白房子疏散。他们在指令舱、服务舱和白房子内与大火搏斗。电视监视器观察到了在A—8层的烟和火，由于浓烟不断增加，监视器上飞船舱门的可见度逐渐下降。

美国东部时间18：33到18：37之间。多次试图打开舱门抢救航天员。北美洛克韦尔公司职员J·D·格里维斯和D·O·巴比特打开了助推器保护覆盖层舱门，而J·W·霍金斯、L·D·里奇和S·B·克莱蒙斯打开了指令舱外舱门。他们大致在18：36：30的时候打开并推倒了内舱门。人们因为强热和浓烟而无法对飞船内部进行观察。在舱室内已经没有生命的迹象。

美国东部时间18：37到18：45之间。余火被扑灭。救火人员和医护人员赶到。消防员J·A·伯奇和北美公司的技术人员W·

M·梅德卡夫从飞船里搬出内舱门。医生对航天员们进行了检查，并且确认了他们的死亡。

美国东部时间 1 月 27 日 18：45 到 1 月 28 日 02：00 之间。清理了发射台，并且拍了照片来提供当时场景的完整档案。航天员们的尸体被搬出，发射台及其周围区域处于严密监管之下。从华盛顿和休斯敦赶来的人员抵达，开始接管控制权。

对来自于 18 个机构和承包商的目击者和视频/音频记录进行了审查，590 个人提供了 572 份书面陈述报告和 40 份录音陈述报告(一些人递交了两份或者多份陈述报告)。

1 月 29 日星期天，三家新闻机构的代表经过允许进入白房子，记录他们自己的观察，并向外界转播白房子以及现在已经空了的阿波罗 1 号飞船状况。他们被禁止接触指令舱内的任何物体，只能拍摄整个区域的外景。出于安全问题的原因，他们在距离 34 号发射台 1.5 英里之外的关卡处就开始有人陪同着通过每一道大门和每一层。有一台摄影机拍摄电视和电影报道，另一架照相机为报纸和杂志拍摄照片。乔治·亚历山大从一名记者的角度提出了他的观点，下面部分是他在事后的一次新闻发布会上的描述摘要。这可能是对事件最生动的报告，写于事故发生后仅仅几十个小时之内。

亚历山大描述了飞船的内部情形。他说可以看到裸露的金属以及凹凸不平的电缆，大火已经把绝缘层烧掉了，指令舱的地板上到处都是残骸，包括航天员的绿色的安全带碎块，模拟飞行计划书位于格里索姆和怀特的座位之间，几乎被完全烧毁，只留下易碎的灰烬；只有怀特的头枕附近有一页还可读，这一页只有边缘部分被烤焦了。内部呈现一片瓦灰色，右侧边有些灰白。格里索姆和查菲的头部靠背都处在“朝上”的位置，不过支架部分都向下弯折。怀特的座椅支架被向下弯到框架之下，以便能在火灾之后进入到飞船里面。还注意到在头顶横杆上有手印。舱门不是亮白色的，而是覆盖着一层烟灰。助推器保护覆盖罩盖放在白房子外的维修室里，它是白的，边缘有烟灰，烟灰上有几个手指印。因为大火的缘故，窗户一片漆黑。内舱门原先是褐色的，边缘是铝的，现在边缘都被烟灰染黑了。

亚里山大还说，在门打开之后，进入维修室，闻到一股很明显的气味。“一股刺鼻的烟味”，他回忆道，这气味随着他们进入白房子而变得更加强烈，在他们到达舱门区域的时候，气味最为强烈，令人难以忍受。这种气味和电子仪器着火的味道相似。向导确认说这是烧焦的绝缘电线的味道。

当他们走进白房子的时候，在外面的入口处发现了一些烧焦的聚亚安酯材料，不过亚历山大无法证实它们是从哪里来的。他还指出，他们不允许向白房子内的任何人问问题——“这是禁忌。”

航天员弗兰克·博尔曼（靠里）和飞船设计师马克斯·费奇特（靠前）在调查火灾期间位于阿波罗1号指令舱的实体模型内

白房子的地板上还有一个扭曲了的废弃伸缩管，它用于气体的输送。除舱门外，圆锥形的助推器保护覆盖罩还在指令舱上。它的颜色是白的，大概有270°范围内的面板都被拿掉了，露出下面的012号指令舱。此外，还有一层黑色的塑料，原先是放在指令舱助推器保护覆盖罩外，在试验中保护覆盖罩的。这层塑料有一些被撕掉了，或是被烧掉了，只剩下一小块留在应急逃逸塔上。它看上去就像一块“送葬者的黑布带”。

从白房子中指令舱的底部，可以看到三块控制面板，地面支持仪器都是和它们连在一起的。第一块是燃料控制面板，这个试验装置中的所有线束看起来都被中等程度地烧毁了，一块三角形的烟迹从面板开始沿着指令舱一边向上延伸。第二块面板距第一块面板大概有 4 英尺远，经过辨认是氧化剂面板。这块面板上有大量烧焦的痕迹，极难分辨独立的组件乃至线束。第三块面板——三块中毁坏得最严重的——辨认不出它是什么。第三块与飞船的脐带式动力管缆相邻，而管缆仍连接在飞船上，这是飞船外部毁坏得最为严重的部分。这个面板相对于航天员进出舱门的位置是处于正右边，在查菲的肩膀之上。在热保护罩上有一些小浮泡，上面的油漆已经部分剥落了，露出下面的热烧蚀覆层。指令舱上的美国国旗已经被灰色的烟灰部分弄模糊了，“看起来很邋遢”。“美国”的字样也覆盖着烟灰。整个烧过的区域是楔形的，向上朝着助推器保护罩扩展。

飞船四周到处都是碳化的材料，看起来像是纸。这可能是火灾的结果，或者是助推器保护罩的黑色覆板的残骸。大约四英尺开外，有一张桌子，上边散落着碳化更严重的材料。至少有 12 个灭火器放在飞船周围，其中一些遗弃在角落里，明显是用过的。

当发射的时间临近的时候，会有一个整流罩安装在指令舱的基部，与服务舱相连。它也会装在阿波罗 204 号上。它与服务舱的顶部接触，而聚酯薄膜则覆盖了一些可见的区域。火并没有蔓延到那里，所以它保持着光亮，不过管缆部分已经烧穿了，褪色得很厉害。顶部表面像是被弄皱的香烟纸。此外还能看到几个面罩、几双橡胶手套和一件石棉短衣遗弃在白房子周围。

记者们接着下降到第七层（在指令舱下面的那一层），检查了服务舱。工作人员从服务舱内移走一道进出舱门，舱门上面标着“低温贮藏进出舱门”。这个区域有些电缆和明显烧焦了的绝缘材料，还有少量悬在空中，边缘变黑，而且参差不齐。

脐带式管缆和指令舱相连的地方，烟熏的印迹在飞船的白色表面上看起来非常明显。地板上散落着几块残骸，不过这一层的灭火器似乎并没有用过。还可以看到一些油滴，有 12～16 条油迹从指令舱直通到服务舱，现在已经干了。这是在服务舱外唯一可以看到的证据。

总的来说，电缆状况还是良好的，不过在面板后面烧过的电线和火灾毁坏很明显。火灾毁坏得最严重的地方位于脐带式管缆和指令舱相连接的区域。没有迹象显示整个结构被破坏。指令舱的控制仪器几乎全都被烟灰覆盖，看不见仪器上的读数。在这次令人毛骨悚然的参观中，看到两名技术人员正在指令舱工作。

当亚历山大参观完之后，新闻单位的同仁们问他有什么感受。“我看过的唯一像它（驾驶舱）的是一架烧毁的喷气式飞机的驾驶舱。当你进入一个爆炸现场的时候，你看不到超压时的情况，它只是一个内部损坏殆尽的空壳，看起来就像一座在第二次世界大战或者朝鲜战争中被直接击中的碉堡。”他说几乎所有的东西都烧毁了，除了几小块之外。座椅已经被挪开，以方便人进入。指令舱这边打开的面板很明显被烧毁了，而作为正常试验程序的一部分，它们上面的盖板已经拿掉了，因为指令舱要与地面的试验仪器相连。在正常情况下，试验后，这些面板在电缆拔掉之后会被重新换上。亚历山大强调说火灾并没有烧掉这些面板，因为他们已经在事故前被取下来了。在比较差的照明条件下，根据他能看到的情形判断，开关似乎并没有熔化。

根据亚历山大收集的信息，在航天员和座椅于 1 月 28 日星期六凌晨移走之后，一切都保持原状，没有任何改变。这次参观是媒体唯一一次接近这艘飞船。它显示的飞船内部的悲惨状况，与事故发生前几个月 NASA 骄傲地展示出来的崭新整洁的飞船形成了鲜明的对比。

在阿波罗 1 号事故参议院委员会证人席上，（从左至右）NASA 副总管罗伯特·西曼斯博士、NASA 主管詹姆斯·E·韦伯、NASA 的载人航天飞行副行政长官乔治·穆勒博士和阿波罗计划主任萨穆尔·C·菲力普斯少将

在 4 月 10～12 日、17 日和 21 日以及 5 月 10 日，国会科学与航天委员会下属的 NASA 监督委员会举行了一系列的听证会，听取调查委员会的报告。航空航天委员会的参议院委员会听证会则于 4 月 11 日、13 日和 17 日以及 5 月 4～9 日举行。

调查委员会的最后报告发表于 1967 年 4 月 5 日。

• 一个瞬时动力故障发生在美国东部时间 18：30：55，这是根据在调查中发现的电弧证据确定的。最后没有确定单一的着火源。最可能的火源被认为是横跨过铝管的直流电缆，位于氢氧化锂出入口的下方。

• 指令舱靠近可能的着火源的区域内堆放着几种易燃材料。在 100％的氧气环境下，这个试验事后被认为是极度危险的。委员会建议在未来指令舱内必须严格减少可燃材料的使用，并且严加管理。

• 火势迅速蔓延，导致温度和压强剧增，撕裂了指令舱，并且产生了有毒的气体。尸检证实，窒息死亡是由于吸入大火产生的有毒气体导致的，热烧伤也是原因之一。据证实，航天员们很快就陷入了昏迷状态。

• 内部压强导致指令舱舱门无法打开，因此航天员们没有时间对他们的状况作出反应，无法在他们陷入昏迷状态之前采取有效的紧急措施。委员会建议应对出舱过程所需时间进行全面检查，并且对出舱程序进行简化并加快它们的速度。

• 缺少这类紧急事件的反应程序，救援装备不足以处理火焰、烟和热等产生的后果。因为没有救援人员紧急通道，使救援受阻。

• 频繁的通信中断和故障阻碍了整个试验过程，这些应该得到改进，以确保未来试验中通信线路的可靠性。

• 对于检查程序的修改，虽然并不是事故的直接原因，不过确实阻碍了相关人员在使用前对于最新的试验的熟悉。

• 作为调查工作的一部分，进行了指令舱等全尺寸模型火灾试验。确信这样的试验可以用来提供真实的飞行中火灾风险评估。委员会建议深入一步完成与实际飞行飞船一致的飞船试验。

• 指令舱的环境控制与生命支持子系统具有严重的火灾隐患，如果不减少指令舱中的危险材料，就会具有很大的危险性。应该进行对稀释的气体混合物的研究和试验。

• 列举了在指令舱的设计、制作和质量控制等方面存在的缺陷，以及长期困扰的012号指令舱硬件更换以及技术困难。所有的因素都应该加以检查，诸如连接、配线、管道和其他项目（例如冷却环路的泄漏和溢出）的设计。应该进行一次全面的振动试验，并且研究防止舱室火灾最有效的方法和需要的设备供给。

• 当主承包商交付飞船的时候，还有太多的事项悬而未决。计划管理的问题以及NASA各发射场之间的关系导致了混乱，对于责任和质量控制事项缺乏交流或把握。

调查结果出来了，不过并没有明确指出确切的原因，NASA、北美洛克韦尔公司和主承包商努力提出可以避免重新发生这样的悲剧性事故的程序和安全保障措施。很多人认为由于火灾原因对阿波罗进行了的成百上千个改进，登月时间会因此被延误。并不是所有的建议都得到贯彻实行，因为这样将会耗费太多的时间来把它们和阿波罗的设计整合在一起。1967年夏季之前建立了新的航天员小组，11月，巨大的土星V发射火箭胜利完成了第一次无人飞行，从此开始了它实际上100%的发射成功率。

1968年10月斯切拉的航天员小组重新开始载人阿波罗飞行，12月，阿波罗8号在月球轨道上度过了圣诞节。1969年7月阿波罗11号的杰出成功胜利实现了肯尼迪总统的登月目标。除了阿波罗13号在飞往月球的途中发生爆炸导致失败，阿波罗计划在预定的10次（包括由于预算限制而取消的最后3次）完成了6次载人登月。直到1975年，阿波罗的硬件在天空实验室和“阿波罗－联盟号”任务中也都进行了成功的飞行。

据说阿波罗1号航天员小组的损失导致了NASA和阿波罗计划几个月的延迟。其他人报告说对系统进行的额外安全保障和那些已经为“第二批”飞船新制定的安全措施（例如新的舱门设计），最后导致了阿波罗计划的卓越成功，帮助 NASA 留名世界历史。虽然在阿波罗 1 号到阿波罗 7 号之间相隔了 21 个月，由于与土星 V 号和登月舱相关的各种日趋明显的困难，阿波罗 11 号完成登月其实并不会来得更早。

除了阿波罗计划的成功，我们也永远不能忘记格里索姆、怀特和查菲的牺牲。阿波罗 1 号徽章的复制品被放在月球静海基地的尘土之中，可能有一天，人们将会以 3 名航天员的名字来为月球上的前哨定居基地命名。

在阿波罗 1 号航天员牺牲后 19 年零 1 天，挑战者号事故又夺去了 7 名航天员的生命，迫使 NASA 进行第二次彻底的自我反省。之后，NASA 意识到以航天飞机辅助的空间站计划，在发生另一次航天飞机事故的时候，有导致航天员受困于太空的危险。因此随着国际空间站的发展，人们更加重视航天员救援飞船的设计。早期的设计结构借鉴了阿波罗指令舱的设计，指令舱的某些圆锥形特征被加入到设计研究的候选名单之中。令人啼笑皆非的是，夺取了 3 名航天员生命的飞船的这种现代外形，这种允许人类抵达月球并且活着返回的设计，会被作为一个可能的空间站航天员救援飞船而加以考虑。

2.3 总结

回顾第一个 40 年中航天员小组的训练，可以清楚地发现训练和完成太空任务本身一样，充满挑战和风险。这是一个依赖以令人难以置信的速度飞速发展的技术的领域，在这样的领域和极端的环境下工作，本身就极其艰难。许多次太空无人飞行器的失败就可以证实这一点。把人类加到这个综合体中，更增加了风险和复杂性。

当前还没有机会在太空中进行太空飞行训练，所有的训练都只能在地球上进行，除了在飞机上一段短暂的时间或者潜入水底，几乎没有其他方法模拟失重状态。仿生模拟器和复杂的整套训练方案的使用，帮助航天员们为他们在实际任务中可能面临的状况做好了准备。

仿真工程师和训练职员的技术让无数的航天飞行小组得以通过很多更为威胁生命的状况，航天员可能在整个太空生涯中都不会碰到这些状况，更不用说某一次太空任务了。枯燥而重复的训练提供了经常被人遗忘的优势，那可能就是生与死的差别。在模拟器上进行的大量训练肯定帮助了 1966 年双子星 8 号上的航天员。此外，正是由于通过了正常和非正常状态的发射过程的反复模拟，才会有阿波罗 12 号和 13 号、航天飞机 41－D 和 51－F 号以及其他飞船的航天员小组们的接近第二本能的反应行动。然而，这些航天员小组碰到的问题并不是总能在当时被他们辨认出来，航天飞机 51－L 号挑战者的经历就清楚地显示了这一点，有时候一系列的事件发生的速度要比航天员的反应快得多。

1970 年阿波罗 13 号的状况和 1997 年和平号系列事件也突出表明，无论训练计划能如何良好地预见到可能的危险，总会有一些事情出乎意料。航天员训练的优势是让他们能够即时对状况作出有效的反应，而不至于使情况恶化，当然，前提是航天员有时间反应，同时有援助设备让航天员在事故的影响中生存下来。对于双子星 8 号、阿波罗 13 号以及和平号来说，这些援助设备就在太空中，而联盟 11 号和挑战者号则不是如此。

在航天员小组成员挑选计划的开始，成为一名航天员所需要的主要技能之一是飞行经验。虽然随着时间的推移这已经有所改变，不过对飞行时间的要求还是必需的。早期的航天员们在展示他们的卓越飞行技能时候，不仅包括正常的飞行能力演示，也包括濒临冒险边缘的行为，有时候甚至走得更远。“Right Stuff”（太空先锋）试飞员们的传奇故事给人一种感觉，那就是他们可以从任何状况下逃生。实际上，冒险并不是一个真正的试飞员要寻求的东西，那些纯粹冒险的人活不了太久。

一份关于 NACA 和 NASA 所辖的高速飞行基地/飞行研究中心/

德莱顿飞行研究中心等机构在 1954 年到 1975 年之间发生的飞行事件的回顾调查报告显示：在这 21 年里，有 23 000 次研究和试验飞行，记录了将近 28 000 个小时的时间，在这里面，有 10 次事故是民间机构记录的。还有来自于军方机构的数据，不过数据显示试飞员的技巧在于对于安全和风险有清醒认识的同时，还将飞行器推到了它的设计极限，有时候甚至更远。很多国家顶级飞行员都转到了太空飞行训练之中，他们保持了对于飞行的热爱。T－38 飞机成了航天员们的轻便小汽车，此外他们还经常开快车和体育飞机。1991 年——发生了好几次航天员涉及体育飞机的飞机坠毁或者侥幸脱险的事故之后——NASA 发布了一个禁令，禁止被派到某个航天员小组的飞行员参加“娱乐性飞行”。忽视 NASA 的飞行安全禁令，会有丢失太空任务席位的风险，资格很老的航天员罗伯特·吉布森和戴夫·沃克的例子就是明证。虽然他们都遭到停飞的处分，不过他们的太空生涯似乎并没有受影响太久，两个人后来都又进行了太空飞行。

进行太空训练绝不是一个人唱主角的，甚至单人的太空任务都有替补或者备用的航天员小组成员，以便在主成员生病或者受伤的时候顶替上来。小组成员的挑选总是充满了神秘感，这不仅是对太空飞行观察家来说如此，对于很多涉身其中的航天员而言也是这样。挑选的准则之一是体格状况，只有强健的体魄才能安全而成功地进行太空任务的训练并且完成太空任务。和其他航天员的相容性也很重要，尤其是对于执行长时期的太空任务而言，那时候要想使一个人不面对其他人几乎是不可能的。

地球上的紧张训练的问题是，无论模拟训练如何真实，无论他们可能的感觉或者反应如何本能，航天员小组都知道在最后的分析中这只是一次练习，并没有生命危险。可是在太空中一切都变了。被告知在太空飞行中存在危险和第一次经历真正的危险，两者有很大区别。

航天飞机仅仅飞行了 15 次就被宣告为“可运营的”，而进行第

25 次太空任务的时候，就实现了带着平民进入太空的计划。其中的先锋人物之一是一位教师身份的旅客克里斯塔·麦考利芙——为之付出了生命代价的 7 个人之一。航天飞机从来没有，也永远不会成为一种“可运营的”飞船，由于它的设计特性和飞行轨迹，每一次太空任务带有同等程度的风险。经过 199 次的自由飞行之后，X－15 还是被当作一种研究性飞行器，用于研究日后还有待于设计的“可运营的”高性能高超声速飞机。航天飞机只是朝着完全可重复使用并且能够安全地进出太空的飞船迈出了第一步，这可以从飞行的训练中反映出来。所有的航天员小组都要进行大量的训练，来应对各种不同的故障、异常中断、紧急情况和救援等场景，可是一个航天员小组成员在面对真实事件时的反应，只有在事件真正发生的时候才能知道。

在航天计划的早期，美国人发展和形成了一种体制，其中一个航天员小组有第二个小组来替补，并且有第三个小组来支援。在生病或者受伤的航天员小组成员无法飞行的时候，替补小组就可以顶替上来。双子星 9 号和阿波罗 13 号航天小组的重新任命就对这种体系进行了演示。这时两个可互补的航天员小组就进行轮换，有时候是整个小组换过去，有时候是个别人被重新任命到下一次太空任务中去。这种体制在航天飞机计划的早期发生了变化，这是由于航天飞机计划中有充裕的受训航天员可用，可以随时顶替一个飞行小组中生病或者受伤的航天员。在航天计划期间小组任命的变化则被证明会更复杂一些，它和双子星号以及阿波罗时代的情况具有不同的模式，这就是因为存在一群足够的受训航天员候选人。

苏联具有不同的体制，他们拥有一个受训航天员的组织，从中组建小型的训练小组，可供挑选的人员来自空军航天员队伍，或者从属于研究机构和研究局的受过航天训练的工程师和专家队伍。在飞行前不久的时间才根据他们的训练课程成绩和体格检查结果，最后选定主要和替补的航天员小组。曾经有航天员由于没有达到足够的训练考核成绩或者没有通过体格检查，在最后的关头退下阵来。

美国和苏联太空计划的两种不同的训练体系也造成了一定的麻烦，由两个国家的航天员组成的小组成员在另一个国家的方法和程序中接受训练的时候，常常会碰到很大的困难。在早期的国际空间站太空任务中，这是一个需要加以克服的很大障碍，因此对两种训练模式都有所要求，以保证安全性和相容性。

两个国家信息交流受限的早期例子是训练中发生的航天员火灾事故，包括 1961 年的瓦伦京·邦达连科事件、1967 年的阿波罗 1 号大火事件和后来的 1979 年亚历山大·维克托年科事件。由于对美国太空飞行计划的新闻报道很及时，阿波罗号火灾在事故发生后不久就成为世界各媒体的头版头条，而对邦达连科事件的报告却被尘封了 25 年之久。美国人从他们 3 名航天员的损失中得到了经验教训，而维克托年科事故却显示出苏联并没有从邦达连科事故中汲取教训。

第 3 章　航天发射

3.1　概述

当一个航天员小组完成训练任务后，下一步将面临从地球向太空的发射过程。既然乘坐载满危险气体、液体和其他易爆燃料的火箭系统是进入太空的唯一途径，这个阶段便是任何太空飞行中最为危险和最伤脑筋的部分。一旦进入轨道，大多数的航天员都会松一口气，认为最危险的飞行阶段已经结束。

载人航天器发展最初由军事导弹演化而来，又经历了像土星 V 号这样的为特定目的建造的巨型火箭，直至今天的航天飞机体系。早期火箭在离开发射台时确实容易爆炸，但随着技术的进步和经验的积累，发射体系也随之成熟完善。由于发射时航天员位于火箭的顶部，作为对飞行计划的支持，技术人员要付出更多的贡献和努力，尽可能地保证他们负责的部分不会失败。经过上百次的太空飞行，积淀了成功与失败的经验和教训，质量和可靠性已深入人心。

即使拥有对设计者和系统的信心，仍需一个意外防范计划。逃逸方法被加入发射系统中作为一项支持，可在危难时提供给航天员一种逃生的选择。多年以来，安装在高性能喷气式飞机和火箭研究飞机中的弹射座椅挽救了许多飞行员的生命。在东方号飞船和双子星座飞船中采用了弹射座椅的救生方式，在上升和下落过程中发生故障时可将机组人员弹出。最早的 4 次航天发射飞行计划中，像这样的座椅也适合于 2 人轨道飞行试验机组。类似的系统也在苏联的暴风雪号航天飞机试验中被采用。

在 1964 年和 1965 年，苏联上升号飞船发射任务中未安装逃逸装置，改进的东方号太空舱中增加的乘员或设备占去了弹射座椅的空间。之后接连 2 次联盟号发射失利，苏联人立刻注意到这个事实——没有发生意外只是侥幸。1986 年 1 月 28 日的飞行事故向全世界清楚地表明，向太空进军的过程中危险无时不在。

水星号、联盟系列和阿波罗系列飞船配有逃逸塔，塔内装有高推力发动机，能将航天员座舱与爆炸的火箭快速分离，并将航天员座舱送到足够高度后以降落伞方式着陆。在 100 多次的载人航天飞行中，这种逃生装置只使用了两次：1975 年和 1983 年联盟号任务中。

1964 年 10 月，上升 1 号飞船：第一个未带救生系统进入太空的航天员小组（从左至右）K·费奥科蒂斯托夫，V·科马罗夫，B·约格罗夫

当航天飞机搭乘 8 名航天员时，要为他们配备逃逸塔、弹射的分离舱或多个弹射座椅都是不现实的，而且受到研制经费和载荷重量的限制。既然商用客机上的安全设施并不包括单人用降落伞，那有必要在“可运营的”航天飞机上装备个人逃生系统么？在哥伦比亚号航天飞机（STS－5）飞行舱上的一对弹射座椅被取消，这是首次载有 4 名航天员进行航天飞行。这项举措对另两名任务专家是一个关照：如果指令长和驾驶员突然弹射，他们可不打算被落在后面！

由于航天飞机没有像 B－1 轰炸机或 F－111 飞机那样配备弹射式驾驶员座舱，对全体机组成员来说，为了预防发射事故发生，研制开发了一些紧急中止模式。因为发射随时可能被中止几分钟或数小时，或者因一个或多个主发动机熄火或完全关闭而导致调整上升段，所以航天飞机倒数计秒和发射具有里程碑的意义。甚至当主发动机点火后，发射台上的倒计时中止命令正赶上一条对固体运载火箭助推器点火指令，如果运载火箭点火了，那将无法停止发射，只能等到它们燃料消耗殆尽，一旦航天员小组成员感受到固体火箭助推器点火，他们知道他们一定会去某个地方。

正在升空的航天飞机有 4 种中止模式，都只能在与固体火箭助推器分离后，进入轨道飞行前两分钟左右选择。第一种模式为返回发射场中止模式（RTLS）。在与固体火箭助推器分离后至上升阶段前 4 分 20 秒，如果一台发动机损坏，只能采用这种方式中止飞行，因为此时缺少足够的燃料按照返回轨道飞行。如果固体火箭助推器正在燃烧，一台发动机停车，机组如选择返回发射场，要尽快按下中止模式开关，再按下中止开关。三台发动机中止模式要求（例如机舱减压等主系统失败）尽可能晚地中止（需 3 分 34 秒），以便在尝试返回轨道时已燃烧了尽可能多的燃料。这需要轨道器在低轨道上飞行，把推进剂耗尽，在切断推进器供给和扔掉外油箱前，利用主发动机动力驱动将航天飞机转回来。在发射场附近按既定方案降落，大约离开发射台 25 分钟左右。

如果错过了上面的返场的机会，但在进入在轨中止模式（ATO）之前，如果一台发动机停车或主要系统失灵，适合采用跨大西洋中止发射（TAL）模式。这种方式允许维持升力，采用一种有控滑翔方式，此方式不仅有一定的航程修正能力，而且不需轨道机动系统的额外燃料，可直接在西班牙或非洲西海岸的既定地点着陆，距起飞后约 45 分钟。

环地球一圈后中止（AOA）模式。如在继续飞向轨道时，中止飞行，那么需要先环绕地球飞行一圈，再作一次名义上的再入大气层飞行，在最先时刻着陆于加利福尼亚或佛罗里达，发生在起飞后约 90 分钟。使用此法要求轨道器能入轨，且燃料足够环地球飞行一圈。

在轨中止模式（ATO）是最后一种选择，要求动力系统足以使航天飞机实现低地轨道飞行，并且允许轨道机动系统（OMS）发动机通过一至数次点火增加轨道高度。这将使航天员和地面控制人员可以根据地面对轨道器的跟踪情况，在全球许多着陆场中选择一个以实施提前返回着陆计划，或者利用轨道机动系统提升轨道高度。

由于挑战者号航天飞机失事及 7 名航天员牺牲，设计了一种称作“滑杆”（Slide-pole）的个人逃生方法，在紧急情况下使用，但这取决于轨道器是否处于可控的下降段（或许不可控），每个航天员能有的时间，以及逃生时能否安全躲过机翼或航天飞机的残片。没有人愿意成为航天飞机中止模式的飞行试验品，但是若遭遇此情况，那将不得不如此。就像 1985 年航天飞机第 51 次飞行碰到的情况，同样的观点也适用于“滑杆”。有总比没有好，只要航天员有时间使用它。一旦最后一名航天员离开了飞行甲板，自动驾驶仪去控制不更好吗？挑战者号的航天员没有时间对事件作出反应（以后章节中会讨论），其时，在实际情况中使用“滑杆”逃逸系统的可能性是相当低的。

为了航天器从发射台起飞，需要数百万个工作单元的同时配合才能非常精确地同时达到这个目标。发射倒计时就是为了做好一切准备使航天飞机和航天员按预定的时间起飞。起飞时间是根据任务要求、目标定位（或者与另一艘航天器或星际飞行器对接）、回收、着陆和紧急状态处理要求等因素确定的。

在满足一些约束条件后，发射时间将预置在某一段时间里，这一段时间称之为发射窗口。窗口大小可能是几分钟，也可能是数小时。一旦计划发射时间及窗口确定，一切工作都在发射前数天、数周或数月开始准备，依据倒计时这样一个里程碑安排好相关进程。从发射计时的“0”开始，一直到任务结束，为航天员任务进程时间。

在起飞后，仍需要 10 分钟的同步性工作，直到入轨为止。美国第一位进入太空的妇女萨莉·赖德（Sally Ride），把航天飞机发射称之为“曾经历过的最好的主题公园节目”，把轨道上所记录到的任务视作为“摇、闹和骑”的场景。发射过程中的火箭级间分离是下一个要经过的里程碑，航天员在火箭加速过程中被捆在座位上，当火箭分离时，会突然地感受到往前抛，而当新的一级火箭点火时，又突然地感受到被往后压。6 次进入太空的航天员约翰·扬将此称作为“巨型火车失事”，实际上更为贴切的描述是：航天飞机的加速度和级间分离时的变化尽管是剧烈的，但要比早期那些坐在导弹顶部的开创性飞行要柔和得多。从外部来看，发射看起来比较平和，但从内部来看则远非如此。

3.1.1 双子星座 6 号（1965）

尽管早期载人航天飞行属于开创性工作，但东方号、上升号和水星号发射计划并没碰上太多的麻烦。到了 1965 年夏天，承载 3 人的双子星号飞船也没碰上太大的麻烦。然而，从发射台上起飞却不总是那么简单，航天员有时要花几个小时平躺在狭窄的太空舱里等待起飞，这就给航天员带来了自身的问题。例如：1961 年 5 月 5 日，由于发射推迟，在之后等待的相当长的一段时间里，谢泼德只能穿着自己的航天服大小便。在成为美国太空第一人之前，他只能一直躺在太空舱中，等待技术人员解决几个小问题。当他得知可以排空他的尿袋时，尿液已积聚了不少，对突如其来的大量尿液，航天服环境监控报警系统措手不及以至于被关闭。

计划中的双子星发射任务给航天员提供飞船交会、对接、两星期的长时间飞行和太空行走的技术经验，这为即将执行的阿波罗登月任务和后续计划奠定基础。双子星 6 号是为第一次飞船交会、对接任务设计的，计划与先前发射的不载人的阿金纳号对接。1965 年 10 月 25 日早晨，斯切拉和斯塔福德在他们自己的飞船里等待着阿金纳号从附近的发射台上发射。当传来阿金纳号在发射过程中爆炸的消息，他们的任务被取消了。作为利用蓄电池供能的最后一艘飞船，双子星6号只能飞行两天，而交会和对接是唯一的飞行任务，可是由于阿金纳号的发射失利，双子星飞船发射任务也相应被推迟几个月。

然而，紧接着下一个发射计划产生了。双子星7号将在12月份首先进行为期两周的空间马拉松，当它的飞行结束之际，双子星6号将被发射，进行两个载人飞船之间的首次太空交会。它们将近在咫尺，但还不具备对接的能力。两艘飞船都将以同样的方式经历编队飞行、分离、再入大气层和被打捞的过程。他们需要避免无意的接触，以防飞船间产生电荷。为防止电荷积累，飞船上安装了较小的静电消除杆。苏联人声称，在1962年东方3号和东方4号完成了首次双船太空飞行，东方5号和东方6号再次于1963年飞行。但他们飞的轨道不同，他们之间最近的距离在几英里之内。

1965年12月12日是星期天，斯切拉和斯塔福德滑进了双子星6号飞船进行第二次发射尝试。从12月4日起，弗兰克·博尔曼和吉姆·洛弗尔已在双子星7号中绕轨道飞行了。4个人都盼望着在太空中的历史性的汇合。在当地时间09：54：06，双子星6号预定发射之前26秒，双子星7号飞过肯尼迪航天中心。斯切拉和斯塔福德为这次引人入胜的太空追赶做好了准备。表针指向零时，航天员接到发射命令，并感受到第一级运载火箭点火发出的巨大轰鸣——标志着他们任务的开始。舱内任务计时钟开始激活发射计时，随着发射控制室开始了熟知的倒计时，火箭发动机达到了发射所需的全推力“3，2，1，起飞”，突然，仅过了1.2秒，两台发动机都自动关机、熄火。

发射控制室的讲解员解释道：“双子星6号停车了。”依照任务的规则，斯切拉本应该拉起他两腿间的D形手柄从而触发弹射座椅装置，该装置将把航天员射出，远离即将爆炸的火箭，他却没那么做。他后来写道：他知道没有起飞，凭经验和直觉，没有与前一次

1962 年水星 8 号发射时一样的感觉。他选择绷紧坐着，因为飞船不会倾倒，还牢牢立在发射台上的固定支架上。斯塔福德也有自己的D形触发手柄，他看了一眼斯切拉，也绷紧坐着。与斯切拉相比，斯塔福德还是有一点反应——通过电视和无线电，可以听到现场的评论，NASA 的反应是一阵“天哪!”，稍过一会儿，又代之以“唉!”

没有任何航天员对弹射救生装置有足够的信心。这种装置用来把航天员整个从停在发射塔上的飞船里弹出，或是在发射早期阶段，依靠他们自己的降落伞着陆。任何情况下，选择弹射逃生都是一次糟透的飞行，虽然不知到具体有多大的冲击载荷，但一定非常强烈。事实上它还没经过实践检验。没有任何试飞航天员愿意只为了经验去尝试它！在双子星座弹射座椅的不载人试验期间，航天员约翰·扬亲眼目睹了一次不幸的事件：设计的舱门应该被向外抛弃，载有航天员人体模型的座椅就应从飞船中飞出，然而，这次舱门没打开，弹射座椅和假人破门而出。这提示扬，“如果这发生在实际情况中，航天员就会脑袋开花，而且是一眨眼的工夫!”

斯切拉没有启动弹射，这令许多人吃惊（特别是训练组），因为按照模拟和飞行条令，此时别无选择只能弹射；然而，现实不是模拟情况。他们正坐在 150 吨易爆推进剂上，推进剂随时可能爆炸，一片灾难性的火球就会吞噬航天员、飞船和发射台。但他凭经验和直觉的判断成功了，飞船安全地呆在发射台上，正像斯切拉所述：“燃料的压力在减低。”太空中，双子星座 7 号飞船成员，向下看着肯尼迪航天中心，议论道：“我们既看到它点火，又看到了它熄火。”

在 11：33——事件发生后大约 99 分钟——2 名航天员爬出太空舱，返回住处来评估情况。面露失望之色、满身疲惫和沮丧的两名航天员走下发射台，开始听取汇报和为下一次新的发射再作准备。

不久得到证实，斯切拉的行动挽救了飞船，使之可再作一次发射尝试。如果他们弹射出去，弹射座椅下的火箭一定会毁坏太空舱，这次发射计划就会被永久地取消掉。后来，斯切拉说当时的决定已并不重要，“关键是之后能实现满意的发射。”

双子星 7 号飞船的太空飞行计划只剩下 6 天时间，工程师们计划 4 天后发射双子星座 6 号飞船。当刚刚认为可以安全靠近运载火箭时，技术小组就开始调查发动机关机的原因。调查表明当时一个探测器失灵，没有探测到火箭点火后的上升运动，于是就关闭了给发动机供应燃料的阀门。同时发现脐带式连接器与运载火箭底部过早分离，激活了应在起飞时启动的任务程序。

那天晚些时候，对自动测量记录的分析表明，在熄火前一个一级发动机的助推器推力衰减。经过航空喷气发动机公司的工程师们通宵工作，发现故障是由于防尘盖意外地落入了发动机的气体生成器氧化剂注入通道，在计算机发出关闭指令后 1 秒钟使发动机熄火。如果没有发现这个情况，会再次使发射失败，这时斯切拉会写道：“我想我已经被弹射出去了。”

1965 年 12 月 12 日，双子星 6 号的航天员在中止发射后走下发射台

几个月前，气体发生器被运到巴尔的摩的马丁·玛丽埃塔工厂进行过清洗。在氧化剂入口的检验阀移开的时候，一个塑料防尘盖被放进气体生成器的通道内。当重新安装时防尘盖被忽略了，因为

非常容易掉东西进去，因而在发射终止之前以及检验发生器的后期工作中一直没注意这个地方。拆开后发现发生器并没有被损坏，在清洗后可以重新组装。

缆线实验表明插头配合完好，但也发现一些插头有些小问题，能被轻易地拔开。改进后的插座增加了安全线，这成为未来所有双子星发射任务的标准特征。

在可能发生的危险面前，航天员们表现出极大沉着冷静，斯切拉心率仅升高到每分钟 98 次，斯塔福德为每分钟 120 次。斯塔福德后来解释当时他是担心被弹出后他们将所承受到的 20 倍的重力负荷。要将航天员彻底从爆炸的火箭上扔出去需要的极大的外力以及极高的速度，足以严重伤害一个最强壮的航天员。如果他经历了那次弹射，他想，最好的结果也是像许多从飞机上强力弹射出来的飞行员一样，几个月内只能背负着伤病散步。事实上，如果试过了这样的新式弹射座椅，弹射的外力会把眼睛肌肉撕裂！被弹射者的眼睛必须进行外科修复。

斯切拉同时表示，如果他必须使用弹射装置，他也会使用它。如果飞船离开了发射台，又发现火箭将落回发射台并会爆炸，对航天员来说就别无选择，“要么被炸死，要么弹射逃生，”斯切拉后来写道。因此，斯切拉被授予 NASA 卓著贡献勋章，表彰其在极大的个人危险面前表现出的镇静：面对突发形势，能够审时度势、周详和果敢；千钧一发之际，能够和斯塔福德一起从容应付，完全体现了太空先锋的形象，斯切拉将此归功于他的试飞员训练经历。

双子星 6 号在第三次发射时准时起飞，接着与双子星 7 号的太空交会成功，成为载人航天历史上诸多里程碑之一。之后数 10 年间，二者交会的照片也被大量的书籍引用。

3.1.2　阿波罗 12 号（1969）

任何发射任务一旦进入发射窗口，就必须全力保证发射准时。除了考虑对航天员安全或发射成功的影响，一般的发射延迟主要是技术问题所致。发射延迟可能会使发射窗口调整几分钟，或依据具体任务目标，发射日期会在几天、几星期或数月内调整。对阿波罗登月计划来说，这个窗口由发射后 3 天在月球登陆场的光亮条件要求和任务结束后返回地球的回收要求共同决定。

作为第二次载人登月计划，阿波罗 12 号的发射日期确定在 1969 年 11 月 14 日，发射窗口为 3 小时 5 分。如错过这个时间，发射将推迟 2 天，而且在月球上的着陆场将调整为一个偏西的备用着陆场，这将不太理想，因为探测 3 号无人飞船已经为航天员在风暴海附近定点着陆作了前期准备，航天员也做了相应的艰苦训练。

于 1969 年 11 月 14 日 11：22 发射的土星 V 号火箭标志着阿波罗 12 号任务的开始，但这次任务差点因为火箭在发射后数 10 秒内被闪电击中而失败

除此之外，届时尼克松总统将会同几位特邀嘉宾一道观看载人

发射的实况。此时，NASA 正向国会争取资金，以确保阿波罗计划剩余部分的延续以及新计划的立项成功。这是一次向所有人展示载人登月项目的机会，而且还可进一步介绍新计划的内容，包括天空实验室空间站、月球基地和由航天飞机作为运输工具的空间站，因此在总统在场时取消发射实非明智之举。

发射前一天，一条降雨云带笼罩在肯尼迪中心上空。当晚云散，发射仍按原定日期进行。当航天员皮特·康拉德、艾伦·比恩和迪克·戈登吃过早餐，穿上航天服时，两架气象预警飞机正监视着向肯尼迪中心上空移动的云团，为即将发射的土星号火箭提供实时的天气信息。当他们刚一进入飞船，雨点就落了下来。康拉德注意到雨水已渗入指令舱的发射保护罩里，沿着飞船右侧一方的观察窗流下来。雨中发射虽不违背发射条例，可是穿过上空的雷雨层将不是一件令他和他的同伴感到舒服的事情，虽然大家都期盼着飞往月球上的风暴海。3 英里外，发射指挥部门在倒计时为“0”时发出了“起飞”命令。

天气是“推迟”发射的一个附加因素。此时在所有高度上风很平和（地面为 16 英里/小时），雷电记录仪也没有记录到任何问题。在 820 英尺高空有乌云覆盖，可能有雷雨降临。过去 2 年里土星 V 号进行了 6 次非常成功的发射。肯尼迪中心最终作出了发射的决定。在休斯敦任务控制中心与肯尼迪中心没有实现电视传输，只是靠电话和电报联络，他们也认为具备发射条件。发射控制室在倒计时，“10，9，8，点火开始，6，5，4，3，2，1，0，所有发动机工作。注意，起飞！我们在美国东部时间 11：22 起飞。”

尽管由于国内和东南亚的紧迫形势降低了人们对发射阿波罗 12 号的关心，还是有超过 3 000 名的特邀嘉宾和观众到现场目睹了发射全过程：5 个巨大的土星 V 号 F—1 火箭形成的强大推力使阿波罗 12 号跃起升空。尼克松总统和一些官员，包括时任 NASA 局长的汤姆·贝尼（Tom Paine）博士及退役航天员弗兰克·博尔曼（Frank Borman），一同站在雨伞下默然地注视着发射现场。20 秒之后，飞船从人们的视野中消失，进入距地面大约 800 英尺高的云层中。

康拉德说："罗格，抛开逃逸塔，我们要来一次倾斜和滚转。一切正常，这是一次漂亮的发射，真是分毫不差。"

离开发射台后仅 36 秒时，土星 V 号火箭正在以每小时 235 英里的时速飞行。当飞船完成一个滚转机动，向预定的方向调整姿态时，康拉德注视着仪表和"8—球"人工地平指示器，后者慢慢地随飞船滚动。突然外面有一道闪光，并听到类似放电的爆炸声，飞船颤动了一下，"出什么事了?"，康拉德立刻询问道。

此时指令舱就像一棵被点燃的圣诞树，披挂着无数耀眼的火花，3 名航天员的注意力全被集中到报警指示上。飞船一边加速前进，火花一边持续闪耀。现场一些目击者看到闪电顺着逃逸塔一直拖尾至土星 V 号火箭排出的废气。另一次闪电，未被舱内航天员看到，也扫过导航平台，滑向指令舱后面。报警灯和蜂鸣器表明飞船的最关键制导系统已失控，接着飞船各系统一个接一个地失控。制导平台失去惯性基准后，"8—球"指示器无目标地翻转着。康拉德和他的同伴就像骑在一只正在垂死的鸟上。

当土星 V 号火箭准备抛掉逃逸塔时，任务控制中心已经开始实施对飞船的遥控，但却无能为力。从指令服务舱到休斯敦任务控制中心之间的信号中断了 26 秒之久。指令服务舱内一片死寂，除了任务结束后再入时使用的紧急电源，其他所有电源都被切断了。

康拉德低声地说："制导平台失控了，我真不知道在这里发生了什么，我们丢掉了整个世界，只剩下三个燃料电池，一个交流总线，燃料电池被分离，交流总线超载，1 和 2 断路，主总线 A 和 B 失灵。"

在这漫长的几秒之内看来航天员必须放弃飞行使命。强大的电流引发断流器动作，关闭了主供电电路（主总线 A 和 B)，而且启动了应急电池。起飞后第 52 秒，一束闪电击中了飞船下面的发射台，也击中第三级上的仪表单元。如果仪表单元中的制导平台失灵，土星 V 号火箭就会失控，逃逸系统将会自动地触发中止模式，把指令舱同即将炸毁的土星 V 号火箭分开，用降落伞方式把航天员伞降到大西洋上的某个着陆点。

航天员努力恢复正在上升飞船的全部电力，而休斯敦任务控制中心的飞行指挥格里·格里芬（Gerry Griffin）——这是他首次作为飞行指挥——告诫飞行控制小组，要不断观测飞船轨迹偏差，以免意外发生时来不及中断飞行。

随着阿波罗 12 号冲破云层飞到晴朗的天空中，航天员因未经历逃逸塔与火箭分离的巨大冲击而暗自庆幸。他们将全部注意力集中在级间分离上，此刻逃逸塔仍然连在飞船上，若有必要仍可使用。飞行高度接近了 33 英里，距离发射中心已有 45 英里远。按预定程序第一级火箭关闭，第二级火箭点燃，把航天员送到更高的太空中。

在任务控制中心，格里芬向他的飞行控制小组寻求答案。负责环境、电力和通信方面的控制人员（EECOM）约翰·亚伦（John Aaron），虽缺乏来自显示屏的可靠数据，但是他想起一年前的一个类似的情况，他知道如何解决这个问题。为了解决电源供电不足问题，航天员可以将指令舱面板的信号设备（SCE）转至辅助模式。土星 V 的飞行状况现在看起来很好，但是飞船似乎已经处于死亡状态，或充其量处在死亡过程中，因此要重新设置 SCE 转换开关。亚伦的建议被传给飞行指挥格里芬，作为前 EECOM 之一，他也明白正确地转换开关，但还是留意到亚伦发来的呼叫。格里芬委托地面支持航天员特里·卡尔发出指令给航天员。

休斯敦地面支持航天员特里·卡尔："阿波罗 12，我是休斯敦。尝试 SCE 到辅助模式，并重新设置你的燃料电池。"

康拉德以前从没有听到这样一个指令，于是向地面支持航天员询问 SCE 转到辅助模式的理由。当卡尔重复呼叫时，艾伦·比恩认出了这个指令而且倒转了必需的转换开关。当土星 V 号的第二级把他们推进更高的大气层，康拉德开始恢复燃料电池的在线循环。此次任务的最后阶段，当服务舱在再入前先行分离后，康拉德报告发现服务舱外有闪电烧焦的痕迹。

康拉德："二级状态很好，我们正在这里排除麻烦。我不知道发生了什么，我不敢确定我们未被闪电击中。好，艾伦已经把燃料电池恢复了，正在和我们一起操作交流电路，我们已经让 CO_2 开始循环排出，但这不会困扰我们。我们已经重新设定所有的燃料电池，所有的电路恢复！当我们进入轨道时我们将会恢复制导平台。我认为我们应该仔细做一下全天候条件下的发射测试！”

休斯敦地面支持航天员卡尔：“老天保佑！”

康拉德：“相信我，这是最好的飞行模拟之一。”

休斯敦地面支持航天员卡尔：“我们差点心跳停止，皮特。”

康拉德：“可我们连心跳停止的时间都没有。”

虽然指令舱制导系统已经丧失它的基准，但是独立的土星 V 号火箭制导系统正在正常地工作，因此当前的危险已经解除了；否则火箭会失去控制翻筋斗，在大气层内爆炸，那时航天员只能使用逃逸塔。土星 V 号火箭继续飞往轨道，第二级、第三级均工作正常。当他们恢复系统的时候，警示灯光一个接一个地熄灭。康拉德开始和戈登、比恩一边开玩笑，一边绕轨道飞行。

飞船安全入轨，航天员有时间检查飞船而且重新校准了制导平台。土星 V 号火箭本身再未蹒跚踉跄，正如航天员所述，“它正在向前很好地发出轧轧声，干它自己的活”。现在航天员已在轨道上安全飞行，康拉德思索击到飞船上的闪电：不稳定的空气可能颠簸飞行中的火箭，土星 V 号火箭像是穿过大气的巨大电导体，通过它可以很容易地放电。他后来补充道，“我注意到我们在云层中，虽然我正看着仪表，我意识到一道白光，紧接着我听到警报声，而且我扫了一眼警示和告警面板，当时情景是令人难以忘记的。”

在轨道上，戈登去较低的设备分隔舱用星光法重新对准导航平台，这虽是一项不容易的操作，但如果他的眼睛习惯了黑暗，他就能够重新设定导航平台，使得指令服务舱替代来自土星 V 号火箭仪表单元（IU）的导引角色。刚才的电击已经破坏了数个关键系统的动力，包括惯性制导平台，这一平台在起飞之前被预先设定好，而且指令服务舱提供了各节点的状态数据。航天员要想重新设定平台，必须通过计算机仔细键入数据指令，并在 TLI 点火之前完成全面检查。在轨道变换过程中，他们闲聊着刚才发生的插曲，或许会吓坏他们的老婆，或许成为新闻媒体的追踪热点，而他们自己则会当成故事重复讲好几年。起飞后 2 小时 28 分钟，他们收到给去月球的发动机点火的指令。“一切就绪，就等着庆祝吧!”快乐的康拉德答复道。

在第一圈轨道期间，航天员管理组负责人克里斯和阿波罗计划项目经理洛克·佩恩评估了有效的数据而且核准了进入 TLI 点火程序。虽然完全知道闪电可能已经严重地损害一些关键系统，但他们没有数据可以证实。同时二人都完全相信土星 V 号火箭和指令服务舱的设计，以及美国航天员和地面的控制人员的应变能力和技术。他们也知道在飞船发射过程中受保护的登月舱在上升期间或许会受到闪电事件的影响，但他们不能确定的是闪电是否已经损害了用于展开指令舱降落伞的点火设备。克里斯和佩恩决定不告诉航天员，因为对此他们无能为力。而如果他们要在一个危险的时刻尝试使用降落伞，必将自寻死路；反之，在月球着陆后的 10 天内他们却不会有任何危险。

稍后发射指挥沃尔特·卡帕伊恩研究了放电现象和一个被它击中的引线，证实引线可以保护关键的仪表继续使用。在休斯敦、阿拉巴马州和佛罗里达的 NASA 航天中心进行了发射后的检查。经过研究遥测数据、胶片和目击报告以及航天员的汇报，形成的结论是：全长 363 英尺的土星 V 号火箭加上它的离子化尾气，像一支极大的避雷针，触发了厚重云团积累的静电。当火箭从发射台起飞几秒钟之后，闪电流经火箭、尾气柱和已在 6 000 英尺下的发射塔架。

飞行任务完成之后，对被记录的天气分析表明，当时的天气状况符合发射的最低要求。与航天飞机不同，阿波罗系统设计时已考虑到应付雨中发射，但是对于闪电的可能性虽已涉及，却只被作为一个提案来考虑。美国空军天气监测只预报有较小的紊流，并未预测到土星 V 号发射塔上 32 千米内的闪电征兆，总统的美国空军一号飞过发射场的时候，也未碰上任何紊流。因此，发射照常进行。

被第一次电击后 16 秒，第二次电击的到来促使指令服务舱制导平台失灵。两次电击电流达到60 000～100 000 安培，损坏了外部的仪表和备用反推力控制系统，幸好它们都不是关键部件。万幸的是电击未穿透指令舱，它确实诱导了电压和电流在电路上波动，使系统断路，但不足以破坏指令服务舱的主电路。

阿波罗 12 号的脱险得益于早期设计决策——为土星 V 号安置独立于阿波罗飞船的制导平台。早期电路设计旨在由指令服务舱对土星 V 号直接控制，为航天员设计了手动控制系统，必要时可以使用。在阿拉巴马州亨茨维尔的马歇尔航天飞行中心的土星 V 号设计师一直反对这种做法，这会过多地增加航天员的负担，最终采纳了用计算机进行自动控制的方案。

在土星 IVB 第三级顶端的仪表单元会对土星 V 号进行导引，即使电流增加，阿波罗 12 号的软件也会工作，阻止土星 V 号制导平台失控。假如选择从土星 V 号到指令舱进行线路连接，或者简单在飞船外部走线，那么一次雷电击中的后果就不堪设想。

事实上，关于雷电击中的报告被争论过一阵子。而飞行后摄影记录分析证实了两次闪电击中。这次事件说明人们对“闪电如何与上升的飞船碰撞”还缺乏较科学的分析。1969 年 12 月，在航天员已经从他们的登月使命返回后，美国地球物理学会讨论 NASA 的数据，确认阿波罗 12 号引发闪电，因为起飞前 6 小时和升空之后的时间里，却没有一次记录到闪电。

作为阿波罗 12 号事件的一个直接结果，发射场的地面设备加装了仪表，以监测发射台周围的闪电。一个避雷针也被放置在发射台之上可将任何闪电从土星 V 号火箭引开（或对其后的航天飞机增设装置）。NASA 的雷电调查小组强烈地反对任何针对阿波罗飞船本身的大的修改，虽然在阿波罗 13 号上作了较小的改变，以免由于电击造成严重伤害。飞行规则被修正，避免飞行路径经过一个 8 千米范围的雷雨及一个 3 050 米高空堆积云层，一个“冷锋面”季节的天气也将对飞行计划有一定的影响。温度和风向信息也将被要求检测。

NASA 的管理层决定载人飞行器将不会在如此恶劣的天气条件中发射。这一原则虽被强制执行了 15 年，但在 1986 年航天飞机的第 10 次飞行任务中温度和天气条件再一次引人注目地成为致命的因素。

在 12 月 11 日，航天员小组拜访了肯尼迪发射中心，感谢发射队伍为阿波罗 12 号作出的努力。康拉德评论道，“虽然天气预报失实，如果让我们重新飞行，我宁愿在当时完全相同的条件发射，因为我们有如此精良的设备，我们才能从容面对飞行中出现的诸多困难。”

3.1.3　STS－8（1983）

至 1983 年，航天飞机已经非常成功地完成了 7 次飞行任务。然而，危险一直就存在着，不只是阿波罗 12 号发生了一次严重的发射事故威胁到美国航天员的安全，而且在几次发射中有较小的事故的记录，但是对航天飞机可靠性的信心还是得到了提高。

1983 年 8 月 31 日，STS－8 成为继 1972 年 12 月阿波罗 17 号发射到月球之后，美国第一次在夜间的发射。当挑战者号航天飞机怒吼着进入轨道时，一对固体火箭助推器和三个航天飞机主发动机把黑夜变得如同白昼。它相对老的阿波罗飞船来说是一种更小、更轻而且上升更快的运载工具，在 2 分 30 秒内固体火箭助推器（SRB）将燃烧殆尽、分离落入海洋，经打捞整修后可以重复使用。与此同时，挑战者号继续向上并成功地在地球轨道上执行任务。

直到助推器被复原和检查以后，每一个人才意识到 STS－8 和燃烧完了的固体火箭助推器结合得是多么的紧密，不过这种固体火箭助推器后来造成了 STS－51L 的毁灭。

利用降落伞降落在大西洋的一对固体火箭助推器被打捞并被拖回火箭试验场，在那里被分解、干燥、清洁并准备重新组装，以便在下一个任务中再使用。在 9 月 27 日，STS－8 号发射整整 1 个月之后，即全体成员回来 3 个星期以后，莫顿·锡奥科尔公司——固体火箭助推器的主要承包商——例行检查一个碳－酚树脂衬套时发现它被过度地腐蚀了。这些衬套是用来保护喷嘴的铝结构和钢结构不至于在华氏 5 800 度的尾气中损坏。

点火前喷管的厚度为 3 英寸，设计成可烧蚀的，在固体火箭助推器分离点应为 1～1.5 英寸。STS－8 飞行以后检查则显示喷管各区域烧蚀得只剩下 0.2 英寸。关于这些区域到完全烧穿需要多长时间没有详细的数据发布，一些报道推测是 14 秒。

对 STS－9 喷管的检查和测试（在那段日子里接下来的任务）显示出很不一样的结果。一些表现为完全没有问题，而另外的几乎就是 STS－8 助推器的翻版。那些异常最后被查明是由一批被用在了这一类的助推器上的不合格的树脂造成的。

一旦烧穿的情况发生，喷管自身短时间内就将破裂。热的气体将从喷管的旁边喷涌而出，这可能就是导致挑战者号航天飞机失控翻跟头从而引起气动载荷超过航天飞机的承受能力而机毁人亡的原因。

此时，关于喷管衬垫问题报道不多，这些问题被认为是困扰航天飞机项目数年并使其停滞不前的主要因素，喷管问题的祸根引发了 1986 年的灾难。

3.1.4　STS 41－D（1984）

1984 年 6 月 26 日，6 个美国人坐上了一个新的轨道器发现号等待着发射。就在前一天，他们的处女航还由于计算机备份系统的故障而在 T－32 秒时刻中止。地面控制人员没能解决那个问题，所以发射计划推迟了 24 个小时。

这一次所有程序都平稳地进行着，直到离地升空。在 T－6.6 秒时刻，标准的交错排列的主发动机按顺序以 3 号发动机点火开始，120 毫秒以后 2 号发动机点火，但是在 1 号发动机点火之前计算机在 3 号发动机上锁定了一个出错的信号，全部 3 台发动机自动熄灭，发射在发布点火指令 2.6 秒之后，固体火箭助推器点火指令之前 4 秒被紧急中止。

发射控制台:“我们将发出主发动机点火的命令。7,6,主发动机点火。停止发射。发现号的计算机紧急中止了发射。”

2秒时冗余发射指令中止系统(Redundant Set Launch Sequencer RSLS)确认到关机指令,随后的指令定保证地面发射系统和3台主发动机的安全,同时避免固体火箭助推器点火。仪表指示1号发动机仍在运行中,但关机指令发布30秒内各控制人员之间快速进行通信联系,并显示1号发动机实际并未点火。指令长汉克·哈茨菲尔德(Hank Hartsfield)通过无线电传达,“在驾驶员座舱里面亮起了2号发动机和三号发动机的红灯,而1号发动机的没有。”在核实1号发动机真正安全以后,大约是在紧急关机5秒钟之后,保证发现号航天飞机安全的命令下达给了航天员。

在3分30秒的时候,实况转播了轨道器上发动机舱周围着火,马上有一系列关于轨道器是否着火的讨论。值得怀疑的是在轨道器配平翼附近的电视监视器上看到从3号发动机发出的10英尺高火焰是否与出了问题的发动机相关。虽然探测器指明未着火,主发动机的几个火焰感应器还是启动了,该区发射控制台人员迅速地启动雾化喷头以扑灭任何潜在的着火。

在几分钟的时间里防火装置喷出几千加仑的水完全浸没发射台,在电视里面可以看到火焰的画面,这些画面可以用来研究发射进程。大约在中止计划20分钟以后,摄像机显示出热浪以及在发动机周围的火势。然后火逐渐地消失,在紧急中止40分钟后航天员终于可以撤离了。

航天员迈克·史密斯(不久他随STS 51－L一起遇难)关闭了发现号航天飞机,他们不存在任何危险,使人相信没有必要在那种情况下从发射台利用滑索系统去疏散人员。几乎是在同时,NASA委派了一个调查委员会调查这一异常中止事故并重新计划几个月后的下一次任务。

以前用过的3台发动机都被采用,其中包括实验点火的那一台。1号发动机飞行了2次,总计燃烧了1 752秒;2号发动机飞行了1

次，总计燃烧时间是 1 032 秒；而 3 号发动机则完成了 3 次飞行，总计燃烧时间是 2 658 秒。

NASA 的调查小组在 1984 年 6 月 26 日的发射紧急中止之后在发现号的主发动机下面工作

事件按顺序的回顾显示 3 号发动机在 T－6.6 秒开始启动。在按程序启动期间，有两次检查相隔 20 毫秒——通过通道 A 中 3 号发动机的主发动机控制器（MEC），查明主燃料阀（MFV）的位置处于关闭状态。“看到”了这个，MEC 自动转换到通道 B，并开始控制 MFV 打开。然而由于没有冗余备用的阀——这违反了发射标准，MEC 给出一个“失败”的信号并传给轨道器的常规任务用途计算机（GPC），这些计算机立即依次向 3 台发动机发布停止的命令。3 号发动机发射控制塔人员启动雾化喷头以扑灭任何潜在着火。3 号发动机未进行点火，压力也从来没有增加到 18～23 磅/平方英尺之上。1 号发动机没有接到开始的命令，2 号发动机接到了点火命令在 GPC 发布停止命令的时候，大体上达到 20%的推力。

在计划中止以后的新闻发布会上，指令长哈茨菲尔德说明了从发现号航天飞机里面的航天员观察到的情形：

“航天员的主要感觉是失望。我们本该有我见过的最为平稳的倒数计时。当我们达到 31 秒以后我告诉各位航天员，‘坚持住，我们就从这里开始。’当发动机点火的时候我们感觉到巨大的冲击并且立刻收到警报，两个发动机的红灯显示了它们已经关闭或者说已经得到了关闭的命令。在这时我知道了我们飞不成了。我们已经在模拟训练里面经历过这种情况。我们只想看到计数停止并且确信我们不能进入飞行模式，但结果显示固体火箭发动机有可能发生爆炸，当然我们不想让这种事情发生。地面人员已经识别了这个问题并开始解决它。我们在驾驶员座舱里非常的安静，因为我们想听地面人员的通告。不必对我们担心，因为安全系统已经完全按照期望做好了：探测到问题就关闭发动机。它严格要求我们检查它自身而且它运行良好。对于这个我们当然十分感激。我们还听到发射人员说他们看到了在火箭下面出现的一小团火焰（这些火最后被发现是残留的氢气燃烧造成的)，我们非常留意地听了那些谈话。当事情平静下来后，一位航天员说道，‘唧，我真希望比主发动机分离点（MECO）高一点点！’中央舱的人首先出去，有大量的水喷洒下来，所以我知道我们将会变得湿漉漉的。最后我们全身湿透冲进厢式车里面，在那里时我们感到很狼狈。”

哈茨菲尔德补充说他们原想用滑索，但是他们没有急于去试验。在出来的时候他们既没有看到也没有闻到任何异常的东西。对所有的航天员来说，2 天内不得不两度中止计划的感觉是极度失望的。哈茨菲尔德的第一个反应是“瞎扯”，就像他知道的那样，一个发动机点火以后，他们将在这次中断以后的一段时间不会被发射。

在后来的测试中复现了同样的故障，微小的污染物阻塞了发动机的阀门。在新的 VAB 单元中整个的发动机被一个新的所替代，发现号航天飞机在 7 月 5 日回到发射台。但是直到 8 月 31 日，发现号航天飞机才载着同一个航天员小组发射升空，这次飞行还修正了有效载荷。

3.1.5　STS－19（51－F）（1985）

就像以上所描述的那样，NASA 选择了几个在飞行中的紧急中止模式，万一在发射和上升阶段发生某类故障，这些将是保证轨道器和航天人员安全的最佳选择。

到 1985 年 7 月下旬，航天飞机已经成功地完成了 18 次发射而且无需依赖这些应急处理方案。带着 2 号空间实验室天体物理学有效载荷的航天飞机第 19 次发射（代号 51－F），已经经历过由发射台引起的异常中断，虽说不像 STS 41－D 那样有戏剧性。1985 年 7 月 29 日，挑战者号航天飞机最终离开发射台执行它在地球轨道上的任务。发射后的 1 分钟内，固体火箭助推器（SRB）的分离过程进行得极其平稳顺利。当助推器分离的时候航天员们被告知助推器运行阶段所获得的推力偏“低”，这就需要指令长 C · 戈登（C. Gordon）和驾驶员布赖德斯（Roy Brides）在关闭航天飞机主发动机（SSME）前补偿推力。

在起飞后 3 分 30 秒，航天飞机主发动机（SSME）飞行控制员在她的控制台上发现警报灯亮了，这表明在 1 号发动机和中心发动机的高压泵里面的两个温度传感器之一出了故障，她通知掌管控制器通信回路的飞行主管。仅仅过了 10 秒钟，挑战者号继续攀升并通过上面的大气层，航天飞机通过了无法返回点，以每秒 6 600 英尺的速度飞行，地面航程 110 英里。

在起飞后 5 分 5 秒，航天员接到命令“按下在轨中止模式（ATO）按钮”，这意味着航天员应当准备清空燃料，然后如果有必要继续执行 ATO 的程序。挑战者号当时的飞行速度为 11 000 英尺/秒，垂直高度 58 海里，地面航程为 275 海里。起飞后 5 分 45 秒，从戴在航天员头上的耳机里面传来紧促的警报。他们立即注意到 1 号发动机的状况灯变成耀眼的红色，他们马上就把这种情况同发动机室的压力读数迅速地降到零联系在一起。

富勒顿：“有一台主发动机出故障了！”

地面支持航天员（Capcom）：“收到。我们复制，准备。中止，在轨中止。中止，在轨中止。”

公共事务官员：“休斯敦任务控制中心，在挑战者号上有一个发动机失效。已通知航天员在轨中止。”

挑战者舱内，富勒顿选择控制台上的在轨中止开关并按下“紧急中止”开关。这样就立即通知机载计算机设定他们的软件去选择紧急中止状态和命令轨道机动系统（OMS）使用 4 400 磅的燃料。OMS 其实是一个补偿平衡器，在一定程度上是为了补偿失效的发动机，从而释放航天飞机 2 个主发动机的万向节式角度调整器。这允许 2 个仍然在工作的航天飞机主发动机运转产生更加有效的推力，推动挑战者号入轨。

随着 2 个与主发动机相连的 OMS 系统点火，额外产生了 12 000 磅的推力，并因航天飞机质量的迅速减少，将允许耗尽的外储箱安全地再入并通过无人地带。

在任务控制中心，飞行控制人员负责监控主发动机的运行，留意 3 号发动机上的 2 个温度传感器中的 1 个在起飞后 8 分 13 秒记录到高温。此外，显示出来的结果提示第 2 个传感器将要重复在此之前 1 号发动机上同样的事情。飞行主管在她的建议里面要求航天员关闭主发动机的自动控制，这意味着将取消 2 台主发动机自动关机。飞行控制者确信信号是错误的。禁止关机将允许航天飞机靠其余发动机入轨，航天员将在适当的时候关闭发动机，如果一切运行良好的话；要不就紧急中止，如果有错误真的产生了并且飞行控制者也确信有必要紧急中止的话。

在燃烧了比正常的任务长大约 60 秒的时间后，剩余的主发动机的关闭发生在起飞后 9 分 42 秒。虽然如此，“挑战者”号航天飞机在70.25 英里的高度关机时的飞行速度还是比原计划的 25 760 英尺/秒的速度慢了 114 英尺/秒。外储箱正常地分离，只是落入了沙特阿拉伯而不是预定的太平洋。

在取消 OMS－1 之后，OMS－2 在远地点点火使得挑战者号增加了 194 英尺/秒的速度，使轨道调整为 164.7 英里×124.4 英里。好运气再外加一些努力，挑战者号第 8 次入轨。几乎是在同时，地面控制人员评估了挑战者号目前情况，任务规划组迅速确定它有可能完成全部预定任务。

又花了 24 小时，挑战者号航天飞机逐渐上升到能够使航天员完成大部分计划任务目标的高度。OMS 系统 3 次额外点火保证他们处在安全轨道上，足够维持 1 个星期的任务需要。根据航天飞机所剩燃料状况，整个飞行计划几乎都要改写，轨道上活动也几乎要完全重新计划，8 天后任务完成时，要保证安全地降落在加利福尼亚州的爱德华兹空军基地。事实上，这其中包括延长了 1 天的轨道飞行从而也就能够搜集额外的科学数据。挑战者号航天飞机一回到的面上，工程师们就能够拆开出故障的发动机并利用在整个发射期间轨道器和地面上记录的数据分析出故障的原因。

1985 年 8 月 6 日，也就是航天飞机着陆的次日，技术人员把故障传感器从发动机移下并送回它们的制造厂，用 NASA 的术语来说，进行“快速分析”。富勒顿陈述航天员的建议，就是把挑战者号送回去进行发动机的调整。他也补充说明了幸亏故障没有在数秒钟之前发生，要是那样的话将导致一次困难的横穿大西洋的异常中止，并最终在西班牙的萨拉格萨（Zaragoza）着陆，“毫无疑问，这将创造一个新的横渡大西洋的记录!”

NASA 指出产生故障的原因将一直追踪到下一次任务的发射前，下一次任务计划是在当月的下旬。关于传感器的检查的结果表明，所有的数据都是正确的，出故障的不是读数系统，而是传感器本身，发动机也没问题。

1985 年 9 月，NASA 发布了 51－F 的事后飞行报告，报告了在发射前倒计时阶段所有的航天飞机主发动机参数正常，并且与前面的 18 次飞行的数据记录做了很好的比较。在 T＋120 秒的时刻，数据来自于通道 A 的 1 号主发动机的高压力燃料涡轮泵（HPFTP），通过测量流出燃料的温度，展示出来的特性显示传感器开始出现故

检查小组查看轨道器副翼上面的防热瓦。在 1984 年 6 月 26 日的 STS 41－D紧急中止期间，防热瓦的接合处着火，使得热防护系统防热瓦被烧变色

障，并且这些数据还在不断漂移。而通道 B 中传感器在 T＋221 秒出现故障。在 T＋343 秒的时候，通道 A 的数据继续漂移并越过红色警戒线从而导致了过早地关闭了航天飞机主发动机，但所有这个发动机的其他参数都一切正常。

在 3 号主发动机主要的运行阶段中，通道 B 中测量高压燃料涡轮泵燃气排出温度的传感器数据也开始向上漂移，并在大约 T＋493 秒的时候超过红线，然而在这个时刻还是没有超过华氏 2 900 度的限制。它在往下漂移了几秒钟之后，然后就开始回升，最终在 T＋496 秒的时候超过限制。而这个发动机的 A 通道数据保持在规定的限制之内。概括这些信息和其他的数据，对主发动机的控制令人满意。2 号主发动机没有不规则的记录，并且在过早关闭 1 号主发动机前后的爬升性能令人满意。

当在 MCC－H 接收到出了故障的传感器的警告时，它们都被忽略了，因为备用传感器数据记录处于正常的水平。然而，2 分钟以后备用的传感器警报触发，计算机发出关闭 1 号发动机的信号。在美国的载人航天任务中于发射阶段失去 1 个发动机，这是第 2 次（前 1 次同类型的事故还得追溯到 1970 年倒霉的阿波罗 13 号的土星 V 号火箭的第 1 级）。利用设计好的程序，并进行成百小时的仿真以及意外事故的训练，不久以后就能够评估整个的情况并开始适当的中断程序，这样不仅可以克服初始的问题，而且还能调整飞行计划从而成功地完成挑战者号的任务。

随后的报告也证明了主发动机传感器多年来在大量地面的试验中出现了许多故障，试验中一旦挑战者号航天飞机上接收到数据，就关闭出错的传感器，直到航天飞机在西班牙降落或者进入在轨中止。当 3 号传感器也显示出即将发生故障时，它的读数太高以致飞行主管都不敢相信，他命令航天员切断电路以避免在计算机关闭其他发动机之前自动关机。他的做法是正确的，挽救了整个任务。

一旦进入轨道，这些问题对航天员基本上没有什么威胁，因为主发动机仅仅在上升阶段用。但是问题的发现和排除将不得不等到挑战者号在任务结束重新回到地面的时候。NASA 一直都努力发展复杂的计算机监控系统，该系统中有冗余备份电路和系列警示信号，以避免多种故障的堆积，但是这也不能保证完全监控。实际上挑战者号的计算机错误理解了它们接收到的信息。在每一个温度传感器里面有一根钨－铑合金的金属丝，它的导电能力随着温度的改变而变化。计算机分析指出，当金属丝断裂而不能导电时，传感器就会发送出一个错误的无穷大温度的信号，航天飞机机载计算机在同一时间转向备用的传感器，显然，包在金属丝线外面的绝缘混合物导致了传感器的失效。如果温度是突变到无限大，而不是像计算机所记录到的逐渐攀升到危险的高温过程，那么它将非常正确地关闭 1 号发动机。

多方面的问题使人对传感器的设计产生怀疑，这促使 NASA 在发现号航天飞机 STS－20（51－I）上采用此种传感器改进型，并把它应用于后面的航天任务中，以避免重蹈 STS－19（51－I）的覆辙。

在挑战者号飞行舱中的紧急中止模式控制器。它是为了满足在挑战者号在1985 年 7 月 29 日在上升段能够紧急在轨中止的要求而配备的

在 1988 年的一次采访中，STS－19（51－F）的随机工程师斯托里·马斯格雷夫（Story Musgrave）回忆了他个人在“在轨中止”期间的舱内活动，他讲述这是他第二次开始飞上太空，他比第一次飞行要恐惧得多，第一次的时候他确信每一件东西都将正常运转。然而，他又补充道：由于航天飞机进入在轨中止模式运行（因一对助推器中的问题），所以他在整个过程中“处在死亡的威胁中”。

7 月 12 日在发射台上的紧急中止，证实他在此次任务的这个阶段的害怕是有道理的，他怀着比第一次飞行时更加忐忑不安的心情开始了他的第二次飞行。马斯格雷夫不仅是挑选出来的科学家航天员和执行航天任务的专家，他还是一位合格的喷气式飞机的飞行员（作为整个 1965 和 1967 年科学家航天员的候选人）。在 51－F 上他作为“飞行舱成员”之一，比起在有效载荷领域工作，他在发射、着陆和轨道运行这些方面负更多责任，而有效载荷是由“科学研究方面的航天员”负责的。在这次升空任务中，他是第 3 号飞行工程师、2 号任务专家（MS2），在航天飞机攀升和着陆时进行的飞行控制期间，他坐在指令长和驾驶员后面位置协助他们工作，而不像他第一次飞行时“只是去凑凑热闹”。

回想起 ATO 的情形，马斯格雷夫声明航天员们（富勒顿，布里奇斯和他自己）甚至在中止命令从地面发来之前就知道了原因。对于发动机关机从而伴随着推力减小的情形，训练和仿真给了他们在实际情况下非常好的提示。经历过许多次类似情形的仿真以后，航天员们一看到仪表盘上的红灯就会本能地采取相应行动。

在航天飞机上的反应也不可避免地与训练联系在一起，马斯格雷夫的第一次评论是“他们（控制人员）今天正在干地狱才有的活吗（嵌入一个中止的情况）?”不久以后他就意识到那是真实的事情，不管怎么样他还是着手设置在轨中止程序。随着这个工作的完成，富勒顿和布赖德斯就开始解决航天飞机的入轨问题。马斯格雷夫说他忙于研究飞行程序异常手册，如果第二个发动机停止运行，他将事先熟悉他的行动，以便为他和他的同事在西班牙安全着陆准备好所有重要信息。他接着说他的精力完全放在了程序文件上面，一页接一页地读，当时卡尔·赫尼泽——一位任务专家，坐在飞行舱的第四个座位上面，他没有担负发射和入轨的职责，他的职责是查看故障说明。看着打开在萨拉格萨面前的记录，他不经意地问马斯格雷夫，“斯托里，我们去哪里?”马斯格雷夫眼睛仍然没有离开记录本并不假思索地说道：“西班牙!”，针对这个观点富勒顿和布里奇斯都把头转向他并惊愕地盯着他。马斯格雷夫立即抬头看，意识到了自己所说的并且又说道：“忘了它吧……当我没有说过”，并示意他们把脸转过去。他全神贯注做事，根本就未曾听清楚赫尼泽问他什么。马斯格雷夫做出那样的决定至少吸引了每一个人 2 秒钟的注意力。

在后来的一次采访中，赫尼泽补充道：“我当时在飞行舱中的位置正好在布里奇斯的后面，突然计算机发出一声存在问题的警报并且它将关闭一台发动机。我开始不十分相信，但最后它深深的印入了我的脑海以致我们真的做了一个中止的操作，我的第一个感觉就是——哦，我的天，我们将在西班牙着陆。我至今还是不能把它送上太空!”（他为这一次已经等了18年，这是他的第一次也是仅有的一次。）在看到其他航天员没有注意到他初始的失望时，他的失望感觉有所减退，他问在轨中止意味着什么（作为科学组的成员他没有进行直接的升空程序训练或中止的仿真模拟）。马斯格雷夫叮嘱他，“放松，卡尔，我们将要入轨了。”

51－F的任务提供了多余的但是有用的航天飞机发射紧急中止模式的经验。尽管丧失了一个发动机的推力，但是证明航天飞机能够达到轨道，并且在航天员和地面控制人员的紧密合作下圆满地完成了任务。NASA又一次证明，很好地通过试验检验的程序和训练以及针对意外的备用方案是有效的，如果航天员们有运气和机会能够用到它们的话。

飞行员布里奇斯后来进一步补充：“虽然发动机在升空的过程中出了故障，但是所有的工作人员，无论是天上还是地面上，都各负其责，从而使整个任务获得了非常成功的结果。”

3.1.6 STS－93（1999）

在1985年挑战者号航天飞机在发射过程中出现主发动机故障事件后，下一次的发射事故是51－L任务出现的“重大故障”，在这次发生于1986年的发射爆炸中有7名航天员死亡。从1988年航天飞机恢复运行，尽管由于地面或者航天飞机本身系统，或是硬件的原因有很多发射紧急中止和挫折的情况，但是应该说在10多年的时间里没有发生太大的事故。

一些发生在太空的小事故大多不为媒体和公众所注意，此种漠不关心的态度仅仅由于一个事件而改变，这就是1998年10月约翰·格伦重返太空。在 1962 年成为水星计划航天员的约翰·格伦是第一个进入地球轨道的美国人。他经历了很长的等待后的第二次飞行是登上 STS—95。这次发射标志着一个历史里程碑，不仅因为航天员已 77 岁的高龄，而且因 NASA 自身想急切地得到公众和政治上的支持，以解决困扰国际空间站的资金问题，当时正准备发射国际空间站首个部件。

除了丧失了减速伞盖板外，减速降落伞也在任务开始的几秒后跌落，整个 STS—95 的升空过程没有任何问题。这种减速降落伞在 1992 年使用在 STS—49 上面，用于任务的最后阶段。主发动机的震动摇晃使得盖板变松并且在 40 多次发射中第一次跌落，撞击航天飞机后弹落到发射台区域。幸运的是它没有造成严重的损伤，但是作出了在降落时不使用着陆降落伞来减缓航天飞机速度的决定，以防止在降落伞所处区域或系统中引发某种危险。

不到 12 个月后，STS—93 带着 NASA 第三大观测器进入轨道。此前，在 1990 年已经部置了哈勃（Hubble）空间望远镜，接下来在 1991 年部置了康普顿·伽玛（Compton Gamma）射线观察台。这次任务将部置坎德拉（Chandra）X 射线观测器。同时，任务也因第一个女性指令长艾琳·柯林斯（Eileen Collins）而备受关注，她赢得指令长位置得益于她在前两次任务中作为航天飞机驾驶员。媒体不可避免地更多地聚焦到了柯林斯作为第一位美国航天飞机女性指令长这一角色上，随着哥伦比亚号航天飞机离开发射台进入轨道执行它的第 26 次任务，她也就在 1999 年 7 月 23 日这一天创造了新的太空飞行的历史。世界上的媒体大肆宣扬了这个事件的每一部分。他们用了所有能想得到的标题从不同的角度报道了这次任务以及柯林斯将要承担的先驱角色，并为此位女指令长的驾驶技术耗费了大量的笔墨，还评论了如果发生问题将是谁的过失。但是，几乎没有媒体提及有效载荷的重要性和她也只不过是合格的 NASA 女航天员中的一员而已。航天员的角色的确是在改变，但是发射还是和以往一样存在危险。

有两次发射已经被紧急中止。第一次是在 7 月 20 日（阿波罗 11 号飞船登月 30 周年纪念日），在 T－7 秒的时刻被取消，当时危险气体探测系统在哥伦比亚号航天飞机的发动机隔舱记录下了令人无法接受的氢气浓度水平的数据，使得舱中有爆炸的危险。在程序中航天飞机主发动机预定在 T－6.6 秒点火。但是，在 T－16 秒时刻传感器记录到一个往上的尖峰信号，峰值发生在 T－10 秒，于是于 T－8 秒关闭了发动机。在 T－8 秒时刻，另外的氢气浓度读数显示早期的数据是错误的——但是此时已经太迟了，发射指挥已命令关闭了发动机。

NASA 技术人员后来在报告中指出，气体探测系统里面的一个离子泵导致了错误，它变得饱和并且把一些离子不止一次计算在内。这种故障在过去的发射过程中也有记载，但是从来没有在发射过程中那么迟的阶段发生过。这是一个给人留下深刻印象的安全实证，但是 NASA 改变了它的策略以确保这样的事情不再重复出现，并决定在以后的发射中，在最后阶段中止倒计时的决定只有在最后的数据获得后才能作出。主发动机点火后，如果在固体火箭助推器点火之前，读数没有回到正常水平，则会采取发射紧急中止程序。

2 天后，也就是 7 月 22 日，在清除了氢污染物以后，第二次发射尝试也由于卡纳维拉尔角的恶劣天气（雷雨）而被取消。NASA 不想重蹈阿波罗 12 号受到雷电袭击的覆辙。

有一个关于 STS－93 的“第三次幸运”的案例。任务专家史蒂夫·霍利（Steve Hawley）进入航天飞机进行他的第五次航天飞行——对他来说以后再也没有这种机会了，当他准备登上哥伦比亚号的时候他决定掩盖自己的笑脸。他在这次任务中已经经历了三次发射紧急中止，并且正因为如此，他快速成长为一名发射中止方面的专家！最后，经过了因通信故障导致的短暂耽搁之后，哥伦比亚号离开发射台朝着轨道飞去。

但仅仅在离地升空 5 秒钟后就记录到了电路里面电压下降的信号。这导致了两个备用主发动机控制器中的一个关闭了，它服务于三个主发动机中的两个（1 号和 3 号）。2 号发动机没有受到影响，并且其他的控制器补上了空缺从而没有影响升空过程。

然后，在快靠近上升段顶点的时候，由于发动机缺少燃料，主发动机关机指令比程序设定的时间早了数秒发出。据报告缺少大约 4 000磅燃料，这使得哥伦比亚号只能停留在比原计划低 7 英里的轨道上。利用轨道器上的轨控发动机，哥伦比亚号最后弥补了这个差距并且成功地完成了为期 5 天的任务，其中包括释放坎德拉 X 射线观测器。

当任何一支航天飞机航天员小组队伍成形以后，他们各负其责。在所有的这些人员中，他们被分别授权负责各种活动、系统和硬件，主要是由一个或者多个航天员负主要责任，其他的人只是作为替补。指令长负责全体人员的安全和担负整个任务成败，并且要对在飞行过程中发生的每一件事情负最终责任。然而指令长（他或者她）不可能负责每一件事情，所以驾驶员在升空和降落的某些方面也将发挥主要作用，而指令长此时只能作为替补人员。对于 STS－93 的升空，驾驶员杰夫·阿什比（Jeff Ashby）主要负责故障这一方面，因此负责监控飞行舱。指令长柯林斯进行了训练并作为阿什比的替补角色。任务专家史蒂夫·霍利坐在他们两个之间的后方作为飞行工程师，并且也参加与休斯敦任务控制中心的飞行控制人员交流情况的监控和评估。

在发射后的记者招待会上，NASA 航天飞机项目计划管理人员唐纳德·麦克摩纳哥（Donald McMonagle）——一位前航天员，把容量为1 200 000磅的储箱缺少 4 000 磅的燃料比喻成一辆装 20 加仑燃料的轿车在行驶过程中仅仅缺少半品脱的燃料。同时也通报了一个评估小组会调查航天飞机燃料的短缺问题。然而，这些并没有阻止那些小报的嘲弄，其中甚至用到一些轻佻且不屑一顾的标题，诸如“第一个女指令长飞进史册”，“NASA 问：‘谁忘了加燃料？’”

直到调查的结果被公布出来，情况的严重性才变得显而易见，这让我们意识到柯林斯差一点就成为第一个采用非常危险的进入返回发射场中止模式的人。

在发射数秒后主控制器的丧失迫使航天飞机只得依靠备用的系统来飞行。由于早期就用到这些系统，所以在几乎整个上升过程中冗余能力大为下降，要是 2 台发动机在上升段早期也失效了，那么航天员们也只有一种选择——尝试在大西洋上空跳伞。

NASA 的工程师们最初认为造成 13.3 安培的短路电流最有可能的原因是 1 号发动机的主控制器短路，而 1 号发动机又与 3 号发动机通过电路相连。这些故障部件被送回给总承包商霍尼韦尔（Honeywell）去评估。进一步的研究发现短路发生在轨道器内顶部中央的主发动机（1 号发动机）里面，这就触发了断路开关，后者切断了右下方发动机（3 号发动机）的备用控制器电源。这是一连串的故障。

找到新的关于电路短路的原因后，问题的焦点从发动机项目分部转移到了航天飞机工程办公室，更多的迹象表明其他轨道器也存在类似问题。在 STS－93 上面使用的控制器是一种较老的设计，在这次飞行之后不太可能再用到它，因为已经计划用一个新的、性能更好的产品替代它。

对轨道器里面整个 217 英尺配线更进一步的检查还揭示了比开始认识到的更大的问题。检查发现一根电线失去了绝缘性能，在过去 20 多年里，在重复性的地面处理，包括与各种人员和设备接触过程中，电线被磨损了。在执行 STS－93 任务之后，哥伦比亚号在位于加利福尼亚州棕榈谷的波音公司进行了 12 个月的维护和重新装备，对全部线路进行了检查。关于奋进号航天飞机的配线和接线器的检查显示出有 38 处损伤，而发现号检查出了 26 处，这些都是很严重的问题。所有的航天飞机也将不得不接受检查以确保不再在发射期间出现电路方面的故障。

对轨道器线路的检查结果表明，电线的问题与使用时间和操作无关，小缺口显然是由两次任务之间的系统维护处理造成的。这也给出了一个新的配线安全优先权，包括采用软的塑料管、粗糙边缘的磨光和覆盖，以及对那些在地面维护时经常进行转向运动的地方加保护层。

在STS—93的升空期间燃料的短缺最终追溯到3号发动机中的氢泄漏。这在早期的升空阶段也发生过，依照NASA的说法：这从未造成发生大的悲剧的危险。然而泄漏影响了H_2/LOX在发动机里面的混合比率，并且导致了在预燃烧室中温度过高。这种情况变得越来越糟并最终造成了发动机过热，这将导致自动关机和被迫紧急中止。

另外在升空期间丢失了2 500磅氢的问题也追溯到3号发动机。氢的泄漏被发动机控制器观测到了，它记录到了发动机燃烧室里面较低的压力值。控制器发出指令打开液氧（LOX）阀以消耗更多的氧化剂来补偿压力。这个操作一直执行到哥伦比亚号用完氧化剂，这样导致了过早的自动关机。

实际上，在升空期间地面控制人员并没有发现这个泄漏。然而当发动机提前1秒关机后并且数据显示有额外4 000磅的氧化剂被消耗掉了的时候，地面控制人员才知道出错了。但是只有等到哥伦比亚号回到地面以后才可能进入发动机隔舱检查。记录下来的数据和来自于监控升空过程的长焦相机的照片也被用来评估并确定泄漏的原因。

如果一台发动机出故障以后，将尝试一个飞行剖面，包括外储箱一起形成一个“外部回路”。这将意味着航天飞机在400 000英尺高的大气边缘，以每小时6 000英里的速度转过180度然后飞回航天中心跑道着陆。这将是一个高危险性的并且没有经过飞行试验的（只是做过仿真试验）飞行剖面，并且将对航天员（柯林斯，阿什比——在他的第一次飞行中——还有霍利）和航天飞机的结构施加很高的负荷。

如果发动机故障发生在 3 分 14 秒和 5 分 17 秒之间，将有一个比跨大西洋中止模式容易得多的中止选择，着陆场选在摩洛哥的 Ben Guerir。在那之后，一个在轨中止的飞行剖面将提供给航天员。这类似于在 1985 年 STS－19 的紧急中止。

当坎德拉 X 射线观测器被装在哥伦比亚号航天飞机上以后，加起来的重量和体积以及系统上面级（IUS）要求所用的发动机更轻并且能够提供更好的性能。在飞行任务之后当发动机被拆开的时候，显示出一个液氧定位销钉在点火期间从主发动机脱落，并撞击到发动机喷管的防热壁上，使得直径为 1 000 英寸的发动机喷管上的 3 根圈管破裂。NASA 认为管子不太可能自己破裂，可能是被产生于发动机头部的碎片撞裂的。

尺寸大概相当于一个钉子的镀金销钉，被用来阻塞住可疑的液氧泄漏，在历史上大多数的航天任务上均有使用。在发射前检查时，当确定液氢在某处泄漏的时候将它们插入。使用前把它放在液氮里面冷冻让它收缩，这样销针被插进泄漏处后，由于温度升高它将膨胀，从而密封住泄漏区域。

3 号主发动机在发射的时候有两个销钉，但回来时却只有一个。在用电子显微镜对 3 根破损了的圈管进行检查后，发现了黄金粒子的痕迹，这表明销钉真的撞击了被损坏的区域。

对航天飞机发动机和电子线路的分析，花去了 1999 年剩下几个月的大部分时间，严重地延误了第三次哈勃空间望远镜的维修工作，而且还耽误国际空间站的组建工作。媒体误解了一个更为重要的实事，那就是在升空过程中，柯林斯和她的同伴用完了所有备用的氧化剂并且刚刚恰好达到轨道。要不是这样的话，或许第二天的新闻报纸标题也许不会那么的轻佻（表 3－1 为航天飞机发射紧急中止年表）。

表 3－1　航天飞机发射紧急中止年表

紧急中止发生在主发动机点火或者随后的固体火箭助推器点火后 60 秒之内	
1981 年 11 月 11 日	在辅助动力装置里面的燃料过滤器阻塞导致过高的温度以后，STS－2 在 T－31 秒的时刻紧急中止
1984 年 6 月 26 日	STS 41－D 在 T－4 秒时紧急中止，原因是 3 号主发动机主燃料阀上的备用控制器损坏了。当时 2 号发动机刚刚点火而 1 号发动机准备开始点火。
	第一次点火后的发射台紧急中止
1985 年 7 月 12 日	STS 51－F 在 T－3 秒时刻紧急中止，当时 2 号发动机里的氢冷冻阀关闭失败
1985 年 7 月 29 日	STS 51－F 紧急中止是因为一个发动机在进入飞行后停止工作 350 秒
	第一次紧急在轨中止
1985 年 12 月 19 日	STS 61－C 在 T－14 秒的时刻紧急中止，原因是右边的固体火箭助推器液压系统的读数超出了能承受的范围
1986 年 1 月 6 日	STS 61－C 在 T－31 秒的时候紧急中止，原因是液氧系统加注错误和通过放空阀意外地排掉了 14 000 磅的氧化剂
1986 年 1 月 28 日	STS 51－L 在发射 73 秒后爆炸，7 名航天员遇难
1989 年 4 月 28 日	STS－30 在 T－31 秒时紧急中止，因为 1 号发动机液氢系统再循环泵的故障
1993 年 3 月 22 日	STS－55 由于 3 号主发动机不完全点火而在 T－3 秒时紧急中止发射
1993 年 4 月 6 日	STS－56 在 T－11 秒紧急中止，因为在主推力系统（MPS）的液氢高点泄流阀显示出“关”而不是“开”
1993 年 7 月 24 日	STS－51 在 T－19 秒时发射紧急中止，因为右边的固体火箭助推器辅助动力装置涡轮组件中两个液压动力元件中的一个出了问题
1993 年 8 月 12 日	STS－51 因为监控 2 号发动机燃料流量的传感器发生故障而在 T－3 秒时紧急中止
1993 年 10 月 14 日	STS－58 在 T－31 秒发射紧急中止，原因是安全航程计算机失效，部分由于东部测试航程网
1994 年 8 月 18 日	STS－68 在 T－1.9 秒时紧急中止，因为在 3 号主发动机高压力氧化剂涡轮泵里温度过高。所有三个发动机都被 GPC 关闭

续表

1995 年 10 月 7 日	STS－73 的第四次发射尝试，在 T－20 秒时被取消，当时由于主要的 1 号控制器不能正常地运转，需要替换
1998 年 12 月 3 日	STS－88 的操作也在 T－31 秒的时刻被中止，是由于获得了在航天员舱的一个主要的警报信号；在 T－4 分时 1 号液压系统的故障也显示出来，系统工程师们迅速努力解决了问题，但是不能在发射窗口内剩余的时间里重新开始发射
1999 年 7 月 20 日	STS－93 在 T－7 秒时紧急中止发射，当时航天机轨道器的危险气体探测系统记录到在发动机舱的尾部有百万分之六百四十的气体浓度，是允许水平的两倍；被肯尼迪航天控制中心的系统工程师们在进行主发动机点火之前的 1/2 秒之内关闭

3.2 联盟号发射紧急中止（1975—1983）

自从 1957 年苏联/俄罗斯发射运载火箭进行第一次载人飞行以来，其运载火箭已经经历了 40 多年的发展。运载火箭最初是由洲际弹道导弹发展而来的。在 20 世纪 40 年代末德国的 V2 火箭技术基础上，苏联研制形成了 R（Rakyeta 或 Rocket）系列。不同于最初的运载火箭，R7 发射了成百上千的航天器进入轨道，飞往月球、火星和金星，并且自从 1961 年以来 R7 也已经帮助 100 多名航天员进入太空。

许多年来，苏联运载火箭的名称标识一直是不一致并且是模糊的。在大众媒体里面往往是主要有效载荷的名字被用来标识运载火箭。这样用来发射第一枚人造卫星的运载火箭被称为卫星号（Sputnik），而用来送航天员进入太空的运载火箭被称作东方号，事实上它是同样的运载火箭，只是增加了上面级罢了。

在 20 世纪 60 年代美国国防部制定了每一个新类型的苏联运载火箭用 SL（Soviet Launcher 的简写）后加数字序列的标识方法，所以 R7 也就是我们所熟知的 SL－4。1967 年美国政府采用了一个不同的标识系统，它通过主要的核心级以及上面级来标识运载火箭。这个系统兼用文字和数字，用一个大写字母后面加数字和小写字母后面加数字来标识，以表示核心级类型和上面级情况。该标识方法由威廉·谢尔登（William Sheldon）提出，因此命名为谢尔登系统，如 R7 为 A2 类的运载火箭。

由于 R7 运载火箭的不同改进型，苏联生产了系列发射各种载人和不载人飞船的运载火箭。40 年过去了，数百个航天器由它发射上了太空。

1975 年联盟号运载火箭 R7 离开在哈萨克斯坦拜科努尔的发射台。在那一年的 4 月，联盟 18－A 发射后一级火箭不能进行正常的级间分离，不得不在仅仅进行了 20 分钟的飞行后紧急中止并返回

1966 年 R7 运载火箭第一次离地升空，运载着自动驾驶的联盟号宇宙飞船，它开始作为苏联人在 20 世纪 60 年代登月计划的一部分，但后来被取消了。联盟号飞船发展了多年，这可能是人类历史上最为耐用和最持久的飞船，可根据科学或军事的目的完成载人和不载人（货运）的各种飞行任务。在 30 多年的载人联盟号运行期间，50 多名航天员随着飞船的发射被送入了太空，基本类似于 20 世纪 50～60 年代美国人所发展的双子星飞船技术。R7 运载火箭和联盟号飞船经受了时间的检验。

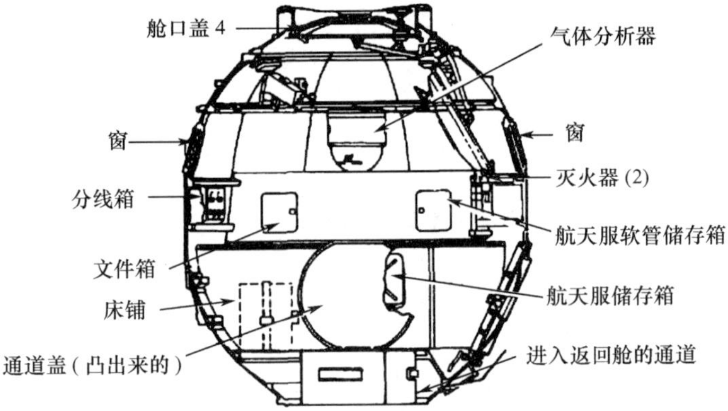

联盟号轨道舱一侧的剖面图（1975 年）

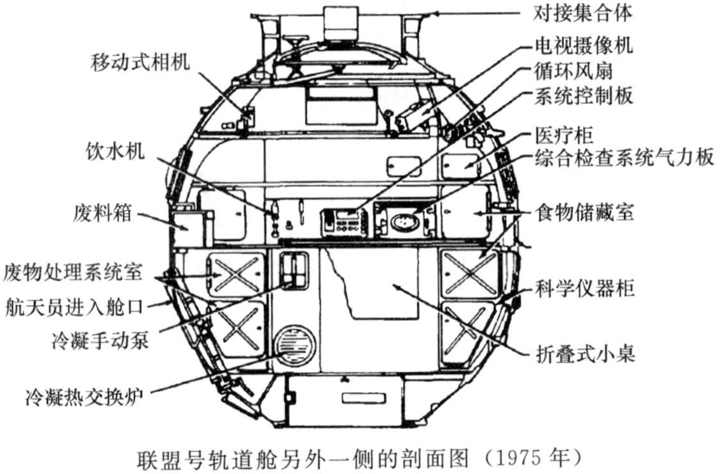

联盟号轨道舱另外一侧的剖面图（1975 年）

尽管由于苏联早期的这些计划的秘密性，缺少（不像他们的美国对手）发射过程的实况新闻报道（除了1975年联盟19发射，此次进行了阿波罗—联盟号联合试验项目），但他们还是承认经历了至少两次发射紧急中止，分别发生在1975年和1983年，都是因为运载火箭的故障而不是联盟号本身的问题。航天员们的幸存都要得益于飞船可靠的结构。

发射联盟号飞船的R7运载火箭由一个中央核心火箭和4个捆绑式助推器组成，在模块结构的顶部是上面级。联盟号载人飞船受整流罩的保护，同时支撑飞船逃逸塔系统。

在联盟号飞船的设计中提出了在发射紧急中止事件中的航天员如何安全回收问题。2 800千克的返回舱（DM）的外形就像一个被拉长了的圆屋顶，可搭乘多达3名航天员，并在任务的发射和着陆阶段作为控制舱。同时它也载着着陆装备，诸如降落伞和再入时的热防护系统等。圆柱形的仪器设备舱在返回舱的后部，它包含轨道运行的燃料系统、机动发动机和太阳能电池板或者化学储能电池（依照任务的要求）系统。位于返回舱前部的是卵形轨道舱（OM），它为航天员们和他们的必需品提供额外的备用空间，并且在轨道上执行研究任务时可以作为一个很有价值的生活空间。轨道舱还放置了卫生设备，一个供舱外活动的舱口，某些轨道舱还配有对接设备和空间转移通道。轨道舱在返回舱上方的设计妨碍了在紧急状况下用发射逃逸塔系统使返回舱单独逃离，就像美国的水星号和阿波罗号飞船。三个人的飞行也使得苏联的东方号和美国的双子星号飞船一样不能使用弹射座椅。而对于联盟号，采用了一种不同的航天员逃逸救生方法，但至少还有一种选择，不像上升号飞船：没有弹射座椅，没有逃逸塔，也就没有了逃逸救生的可能。

联盟号的逃逸系统是基于固定在联盟号飞船的整流罩上的固体燃料火箭。在发射台上或者在动力飞行早期阶段发生故障的情况下，逃逸塔将能把航天员带出险境。在正常的任务里面，逃逸塔在任务开始后160秒时被抛弃，此时运载火箭已脱离危险，再经过一秒钟，整流罩沿着中轴线一分为二破裂并脱离，使得联盟号飞船完全暴露于外部环境。

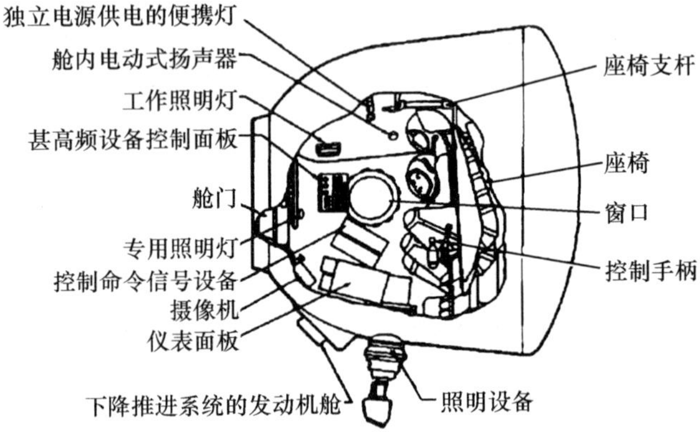

包括航天员在内的联盟号返回舱剖面图

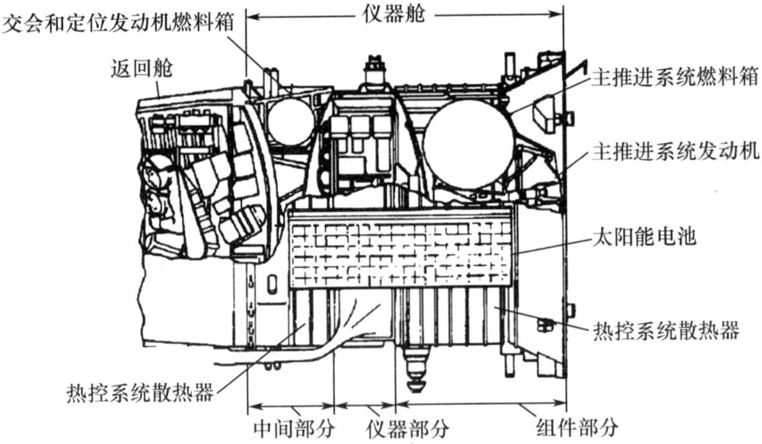

联盟号仪器舱剖面图

万一在发射台上或者在任务开始160秒之前分离，逃逸系统被触发，在飞船返回舱和仪器舱外面保护罩被冲破，逃逸系统带着航天员离开运载火箭到一个安全的距离。为了在返回舱离开整流罩尾部和成功控制降落伞之前形成稳定的气动外形，采用了四个空气动力学控制翼。这些系统单元在发射前早期阶段就被检查过了。在超过30 年的时间里联盟飞船的逃逸塔仅仅在 1983 年的一次载人任务期间用过。更早的事件发生在 1975 年联盟号的发射期间，当时在逃逸塔被丢弃和整流罩分离以后，飞船暴露在外，最终飞船经历了分离和可控的伞降回收。

3.2.1 联盟号发射紧急中止（1975）

到 1975 年春季，为了准备夏天的两次载人飞行，苏联加盟共和国哈萨克斯坦的拜科努尔人造卫星发射基地处于一片忙碌之中。两组航天员各自进行着训练，一个是为在礼炮 4 号空间站度过两个月作准备，而另外一个则是为了在 7 月份和美国阿波罗号的航天员合作执行联合任务作准备。那时，两大超级大国之间的关系有所缓和。

在 20 世纪 70 年代发起的阿波罗一联盟试验计划（ASTP）是苏联和美国合作的载人航天计划，飞行目的地为美国的天空实验室或者是苏联的礼炮号空间站。到了 1972 年，双方决定执行一些更加实际的项目，双方的合作在 1975 年以联盟号和阿波罗号飞船在地球轨道上的对接为标志达到高潮。建议把所计划的几天合作活动视为全球合作的典范，表明两个具有领先空间技术的国家之间的合作是高效率的、领先的和充满希望的，通过空间站的合作，建立公共对接系统，实现相互的空间营救能力。更进一步的计划由于两个国家的行政部门和对外政策的改变而被取消。在 ASTP 工作的高潮期间，苏联的载人航天活动第一次如此开放地展现在世人的面前。

然而，在又经过了 20 年，俄罗斯的航天成就和地位再次展现在西方国家面前，随着苏联的解体和国际空间站的发展，在空间的国际合作又将重新开始。

从 ASTP 计划一开始，NASA 就坚持公开而且坦率地讨论苏联载人飞船的硬件和技术，在此之后将允许美国的航天员在苏联飞船里面工作，因此一些新的迄今为止都没有公开的关于联盟 1 号和联盟 11 号事故的信息被发布了出来，那些事件造成了飞船里面的航天员的不幸，还有更近的一次发生在 1974 年的联盟号的对接故障。美国人从中获得了重要的认识，并在 1975 年 4 月意外地目击了一次飞行安全特性的演示。

由于众多的工程师、科学家、美国和苏联的航天员们为 ASTP 所做的工作，最后终于开始了礼炮 4 号空间站第二个阶段活动的准备工作。这个空间站从 1974 年 12 月进入轨道，并且在那一年的早期已经接待了 2 名航天员，他们在空间站上停留了创纪录的 30 天。礼炮号希望首次驻留第二批航天员（虽然进行了尝试，但最终在礼炮 1 号和礼炮 3 号上没有成功）。

2 名船天员被指派驾驶联盟号 18 飞船到礼炮 4 号空间站执行一个为期 60 天的任务，并计划在 6 月份返回，就在几个星期前联盟 19 号和美国的阿波罗 18 号一起合作执行 ASTP 任务。联盟 18 号的指令长是陆军中校瓦西里·拉扎雷夫（Vasily Lazarev），他既是一个空军飞行员也是一名物理学家。他的随机工程师是土木工程师奥利格·马卡罗夫（Oleg Makarov）。这个航天小组在 1973 年曾于联盟 12 号上面执行过飞行任务，当时，在 1971 年发生联盟 11 号航天员遇难的惨剧以后，他们对联盟号飞船作了有利于航天员安全的改进。

联盟 12 号是一个经过了 2 天试验飞行的新型的空间站飞船，它用电池取代了太阳翼来获得能量。之前联盟 11 号返回舱的突然失压表明它不适合于 3 人的飞行，为避免灾难重复出现，增加了舱内压力服和相应的设备。所以从那时起联盟号就变成一个供 2 人使用的飞船。

现在他们将驾驶联盟 18 号飞行。大约在 1975 年 4 月 5 日中午 12 时，拉扎雷夫和马卡罗夫乘大巴从他们的住处到达发射台。按照惯例向观众讲话并挥手告别后，他们走上升降机，升降机将带他们进入平台和联盟号飞船。这 2 名航天员通过轨道舱侧舱门进入他们的联盟号，穿过整流罩，往下进入狭窄的指令舱。马卡罗夫首先进入，他不得不把自己绑在右手边的位置，随后便是拉扎雷夫进入中央位置。随着所有的检查完成，航天员已经安全地各就各位，舱口和整流罩经过检查后，倒计时时钟朝着仅剩 2 小时的发射时间滴滴答答地响着。

联盟 18－A 的航天员瓦西里·拉扎雷夫（图中前者）和奥利格·马卡罗夫（图中后者）训练期间在一个联盟号的模拟器里面

莫斯科时间 1975 年 4 月 5 日 14：03 刚过，R7 的主发动机点火启动，飞船最初停留在发射台上，直到发动机提供足够的能够克服运载火箭系统重力的推力。于是拉扎雷夫和马卡罗夫开始了他们原计划 2 个月的任务。联盟号的飞行速度通常为在进入飞行后 70 秒时为 500 米/秒，120 秒时为 1.5 千米/秒和 450 秒时为 6 千米/秒。

当火箭离地升空的时候，在机载计算机的导航下，随着向上的攀升和速度的建立火箭俯仰角相应变化，一切似乎都很正常。按程序当 4 个捆绑式的助推器能量消耗尽了以后，它们被立刻关机并且极为迅速地从火箭主体上爆炸分离，同时火箭开始使用中央的核心级，使得火箭沿着一个东北方向的轨迹加速上升。在发射后的 2 分 40 秒，火箭逃逸塔和整流罩被丢弃，航天员不再需要这个系统来保证在故障中安全再入和着陆。随着逃逸塔和整流罩分离，航天员可以放松一点了，此时航天员又安全地通过了一个危险点，是成功进入太空的又一个标志。这种火箭已经服役了大约 20 年，运载火箭被证明是可靠的。

进入飞行 5 分钟后，火箭的中央核心级将被关机并且顶级开始点火继续推动火箭进入轨道。级间分离由 2 套装置保证，每一套装置包括 6 个爆炸螺栓，这些爆炸螺栓在级间结构连接桁架点的上方及下方。连接桁架结构通常分裂成为 3 块。爆炸螺栓由两个独立程序控制装置激活，一个放置在核心级控制较低的一套装置，另一个放在火箭的顶级以控制另外一套装置。2 套控制装置都用电路连接以确保分离同步。

然而，在这次飞行中的级间分离动作还是导致了任务的紧急中止。在飞行任务后，作为苏联与 NASA 协议要求的一部分，苏方发布了事故简报，披露了拉扎雷夫和马卡罗夫的飞行任务中止的原因。显然，在上下级仍稳固地连在一起的时候，6 个爆炸螺栓中的 3 个提前点火，将上下 2 套控制装置之间的电缆连接破坏，导致级间无法正常分离。

当最后一级火箭点火的时候，中央核心级仍然没有分离，火箭带着一个很重的耗尽了的核心级通过大气层上层。在燃烧了 4 秒钟后，耗尽级的额外重量和不稳定的推力产生的空气动力学阻力导致携带的回转仪探测到火箭偏离了原来的飞行轨道，而且偏离的角度超过了安全限制——10°，因而就触发了自动紧急中止程序。

联盟号飞船在 90 英里高度的时候接收到了紧急中止的信号，于是飞船自动与故障火箭分离，从而进入一个完全自动的再入程序。联盟号推进系统工作，在达到一个安全距离后轨道舱和服务舱被分离。计算机运行着返回程序，返回舱装载着 2 名惊讶的航天员自动向东再入和着陆，那只不过是在亚轨道的一次短途航行，这类似于美国航天员谢泼德和格里索姆在 1961 年的水星号飞行。在再入期间仪表板上显示着有 18 g 的过载加在航天员身上。联盟号返回舱的空气动力学升力性能和他们横躺着的贴身座椅使他们能够承受 3～4 g 的过载，并保持意识清醒，在应急情况下他们不得不在再入的时候承受额外的 14～15 g 过载带来的痛苦。作为比较，一个战斗机驾驶员即使是在短时间内，也很少遇到超过 4 g 的情况。而大型的波音 747 飞机在起飞加速时产生的附加力仅仅为 1/4 g，航天飞机在几分钟的发射时间里加速度大体为 3 g 多。

当正常的降落伞程序启动的时候，航天员们从高速再入阶段恢复以后应该做的就是询问地面控制中心是否他们将在中国着陆。他们的飞行路线跨过新疆的一个市镇的西北部，这个区域正是最近报道的两名苏联直升机飞行员由于着陆错误而被中国的士兵逮捕的地方。正是由于这样，他们才希望他们能在这次着陆中幸存，所有由于没有到达礼炮号的失望想法在那个时候也先被撇在一边。应急情况下航天员不参与操作再入程序，他们处于被动状态，深深地被压在座椅中，像石头一样下落，直到降落伞展开，他们才慢慢地降落，这标志着他们这次不同寻常任务的结束。

着陆的地方位于西西伯利亚，地形很崎岖，在 Gorno－Altaisk 的西南部，距离拜科努尔大约 1 600 英里，距离中国边境 515 英里。然而，他们撞到了雪山上并几乎在同时返回舱开始滚落。正当接近陡坡的时候，降落伞的绳子被灌木挂住，从而阻止了飞船的下落使之转危为安。航天员被震得头昏眼花。这样他们原计划的 60 天或者说约 1 500 小时的飞行任务最终从发射到着陆仅仅持续了 21 分 27 秒。

2 名航天员虽然头昏眼花但是没有受到其他的损伤，他们爬出返回舱并等待营救。虽然他们被雷达跟踪并且飞船也有无线导航信标，但他们不得不点燃一堆火并进行长时间的等待，因为那个地域只有直升机才能到达。对此的有关报道也不一致，有的说他们在一个小时内被当地居民找到，又有的说他们整个一个晚上都在原地等待发射中心来的搜救队，但不管怎样，最后 2 名航天员被找到而且他们在紧急降落以后健康状况也很好。

2 人被空运回拜科努尔进行体格检查，然后返回莫斯科。他们在 4 月 10 日在苏联航天城 15 周年庆祝会上第一次公开露面，并在 4 月 11 日到达莫斯科参加 4 月 12 日“航天日”的庆祝。4 月 28 日，他们出现在列宁格勒，表彰他们在联盟号发射期间的勇气，但没有被授予“苏联英雄”的称号。

这次紧急中止飞行直到4月7日，也就是在事故发生和航天员被救2天后才被苏联当局所提及。在苏联政府官方声明中陈述了礼炮号空间站飞船飞行任务失败的原因：运载火箭运行的参数偏离了原来的设定值，一个自动装置发出了不继续进行飞行的命令并使飞船分离回到地球。

在苏联最初的报告中指出2名航天员的身体状况都很好，并且在他们经历的严峻的考验中没有生病。航天员弗拉基米尔·萨塔洛夫，这位航天员训练主管在会后报道2名航天员在那次任务后不久都将准备为另外一次空间飞行作准备。萨塔洛夫还透露航天员们告诉了他：由于软着陆火箭作用使着陆非常和缓，他们感觉好像是降落在水中。在他们看来，他们在阿尔泰山着陆，比他们在低平地的着陆要和缓很多。这与后来报道的剧烈着陆有很大的出入。

在事件发生几年后出版的一篇报道中，拉扎雷夫向地面控制中心报告了耗尽级的分离故障，但是他们不相信，因为在地面上得到的数据表明顶级发动机的读数是正常的，并且火箭偏离预定飞行轨道10°，偏离数据过大，使他们相信是仪表出现了问题，而不是火箭。显然，备受关注的拉扎雷夫的审慎的意见令地面控制中心为之震动并使他们采取行动，联盟号紧急中止系统的自动激活也结束了他们对部分控制器的任何怀疑。

萨塔洛夫对于故障的评论显示出即使在困难的情况下，联盟号飞船也具有可靠性；以及在紧急状况下，当要求作出相应行动时，所有系统的运行和航天员的表现证明都很好。这将增强对即将到来的ASTP计划的信心，然而，美国人却不那么有信心。

4月8日，在NASA的飞行主管和ASTP技术主管格林·伦尼（Glynn Lunney）跟他的苏联同行康斯坦丁·巴舒耶夫（Konstantin Bushuyev）在例行电话交谈中，话题就转移到了7月份在阿波罗—联盟号任务期间发生故障的可能性。苏联人虽然不能确认紧急中止的真正原因，但是他向美国人保证一旦调查找出问题，信息就将立刻送到美国 ASTP 办公室。巴舒耶夫还告诉伦尼在 4 月 5 日发射紧急中止中使用的火箭是一个较老的设计，而将执行合作任务的主要和备用的运载火箭是较新的并且不包含任何有疑问的组件。NASA 相信苏联人有足够的时间去找出故障并进行必要的修正——为了 7 月 15 日 ASTP 发射运载火箭。

当所有事件的细节都透露给了美国人的时候，ASTP 的进程按着发射日期要求如期进行。执行 ASTP 任务的火箭的的确确是一个更新的型号，它有更大的推力，并改进了"热锁"电路。然而，由于发射紧急中止，所有后续的联盟号火箭都需要接受一系列级间分离电路的调整。为了使分离系统更为可靠，重新设计了继电器系统和电路。苏联人保证，爆炸螺栓中任何一个提前点火，其余的亦会同时激发，确保干净地分离。

苏联人还陈述了在 4 月任务中所使用的运载火箭缺乏非常严密的检查，而对 ASTP 任务的检查将是严密与苛刻的。从 ASTP 开始以后，在发射前的检查方面引起了美国人的关注。美国 ASTP 官员在拜科努尔对联盟号火箭发射设施检查后增加了这种担心。一名 NASA 火箭发射工程师看到了在运载火箭表面有灰尘，问苏联同行为什么没有使用超净间。回答是经典的苏联人的方式：当运载火箭被运到发射台发射的时候，"灰尘就会掉落！"

4 月 7 日 NASA 对紧急中止事件发表声明，表达了对苏联系统的信心。他们被告知任务紧急中止与 ASTP 的飞行计划无关，这次发射是苏联国内空间站计划的一部分。声明还说没有人比美国航天员更加关心苏联联盟号系统的可靠性和安全性。

联盟号被认为是整个飞行计划非常安全的一部分，利用它航天员将实现交会（在轨道交会），NASA 对这个设计表示满意。美国 ASTP 任务的计划者们花了一段时间认认真真地回顾了过去苏联的几次飞行任务，其中包括联盟 1 号和联盟 11 号的故障以及联盟 15 号的对接故障。NASA 坚持在任务决定之前从细节上彻底地调查联盟号的设计。如果不行，NASA 就将拒绝跟苏联人一起飞行，但也不是所有美国人都确信这一点。

这次联合任务和空间计划的几位批评者利用这次紧急中止发难。参议员威廉·普罗克斯迈尔（William Proxmire）是一个长期站在美国航天计划对立面的人，他 4 月 9 日在参议员会上发表讲话，他请求中央情报局（CIA）作出一个报告，评估苏联的载人飞船计划和目前技术的安全性："苏联载人飞船的再一次发射故障更增加了我对即将到来的阿波罗一联盟号合作试验计划的担心，也对美国航天员的安全深感忧虑。苏联载人航天历史令人震惊地显示他们缺少连贯性，一个严重的问题解决了，另外一个问题又发生了。"

事实上，苏联航天计划的确有很多不足：坏运气，不可靠和粗糙（用美国标准的话）的技术以及为寻求资金和支持而不断努力，但是在早些时候美国人也不过如此。不像美国人为确定的计划生产新的设备和航天器，用完后丢弃它，然后为下一个计划又重新开始；苏联人则继续使用原来生产的产品，只是调整计划去适应老的设备。联盟号的故障在苏联的正式的说法是"4 月 5 日异常事故"（但在西方被称为联盟号18－A），这当然是程序的故障和毛病，这些故障有可能造成另外一个航天员小组失去他们的生命。然而，所有飞船的安全系统部件都被证实在真正的飞行紧急事故条件下是按照设计的程序运行的。这就使得 ASTP 的计划者相信当遇到意外情况的时候联盟号紧急中止系统真正能够很好地执行，这样的意外情况在幸运的美国阿波罗系列载人飞船中从来没有遇到过。

标准的联盟号运载火箭在发射紧急中止后 9 天又一次被使用，利用附加的第四级火箭，一颗闪电 3 号通信卫星被成功送入轨道。5 月，联盟 18 号（在西方称为 18－B）载着拉扎雷夫和马卡洛夫进入了太空，实现了与礼炮 4 号的对接，并且要在礼炮 4 号上执行 60 天任务。事实上，这个飞行任务出现在 ASTP 飞行任务期间，这促使参议员普罗克斯迈尔质疑苏联在同一时间是否具有执行两个不同任务的能力。然而，通过使用两个不同的控制中心——一个在莫斯科，另外一个（老中心）在克里米亚的耶夫帕托里亚——证明了苏联航天计划的日渐成熟。

联盟 T—10A 发射台紧急中止飞行任务中的航天员弗拉基米尔·季托夫和格内蒂·斯特雷卡洛夫

3.2.2　联盟号发射紧急中止（1983）

1983 年 4 月，苏联派出一个新的 3 人航天员小组到礼炮 7 号进行计划为期几个月的空间站飞行。航天员弗拉基米尔·季托夫、格内蒂·斯特雷卡洛夫和亚历山大·塞雷布洛夫驾驶联盟 T—8 号前去与礼炮号空间站交会，但是他们发现当联盟号从整流罩脱离的时候他们的交会雷达被损坏。他们后来手动对接的努力也被证明是不成功的。虽然交会完成了，但是最后的对接不得不在飞船即将进入地球的阴影区的时候放弃了。

3 名航天员在发射 2 天以后中止了任务并回到了地球。尽管经历了这次失败，但是 2 个人的后备航天员组——航天员弗拉基米尔·莱克霍夫和亚历山德罗夫仍然在 1983 年 6 月 27 日这一天被派往礼炮 7 号实现与空间站的对接，以继续最初被分配给季托夫小组的研究计划。就在那个时候，礼炮 7 号经受了严重缺少电能的考验，由于试验的增多，供应的电能不足。最初联盟 T—8 号的航天员准备进行两阶段的舱外活动，并在空间站外面三个巨大的太阳能电池阵之一上竖立额外的太阳能电池阵，这样是为了增加太阳能输出，用于空间站运行及试验，其他的太阳能电池阵将在任务的后期增加

莱克霍夫和亚历山德罗夫没有像季托夫和斯特雷卡洛夫那样接受详尽的舱外活动训练，所以决定再次把联盟 T－8 号的 2 名航天员送到礼炮 7 号进行舱外活动并代替在空间站的莱克霍夫和亚历山德罗夫。陆军中校季托夫以前是空军试飞员，而斯特卡洛夫则是一个有经验的土木工程师。

1983 年 9 月，当运载火箭在发射台爆炸时，联盟 T－10A 完成了第一次公认的发射台紧急中止。两名航天员利用火箭前端的逃逸火箭系统带着航天员舱安全地离开了被火包围的发射台区域

在 10 月上旬，有一个为期 8 天的发射窗口。然而，由于对太阳能电池板要进行复杂的工作，航天员需要更多的时间来完成计划的

舱外活动（EVA）任务。考虑到这一点，再加上任务结束时在着陆地点对光线条件的要求，于是确定发射在9月26日进行。在发射前2个小时，2名航天员进入联盟号舱内并等待最后的倒计时阶段。航天员把自己绑到座椅上，随后有条不紊地进行着发射前的程序。

苏联在9月26日上午报道的发射时间是莫斯科时间晚上11时37分。白天，气温是27摄氏度，但在发射时刻已降低到10摄氏度。记录的风速是40英尺/秒，发射前的准备继续平稳地进行。运载火箭已被水平准备好了，就像以前的所有R7运载火箭一样，都是用火车从车间运送到发射台。在2天前运送到发射台的时候，在导流槽的上方，火箭被升高到一个垂直位置，四周都被发射台包围。在几次检查之后没有发现火箭有任何严重的问题，所以宣告它准备飞行并被指定执行联盟T—10任务。

当发射时间接近的时候，发射台完全处在黑暗之中。探照灯照亮了发射台区域并显出运载火箭幽灵般的外形，在火箭的顶部和整流罩里面是联盟号。发射前大约90秒，一个阀门未能关好，运载火箭推进剂（液氧（LOX）和航空煤油）的泄漏导致在R7运载火箭的底部起火。火可能是由于电火花或者有缺陷的地面设备引发，但是一旦它蔓延开来，显然自动灭火设备将不能完全将火扑灭。仅仅过了几秒钟火焰就蔓延到装着270吨航空煤油的主燃料箱，整个发射台，包括火箭和载着两个人的联盟号变成了一个狂怒的火球。

阿列克谢·沙米林这位拜科努尔地面试验组的最高领导在附近的一个安全的掩体里面注视着事情的发展，他通过一个潜望镜看到火焰在火箭底部发生，当时正在用氮清除燃料管。观察者注意到这条脐带式管缆没有按预计要求脱离，并且在发射前25秒时，观测到一团异常的浅红褐色的火焰。随着几秒钟时间的过去，黑烟开始上升并包围火箭。地面控制者们知道只有一种方法挽救航天员，那就是激活联盟号火箭逃逸系统（LES），它位于整流罩顶部。在一般情形下LES的固体火箭早已自动点火，但是由于火势迅速蔓延到整个火箭，设计的对LES进行命令操作的线路也被切断，于是自动点火就不能实现。控制者们很快注意到了这个问题，于是不得不从他们自己所在的地方来控制。这个过程包括两个激活LES的命令，两个不同的控制者在同一时间从两个不同的房间发出了两个指令。这总共只花了10秒钟的时间，但是到信号最后发给LES时感觉就好像过了一辈子。这是第一次在真正的紧急情况时使用这个系统。

指令被逃逸系统接收到后，就迅速启动了系统，火箭爆炸也已临近。在1秒钟的时间里面，逃逸装置启动使返回舱（载着航天员）和轨道舱同火箭分离。同时点燃的LES产生的176 000磅的推力推动轨道舱和返回舱的结合体离开火箭，但仍然在整流罩里面。带着航天员离开发射台的飞行路线与发射台成一定的倾斜角度，并且有着很高的速度和10 g 的加速度。逃离火箭后，火箭发生了爆炸，成为一个巨大的火球，对发射台区域造成了严重的毁损。在返回舱里面没有发动机的声音，季托夫回忆他随后感觉到一个摇摆运动（他当时以为是风暴造成的），有两股异常的振动波和一股突然的强烈摇晃。观察者注意到一片黄色的、红色的、黑色的和橘色的各种颜色的烟升到火箭的顶部，并且有一个物体被突然地向上射出，从物体里面有火花射出来，这就宣告LES已经被激活了。

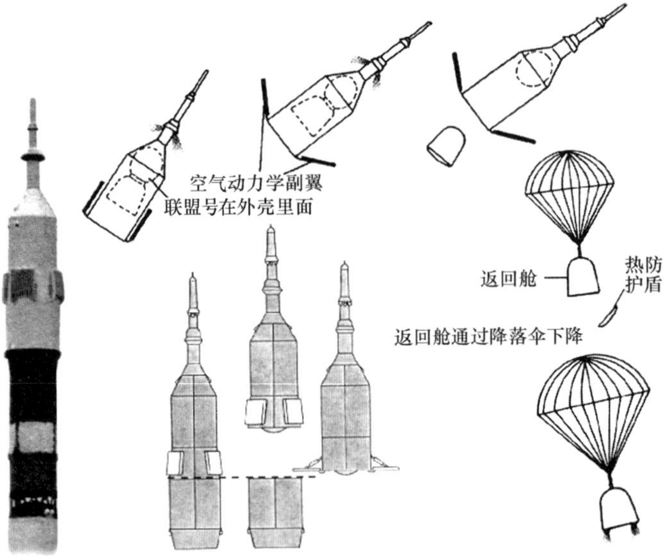

1983年9月联盟号发射紧急中止模式第一次应用在联盟T－10A上

在分离后 3 秒钟，航天员垂直上升，速度到达 1 马赫。在点火以后 5 秒钟达到 3 117 英尺的高度，固体火箭燃烧殆尽并且 4 个栅格翼在整流罩上展开以减缓下降的速度。另有小型火箭在 LES 顶部点火，同时发出了轨道舱与返回舱分离的指令。然后返回舱开始从整流罩的底部滑出并飞向地球，由于此时它的高度太低不能展开主降落伞，因而展开备用紧急降落伞。在返回舱里航天员由于震动不能干任何事情。而降落伞减慢了迅速下降的返回舱，热防护大底自动脱落，暴露出在返回舱底部的软着陆减速火箭。在地面以上 5 英尺的地方，减速火箭点火以减缓返回舱的着陆速度。尽管有减速火箭，着陆比平常还是要艰难得多，但是航天员还是在离正在燃烧着的发射台2.5英里远的地方安全降落。为了观察到降落伞展开过程以及吊在下面的返回舱软着陆时溅起的尘云，观察者用探照灯照亮茫茫黑夜。

在发生爆炸和脱离火箭几分钟后，营救队伍发现两个航天员在经过这次严峻的考验之后有些受惊但没有受伤。航天员们在一个短暂的体检之前每人喝了一杯伏特加，检查显示他们不需要进医院。从着陆地点的有利地理位置，他们能够清楚地看到火焰包围了他们刚刚离开的发射台并且凶猛地舔着天空。根据前航天员和联盟号的设计者康斯坦丁·费奥克蒂斯多夫博士的说法，遭难的火箭燃烧了 20 个小时。

后来季托夫讲述了他记忆中的这次事故。他陈述他不满意紧急中止过程飞船的运行情况，他还说他感觉这种异常的波浪式的震动(比 5 个月前在 T－8 的第一次飞行中经历要强烈得多)。随着逃逸系统推动他们进入夜空的时候，他们很快就知道事情将再也不会按照原来的计划进行。“没有时间害怕”，季托夫说，他回忆在发射后紧急降落着陆这段时间里他的情绪很复杂。所有的情绪里面最强烈的是辛酸痛苦，因为他为这次飞行所作的准备和早前的 T－8 飞行都白费了。他还回忆所有的航天员在整个事故期间是多么的被动。

后来苏联披露了逃逸系统能够通过航天员控制或者通过在掩体

里面负责火箭和飞船的专家手动控制。还披露了许多逃逸系统在用家畜和动物所做试验中得到了检验，但是没有通过真人的检验。这或者是因为他们不愿意让航天员去冒险，或者是因为对系统缺乏信心。基于联盟号运载火箭的可靠性，感觉到这个系统真正用在实际飞行的机会很小。这类似于美国的水星、双子星和阿波罗逃逸系统和航天飞机紧急中止方案的试验。无论如何，季托夫和斯特卡洛夫是在真实任务中检验发射台紧急中止系统的太空第一人这个并不值得炫耀的头衔拥有者。发射紧急中止没有被苏联立即承认，也没有公布联盟号的数据。

下一次成功发射是 1984 年 4 月的联盟 T－10 号。在西方把那次中断的发射称为 T－10A，而把 1984 年的发射称为 T－10B。最初苏联透露的一个 3 人航天员小组——其中包括一名女航天员——进入了联盟号的报道是不真实的。估计发射台设施再建将花费掉大约 2.5～5 亿美元。

有趣的是，苏联公开批评了发生在几周前的几乎致命的 STS－8 事件，当时它的固体火箭助推器差点烧毁了。因为运送替换航天员去礼炮 7 号的计划失败，使得 T－9 上的航天员的工作计划延长到 5 个月，而不是原定的 3 个月。他们也不得不进行两次舱外活动，原计划是让季托夫和斯特卡洛夫做的。在任务快要结束时疲劳和缺乏飞行训练从航天员身上表现出来，这原本应由 4 月份发射的航天员来承担。

联盟 T－9 号飞船的飞行超过了它的轨道设计寿命，礼炮号的一台主发动机出现问题和燃料泄漏，这些谣言都增加了航天员的“束手无策”的戏剧性。甚至有西方媒体报道有一个派哥伦比亚号航天飞机营救他们的计划，尽管在理论上这也不是一个可行的办法，因为对接系统缺少兼容性。然而事实是，航天员能够成功地完成他们多数任务目标，并且在空间生活 150 天以后于 11 月份安全地返回。发动机出了问题的传言被证明是真的，礼炮号燃料系统主要的修理工作最后在 1984 年完成。

火箭发射失败的谣言继续在西方传播。最后，在 10 月中旬匈牙利布达佩斯的国际宇航联大会期间，苏联在来自西方的压力下，莫斯科广播电台的对外服务部讲述了在联盟号计划中的另一个事故和联盟号安全系统的运行，事故没有伤害到 2 名航天员。苏联国民直到 11 月份T－9着陆时才知道了这次灾难。

1986 年挑战号事故刚过，苏联人发表了铺天盖地关于安全和航天事故的文章和讲话，包括对 T－10A 中断飞行的详尽的报道。这是一个苏联官员写的，“一次非常严重的事故……‘苏联的挑战者’仅仅在发射 10 秒后就发生了故障！”

3.3　挑战者号发射爆炸（STS－25）（1986）

1986 年是第一次载人航天飞行 25 周年纪念。随着载人航天飞行变得越来越频繁和愈来愈常规，有时候也让一些非职业的航天员参加飞行任务，以促进普通人参与航天飞行。航天飞机独特的飞行性质使得航天员可以免除严格的体格检查。航天飞机的出现见证了一种新类型空间旅行者的飞行——有效载荷专家，大部分是科学家和工程师。在苏联，从其他国家来的“客座航天员”也被选派飞往礼炮号空间站，尽管他们都只是些军官。

到 1986 年的早几个星期，已有两个美国政治家（作为观察者）和一个沙特王子在航天飞机上实现了飞行。在紧接着的 25 号任务中，一名美国中学教师计划将要在轨道上讲课，并以这种新鲜的、人们并不熟悉的方式向学生们介绍空间环境。从那以后不久，一个专业的旅行家，也是一名有着很多空间报道经验的记者，名叫沃尔特·克朗凯特，将被送往太空飞行。

为了试图证明航天飞机将能够满足美国的所有发射需要，NASA 连续在每一年都提出更具雄心的工作目标。有效载荷、设备仪器和程序的问题已经使得 4 架航天飞机几乎达到了所能承受的极限。发动机从一个满载的轨道器移到另一个轨道器，以使它能够按时飞行。于是发生严重的事故并威胁到整个 NASA 和空间计划的生存，只是个时间问题。那一天终于在 1986 年 1 月的一个寒冷的上午到来。

对于航天飞机的25次任务，NASA将要释放第二颗期待已久并耽搁了很长时间的跟踪和数据中继卫星（TDRS），这将在地面跟踪站跟踪范围之外的轨道阶段提高地面与航天飞机的通信能力。此外还在轨道进行一系列的实验，也包括那位教师的空中授课。在任务的后期将再释放一颗人造卫星，航天员们将执行一系列的航天飞机系统的在轨实验并大范围地向地面转播，跟所有类似的早些的任务没有区别。但是将没有太空行走和戏剧性的太空维修。

尽管这将是航天飞机系统的第25次发射，但是它将是挑战者号的第10次发射和第1次从B号综合发射台的发射。NASA最初常规的航天发射是在佛罗里达的肯尼迪航天中心的2个发射台，以及在加利福尼亚的范登堡空军基地的一个发射台上面进行的，这些都是为了国防部在地球极地区域的任务。为了标识先前的每一次发射任务，发明了一种新的编号系统，用三个阿拉伯数字的代码来标识发射时财政年（10月～9月）、发射地点（1，肯尼迪航天中心，或者2，范登堡空军基地）和指派的序号（A－Z）。这种编号系统在理论上能为每年从肯尼迪航天中心或范登堡空军基地执行多达26次的航天飞机任务编号，一年总共最多是52次航天飞机发射！这样第25次任务就被标识为：1985年（5），从肯尼迪航天中心（1）的第12次发射（L）。它也就是我们熟知的51－L。

这个任务最初计划是在1985年12月发射，并且将可能是自1973年天空实验室4号任务以来美国航天员第一次在太空过圣诞节。几次耽搁使得发射拖延到新年并且与先前已经安排的第24次（61－C）航天任务相冲突。这使得原本已经很繁忙的航天计划更加忙乱并造成了编号的混乱。然而工作还在继续，每一次航天任务的成千上万个必要步骤中的每一个都在发射前完成。

从1985年10月28日开始在火箭装配工厂准备相关硬件，一对固体火箭助推器垂直安放在火箭装配厂房的1＃高架区域的第二移动发射平台上。第二个助推器在12月4日开始装配，接下来是12月10日巨大的外储箱装配。整个结合体经过检测后，准备与执行任务的OV—099 挑战者号轨道器连接。

挑战者号是一个深受航天员们喜爱的、人们所熟知的轨道器。这个航天器在 1985 年 11 月 9 日的第 9 次任务中从太空返回，并带回了空间实验室 D1 有效载荷。它在加利福尼亚的爱德华兹空军基地着陆，随后由波音 747 飞机带往卡纳维拉尔角的肯尼迪航天中心开始准备它的下一次任务——51—L。它于 11 月 11 日到达卡纳维拉尔角，立即卸载并被拖到轨道器处理设施（OPF）。在这里，它将去除上次任务中的有效载荷，校正或替换本次任务所需设备，并且重装本次任务的有效载荷。

在 OPF 里面，空间实验室的长舱体被移除，经过改进设计的惯性制导上面级和 TDRS 有效载荷被安装，连同斯巴达 · 哈里自由飞行器（Spartan-Halley free-flyer）的支持结构和遥控机械臂系统（RMS——加拿大的机器人臂）一起被安装。在轨道器的生活间里面，中舱区域被改装成适合于 3 名航天员的生活，这取代了先前任务中的 4 名航天员的配备，并且所有的储物箱都清空了，重新装上了下次飞行任务航天员们所需要的设备和必需品。

作为接下来任务的准备工作，地面处理人员面临的挑战就是寻找每一次飞行任务的备件，由于这个原因发射将被推迟到 1 月份。

12 月 10 日，挑战者号被拖到装配工厂配装 ET（外储箱）和固体火箭助推器的结合体，并且进行机械和电子连接的检查和校验。6 天后被送往综合发射设施 39 号的 B 发射台进行发射的最后准备，仍旧是原来计划好的 12 月下旬。挑战者号接下来的 37 天是在 B 发射台上度过的——这是导致随后事故的部分原因。39B 发射台是一个新的执行航天任务的地点，并且就像其他的航天飞机发射设备一样是从阿波罗登月计划中继承并发展而来的。

第二个发射台在航天飞机飞行中的使用，使得 1986 年的发射计划是近些年来最忙碌的一年。在完成了一个完整的计划之后，面对紧密的日程，NASA 的工作人员还有一些重要的发射任务需要计划。但是 1985 年最后几天对那次重要的计划造成了一个突然的打击。恶劣的天气和设备的困难迫使61－C（航天飞机第24次发射）任务的6次推迟，从12月一直到来年1月，并且在两次发射之间要求足够的时间以完成必要的在发射台的模拟，这也迫使51－L（航天飞机第25次发射）任务拖延到1986年1月23日。在任务24中出现的异常问题使得NASA计划需求委员会决定把51－L发射任务由1月23日推迟到26日。

发射计划的一再推后使得利用卡萨布兰卡作为跨大西洋发射异常中止地点成为可能。管理小组评估绕地球紧急着陆点的情形，以及发射窗口1月26日的天气情况，结果是在那天发射显然不可行 。于是又作出了把发射计划再推迟24小时的决定，并且由于这次推迟，大多数的特邀嘉宾都回到家里去通过电视观看可能的发射。

1月27日，看上去发射将要开始了。卡纳维拉尔角的活动集中在大型外部燃料箱燃料的加注，这在美国东部时间（EST）0：30开始。7名航天员在凌晨5：07时在他们的住处被叫醒，到7：56时他们已经各就各位并开始按列表检查大量的项目，等待着最后的发射倒计时的到来。

这次任务的航天员小组可以说是美国文化和背景的一个大杂烩。在这次一星期飞行期间的指令长是经验丰富的迪克·斯科比（Dick Scobee)，一名美国空军的少校。驾驶员是海军中校迈克·史密斯(Mike Smith)。在他们中间后面的是任务专家朱迪·雷斯尼克（Judy Resnik）博士，他将在发射和再入期间作为“飞行工程师”辅助斯科比和史密斯检查大量的项目。和其他3名航天员一起坐在飞行舱的是空军上尉埃利森·奥尼祖卡（Ellison Onizuka)，他是夏威夷人。在他们后面中舱区域坐着的是有效载荷专家格雷格·贾维斯(Greg Jarvis)，他是一名来自于休斯飞机公司的工程师，还有一个在那时候可能是最有名的非职业航天员——莎伦·克里斯塔·麦考利芙（Sharon Christa McAuliffe)。作为一个历史和社会学的老师，麦考利芙在成百上千的进行太空教学的申请者中脱颖而出。她将从轨道上现身说法，现场告诉孩子们和学生们关于失重的影响，并帮助解释航天项目使之为大众所认识。这次任务加入了麦考利芙和她的吸引力与个人魅力，通过她大部分媒体的注意焦点都被吸引过来。这位老师在空间的飞行把这次空间任务带到了媒体的最前面，这次媒体的覆盖面超过了自 5 年前 STS—1 以来的任何一次飞行。

最后一个坐在舱口旁边的，是一位物理学家和职业航天员罗恩·麦克奈尔（Ron McNair），他是一个非洲裔美国人，他曾在先前的一次任务中吹奏萨克斯管。这个小组在美国很有代表性：白人，非洲人和亚洲人，男人和女人，军人和平民。有飞行员（斯科比和史密斯）、工程师（雷斯尼克，奥尼祖卡和贾维斯）、科学家（麦克奈尔）和教师（麦考利芙）。也有有经验的太空探险者（ 斯科比，雷斯尼克，奥尼祖卡和麦克奈尔）和新手（史密斯，贾维斯和麦考利芙），职业的航天员和来自于航空航天工业和大众服务的代表。这次混杂了种族、文化和背景的大杂烩使得关注 7 名航天员的命运具有了大众的特征。

在 9：10 时，当航天员小组入舱完毕后继续进行他们的工作，在航天员们坐好并关上了进口舱门后，他们报告了一个外部舱门把手的安全问题。解决这个问题花了 80 分钟，并且当他们解决完这个问题后，又收到了一个通过卡纳维拉尔角的高速风暴的报告。这将严重阻碍在发射后紧急状况下任何让轨道器重新着陆返回肯尼迪航天中心的努力。12 点 35 分推迟发射任务的命令发出，航天员们不得不最后离开轨道器回到他们的住所，虽然如此，但是他们希望明天能发射。

当航天员们在他们温暖的住所度过一个在地球上的晚上时，由于一股特别冷的寒流向卡纳维拉尔角地区的扩展，挑战者号周围的温度已经很快降到了冰点以下。通过研究约束这次发射的突然降温，任务管理组分析了手头的数据，得出结论，风将停止。第二天早晨天气将转晴，但仍然是寒冷的，在夜间温度已将降低到零下 20 摄氏度。

在这些发射的条件当中最重要的因素之一就是天气对火箭和结构的影响。在发射台上的冰是一个非常现实的威胁，因为它能够破坏发射设备。由于冰可能从装满低温液体的外储箱上掉下来，有可能危及轨道器上的防热瓦。这在过去的任务中已经发生过了，而且这一次结冰情况更糟。轨道器赤裸的铝蒙皮也可能因暴露在外面而被严重损坏，特别是在再入阶段。1 月 28 日凌晨 1：35，由工程师和技术员组成的第一个结冰情况考察组被派去考察分析发射台区域的状况。他们尽职尽责地完成了考察并报告了他们的发现。报告的结果没有希望的那么鼓舞人心，但是它也估计出在上午 8：30 时的发射时间以前大部分冰块能够被清除掉或者甚至能够很好地融化。

航天员们在 6：18 时被唤醒，并在天气简报和穿上航天服进行挑战者号第二次发射尝试之前悠闲地吃过早餐。早餐过后，他们穿起浅蓝色的航天服。这是在很多次航天任务中从未被穿坏过的航天压力服。在 SR—71 间谍飞机计划的前四个任务里面，两个飞行员穿的都是特别改装的高空压力服，这样他们在紧急时刻可以用弹射座椅。从第 15 次任务以来，航天员带能够提供氧气和进行通信的头盔。51—L航天员小组然后在离开他们的住所前听了最后的天气简报。经过摄影师的拍照和祝福者的欢呼，他们上了航天班车，经过 3 英里的路程到达发射台，开始等待发射。

由于下雨和云层很低，航天员被告知卡萨布兰卡不是合适的紧急着陆点的消息。所幸的是主要的站点达喀尔是清澈明朗的，如果这两个站点都被关闭的话那么发射将被再次推迟。另外还告知了航天员冰和寒冷

STS 51—L 的航天员们在发射日的早餐上：（从左到右）奥尼祖卡、麦考利芙、史密斯、斯科比、雷斯尼克、麦克奈尔和贾维斯

的天气情况。然而，以后的情况表明，尽管告知了相关天气情况，但没有提供相关的对航天飞机有何影响的信息。他们也没有获得几个锡奥科尔公司的工程师所表达的关注，这几个工程师是固体火箭助推器的建造者，寒冷可能对固体助推火箭的完整性有非常危险的影响，从这次航天飞机计划开始，以后这个影响就越来越明显地体现出来了。

7 名航天员在上午 8：03 到达 LC－39B 的底部，大约离预定的发射还有 2 小时 11 分钟的时间。然后他们乘升降梯进入航天员装备层并通过帮助进入航天飞机里面，把他们自己绑好在座位上。航天员支持人员（ASP）确信他们在座位上将很舒服并且能和发射控制中心的轨道器测试指令长以及测试人员建立联系和交流。当他们绑在座位上的时候，获悉一架 NASA 的 T－38 喷气式飞机已经起飞去探测高层大气的天气和风速，并且第二个结冰情况检查组也检查了发射台区域。轨道器航天员舱里的温度是令人感到舒服的 61 华氏度。而就在这时候的窗外，肯尼迪发射中心正处在寒冷的天气中。

STS 51－L 航天员训练期间在飞行舱里面的位置：（从左到右）迈克・史密斯、埃利森・奥尼祖卡、朱迪・雷斯尼克和理查德・斯科比

斯科比第一个进入航天器并坐到他的位于前面左手边的位置上，接下来是史密斯，靠近他坐在右手边的位置上。当斯科比爬进座位时他提到太阳光透过窗口温暖地照进来。卡特答复他原本应当在那天早上两点从那里出来。斯科比开玩笑说他们一定可以在移动发射台上进行有趣的滑冰来取代工作。奥尼祖卡随后进了飞行舱，然后雷斯尼克坐在了中央座位。

在中舱，卡特花了更多的注意力来把两位载荷专家——麦考利芙和贾维斯绑好到座位上。最后，麦克奈尔爬上来。接下来的 2 小时里，他们所有能做的就是等待冰块处理队清除冰块。雷斯尼克说她的背部已经麻木。贾维斯和奥尼祖卡于是帮助她按摩以解决她麻木的问题！他们之间还进行了轻松的对话交流。

当深冷的外储箱（ET）的冰块落过窗口时，奥尼祖卡认为是在下雪。他感到惊讶的是他们从哪清扫到这么多的水。雷斯尼克幽默地说那可能是来自于奥尼祖卡的税金。斯科比补充说那是一种特级水。贾维斯开玩笑说可能能够在这期间在观看发射的区域通过卖咖啡和油炸饼赚取外快。斯科比立即响应说他应当为他们带一些咖啡过来。麦考利芙知道她的家人将从航天员家属区域看到发射，想象他们站在观察位置，对他们来说天气是寒冷的。在这个期间麦克奈尔则保持着安静。

8：44 时，冰块处理组向发射主管报告他们完成了检查。他们的检查结果是发射应推迟到太阳升起以融化更多的覆盖在发射台上面的冰块。他们在旋转服务平台上面发现有 3 英寸厚的冰块，完全覆盖了 160 英尺×135 英尺的移动发射平台。冰块处理组报告他们发现冰块在平台下面的水沟上面飘浮。水被用来防止火箭喷出的废气逆压干扰轨道器副翼和其他的舵面。有一排排的冰柱悬挂在 120～220 英尺高的发射服务平台上，冰块的尺寸是 6～12 英寸长，5/8 英寸厚。根据他们的报告，航天器外部周围温度从 26.1 华氏度上升到了 36.2 华氏度。

上午 10 点 30 分，冰块处理组第三次去往发射台区域清除平台上和水沟里多余的冰块，他们用的是长柄的渔网！在去的途中，每一个固体火箭助推器的温度都被进行了测量。左手边的固体火箭助推器记录的温度读数是 33 华氏度，右手边的则是 19 华氏度。在那时这个差异没有引起太大的关注，因为它被认为是由于风吹过大的外储箱（装载着深冷的燃料）并到达右手边的固体火箭助推器而造成的结果。

训练期间的中舱：（从左到右）备用有效载荷教练芭芭拉·摩根（她后来在 1988 年成为了一名航天局的职业航天员），克里斯塔·麦考利芙，格雷格·贾维斯和罗恩·麦克奈尔在他们的位置上

在飞行舱，斯科比和史密斯还有雷斯尼克正在仔细地核对他们的飞行前检查表，并在他们 7 个人和地面控制站之间进行核对。在往下的中舱，航天员们除了等待发射之外没有别的事情可以做。当时麦考利芙进入轨道器时，一名扫尾工作人员递给她一个苹果。还发现了一个航天员把手套留在了航天班车上面，这被一个扫尾组的成员迅速找回。

在离发射还有 1 小时 10 分钟时，索尼·卡特，这名 ASP 和扫尾组人员在经过压力检查并证实没有问题之后关上了舱门，飞行控制人员欢声雷动。然后扫尾组人员离开发射台到达安全地域。

肯尼迪航天中心指挥控制中心："离发射 70 分钟准备并开始倒计时。我们不久将举行一个关于冰块状况的会议，可能把会议延长为 30 分钟。NASA 电视台播报了航天飞机周围的冰块情况。人们等待着恢复倒计时，倒计时表继续停止着。工程师们正在注视着情况。不久，温度升高到希望的华氏 32 度（发射时要求的温度）。看上去好像我们将及时结束会议，发射组也在更新天气的数据，看上去进展顺利。在倒计时 1 小时时我们作出了继续进行的决定。在这个时候出现了满意的天气。离开了发射台，航天员小组进行了舱体气密性的检查。我们将对包围发射台的冰块继续作一些清理。风也变小了。"

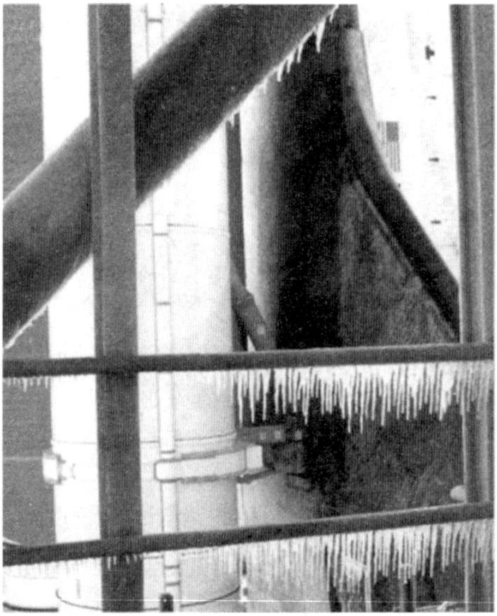

发射台上的冰，挑战者号外储箱和左固体火箭助推器后面

一个 9 人的检查组再一次被派往发射台汇报冰块的情况并尽可能多地清除冰块。恶劣的天气在计划发射前 24 分钟也"走了"，5 分钟过后冰块检查组回来并证实发射台上的工作人员已经全部撤离。他们检查并从航天飞机的底部清除了他们所能清除的冰块。

挑战者号按计划继续进行倒计时，作 T－9 分钟准备。随着钟表到达上午 11：29，作最后几分钟准备的倒计时。51－L 整个的倒计时程序和所有的航天飞行一样有一个庞大的清单，这个清单数量超过2 000页，并被分成 4 册！

当倒计时时钟又开始计数的时候，成千上万的观众响起欢呼声，包括 7 名航天员的家人和朋友以及麦考利芙所在学校的学生。随着计算机和航天员执行他们在离地升空前的最后动作，漫长的发射等待看上去就要结束了。

肯尼迪航天中心命令："7 分钟准备，计数"。

T－5 分：挑战者号上面的辅助动力单元启动。液氧补充终止并且到外储箱的液氧管道。

T－4 分 30 秒：固体火箭助推器（SRB）和 ET 的安全和发动装置处于预热状态。航天飞机主发动机（SSME）燃料阀加热器也被打开以准备发动机的点火。

T－4 分：飞船测试指挥提醒航天员关好航天器上的密封面罩和戴上头盔，同时在他们下方的航天飞机主发动机的最后清理工作也开始了。

T－3 分 45 秒：开始轨道器最后的气动测试，在这个测试里面，飞行控制舵面通过一个预编的程序模式来检验。地面辅助支持设备也都被关闭，航天飞机转向内部供电。

在挑战者号里面，史密斯注意到气态氧覆盖在 ET 顶部（通常叫做"帽盖"），正从飞行器顶部漂走。奥尼祖卡问是不是有问题，这引来同伴的哄堂大笑。史密斯也注意到右边的主发动机氦的压力有些微的下降，斯科比说与早些天中止行动中的相似。倒计时继续正常进行。在 2 分 22 秒计算机中的提示和预警存储器被例行清零，以作好飞行操作。

倒计时到了最后的阶段，公共事务执行官数着最后的 10 秒。在离地升空前 6 秒时三个主发动机点火，同马上要点火的一对固体火箭助推器一起建立推力实现起飞。

T－6 秒：斯科比："它们启动了，好家伙（三个主发动机）。"

雷斯尼克："好！"

斯科比："三个（发动机）都达到了 100（额定功率的百分比）。"

在 T－0（离地升空）时刻，挑战者号外储箱两侧的一对固体火箭助推器准时点火，震得地动山摇并喷涌出尾气的烟云，最后航天飞机被释放，开始了它的太空旅行。在美国东部时间 1986 年 1 月 28 日 11：38：00.010，挑战者号在旁观人群的欢呼、呼喊和尖叫声中离地升空，开始了它的第 10 次任务。

T－00：00：雷斯尼克："好！"

T＋0：01：史密斯："我们升空了！"

肯尼迪航天中心公共事务执行官（休·哈里斯）："升空！第 25 次航天飞机升空，它已经离开了发射台！休斯敦控制中心正在控制中。"

作为美国航天计划引以自豪的航天飞机离开了发射区后，任务控制由卡纳维拉尔角转到了得克萨斯的休斯敦任务控制中心，这个地方的控制将一直坚持到计划中一个星期后的着陆时为止。

下面是一些挑战者号的最后的、短暂的飞行期间的谈话，来自随航天飞机携带的一些录音带，NASA 找到了这些来自于飞行员舱的录音带并将它公布了出来。约翰逊航天中心的公共事务执行官（Public Affairs Officer，PAO）是史蒂夫·内斯比特，他告诉了媒体飞行的进程。地面支持航天员是迪克·科维，一个非常有经验的航天员。他是飞行控制人员和太空的航天员之间的联系点。航天飞机里面航天员的交谈没有向大众公开，但是 NASA 做了记录。

任务控制中心科维："注意滚转情况，挑战者号"，警示航天员事先设定好的滚转。

T＋0：07：斯科比："休斯敦控制中心，执行挑战者转弯程序。"

这个离地后的第一次机动是这样设计的，航天器调整到最有利的气动姿态，通过大气层时，使得航天飞机所受的气动载荷会有所减少。

此图片由自动相机记录，挑战者号发射时从右侧固体火箭助推器（箭头所指）的右下部喷出一股黑烟

休斯敦公共事务执行官："确认转弯程序。"

随着挑战者号爬升，发动机的推力降到 94%。在航天飞机最大动压期间（当接近超声速时），发动机的推力下降到 65%，然后随着航天飞机的上升，大气层越来越稀薄，这种推力减小也有所减退。所有遥感信号显示出 3 个主发动机工作都很正常，3 个供给轨道器电能的燃料电池和 3 个供给液压气动舵面能量的 APU 也正在很好地运行。

休斯敦公共事务执行官："速度每秒 2 257 英尺，高度 4.3 英里。地面航程 3 海里。3 台发动机加大推力，3 台发动机现在推力是 104%。"

T+0：11：史密斯："去吧！"

T+0：14：雷斯尼克提醒航天员转换大地参考坐标系到体轴参

挑战者号喷出黑烟（箭头所示）的第二个画面，这显示出了固体火箭助推器 O 型密封环的破裂

考坐标系，来改变位置坐标，包括垂直的和水平的。

T＋0：15：雷斯尼克："Shit hot!"（这句话开始被 NASA 删除；表达的意思是"所有看起来都进行得很好。"）

T＋0：16：斯科比："好！"

T＋0：19：史密斯："看起来我们这里好像起了风。"当挑战者遭遇到第一次剪切风导致偏离航线时，机载计算机激活相应部件使得飞机朝着正确的方向飞行，并且指示固体火箭助推器的喷嘴和主发动机的万向节来进行调节。这些变化都由惯性导航系统记录并显示在飞行舱中的显示屏上。

T＋0：20：斯科比："我这个窗口看外面有一点困难。"

T＋0：28：史密斯：“10 000 英尺，马赫数 0.5。”

T＋0：35：斯科比：“马赫数 0.9。”

T＋0：40：史密斯：“马赫数 1。”（通过声障）

T＋0：41：斯科比：“通过 19 000 英尺。”

T＋0：43：斯科比：“好，我们减小速度。”

随着挑战者号通过 36 秒时间的最大动压阶段（Max Q），它上面的计算机马上指示 3 台主发动机把推力从 94％减小到 65％，随后发动机将自动增大推力达到 104％。

T＋0：57：斯科比：“加速。”

T＋0：58：史密斯：“加速。”

T＋0：59：斯科比：“收到。”

T＋1：02：史密斯：“35 000 英尺。马赫数 1.5。”

T＋1：05：斯科比：“我的读数是 486”。（含义有争议，但根据 NASA 的说法是空速管校验。）

T＋1：07：史密斯：“是，我的也是。”

地面支持航天员：“继续加速。”

T＋1：10：斯科比：“收到，继续加速。”

到那个时候为止一系列的事件在飞机离开地面升空的瞬间已经开始，但是没有被航天员和地面上的绝大多数旁观者看到。仅仅在重放的发射录像时和长焦照相机大范围照下整个发生的过程时才被展现出来。当航天飞机在 50 000 英尺高度和离卡纳维拉尔角 7 海里的地方以每秒 2 900 英尺的速度向上飞行时，灾难来临了。

在转弯机动后轨道器转向东（朝向海）以背部向下的姿态飞行。长焦照相机 207——几个围绕综合发射设施放置的照相机中的一个——记录到了外储箱右侧发出闪亮的光，它慢慢增大变亮直到吞没整个挑战者号和其中的航天员。从地面控制中心能够看到一对固体火箭助推器仍旧在正常燃烧，正像史密斯从航天飞机上发表的最后一句评论。

T＋1：13：史密斯：“嗯——哦！”

虽然似乎有事故即将到来的预兆，斯科比打开他的麦克风但是没有

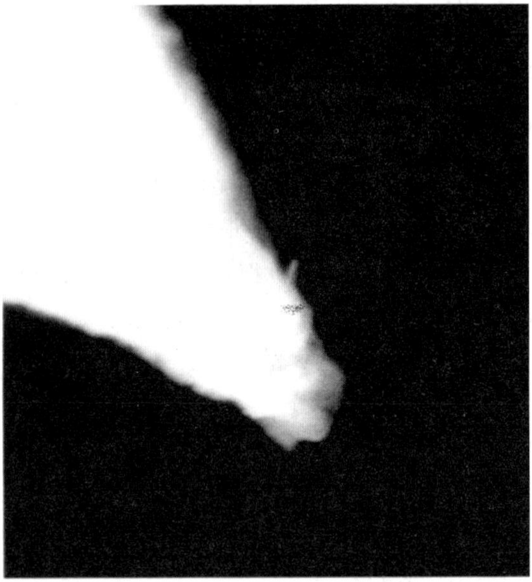

在 MET 73.200 秒从轨道器和外储箱（外部燃料箱）之间的区域发出的闪光。这是在外储箱爆炸前不到 1 秒钟内被长焦相机拍摄到的，就是这道闪光导致了轨道器的空气动力学破坏和 7 名航天员的遇难

时间说出来。休斯敦控制中心也没有察觉到史密斯的话语，失去了联系。

在地面上，许多旁观者开始没有意识到灾难正发生在他们眼前，而是错误地认为他们看到的是级间分离。然而当两个固体火箭助推器从火云中出现并且每一边带着弧光时，许多人开始意识到可能出了什么事。当目击者看到数以百计的碎片从云中掉落和火焰划过天空时，他们知道灾难降临了。此时，航程安全办公室通过遥控引爆了两个助推器。它们在 101 300 英尺（19.13 英里）高的高空爆炸，其中一个仍装着正在燃烧的推进剂，温度高达 5 600 华氏度并且很明显地朝新士麦那海滩方向（New Smyrna Beach）的沿海地区飞去。

随着外储箱的液氧和液氢被点燃，挑战者号和外储箱消失在火球中。成千上万的碎片，尺寸从小至 1 英寸到航天员舱和机翼这样的大家伙，雨点般从爆炸的空中落下来。

肯尼迪航天中心公共事务执行官："飞行控制人员正在非常仔细地注意着局面。显然这是一个大的故障。我们收不到航天飞机的信号。我们从飞行动力指挥那里得到了飞机爆炸的报道。飞行指挥（Flight Director，FD）证实了这个消息。"飞行指挥是杰伊·格林，他成为第一个失去航天员的飞行指挥。

发射后仅仅 73 秒航天器炸裂时一个固体火箭助推器还在燃烧

肯尼迪航天中心公共事务执行官："在轨道器下方的海域有船跟踪。显然当我们加足了推力的时候，它发生了爆炸。因为爆炸的原因，我们丧失了航天飞机上的数据与航天飞机。没有关于固体火箭助推器问题的报告。"

公共事务执行官史蒂夫·内斯比特继续解释救援回收部队已经被集合起来，并且所有的意外事故处理程序都在运转当中。许多观察者，其中包括 NASA 的雇员，都希望航天员能从航天飞机的爆炸中幸存。数秒钟过后，希望轨道器从云端出现跃落跑道并着陆的愿望破灭了。有些人错误地认为他们看到了降落伞，抱有一点希望，也许可能是航天员逃离了轨道器并朝向大洋着陆。然而，在轨道器上面没有装备降落伞。对那些很了解航天飞机的人来说，他们很清楚地知道，航天员们已经不可能幸存下来了。

作家大卫·哈兰德在他的书——《航天飞机：角色、任务和成就》里面记述到，在T+60秒时最开始显示固体火箭助推器压力下降时应当启动返回发射台中止模式。飞行控制人员的决策是，盯着数据的变化，看是否是暂时的，还是发生了更严重的问题。固体火箭助推器性能下降，但遥测数据并不明显。此时已浪费了大约3秒钟的启动RTLS中止的时间，但是到T+66秒钟的时候外储箱的破裂和氢的排出损失了主发动机的燃料供应，使得挑战者号安全返回着陆的可能性变得微乎其微。哈兰德观察到了这点，尽管机会非常小，但还是有持续6秒钟的机会可发出RTLS中止信号，但是飞行控制人员没有发布这个命令，具体的原因不得而知。

包括拖着电缆的增压航天员舱（箭头所指）的残骸碎片从云端出来并划出长弧掉入大西洋

在地面上接收到的遥测信号揭示出了固体火箭助推器的一个故障，但是整个事件的结果不是它造成的；是因为缺少导致固体火箭助推器问题原因的信息，从而妨碍了中止命令发布给航天员。根据对航天员通话的分析，航天员是突然意识到固体火箭助推器性能下降的，但是已经没有时间从飞行舱启动中止程序，也来不及得到任务控制中心的认可，任务控制中心自身可能也没有启动中止系统。

哈兰德说飞行指挥看到的上升电视画面中的火焰与来自于一个遥控相机的画面不是同一个点，随着电视分屏技术的发展，人们可以将同一时间从不同角度拍摄的发射画面进行综合观察和比较，遗憾的是，这一技术优势没有被休斯敦任务控制中心（MCC）的飞行指挥格林所利用。但是如果得到利用的话，他们能够在 13 秒钟的时间里足够快地对他们置疑的和看到的任何问题做出反应吗？

不像早期的水星号和阿波罗号计划，它们都装备了逃逸塔，使得航天员舱能及时脱离爆炸的运载火箭，航天飞机计划没有配备这样的逃逸系统。更早的计划中，乘员为 2 人的 ALT 和 OFT 计划任务设计的弹射座椅都在奋进号和哥伦比亚号上面配备了，但是从 1983 年开始满员飞行时它们被去除了。这样做的结果导致从 1982 年 11 月一直到 1986 年 1 月（第 24 次任务）在发射起飞时固体火箭助推器运行阶段都没有有效的逃逸方法。航天员人数的增加带来了设计的复杂性，分层的航天员舱设计要求带来了新的困难，以及对设计安全性的过于信赖等，都扼杀了早期设计中的许多建议，如逃逸塔、弹射座椅、可分离和可回收的航天员舱等。

1986 年 1 月 28 日灾难的结果是损失了 7 名航天员和挑战者号航天飞机。美国媒体报道在这次灾难中他们处在生命的最顶峰时却失去了生命，他们当时驾驶着美国人成功的骄傲，但是这种“骄傲”突然在剧烈的爆炸中灰飞烟灭。

休斯敦任务控制中心实时得到挑战者号短暂飞行的画面，那里的航天员和飞行控制人员开始都不相信发生在他们面前的事实。所有的飞行控制人员都被告知要在他们的显示控制台上面保存好数据以供必然进行的事故调查使用。第 25 次任务开始时有许多轻松的期盼，将第一位中学教师送入太空，最终却以美国航天计划的混乱和在世界大众媒体面前全方位展示最令人震惊的灾难而结束。

在卡纳维拉尔角，当航天飞机突然爆炸的时候，观看的人群呆若木鸡，不敢相信发生在他们眼前的事实。遇难者的家属立即被NASA的礼仪官员们保护起来，并且被迅速转移以减轻他们的悲痛。许多学生和孩子们——包括那些来自于麦考利芙所在学校的学生——在卡纳维拉尔角或者在电视的实况转播里面观看了发射。他们也亲眼目睹了载着他们非常熟悉的老师的挑战者号航天飞机的最后飞行。

几乎是在同时，从世界各地发来的哀悼信如潮水般涌进美国。自美国经历最后一次严重的太空事故——在飞行前训练期间阿波罗1号太空舱失火，已经过去了19年零1天。

像这本书中记载的那样，最近的灾难在美国的其他任务中也发生过。苏联也经历了损失航天员的飞行事故，他们也和美国一样经受了损失太空探险者的灾难。尽管一些苏联的报道抓住机会批评美国的军用太空任务，并引用这次事故来反对那些举动，并且还说这次损失完全是因为NASA日益增长的飞行频率造成的。

随着那一天慢慢过去，副总统乔治·布什指派前航天载荷专家、国会参议员杰克·贾恩（Jake Garn）和前NASA航天员、参议员约翰·格伦，与他一同飞赴肯尼迪航天中心探望遇难者的家属。

世界各地的媒体纷纷表达他们对这次灾难的感想，并且还推测事故原因以及对美国航天计划的影响，NASA下午4：30在肯尼迪航天中心举行了新闻发布会。在NASA的其他中心，包括休斯敦的约翰逊航天中心，加利福尼亚喷气推进实验室（JPL）（那里的工作人员刚刚庆祝了“航行者2号”和“天王星号”相遇），阿拉巴马的马歇尔航天中心等地也召开了新闻发布会。即将离任航天飞行行政副主管的杰西·摩尔（Jesse Moore）向聚集的新闻工作者发表了公开演讲：

“今天下午我带着非常悲痛的心情站在这里。就在今天上午11：30，航天计划经历了一场灾难，挑战者号航天飞机在从肯尼迪航天中心发射以后大约1分半钟发生了爆炸。我不得不悲痛地告诉你们，对挑战者号落入海域的初步搜查，没有显示出任何挑战者号航天员幸存的迹象。”

根据新闻发布会，最初的数据显示出在飞行前 1 分钟内每一件事情都表现正常，并且没有飞行控制人员报告任何异常的读数或故障。一个调查组被派往海域去尽可能多地搜集爆炸的碎片，将保护好各种来源的证据，以用于事故调查。NASA 还设立了一个临时事故调查委员会。它由航天员罗伯特·奥弗迈耶（Robert Overmyer，他参加过 2 次航天飞行）和航天员办公室的副主管航天员鲍勃·克里平（Bob Crippen，他在那时已经历了 4 次航天飞机任务，是乘航天飞机次数最多的航天员）组成。还有肯尼迪航天中心的主管理查德·史密斯（Richard Smith），航天飞机项目经理阿诺德·奥尔德里希（Arnold Aldrich），NASA 顾问、前水星号和双子星号计划执行官沃尔特·威廉姆斯（Walt Williams），马歇尔航天飞行中心主管威廉姆斯·卢卡斯（Williams Lucas），NASA 华盛顿总部的航天飞机项目综合办公室主管詹姆士·哈林顿（James Harrington），一些国家交通安全部的成员也加入进来。

与 NASA 接受关于事故的询问的那一天情况一样，里根总统在同一天的晚上向全国发表了电视讲话。援引加拿大飞行员（在 1941 年 12 月，他 19 岁的时候遇难）小约翰·吉莱斯皮·马吉（John Gillespie Magee Jr）著名的诗《高飞》中的一句话，他们所做过的是“冲出地球的樊笼去揭开‘上帝的神秘面纱’”。里根总统还肯定了航天员在和平的太空探险方面令人钦佩的贡献，并承诺尽管发生了这次重大灾难，但是空间计划和更进一步的航天飞机飞行将继续，虽然没人能说得准是在什么时候。1 月 31 日，星期五，里根总统和几名航天员一起参加遇难航天员的悼念仪式。他还亲自探望了每一位遇难者家属，总统重申了对太空计划的支持，也感谢约翰逊航天中心及以往许多航天员所做的工作，向悲痛的遇难者家属和地面人员表达了个人的关切与支持。

2 月 3 日成立了正式的总统特派委员会，由前尼克松政府国务卿威廉·罗杰斯（William Rogers）任主席。罗杰斯委员会的成员还包括第一位登上月球的航天员尼尔·阿姆斯特朗，第一位突破声障的人查克·耶格尔，活跃的航天任务专家莎莉·莱德，知名的航空宇宙杂志《航空周刊和空间技术》的前主编罗伯特·霍茨，以及加州理工学院的诺贝尔物理学奖获得者费曼。委员会的工作期为接下来的 4 个月，调查清楚事故的原因和 7 名挑战者号航天员丧失生命的那天当中发生的事情，这也是当时大众的要求。除了记录的数据之外，对整个事件调查最为关键的信息是那些从海里打捞回的航天飞机碎片，搜索和复原工作花去大约 6 个月的时间。

导致事故的真正的证据在海洋的底部，尽可能地回收飞行器的残骸这项浩大的工程在事故发生的那天就开始了。在爆炸以后，碎片从天空像雨点般地飞落了大约 45 分钟。电视监控器记录到碎片溅入海中，这使得一个多小时的时间内调查飞机不能进入这个区域，尽管在事故发生仅仅 2 分钟后就派出了飞机。调查组立即发现了漂浮在海洋上面的残骸。挑战者号在离海面大约 9 英里的高空发生爆炸，爆炸的冲击使得碎片散落在一个离海岸 20 英里的广阔海域上。

到 1 月 28 日下午，海湾洋流对漂浮残骸造成了一定的影响，当白天的时间结束时，有十几驾飞机和 10 艘船正在搜寻残骸碎片。在整个接下来的 10 天时间里海面被反复搜寻，较轻的物体在沉下去之前都被捞了上来。在进行困难得多的水下搜寻之前将打捞完所有的水面上的残骸。初始搜寻的覆盖区域南部延伸到了卡纳维拉尔角的可可海滩，北部到了戴顿纳（Dantona）海滩（总共 12 959 平方千米），并且这个区域到 2 月 7 日海面搜寻结束的时候扩展到了大西洋共计270 000平方千米的海域。在事故发生后的几天时间里，几个大的部件被找到并被运送到卡纳维拉尔角进行进一步的检查。他们将努力尽可能多地收集碎片来重现航天飞机和固体火箭助推器，以研究爆炸对它们的影响并最终确定事故的真正原因。

右手边的翼和机身的锯齿状部分，包括包围航天员舱的外壳的一大段都在第一批找回的残骸当中。大量的热防护系统的碎片也被找到，它们是机体副翼、垂直尾翼、有效载荷舱门和外储箱顶部的一部分。在 2 月份的早些天，搜寻组还发现了几个中舱的衣帽柜和一些航天员们使用的头盔漂浮在水面上。

和漂浮在海面上的碎片打捞一样，航天器和它的助推器被冲刷到了卡纳维拉尔角沿岸，将由一个严密的安全网负责回收，并且每一个找到了的碎片都被拍摄下来，并且它们的位置被制成了一张海图供以后分析。所有的碎片都被确定为国家财产，要求国民一旦发现就要报告。

通过结合使用录像机、声呐、雷达和视觉，一个完整的搜寻区域被界定。并不是所有的碎片都被获得——仅仅只是那些被认为对飞行事故调查有重要作用和可能与事故有联系的碎片。

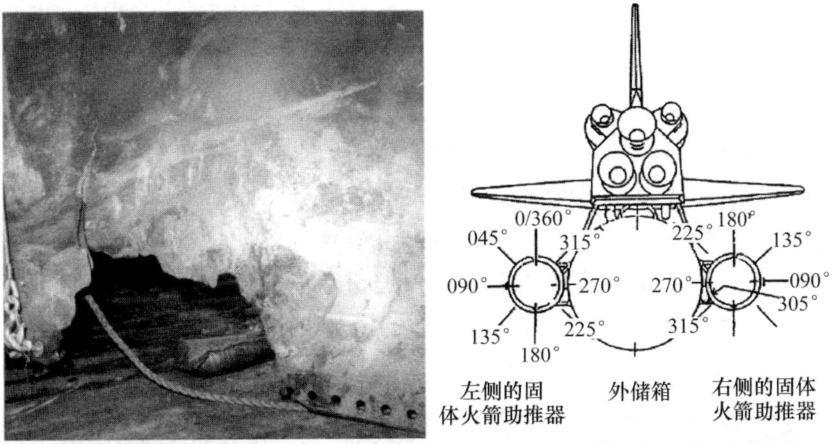

部分 51－L 任务的残骸从大西洋中捞回，其中包括一个右固体火箭助推器的外壳，它清楚地显示出它破裂和被烧穿了。（右图）裂口的位置在右固体火箭助推器 305°处

NASA 分析了事故的数据，检查了每一个可获得的录音带和所储存的遥测数据以确定可能的事故原因。到 2 月 2 日 NASA 发布的一段录像，清楚地显示了挑战者号上升的特写镜头。录像还显示出了一缕不同寻常的火焰从右边的固体火箭助推器扩展开来。它显示出火焰从固体火箭助推器的尾部连接点区域开始，很明显这是导致外储箱爆炸的一连串事故的开始，最终结果是挑战者号的毁灭和航天员的遇难。

当时，海上打捞队伍优先打捞的是右侧的固体火箭助推器、航天员舱、有效载荷舱、左侧的固体火箭助推器和外储箱。

对于水下搜寻，另外组织了一支由船和潜水艇组成的舰队，它们来自 NASA、美国海军、海岸警卫队、美国国防部、工矿和商业企业以及海上石油勘探队。起重设备和大范围的有人或无人潜水搜寻在海底持续工作了几个星期，努力找到右侧的固体火箭助推器和航天员舱。

到 4 月 13 日为止，打捞队发现了右侧固体火箭助推器部件。在这块 4 103 磅的金属边缘有一个 0.61 英尺的大洞，声纳探测器 131 号在 LC 39B 东北 46 英里、深 550 英尺的地方发现了它。燃烧集中在靠近外储箱的 305°位置段。没有看到 O 形环的痕迹。最后打捞队还找到了一个关键碎片，它帮助解决了挑战者号事故发生的时间顺序。

随着搜寻工作的继续进行，外储箱的部件、左边翼、发动机舱和挑战者号 IUS/TDRS 有效载荷的元件都被逐渐地打捞并送回到卡纳维拉尔角。这次搜寻是海上历史上最大规模的一次搜救行动。15 艘船，上百名美国海军驾驶员和 5 艘潜水艇共同完成了这次水下搜寻。驾驶员们把这次任务比喻为在一个足球场那么大的池塘里面用他们的手和膝盖去找寻一枚硬币！

从大西洋打捞回来的 51－L 任务航天飞机的残骸的画面，上面部分显示了轨道器的一侧，上面有已经烧焦的残存的航天飞机的名字

到那个时候总统特派委员会开始了对事故的研究，当航天飞机的部件被打捞后，NASA 在卡纳维拉尔角安排了三栋建筑来放置它们。当所有的部件都被收集的同时，在进行最重要的一个项目，也就是为遇难者家属和大众搜寻航天员舱和 7 名遇难航天员的遗体。当搜寻调查进入 3 月，天气阻止了工作的进行并耽误了搜寻进程。全世界都在关注着何时能有航天员舱和航天员遗体找回的消息。

NASA 没有向公众和媒体发布在海底找到物品的细节和画面，总统特派委员会也没有披露。挑战者号航天员舱和其内惨烈的细节情况也许将和阿波罗 1 号灾难一样，为了尊重死难航天员的家属而保密。

这个令人悲痛的航天员舱的发现是在 3 月 7 日由 2 名潜水员完成的，当时他们在 LC 39B 东北 20 英里的地方利用大型声呐设备在水下 87 英尺处发现了它。他们检测到了一个 6～8 英尺高的残骸，当时在黑暗的周围环境中他们发现一套舱外活动服漂向水面。这些舱外活动服储藏在挑战者号的密封过渡舱里面，也就是在航天员舱的中舱区域中，所以有理由确信 2 名潜水员正靠近航天员舱的遗骸。

在 3 月 8 日，确定了航天员舱的位置，它向左侧躺着。接下来的几个星期，找回了计算机、随机录音带和录音设备等。这些物品被交给了特派委员会，并且飞行舱谈话的录音带还向媒体公布了。

遇难航天员的遗体被一个接一个地发现，并用容器装着运回到船上。有一些潜水工作是由航天员完成的，包括吉姆·巴贾恩（Jim Bagian）。为了避开新闻媒体的目光和官方图片记者，打捞船不开航行灯在卡纳维拉尔角多次靠岸放下遇难者的遗体。4 月 15 日最后打捞到第 7 具遗体（贾维斯），所有的遗体被放在卡纳维纳尔角 L 型的“生命科学支持设备架”（Life Sciences Support Facility Hanger）上，进行最初的法医分析和验尸检查。鉴定完毕，7 具遗体被移上灵柩车，每一个都由航天员办公室一名代表陪同，送往航天飞机着陆场，然后由美国空军 C－141 运输机运往特拉华州的多佛尔，然后分别回到他们各自的家。

遇难者正式的葬礼由遇难者的家属各自分开举行。领航员斯科比和史密斯葬在阿林顿国家公墓，而其他的人则葬在家乡或者家乡附近。任务专家雷斯尼克葬在俄亥俄州的阿克伦城，麦克奈尔葬在南卡罗来纳州的盐湖城，奥尼祖卡葬在夏威夷的火奴鲁鲁，有效载荷专家贾维斯葬在纽约莫霍克，麦考利芙葬在新罕布尔州的康科德。

7 名挑战者号航天员的遗体从海上运回后，离开肯尼迪航天中心时受到军礼的荣誉

佛罗里达帕特里克空军基地的第 6555 次航天试验小组运行主管、领导打捞队的指令长、陆军上校小爱德华·奥康纳（Edward O’ Conner Jnr）报告了回收航天员遗体采用的程序：

“对于航天员遗体的打捞我们选定了最合理的方法，就是什么都不说直到整个进程完成。当我们最先发现航天员舱的时候，NASA 的航天员们立即前往那里。由于许多工程师参与其中，所以工作人员实时获得了必要的安全信息评估。”

奥康纳继续解释在这次行动中牵涉了几个方面。一是如果披露了任何信息，无疑会有一些媒体和热心者冒险进入打捞地点和目击打捞现场，所以以潜水人员的安全为由以及宣称“我们其他要做的事不在此区域”，该区域被容易地隔离了。所有那些与打捞进程无关的，诸如媒体、公众及其他无关人员都被排除在外。在行动的每一个阶段都征求了遇难航天员家属的意见，每一家家属都委派一名航天员负责联络，并与打捞队沟通。他们在如何把这次打捞行动变得简单和更适合于工作进行方面达成了共识，而并不是把它作为一件天大的人人都知道的事情，发布了一个新闻稿以后，举行必要的仪式，该项工作就结束了。

到 4 月 30 日，完成了深水打捞工作，但回收小组继续辨别碎片，直到 1986 年 8 月 28 日才结束全部工作。估计整个的回收过程花了 1 亿美元，结果是搜集到了 111 吨的碎片，这些碎片大约包括固体火箭助推器的 50%和外储箱的 50%的组成部分，挑战者号航天飞机自身的仅仅占 30%～35%。为了工程分析的需要，TDRS 和斯巴达人号哈雷彗星探器（Sparton Halley）有效载荷的几个大的部件也被打捞出来。当我们完成这些以后，整个挑战者号的数据包——由成百上千的照片、草图、录像、水下照片和胶卷、进度表、日程表和报告组成——大概重达 400 磅。这些详细记载了挑战者号和助推器的 42 个重要部件的回收细节。在 NASA 和总统特派委员会检查验收以后，回收的碎片准备进行长期的保存。1986 年 10 月 3 日，NASA 透露他们将把所有这些回收的碎片物品放进 2 个 31 000 立方英尺储存室，以前它被用作卡纳维拉尔角空军基地“综合”31 和 32 发射台的测试厂房，并于 1987 年的前几个月完成了这项工作。和起火燃烧的阿波罗 1 号指令舱一样，对这些设备进行公众展览是不合适的。

在搜寻工作继续在海面和海底进行的同时，由总统建立的调查组继续研究一系列最终造成重大灾难的可能事件和原因，也提出建议和可能的补救措施，以重新踏上探索太空的长路。

特派委员会继续分析 NASA 和其他的部门提供给他们的信息，以确定事故发生的原因。他们分析照片和录音带的资料，检查回收的残骸，还进行私人访问，及考查包括有卡纳维拉尔角、主承包商，与 NASA 和航天飞机生产商关键人物相关的各种电视及语音资料，以及打捞队和观察者等。此外，特派委员会还做了一系列的试验和

1986 年 4 月，挑战者号总统特派委员会的成员们在肯尼迪航天中心的军工厂检查火箭助推器的一段

估算来帮助他们准确地确定失败的真正原因。在委员会工作的早期阶段，特派委员会大部分工作的注意力就集中在这一区域，特别是分析回收到的助推器残余部分上缺口产生的原因。

成堆的航天飞机（包括外储箱、有效载荷和轨道器自身）部件，被一个接一个地排除在可能引起事故原因的清单之外。最初猜想认为是由于惯性单元系统突然的爆炸或者是在有效载荷舱内的漂移，但是有效载荷残骸碎片的恢复不久就证明这个假设是不正确的。

不利的天气是灾难发生事故的一个重要因素，由于发射还是准时进行，这增加了地面工作人员的压力，还有就是缺少足够的备件和地面设施。随着时间慢慢过去，事情变得明显起来，所有那些涉及的都是因为右侧固体火箭助推器的 O 形圈密封系统发生了故障，导致火焰泄漏出来并最终造成了航天飞机的毁灭。

随着挑战者号最后一次发射的录像带（这些证物是承包商和发射

人员提供的）的一帧接一帧的播放调查，再联系过去任务的资料，表明这次所发生的故障和可疑的 O 形圈的完整性并不是一个新的和不知道的问题。早就有人清楚地直接说那天上午挑战者号的发射完全没有意识到这个故障，或者暗示不应该在那样的不利温度下进行发射。寒冷天气对于 O 形圈的影响在某种程度上来说工程师们是知道的，但是他们的发现没有让那些在每一次飞行任务中都把自己的生命放在生死线上的航天员知道，因此也就必然会产生令人震惊的事故。

对这个新消息最引人瞩目的回应是来自于航天员办公室主任约翰·扬的备忘录，他是经历 6 次航天飞行（其中包括 2 次航天飞机飞行）的老手。扬的备忘录更进一步批评了那些尽管知道潜在的灾难因素但还是盲目相信航天飞机系统的人。备忘录里面也包括对航天员安全、发射压力，还有一些主要的系统，诸如着陆轮胎、轨道气闸、主发动机、反推力控制和机动系统以及 RMS 等方面的评论。在特派委员会工作期间发布了此备忘录，并且不久变得人所共知（由于媒体的炒作）。同时，美国还经历了无人计划的发射事故，在挑战者号发生事故的数个星期内又损失了大力神火箭和德尔塔火箭。美国的航天计划受到严峻的考验，处于停顿搁置状态，而且看上去这种状况可能要持续很长时间。

随着大众媒体对调查的关注，几个航天员吐露他们对本次事故和航天飞机安全与运行程序方面的看法，NASA 以往从未允许这样的情况发生。与阿波罗号火灾事故作比较是有困难的，在那时，NASA 保留了一个航天员小组（大约有 40 名航天员），所有的这些航天员都投入到即将进行的航天飞行准备当中。到 1986 年，新的航天员办公室有了许多新的做法，许多早期的航天员都离开了。他们中的很多人都离开航天员办公室去干其他方面诸如商业和行政的工作。参观休斯敦航天控制中心和围绕约翰逊航天中心高高耸立的机构大楼后就能够清楚地知道航天计划大量的钱都用到哪里去了。现今寻求公众的支持才是大事，原来的太空先锋的骄傲、对国家的自豪感和尽力把工作做好的想法已经消失在 20 世纪 80 年代的美国航天计划的官僚机构里面。

在 1986 年夏天的几个月期间，NASA 吸引了世人的注意力，而这种吸引与 20 世纪 60 年代和 70 年代早期世人对这个机构的欢呼称赞大大不同。在最初开始的 5 年，航天的表面上的成功和明显的没有麻烦的飞行，使得人们越来越觉得 NASA 无所不能。壮观的舱外活动挽救了进退两难的卫星，常规的发射和飞行也被政治家们粉饰上了华丽的成功外衣，而事实是像 1986 年那种许多年才发生一次的灾难一直都可能存在。

挑战者号事故的部分结果，导致了许多航天员决定离开航空航天局转而去寻找新的职业。他们中的一些人对航天机构和事故感到很不满，但是很多人也承认他们为之奋斗的机构与项目绝不会还是老样子。上层进行了调整，安全成为了绝对优先，同时创建了新的管理机构。以前的航天员都安排到了关键的岗位，航天飞机每次发射前都必须经过这些关键岗位的认可。NASA 的最重要的一些行政岗位也向前航天员们开放，国家希望在新任务中利用这些前航天员的飞行经验，使得期望已久的航天飞行计划再次起步。

在工业领域上也实行了改革，特别是承包商锡奥科尔公司，他们生产的固体火箭助推器被查明是挑战者号事故的主要元凶。根据过去飞行任务的数据，工程师们对固体火箭助推器的安全性提出了警告，但还是被忽视了或者是没有通畅地传达上来。假如航天员们在他们的飞行中监测到了设备的运行情况的话，也许一些关键的数据应该及时记录下来。然而，程序的复杂性和航天员们的压力使得他们个人注意到设备的各个方面几乎不可能。航天飞机跟阿波罗时期不一样，那时候飞船只有一次任务的使命，在任务过后就被放到了博物馆里面，而航天飞机中的航天员则是再次利用它的又一批乘客罢了。实际上，当航天飞机被反复使用的同时，航天员只不过是这个航天器一个接一个航天任务的组成部分。NASA 把这个看成是一个不可避免的进程，它在努力发展一个类似于定期航线的运行系统；但是无论怎样 NASA 也不是一个商业性的机构，并且航天飞机也从来不是一般的客机。

在最后的分析中，在超过 35 次的调查会议期间，特派委员会会见了 160 人。这些会议的抄本总计超过 12 000 页，另外 6 300 个文件和成百上千的照片也是特派委员会正式记录的一部分。当特派委员会的询问和建议被发布出来并被遵照执行，公众和媒体都在期待下一次飞行，此时，遇难航天员的家属把 NASA 和锡奥科尔公司告上了法庭，要求赔偿损失，这场官司花了 3 年多的时间，直到 1988 年第 26 次飞行任务结束的时候也还远没有完结。

与此同时，发布了挑战者号毁灭事故的过程，以及最后一次飞行的整个时间表（表 3－2）。

表 3－2　STS－25（51－L）：主要发射事件顺序

时　刻（美国东部时间）	经历的时间（秒）	事　件
11：37：53.444	－6.566	3 号主发动机点火命令
37：53.564	－6.446	2 号主发动机点火命令
37：53.684	－6.326	1 号主发动机点火命令
38：00.010	0. 000	固体火箭发动机点火命令（T＝0）
38：00.018	0.008	2 套点火装置受到抑制
38：00.260	0.250	第一次连续的垂直运动
38：00.688	0.678	确定在右边固体火箭发动机结合处的烟（用 E60 相机）
38：04.349	4.339	发出主发动机功率 104％的命令
38：05.684	5.674	右边固体火箭发动机压力 11.8 磅/平方英尺，较正常压力高
38：07.734	7.724	转弯机动启动
38：19.869	19.859	发出主发动机功率 94％命令
38：21.134	21.124	转弯操作完成
38：35.389	35.379	发出主发动机功率 65％命令
38：37.000	36.990	对风速作出滚转和偏航响应并且由于风而偏航
38：51.870	51.860	发出主发动机功率 104％命令

续表

时　刻 （美国东部时间）	经历的时间 （秒）	事　件
38：58.798	58.788	出现第一个右边固体火箭发动机上火焰的证据
38：59.010	59.000	达到最大动压 720 磅/平方英尺
38：59.272	59.262	右边固体火箭发动机出现持续明显的羽流
39：00.014	60.004	固体火箭发动机压力偏离
39：00.258	60.248	固体火箭发动机火焰羽流贴上外储箱环形架的第一个证据
39：04.670	64.660	异常的羽流外形改变
39：04.715	64.705	外储箱两边持续闪亮发光
39：06.774	66.764	液氢外储箱压力变化量异常
39：12.574	72.564	两个控制阀开，氢燃料箱压力变小
39：12.974	72.964	液氧入口压力开始急剧下降
39：13.020	73.010	最后的有效载荷计算机画面
39：13.054	73.044	液氢燃料入口压力急剧下降
39：13.134	73.124	环绕外储箱尾部圆顶的白色图案（液氢燃料箱故障）
39：13.134	73.124	右边固体火箭发动机压力比左边固体火箭发动机低 19 磅/平方英尺
39：13.147	73.137	燃料储存箱出现的第一个烟雾线索
39：13.153	73.143	所有的发动机系统开始对燃料和液氧入口压力的丢失做出反应
39：13.172	73.162	在外储箱在燃料箱交叉处和尾部圆顶之间突发一股烟云
39：13.201	73.191	轨道器和液氢燃料箱之间闪光
39：13.223	73.213	固体火箭助推器前部连接点附近闪光与轨道器和外储箱之间闪光变亮
39：13.292	73.282	第一次显示在固体火箭助推器前部连接点的强烈的白光
39：13.337	73.327	白光强度大大增强
39：13.393	73.383	所有三个主发动机接近温度限制

续表

时　刻（美国东部时间）	经历的时间（秒）	事　件
39：13.492	73.482	2 号主发动机由于超过警戒温度关闭
39：13.513	73.503	3 号主发动机由于超过警戒温度关闭
39：13.533	73.523	1 号主发动机由于超过警戒温度关闭
39：13.628	73.618	最后一次有效的轨道器遥测测量
39：14.140	74.130	最后一个从轨道器传来的无线频率信号
39：14.597	74.587	在靠近轨道器前端的地方闪光
39：50.260	76.437	右边固体火箭助推器的前帽分离并利用降落伞降落
39：50.260	110.250	右边火箭助推被安全保障系统引爆
39：50.262	110.252	左边火箭助推器 RSS 破坏

以上数据来自于总统特派委员会关于挑战者号航天飞机事故的报告（1986 年）

总统特派委员会的调查揭示：早在固体火箭助推器（SRB）点火0.445 秒后，一股喷出来的黑烟被照相机最先观测到，并且还观测到火焰扩展到右侧边的固体火箭助推器，到 2.147 秒的时候集中在助推器 130 度的地方。还有一些可视的证据显示烟的存在，如塔上照相系统、转弯机动，及变轨时间晚了 12～13 秒。然后直到 58.774 秒，一切都显示出进程是正常的，但是在离地升空后有烟马上从外储箱（ET）尾部靠前的右固体火箭助推器的密闭环冒出来，这是由发射台上的相机记录到的。[NASA 的一个独立的分析证据是由阿里·阿布塔哈（Ali Abu Taha）完成的，他声明有照片显示在T+20 秒的时候有 11 英尺的火焰羽流从固体火箭助推器中冒出来，虽然这个照片还没有公布出来，然而这与固体火箭助推器内部的压力状况相吻合。] 清晰且强烈的火焰羽流 59 秒时出现。在 60 秒之后，遥测数据显示出在左手边和右手边的固体火箭助推器燃烧室的压力开始出现了一个小的异常。照相机在 66 秒以后记录到了在右手边的固体火箭助推器上的一束闪亮的射流，它在 67.75 秒的时候并入了“羽流”。在 73.175 秒，观测到了沿着外储箱的一团突现的烟云，不到 1

秒钟后在轨道器腹部和外储液氢箱之间观测到了一束闪光，接下来爆炸就在靠近右侧固体火箭助推器前面连接点的地方发生。

回收的遥测设备也记录到了爆炸的影响，最后一个数据在 73.621 秒时收到。爆炸后，地面照相机跟踪固体火箭助推器直到航程安全保障主管发布了自毁命令把它毁掉为止。利用这些数据，可准确地再现造成挑战者号毁灭的一系列事件。当挑战者号离地升空时，前一天晚上极端恶劣的天气和疾风的综合效果对事故的产生也起了作用。记录到的烟羽流是固体火箭助推器的 O 形圈损坏所致，在正常的飞行当中它“熔化”并密封 SRB 各段之间的连接，因而就可以使热气流除了从喷口以外不能从任何其他地方逃逸出来，设计中也正是这样设计的。当航天器上升的时候，O 形圈被破坏，气体逃逸，渐渐地烧穿了固体火箭助推器的金属侧壁。这就产生了一个侧向的推力并且继续增大直到毁灭了整个航天器。火烧穿了支柱，然后助推器旋转并撞击巨大的还几乎仍旧装满燃料的外储箱顶部。

火焰的颜色和形状揭示在 64.660 秒的时候外储箱被破坏，从其中出来的氢燃料与 SRB 中泄漏的气体混合。在 72.20 秒的时候支撑右边固体火箭助推器下面部分的支柱破裂或者离开了连接装置，这是由于泄漏导致的侧推力产生的。一帧一帧的录像带的反复查看显示在 73.124 秒的时候，一个明亮的烟气形状的图案出现在外储箱下部底盖处并造成了大面积结构破坏和整个后底盖从外储箱上脱落。同一时间，泄漏出来的氢燃料被点燃，把损坏的结构推入到外储箱的内部燃料箱区域。右边固体火箭助推器围绕着它上部的连接点摇晃旋转并碰撞氧燃料箱使之和氢燃料箱一样破裂。火焰突然地往上射出外储箱的边界，爆炸就在这个结构的顶部、临近挑战者号航天员舱的地方发生。

在这些戏剧性的事件的结合下，巨大的爆炸推动挑战者号航天飞机离开了外储箱和固体火箭助推器。结果是在轨道器的表面上作用了很高的气动力，挑战者号开始在空中解体，并且它的前部的反推力控制系统（RCS）也发生爆炸。轨道器分裂成许多大小不一的碎块。增压航天员舱保持完整并带着电线从 9 英里高空掉进海底。爆炸的力量甚至把碎片推到大气层以外超过 11 英里高的地方。不是爆炸直接毁灭了挑战者号。航天器被推出飞行轨道，由于不能承受加在其身上巨大的气动力，很容易地被撕碎了。

对航天员舱的调查和所回收的机载录音带揭示了一些有趣和令人吃惊的事实。其中最突出的是：虽然不一定是所有的但至少是有一部分航天员在航天器最初爆炸和分裂时还活着。证据是因为在飞行舱中至少有 3 个紧急事故氧气包被激活，或者准确地说实际上是被使用过。发现史密斯的氧气包被消耗到 3/4～7/8 之间。另外其他的 2 个也被用过，但是到底是被哪些航天员用过还不能确定，第 4 个氧气包也就是斯科比的没有用过。他们身上没有穿压力服的事实意味着在爆炸发生后 6～15 秒在舱体减压的情况下他们失去了知觉。如果航天员舱完整性没有遭到破坏的话，他们应该可以在更长的时间里保持知觉，甚至直到落入海洋。

JSC 生命科学的主管和前天空实验室航天员约瑟夫·开尔文负责调查确定航天员死因。不久他们就确定爆炸自身的压力太小不足以置航天员们于死地。在 10 秒钟内过载达到 12～20 g，然后回落到 4 g，但是在过去的试验中这种压力状况对人生存无碍，严重受伤的可能性很低。

有一些舱窗也破裂了，但是开尔文的调查组不能确定发生的时间和原因，也就无法最终精确确定舱内失去压力的原因；因此航天员真正死亡的原因也就无法确定。然而，很显然航天员们在轨道器分裂数秒后由于舱内压力的失去而失去了知觉。

他们还确定了航天员舱在破裂后继续沿着轨道上升，在爆炸后大概 25 秒达到 65 000 英尺的顶点，然后往海面下落，在爆炸后 2 分 45 秒以每小时 204 英里的速度落入海洋。这远远超过了整个结构设计的极限和航天员们可能承受的极限。

当找回航天员舱后，发现所有的航天员都在座位上并系着安全带，这表明在大约 48 000 英尺的时候压力突然迅速失去。在接下来的 1 分钟舱体都在这个高度之上，舱体压力的失去将导致迅速的减压和航天员失去知觉，一直到落入海洋。撞击损伤是如此的严重以致于不能确认在飞行中压力是否丧失。

验尸的发现绝不是向公众发布的那样，像那些关于挑战者号最后时刻的文件一样，还有航天员舱打捞的细节，这些都被保密起来。

有关恢复 NASA 和航天飞机飞行需要采取的必要的行动，总统特派委员会列举了 9 条建议，这 9 条建议将指导航天管理部门和航天界在接下来的 2 年里应该怎么做。

建议 1：固体火箭助推器设计。马歇尔航天中心领导了一个新的设计部来评审当前所使用的固体火箭助推器设计，并为第 26 次及以后的任务提出系统改进设计要求。这些重新设计及扩展的试验计划，将花 2 年的时间。重新设计的固体火箭助推器的点火都是在锡奥科尔公司进行。遭遇到的几次挫折使得第 26 次发射任务往后推了几个月，但是最后这些新的设计在 1988 年末的第 26 次发射任务（“发现号”的发射）中证明是成功的。需要更多的发射来最终驱散对固体火箭助推器再次发生故障的恐惧。另外，液体助推器的新设计也被研究，作为将来可能用的助推器，但是最终还是一致同意在可以预见的将来，固体助推器还是航天飞机发射的唯一方式，所以设计的改进不得不马上进行。

建议 2：航天飞机管理机构。在挑战者号事故后接下来的两年里，要贯彻几项重大的改革，把许多过去和现在的航天员以及 NASA 的管理者们安排到显要和关键的位置，在航天飞机发射之前，必须征得这些关键位置的许可。

建议 3：关键项目的评审和危险性分析。NASA 鼓励在航天飞机计划中建立新的关键项目等级。NASA 把这些标识为“关键程度 1”，“1R”或者“关键程度 2”，“2R”。在“关键程度 1”中是一些没有备用件的设备，包括机翼、着陆传动装置和控制面等，如果这些设备出了故障的话，轨道器和航天员都将损失。在“关键程度 1”的列表中总共超过 700 项！这些设备部件关键等级的新评审与认证由 NASA 和承包商完成，用以确定潜在的风险。

建议 4：安全。NASA 建立了一个新的安全性、可靠性和质量保障部门，并委派前任航天员在这个部门工作，以帮助完成航天员的建议和要求。

建议 5：改善交流。NASA 建立了一些增进各部门之间以及在部门和承包商之间交流的指导方针。缺少交流也被认为是导致事故的原因之一，特别是在没有意识到 O 形环的问题和天气对设备的影响。

建议 6：着陆安全。没有直接涉及第 25 次航天飞机飞行，但是（正像扬所提到过的）很早就有对航天飞机起落架、闸和着陆地点的担忧。尤其是对卡纳维拉尔角，那里糟糕的天气经常迫使航天器紧急降落在另外的着陆场。几个航天员呼吁在检查发射安全性的同时关注这方面，NASA 在整个航天飞机着陆的问题上采取了一些积极的步骤。一个这方面的积极步骤是在 1987 年，当时在华盛顿杜勒斯机场把没有飞行价值的企业号轨道器用于着陆场试验。

建议 7：发射紧急中止和航天员逃逸。4 月 7 日 NASA 启动了航天飞机航天员逃逸救生系统的评审。这次评审包括可行性研究、试验、成本和贯彻执行，评价在发射和着陆情形时适合的航天员逃逸救生系统，另外还有对发射和着陆中止模式的评审。在反复权衡之后，一个“牵引火箭航天员逃逸救生”的方案被排除，而趋向于一个“滑杆”的方案，这个方案被用在了第 26 次航天飞机飞行任务中。鉴于挑战者号事故，法国为赫尔姆斯航天飞机设计了逃逸救生系统，但是这个设计要增加很大的重量（最后赫尔姆斯航天飞机的计划被取消了）。这个方法不适合于美国的设计。一个更全面、更好的逃逸救生方法不得不等到美国的下一代航天飞机才有可能。

建议 8：飞行率。经常指责 NASA 把发射航天飞机推动到极限情形是为了满足政治和媒体的需要。NASA 声明他们只是在足够安全的时候才发射航天飞机，但是特派委员会揭示有时候的发射几乎达到了发射队伍和供给的极限。几乎没有空余的时间，飞行率超出了实际的能力。为了减轻这种状况，NASA 选择了一个考虑到各种因素的发射率，并且订购了一个新的轨道器。有效载荷也有所调整，航天飞机不再是美国唯一的人造卫星发射器。甚至美国空军也通过恢复运载火箭发射自己的卫星，并且在航天飞机飞行恢复后、STS—26 起飞前几个星期，美国空军取消了军方人员作为航天飞机有效载荷专家的计划。

建议 9：维护维修。周转活动、备件、轨道器和其他飞行设备以及与发射有关的设备都应受到评审，出台新的标准支持新的飞行计划。

另外，利用强制的航天飞机停飞，还发起了一些其他的行动。主发动机的执行功率也做了改变，由原来最大达到设计额定功率的 106%和 109%的目标降为最大为 104%。强化航天员在安全邻域的训练，从轨道器逃逸救生的方法也被融入任务的准备工作里面。发射前准备的改进包括当航天飞机在发射台上遭遇恶劣天气时如何保护，以及在发射台上和航天飞机上的静态救生措施。

工作调整也涉及到空间站发展计划，并且根据挑战者号事件需要在空间站计划中考虑航天员安全的新方法和营救方案。工作也包括继续设计下一代航天飞机，还有关于将来美国的载人和无人空间计划的详细报告。

在 1988 年经过漫长的等待以后，恢复航天飞机飞行终于伴随着合乎规范的第 26 次任务到来。随后那一年末国防部的 STS—27 获得了成功，到 1989 年也就是挑战者号事故三周年之际，美国的确又开始憧憬美好的未来。

然而，飞行准备的问题、发射约束和预算限制依然存在。美国在挑战者号事故以后重返太空——但是这需要做多得多的事情，因为媒体和一般大众似乎总是又被拉回到 1986 年 1 月那个致命的日子。这正像阿波罗 1 号事故以后所有阿波罗系列飞行一样。无论如何，就像肯尼迪总统和阿波罗 1 号航天员的遇难一样，挑战者号灾难总是在航天计划内部或者外部保持非常情绪化的回忆。

跟阿波罗 1 号事故没有被转播不同，整个 80 年代 51－L 那么多的飞行记录是留给人们最持久永恒的画面之一，甚至可能是整个 20 世纪最持久永恒的画面之一。像历史上那么多纷杂的事件一样，挑战者号的毁灭以及其上 7 名航天员的遇难将长久地为人们所记住，确切地说，这也是一个说明人类征服太空需要付出代价的悲剧式例证。

3.4　总结

人类进入太空的第一个 40 年见证了化学火箭发动机技术的利用，并使得人类取得从我们的地球表面一直到月球表面的进步。下一个 40 年将继续使用这一技术，当然还有其他火箭技术的发展，但是如果要发展另外的逃离地球引力的方法使得人们可以常规、安全地遨游太空却需要花很多年，甚至要到另一个世纪。

无疑航天飞行中最危险的部分就是带我们上太空的各种类型的火箭。初创时期的火箭——利用导弹技术的发展并把第一批人类进入了太空，还有大的火箭如“土星”家族的出现——最后被可部分重复使用的航天飞机系统所取代。然而，整个这些年俄罗斯的 R7 火箭发射系统在航天飞行中继续扮演了关键的角色。

近年来发展的所有的载人航天器都十分的可靠，到 1999 年为止的总共超过 220 次的发射任务中，仅仅有一次航天员在发射事故中丧生。在早些年美国的航天计划中，航天员直接访问承包商，潜心于他们即将驾驶进入太空的运载火箭的结构，这使得每一名员工都有一种责任感和决心，有助于员工们不论多小的一个输入、每一个操作都将是最好的。在 20 世纪 60 年代登月时，虽然最后的期限很紧——花费和负担等因素都很苛刻——但他们的贡献是巨大的。他们之所以作出如此巨大的贡献主要是因为他们知道从某种意义上来说，他们工作的质量将与航天员们的生命联系在一起，并且不久后当任务成功时他们将感到十分自豪。国家的部分航天计划经常要求工人的工作时间远远超过正常的要求。

发射土星 V 火箭要求几百人的队伍，而在航天飞机发射时这一数据降到了大约 100 人。美国的每一次航天发射都为航天员准备了一个在航天器离开发射台前或者在上升入轨阶段的逃逸救生的方法。水星号和阿波罗号采用的是逃逸塔，双子星号和航天飞机的飞行试验采用的是弹射座椅。从第 5 次到第 25 次的航天飞机飞行，飞行中的逃逸救生采用了几种发射中止模式和紧急飞行方案，其中的一种在第 19 次航天飞机飞行 STS—51F 任务中得到了检验。第 25 次航天飞机发射事故使得对个人逃逸救生系统提出了更进一步的要求，自从 STS—26 以后就选择采用了“滑杆”出口。

航天飞机也展示了一个复杂的系统往往由于那些没有关联的系统故障和技术难题而出问题，不管任务计划多么精确，准备得多么的充分，其中任何一点出现问题就足以使航天员、控制人员和用户遭受挫折。然而，这些明显的很多的发射约束和发射推迟也可以说是帮助保护航天员生命的安全系统的一部分。尽管运行由计算机和微电路控制，但是如果发射系统认为航天器还没有准备好，那么它将不被发射。

另外一方面，在俄罗斯，自加加林以来每一位航天员都是由同一种简单的运载火箭送入太空（自从 1995 年以后有部分航天员是在佛罗里达通过航天飞机送上去的）。在 R7 超过 85 次的载人发射中，仅仅出现了两次故障：一次是 1983 年在发射台，一次是 1975 年在飞行过程中。而且在这两次事件中航天员都被成功地挽救。R7 的可靠性是苏联/俄罗斯空间计划的支柱，并且这些航天器运行的学习曲线使得苏联/俄罗斯人可以在发射时刻预先做出一些精确的预测。

在 1964 年和 1965 年的两次上升号任务期间，在发射阶段没有紧急事故逃逸救生系统。如果当时运载火箭发生了任何故障而太空舱又不能正常地展开降落伞着陆的话，那么航天员就将丧生。

同美国人的超净化的、复杂的火箭发射准备区域相比，在苏联时期或俄罗斯的系统更简单一些。事实上，有一个西方观察家在询问从拜科努尔人造卫星发射基地附近的草原吹过来的附着在火箭上面的尘土怎么处置时，得到的回答很简单：它们在航天器发射时会自己跌落！这是对系统和航天器的自信。这是相对简单的、可靠的技术，并且运行得很好。这同样在苏联航天员身上有所体现。事实上发射逃逸救生系统不仅仅是在正常的实验条件下得到了完全的证明，并且实际用在了 1983 年的发射紧急中止，还有在 1975 年发射中止中使航天员幸免于难，这更增加了对联盟号发射系统的自信。

有一个在发射期间依靠地面控制人员或航天员的经验和技术的实例。1983 年联盟号发射中止不是被航天员而是在附近的指挥掩体中触发的。在阿波罗 12 号和 13 号发射期间，发射组和任务控制组的支持，还有几次航天飞机升空特别是 51F，显示出训练和团队协作在任何空间任务中从发射前就扮演了多么重要的角色。

也许对于发射灾难最镇定的反应者是在 1965 年双子星 6 号发射尝试中的沃尔特·斯切拉，当他感觉到在大力神点火以后航天器没有离开发射台，于是立即关机。他保持镇静并且没有选择启动弹射座椅，否则的话就要推迟双子星 7 号的飞行日期，他的选择使得他们的任务得以挽救。可是这一决策水准已不再在发射台上航天员的掌握之中。

在发射的训练中，紧急中止留在了每一个航天员的记忆中。航天员迈克·柯林斯总结说由于航天员渴望一次成功的飞行，往往不愿意在出现故障时启动紧急中止。他还写道，在阿波罗 11 号发射准备期间他注意到阿姆斯特朗的压力服蹭到了紧急中止把手，可以想象如果无意中触发了的话，那么第二天报纸的标题将是“登月发射器掉进大海；阿姆斯特朗最后说的一个单词是‘哎呀’。”

第 4 章　太空生存

4.1　概述

先前的章节描述的发射阶段是经历时间最短的，但是也许是太空飞行中最危险的部分，不过实际上空间旅行也带来另外一系列问题。真实的空间环境对人和他们的飞船来说都是严酷的。在接近真空的条件下，高温与严寒、放射线、宇宙尘埃和流星体的微粒、持续增长的空间残骸不仅是潜伏的而且是现实的危险。

对全体航天员，这些危险当任务开始后便出现了。但当他们透过窗口看到外面的景色并体验失重的乐趣时，对危险的恐惧被抛在脑后，这是对多年训练和准备的回报。然而，当航天员突然进入这种新的环境，在获得“太空腿”的同时，能经常感受到空间运动疾病的发作。

一旦在太空，中止飞行计划或紧急着陆变得比在发射期间或着陆阶段更为困难，因为飞船的返回要求恰当的方位和再入大气层。作为航天员在太空中生活并且工作，如同所执行使命的所有方面都被考虑到一样，训练和意外事故的大多数情况是可以预见到的。但是，有一些情况是别无选择的，死亡是不可避免的结果。

假如阿波罗登月舱（LM）的上升发动机无法点火而不能离开月球表面，2 名航天员将束手无策地等到他们的氧气被耗光，并且没有任何营救的希望。同样的，在服务舱上的推进系统发动机正确点火是从月球轨道带回全体航天员的唯一的机会。幸运的是，此类意外没有在阿波罗登月期间发生。阿波罗 13 号尽管非常幸运地逃过一劫，但由于国内外的压力使得其预算被大为限制，NASA 在阿波罗 17 号以后取消了进一步探月的任务，并且放弃了在 20 世纪末在月球上建立基地的所有希望。

然而，尽管一些人呼吁停止太空飞行，在人类探索太空的第一个 40 年中，令人恐惧的标题“在太空失败”还没有加在任何一个空间探索者的墓志铭上。当然，一些获得了不准确信息的新闻媒体还是对一些较少有生命危险的太空飞行再三以耸人听闻的手法冠以类似的标题。

飞行中的灾难可以分为四类：

1）航天员生病或受到物理性的损伤。

2）当飞船设备的硬件不能正常工作，或至少遥控监测设备显示它不能工作。

3）同另外的空间飞行器或空间碎片碰撞，引起主要的系统失效，造成减压，在最坏的情况下，飞船甚至被完全的毁坏。这最有可能发生在飞船交会对接时 。

4）当航天员脱离飞船的保护，在太空行走期间。

4.1.1　医学事故

尽管直到 1988 年之前，还没有一次飞行任务因航天员生病而被中止，但美国和苏联的太空飞行任务都曾经因航天员的健康问题而影响。在太空中最常见的疾病是航天员的身体对太空环境的不适应。我们可以把空间适应综合症（Space Adaptation Syndrome，SAS），或给它一个通俗的名称——太空病，类比于旅行疾病，虽然它们之间有本质上的差异。没有任何两个人是完全相同的，因此无法预测哪一些人在太空易患上疾病。那些在地球患有旅行疾病或运动疾病的航天员从没有被报道过患上 SAS。相反，是一些对高难度喷气式飞行没有什么不适的航天员却经常受到 SAS 的影响。航天员比尔·波格就是一个绝好例子，这位前美国空军雷鸟飞行表演队的飞行员在驾机飞行中从未感到有任何的问题，还经常让他的乘客东倒西歪或是吓得面色苍白。当在 1973 年的那次他唯一的太空飞行任务时，SAS 对他的影响要比对另两名航天员大得多，以机腹触地降落而出名的他却曾经被认为是最不可能患上 SAS。

通常，仅有一小部分航天员患上 SAS，而且仅仅是在飞行的头两三天里。此后，航天员的内耳平衡系统和身体将适应空间环境，而且会克服呕吐的症状和“全部都在头上”的感觉。在今天的航天飞机上或空间站中，航天员患 SAS 病的例子表明：SAS 通常发生在执行任务的起初24～48小时之内，此阶段一般安排轻度的航天任务，不安排舱外活动。如果需要航天员在此阶段完成的任务至关重要，那么就挑选一些对 SAS 具有免疫力的航天员来执行任务（例如在 STS—26）。

早期的太空飞行时间非常短，航天员舱空间太小，限制了航天员的活动，而且航天员们在飞行前须经过身体检查，把身体调整到最佳状态。在 1961 年 8 月，航天员格尔曼·季托夫患上 SAS。此后的几年，也发生了几起类似的小事件。研究太空飞行对人体的影响是人类进入太空的重要原因之一，而且有许多历史案例可以用来研究。

在阿波罗计划中，航天员能离开他们的座椅并首次在太空舱附近走动。这引起了同疾病的一场较量，直到人们从中学到减慢航天员在太空中运动的速率并避免突然地扭转头部能减少 SAS 的发作。早期，长时间太空飞行中航天员的身体状况一直成为一个关注的问题，直到健身设备装备后，航天员能借助它保持良好的身体状态。

吉姆·埃尔文——阿波罗 15 号登月舱的航天员，他的艰苦的训练计划和在阿波罗 15 号上紧张的工作使人们有理由去思考：在 1973 年他首次心脏病发作，并且死于 1991 年——离他乘坐的阿波罗 15 号在海上溅落整整 20 年

阿波罗 7 号的航天员曾经患上了严重的伤风，在飞船返回时，以至于拒绝戴上头盔，他们进入返回舱并拧着鼻子以平衡气压。虽然 2 年前弗兰克·博尔曼曾经在双子星 7 号上很好地度过了 2 个星期，但在 1968 年首次飞往月球的过程中他却生病了。拉斯特·施维卡特在阿波罗 9 号上病得很重，以至于他的舱外活动被延迟和缩减，并几乎被取消。弗里德·海斯在阿波罗 13 号上受到影响并发展为轻微尿路感染，这使得他在飞行任务的末期病得很重。

紧张的工作也使航天员的心脏过度的疲劳。在 1971 年阿波罗 15 号任务中戴夫·斯科特和吉姆·埃尔文在进行月球行走时创下了最高的心率纪录，在执行任务当中，未告知航天员这一异常情况，这使他们很气愤。飞行结束后的医学检测，准确地显示他们的心脏有二连律，在这种情况下他们的两边心室的收缩几乎是同时的，这被归结为训练任务的沉重压力；因为他和斯科特在几个月的训练中，天气炎热，但要穿着全套的航天服进行训练，为了补充热量损失，他们饮用了大量的电解质溶液，而这使他们身体里的钾损失了很多。当他们离开地球时，他们其实正处在缺钾的状态，再加上执行任务时的压力，造成了心率异常。NASA 的医生希望他们的心率不久后能恢复到正常的水平，他们做到了这一点。

斯科特在试图将取样钻头穿透月球土壤表面时划破了手指上的几根小血管，并且在取岩芯时拉伤了他的肩膀。埃尔文的心脏问题出现在 1973 年 4 月 4 日，当在劳里空军基地进行一场手球比赛时，他的心脏病第一次发作了。他后来将此归结为是上帝让他放慢脚步。此后，他的心脏一直有问题，直到 1991 年 8 月死于心脏病。

在 1987 年，一次特别繁重的舱外活动之后，和平号空间站上的航天员亚历山大·拉维金的心率发生了当时尚未发现的异常。几天后他的心率恢复了正常，但以后的舱外活动被延迟进行。身体恢复后，他又完成了两次计划要进行的舱外活动中的一次，但他的心率再次出现问题，医学专家最终决定由另外的航天员取代他完成剩余的工作。痛苦失望的他与随后的航天员回到了地面，他的接替者则留在空间站完成本应由他完成的工作，后来，他被宣布完全康复并能适应再次飞行。1997 年，由于和平号空间站事故的压力，航天员也遭受了心律不齐的折磨，并且不能执行计划中的舱外活动。从这次繁重的任务返回后，经过一段时间的休息，他也完全康复了。但是，这两位航天员都未重返太空。

当太空飞行变得更加频繁时，媒体对太空病表现出极大的兴趣。美国航天任务的公开性使得公众几乎可以得知轨道上的航天员的一举一动，甚至知道他们什么时候去洗澡和多久洗一次。早期的太空飞行中，生物医学传感器一直被附在航天员身上。尿和固体排泄物被收集起来用于飞行后的检测，呕吐物也被同样处理。这样做有时会使航天员很生气，他们或拿掉传感器或对地面隐瞒自己患病，甚至自己秘密地治疗。到 1983 年航天飞机计划中，一个保护隐私的规定掩盖了航天员对太空的适应情况，除了航空航天局的医生和航天员本身，没有人知道哪位航天员在经受 SAS。要是降低太空任务的安全性要求，那么更加严重的空间疾病将会为人所知。

对于长时间拥挤在空间狭小的太空舱的航天员们来说，彼此之间的协调包容非常重要。美国早期的航天员德克·斯莱顿在他 1994 年出版的自传中指出，航天员之间的相互协调包容，对于飞行任务的成功和航天员的和睦与安全至关重要。在这个方面，苏联具有多年的经验，航天员们通常都能相互协调包容，但是在 1982 年，在瓦伦京·利伯德夫（Valentin Lebedev）首次到礼炮 7 号上，他报告他与指令长阿纳托里·贝雷佐沃（Anatoly Berezovoi）在 211 天的飞行中，进行了一场“相互考验对方神经”的马拉松。有时，他们好几天不说话或在太空舱的两端各自工作，尽管这个单一的太空舱只有几米长。

随着太空飞行时间的延长、复杂性的增加，距离更远的探险也在增大，为了航天员的健康和安全，对空间碎片和太阳辐射的防护成为必须考虑的问题。苏联空间站很久以来就被计划用以监测太阳爆发活动周期，而和平号空间站的长期任务之一就是监测对太空任务计划至关重要的太阳风和太阳耀斑。空间碎片增加的问题（和平号空间站舱体上被英仙座流星和太阳射线击打出的小孔就是见证）和微粒子对空间飞行器、航天服的穿透，都使人们担忧进行深空探测的空间站的长期性和耐久性。有关国际空间站上航天员们多种族、不同性别和文化差异方面的经验，对人类未来探索火星将十分重要，因为飞往火星的旅行中，协调包容将是必须的。

最初的联盟 T－12 号的后备航天员（从左至右）：瓦西尤京、萨维尼尔凯、普罗尼娜。瓦西尤京在 1985 年作为联盟 T－14 号的指令长进行了他首次也是唯一的一次太空飞行，在太空中他受到心理损伤（太空信息服务处提供）

4.1.1.1　航天员瓦西尤京（1985）

1985 年 9 月，航天员弗拉基米尔·瓦西尤京（Vladimir Vasyutin）作为指令长同另外两名航天员被发射升空并与礼炮 7 号对接，礼炮 7 号由刚刚完成对其维修的两名航天员操纵。交接过后，瓦西尤京和另外两名航天员在就要到已进入报废期的空间站上执行最后的使命，直到新的和平号空间站于 1986 年被发射升空。虽然瓦西尤京在 1976 年就成为了一名航天员，但这却是他首次登上太空。

最初一切看起来都不错，任务执行到 55 天后，问题开始出现。官方对此项任务进展的报道沉寂了一周后，航天员利用一个明码系统与地面进行了联系。11 月 15 日，宣布了一项出人意料的立即终止飞行任务的声明。这是首次因航天员在飞行中患病而提前结束任务。1976 年，联盟 21 号的航天员曾撤退到礼炮 5 号空间站上，原因是由于刺鼻的臭气导致了全体航天员生病，这与瓦西尤京事件是完全不同的。

根据“官方”报道，指令长瓦西尤京受到了心理创伤。然而，他的航天员同伴透露：有段时间瓦西尤京在空间站中十分紧张。他的同伴徒劳地试图令他冷静下来以挽救这次太空任务，在放弃此次任务前他们咨询了地面的意见，地面指示他们立即返回地球，尽管此时着陆的条件并不理想。

有报道说，瓦西尤京是由于患上了在太空无法医治的感染性炎症而提前返回的，但这一次没有出现关于航天员健康情况的标准苏联式声明——航天员感觉很好，这隐含着此次飞行有问题。有报道说，瓦西尤京经受了几个星期的疼痛、不适和高烧，有时被限制在他的睡袋中。他的病情变得十分严重以致于不能有效地指挥这次任务，在返回地球时，随机工程师在从事研究工作的工程师协助下控制返回舱。回到地面后，瓦西尤京在莫斯科的一个医学研究所住了一个月，其他航天员在靠近哈萨克斯坦的降落地点附近被正常隔离了一段时间。

西方的新闻中流传着瓦西尤京患了阑尾炎，而且关于他想冲破礼炮号束缚的故事也出现了。其实，更有可能的是瓦西尤京在升空前感染了病毒，而飞行前严格的例行医学检查中并未发现。因为美国正在计划自己的称为“自由”的永久性空间站——国际空间站的前身，因此对瓦西尤京为什么一定要紧急返回非常有兴趣，利用一名消息提供者，美国获得了有关情报：原因是由于瓦西尤京患上的前列腺炎无法在空间站上利用有限的医疗设备进行治疗。在瓦西尤京康复后，他离开了航天员队伍而重返空军，疾病并未影响到他的军事生涯，他最终被提升为中将。

4.1.2　设备异常

第二个威胁到航天员在太空生活的因素是设备或硬件的故障，甚至于故障的迹象。有几次航天飞机执行任务时经历了一些小问题，例如有效载荷舱门关闭或允许安全进入的约束设备上的问题，但这些都被解决了。在 STS—46 和 STS—75 系绳式卫星飞行任务中计划人员和机组人员所担心的是断裂的系绳缠绕在航天飞机的机身上，这将迫使航天员进行舱外活动来去除它。

多年以来，航天员依赖那些帮助他们完成飞行和维持生活的数以百计的设备和电路系统，而几起事故已经使他们认识到这同样存在风险。

4.1.2.1　*友谊 7 号*（1962）

1962 年 2 月 20 日，航天员约翰·格伦乘坐水星系列飞船友谊 7 号，成为了第一个绕地球轨道飞行的美国人。尽管此次任务只短短绕地球三圈，可对美国人来说却是具有历史性意义的一次飞行。但是当他还没完成首圈飞行，一个潜在的严重问题被发现了，肯尼迪航天中心对水星飞船进行控制的一个工程师报告 51 号分系统有信号，这意味着在返回舱和防热罩之间的着陆包已经有些膨胀。着陆包是为返回舱在海中溅落设计的，溅落后它立即展开并充满海水，在航天员等候救援的时候，它将帮助返回舱在海水中保持稳定。如果对这个信号的理解是正确的，那么防热罩将被烧掉，而飞船和身处其中的格伦将在再入阶段被燃烧掉。

一个应急方案可以用来解决这个问题，至少在理论上如此。减速火箭的外罩由三根钢索固定在飞船和防热罩上，在再入阶段如果把它留下，它应当有足够的时间保持防热罩在适当的位置，即使它里面的燃料已被消耗殆尽。还有对减速火箭的担忧，如果三个减速

在这张正准备与指令舱对接阿波罗 16 号登月舱的照片中，我们能看到太空飞行的景象，并可以注意到登月舱尾部翘起的防热罩板

火箭只有两枚被点火，那剩下的那枚将是一个潜伏着等待爆炸的炸弹。此外，如果只有两枚减速火箭点火，格伦无论如何将无法以适当的方式再入。争论很快被这样解决：他们决定留下减速火箭的外罩。

让航天员有不必要的担心是毫无意义的，因为他对此无能为力，在第三圈也是最后一圈时，控制中心告知格伦着陆包如何展开，并且建议他不要抛掉减速火箭外罩，至少在再入阶段在经过得克萨斯州上空以前。当他最后经过夏威夷上空时，格伦被告之将飞船转为自动驾驶状态，以便让他观察是否能看到指示灯，结果他并未看到，这意味着飞船系统准确无误地显示着陆包一切正常。当他启动减速火箭后，“水星”的控制系统监控着陆包信号灯，以确定这次点火是否使它熄灭，但它继续亮着。除了等待没有任何事情可做。格伦不得不利用手动操纵来代替自动驾驶程序，使飞船转入再入返回阶段，这增加了他的工作负担。在飞船进入黑障区之前，他获得了最后的无线电指示。地面陷入了等待，等待，仿佛是无尽的等待……

地面支持航天员（艾伦·谢泼德）："友谊 7 号，收到了吗？"

格伦："又响又清晰，收到我的信号了吗？"

几分钟后，他成功地溅落在大西洋。事后的飞行分析显示，问题只不过是一个有缺陷的解锁开关造成的，而着陆包此前并未松动。

格伦后来记录下他的这次飞行经历，其中，他突出地讲述了"着陆包事件"。当他在飞船上经过分布在世界各地的跟踪测量站时，他被问了一些有关防热罩的问题。处于印度洋的跟踪测量船上的测控站在他第二圈飞行时，首次给他防热罩可能有问题的暗示，当时他被告知将他的着陆包开关置于 OFF 位置。他当时想地面控制站肯定获得了一些异常的数据，几分钟后，位于澳大利亚的地面控制站（航天员戈登·库伯）再次要求他确认开关位置，并询问他是否听到过任何"砰"的响声。这促使他思考地面正在关注什么事情，否则他们不会问这样的问题。格伦自己并没感到太担心。他确信如果防热罩松了并在后面晃动，或是撞击船体，他在"友谊"7 号里将能感觉得到，但事实并非如此。而且也没有来回地调整以纠正如此的晃动或撞击。当然，对再入和防热罩的安全仍有一些担忧。"防热罩是我穿过大气层避免灾难的唯一阻隔，如果它没有紧紧地固定在应有的位置，我们将遇到真正的麻烦"。

在飞行即将完成，飞船经过夏威夷上空时，正在装载设备的格伦收到下方测控站的信号，再次询问防热罩的情况。地面通知他 51 分系统有信号并且怀疑此信号有误，他被要求检查面板开关以确定他是否收到一个"打开"信号。格伦写道；"我考虑了片刻，这是一个棘手的情况，勉强试一下，如果着陆包并没有展开，但当我触发了开关后它却打开了该怎么办？我们（也许）刚出苦海却又入地狱。我迅速地打开又立即闭合上这个开关，指示灯并未持续亮着——这表明一切状态良好"。

减速火箭点火 5 分钟后，格伦希望获得抛掉减速火箭外罩的指

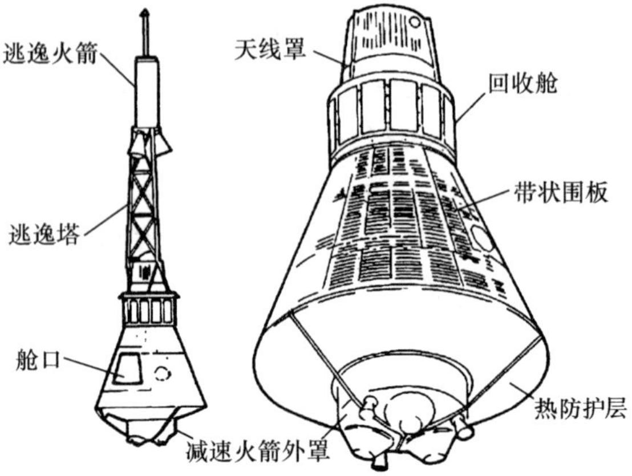

水星飞船，显示出减速火箭罩被捆扎到返回舱上的位置

令，因为人们并不知道这个外罩会对防热罩上热流的平均分布产生什么样的影响。它可能会引起局部高温，而使防热材料烧穿，或造成其他预想不到的后果。因此，当他进入再入程序收到得克萨斯测控站告知他留下火箭外罩指令时，他正在思考这个问题。当他问为什么要如此时，被告知这是飞行控制指挥长的判断，以后会向他解释原因，他最后确实从测控站的谢泼德那里得知了原因。现在担心它已经太迟了，因为飞船就要再入大气层了。

当再入时，格伦听见了砰的一声，从飞船的后部传来，他确信减速火箭刚刚脱离。他将这个情况向谢泼德汇报，但已进入了“黑障”。使得谢泼德无法听到。谢泼德试图通知格伦抛掉减速火箭外罩，但是格伦同样也未得知此消息。“这种情况是正常的而且我也在期待着它，它让存在着小小疑问的我多少感到有些孤独。”当再入的橘黄色明亮火焰出现不过几秒钟后，他看到了一条固定减速火箭的钢索，闪动着火光滑过窗口。然后，他看到一块 6～8 英寸的灼热碎片一闪而过，在它完全脱离之前狠狠地撞击到飞船的后部，他想防热罩一定被彻底撞碎了。他知道除了尽力控制飞船和坚持到底以外，别无他事可做。“这是糟糕的片刻，我知道如果最坏的情况发生，一切将在很短的时间内结束，我的后背将首先感觉到热，我一直在等着它的来临。许多冒着火光的东西（事后证明是减速火箭外罩）不断的在窗外滑过，尽管它只持续了大约一分钟，但对于在飞船中的我来说却像过了许多天，我仍在等待着它（热）的出现。”但最终它没有来，飞船的温度在降低并完成了一次安全的回收。这次事件以及格伦的冷静，帮助人们塑造了一个英雄航天员的形象，而且约翰·格伦的传奇永远激励着后来的航天员。

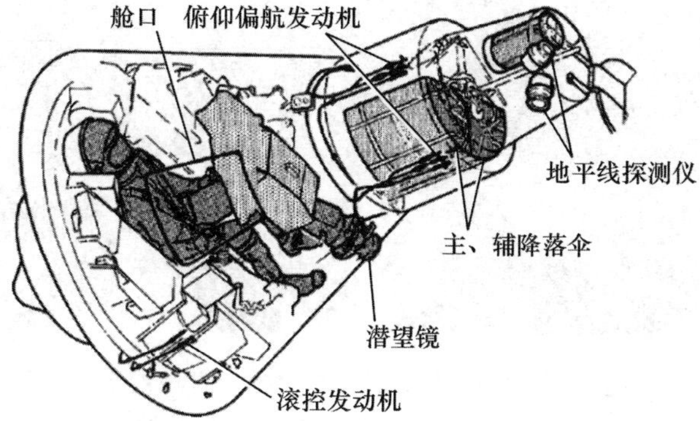

水星飞船的内部结构图，展现了航天员的位置和相关设备

4.1.2.2 阿波罗10号（1969）

1969年5月，阿波罗10号的机组人员——汤姆·斯塔福德（Tom Stafford），约翰·扬（John Young），吉恩·塞尔南（Gene Cernan）——执行第二次飞往月球的阿波罗任务，此行的主要目的是在月球表面9英里内进行一次登月舱测试飞行，并模拟异常中断情况下的起飞，为同年7月的阿波罗11号首次登月任务铺平道路。

5月22日，在花了3小时处理了一些登月舱（代号“史努比”）上的小麻烦后，航天员斯塔福德和吉恩准备与指令舱分离，而将扬一个人留在指令舱（代号“查理·布朗”）上。当对接的飞船第12次滑过月球边缘时，等候分离的航天员接到了从遥远地球上传来的“出发”的指令。在登月舱左侧狭窄的船舱中，斯塔福德正处于自己的岗位上准备控制降落发动机和姿态控制系统以保持登月舱正常飞行。与此同时，右侧的塞尔南将监视并报告他们降落过程中登月舱的高度和速度。他们俩都穿着航天服，并靠系在身上的控制索悬浮在微重力的登月舱中，并“站在”控制面板前。

阿波罗 10 号航天员斯塔福德、扬、塞尔南，自豪地展示他们此次任务的徽章：示意登月舱上升级掠过月面与指令舱交会对接。此次登月的吉祥物——史努比，坐在他们前面

在月球距离地球远端的一侧，扬将指令舱与登月舱分离，让登月舱开始它 6 个小时的独立飞行。在分离后 1 小时，登月舱的降落发动机点火以便让登月舱进入一个椭圆轨道（下落轨道），该轨道距月球最远点为 69 英里，最近点为 9 英里（47 500 英尺），“查理·布朗”将在此轨道上等候他们返回，阿波罗 10 号上的降落发动机将再次点火，开始最终登月的旅程。然而对于阿波罗 10 号，从 9 英里点火它将攀升到一条远地点为 215 英里高的新轨道，“阿波罗”登月舱第二着陆点位于静海（Tranquillity）。

在接下来的 3 小时里，两名航天员调整登月舱使它改变高度和速度，并以 5 倍的声速——3 700 英里/小时——扫过月球表面。曾经是喷气式战斗机驾驶员的斯塔福德和塞尔南竭尽全力控制飞行。

在第二次经过第二着陆点的最后阶段，斯塔福德和塞尔南准备利用处于下降阶段的登月舱作为一个发射平台，使登月舱的两级分离，并使小型上升发动机点火，这将使他们能快速在“查理·布朗”所处轨道上与扬会合，超前他们约 300 英里，高 50 英里。两名航天员计划使用紧急中止导航系统（AGS—“Aggs”）——一个辅助导航系统，将被以后的登月航天员在靠近月球表面时使用。它同时也作为备用系统，万一在着陆阶段导航指挥系统（PNGS—“Pings”）的主计算机一旦失灵，它将接替这项工作。斯塔福德和塞尔南成功地测试了“Pings”系统，接下来该测试“Aggs”备用系统。

为把阿波罗 10 号登月舱“史努比”装配到土星 V 火箭上，在肯尼迪航天中心进行最后的准备

他们俩都期待着上升发动机的点火将会狠狠地“给他们屁股上来一脚”。在几百次的模拟训练中贯穿了对点火控制开关的设置，以至他们不再注重检查他们对控制开关的操作。这个“习惯”方式以

一种突然和强烈的方式在他们身上重现。塞尔南已经获得并控制了导引系统，从“Pings”状态转化为“Aggs”状态。几秒以后，斯塔福德头也没抬就伸手去拔同一个开关，但并未注意到他颠倒了命令的次序，以为飞船还没有从“Pings”转换到“Aggs”。塞尔南并没有注意到他的指令已被颠倒，他俩完全没有察觉到这个错误，随后点燃了发动机并触发了4个爆炸螺柱，这使登月舱的两级互相分离。

一位画家的作品模仿已经释放的登月舱——载着斯塔福德和塞尔南，在指令舱内扬的监视下开始下降并掠过月球表面

后来，塞尔南说当分离的时候，“一切都乱了套”。“史努比”像发了疯一样，令人难受的在三个不同的轴线上同时转动，使得陀螺仪的工作状态超出了其设计极限，同时也超出了它自动修正的能力范围。导航系统突然变得毫无作用——称为“平衡环锁定”，除非它被重新设定。登月舱小巧灵活的返回段，在月球47 000英尺上空以

3 000 英里/小时的速度飞行着，当两名航天员拼命想重新获得对它的控制时，它却狂野地旋转、跳跃着、翻滚着。塞尔南下意识的叫声通过一个麦克风传了出来："妈的，到底怎么了!?"

斯塔福德立即想到"Aggs"出了问题，于是他想把开关拨到"Pings"系统，但实际上他将本处于"Pings"系统的开关拨回到"Aggs"系统。这引起了系统更大的混乱并使情况变得更加糟糕。由于无法锁定指令舱，雷达已经开始自动跟踪寻找其他的目标。最终，它居然选择了月球!

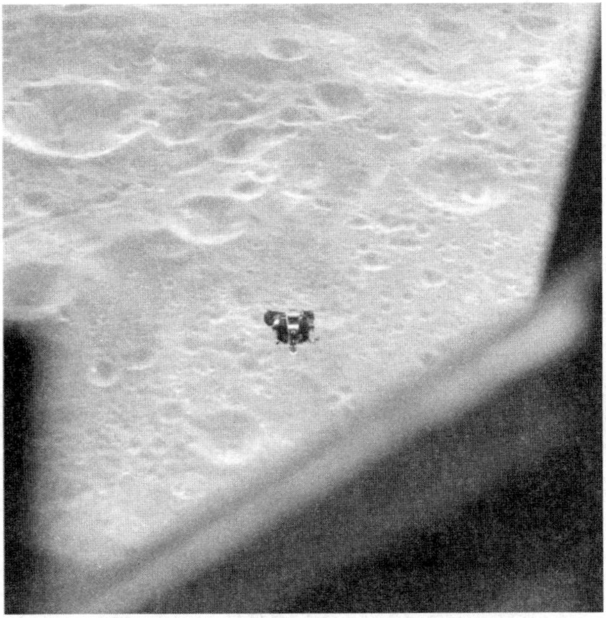

航天员重新获得了对登月舱上升级"史努比"的控制，最终与指令舱交会对接

当"史努比"旋转时，深黑色的宇宙与渐渐逼近的月球表面在窗外交替出现，斯塔福德紧急通知地面他们遇到"麻烦"了，并且正在靠近"平衡环锁定"状态。斯塔福德想可能有一个推力器停止工作了（类似于 1966 年 3 月的双子星 8 号事故），于是他关闭了计算机改为手动操纵，这几乎立即纠正了导引程序的混乱，问题来得

快去得也快，当航天员重新获得控制后，一切都恢复了正常。

整个事故经历了不过 15 秒，返回舱在此期间整整旋转了 8 圈。事后估计，如果翻转只要再持续 2 秒，他们在撞到月球表面之前将无法恢复对返回舱的控制，没有人能从这里生还。

当他们顺利地返回并与指令舱中的扬会合后，斯塔福德通知休斯敦他们全部都毫发无损。在进行一次登月的尝试前，早期的阿波罗飞行的目的一直是对机器、程序和人进行“筛选”。通过阿波罗 10 号的这次达到了极限的“筛选”，戏剧性地为阿波罗 11 号扫清了道路。今后人们将不得不更加小心，以确保由一名航天员输入到控制系统的命令不被别的航天员指令所取消。

4.1.2.3　阿波罗 16 号（1972）

1972 年 4 月 20 日，航天员肯·马丁利正独自在月球轨道上驾驶着阿波罗 16 号的指令服务舱（Command and Service Module，CSM）——卡斯珀（Casper）。此前刚刚完成分离，他正监视着约翰·扬和查礼·杜克（Charlie Duke）的登月舱（Lunar Module，LM）——奥瑞（Orion），进行第 5 次登月，此次的登陆点设在笛卡尔高地。马丁利正准备给服务舱发动机点火，在着陆和月面作业期间，他将在一条 69 英里的圆形轨道上绕月球飞行。为了进行登月舱分离机动，他已经将组合体下降到一条 69 英里×9 英里的椭圆形轨道。因为他已经启动了发动机点火程序和陀螺仪，开始检查二级控制模式。但当他转动偏航控制球，用来控制发动机的推力方向时，他感到飞船开始摇晃，并且注意到陀螺地平仪设备（8 字球——一个黑白相间“球”形状的显示器，当飞船改变其水平轴线时，它将用旋转来指示）来回晃动，但当他移开手指后晃动便停止了。在调整了一些开关后晃动又开始了。试了三次后，他知道飞船有故障了，随后他向登月舱中的指令长报告了这一情况。

虽然当时扬是最有经验的航天员之一，但他也无法解答故障发生在哪里，因为已经飞离了 1 000 多英尺，他看不到发动机，而且他也未经历过这种晃动。突然间，马丁利感到非常孤独。两年前，由于受到麻疹的威胁（事后证明是假警报），他在阿波罗 13 号发射前仅 72 小时被替换了下来，在阿波罗 13 号发生爆炸事故后，为了重返航天员行列，他不知疲倦地在指令服务舱模拟器上训练。他是指令服务舱方面的专家。尽管经过长期训练，但他并没有很快搞清楚这次故障。对于无法控制服务舱推进系统发动机这个故障，有明确的任务规则。他不得不与登月舱会合，登月将被迫推迟，直到休斯敦的工程师对此作出评估。

几小时来，任务控制中心一直在分析遥测数据并求助于洛克韦尔公司的工程师和麻省理工学院的专家。与此同时，登月舱和指令服务舱以对接方式飞行，并消耗着宝贵的燃料和时间。航天员们担心他们的登月也许还没开始就要结束了。具有讽刺意味的是马丁利，当独自在指令舱上飞行时，本有机会利用他在指令服务舱系统上的经验来解决这个故障，但是现在，他才意识到问题可能出在哪里了。他想起几年前曾听说在一次发动机测试时，由于发动机中与推力方向控制器连接的信号电缆线有些短，导致了当信号电缆线被拉紧时，其插头被从电气连接器上扯了下来。如果这就是二级系统中出现的问题，那么他们如何能保证一级系统不会发生同样的问题呢？因为所有的控制电缆都是以同样的方式被布置的。

地面对从卡斯珀传回的数据的分析表明，尽管有晃动，控制信号实际上还是能到达发动机，洛克韦尔公司的工程师已将数据输入地面模拟系统测试服务舱推力系统（SPS），推断出如果航天员不得不使用二级系统，那么发动机也许会晃动，但它仍将是可以控制的。在 1969 年的阿波罗 9 号任务期间，以测试地球转移轨道为目的多次的飞行中，有一次当航天员点火后同样造成了 SPS 的振动，但它仍然很好地完成了任务。最终决定继续执行任务是安全的。

太空中的航天员听到这个消息后欣喜万分。在安全点火后，指令服务舱到达了新的轨道，而登月舱中的航天员安全地降落在月球。由于两条控制线共用同一根电缆，当时马丁利确信任务会被取消，当他们被允许继续飞行时，他感到十分的惊讶。他后来自嘲道：他肯定是唯一知道控制线路是以同样的方式布置，如果地面也注意到这一问题，那么他们将不会下达继续飞行的命令。

事后对这一问题的分析指出，就像马丁利所想的那样，一根挠性很强的电缆是这次故障的原因。在后来的阿波罗任务、天空实验室的指令服务舱和阿波罗一联盟号试验项目中，为防止再出现电缆的过度张紧和挠曲，对布线安排进行了修改。主系统没有显示出故障的迹象，但如果二级系统显示出失败的可能、冗余度降低或违反了航天员安全规程，此次任务将被迫中止。

4.1.2.4　天空实验室 3 号（1973）

1973 年 7 月 28 日，在天空实验室 3 号的航天员组（艾伦·比恩、杰克·洛斯玛、欧文·加里奥特）飞行天空实验室轨道舱期间，当这项 59 天的任务刚一开始，4 个正在工作的机动发动机（术语称为“嵌块”，因为共有 4 套 16 个推力器装置沿圆周方向分布在阿波罗服务舱周围）系统中的一个开始将氧化剂泄漏到阿波罗服务舱内，使得服务舱不得不被完全关闭。虽然这给航天员带来了一些危险，但他们还有 12 个可以工作的推力器，在 8 月 12 日，另一个“嵌块”也出现了类似的小问题，当时指令服务舱已经和“天空实验室”轨道舱连接在一起，它促使 NASA 开始计划一次可能的救援行动以使三名航天员重回地球。

虽然在再入的最后阶段，指令服务舱只要有两套发动机系统就足够完成任务，但整个系统的可靠性令人担忧。

为计划天空实验室 4 号任务，飞船将进行改装，取而代之的是 5 个“席位”而不是通常的 2 个。两位航天员（万斯·布兰德和唐·林德）将准备升高并与天空实验室的第二对接端口对接，然后将三名航天员带回来。在太空飞行历史上，这将是首次太空营救，考虑到在“天空实验室 3 号”上三名航天员以及相关实验结果等的额外重量，万斯·布兰德和唐·林德将乘一艘经过“瘦身”的飞船。然而，对故障发动机的分析指出营救行动是不必要的，“天空实验室 3 号”继续飞行，并创造了新的留空时间纪录，三名航天员最终安全

在天空实验室 3 号任务中，阿波罗指令服务舱离开天空实验室空间站，1 个推力器系统的“嵌块”开始泄漏氧化剂，它不得不被关闭（太空信息服务处提供）

返回。NASA 认为尽管有两个同样的裂缝，然而它们并不相关，因此不太可能传递到剩余的两个嵌块。此外，地面模拟显示：8 个推力器已经足以让航天员们回家。

4.1.2.5　联盟 21 号（1976）

1976 年，在军事空间站“礼炮 5 号”初次投入使用期间，苏联航天员鲍里斯·瓦列诺夫（Boris Volynov）和维塔利·扎罗波夫（Vitaly Zholobov）在空间站工作，虽然计划要求 66 天，在进行了 48 天后，莫斯科广播电台宣布他们将立即返回地球。这与以前提前 6 天宣布航天员返回的惯例形成了鲜明的对比。他们开始为返回进行医学准备，将设备封存并预备将礼炮号空间站关闭。仅在宣布后的 2 小时，他们在夜间着陆（对苏联是首次）。在返回后第二天的新闻发布会上，他们说他们所执行的任务是“有趣且复杂”——这可以解释为他们曾经遇到了问题。据后来报道，这两名航天员在感觉器官方面遭遇痛苦，但对此次低调的返回没有作太多的报道。多年以后，苏联航天员在地球轨道上的经历有一点披露。在飞船中，他们受到了刺鼻的化学气体的损害：扎罗波夫病了，而且两人均感到疲惫和紧张。

国际空间站首批构件在轨道上连接。在 1999 年夏季的 STS－96 飞行任务期间，航天员意外地遭遇了与美国节点舱（左）对接在一起的俄罗斯曙光号控制舱中刺鼻气体的侵袭

4.1.2.6 STS－96/ISS（1999）

23 年后的 1999 年夏天，在为国际空间站进行的第 2 次航天飞机飞行任务中，在空间站的又一次“臭气”事件影响到航天员的活动。1999 年 5 月 27 日发射的 STS－96 与国际空间站（Zarya/Unity 的联合体）对接 2 天后——5 月 30 日，7 名机组人员首次进入国际空间站。

3 天以来，机组人员通过打开的舱口和航天飞机的对接通道进入国际空间站内。虽然他们在国际空间站上工作，但他们的生活舱仍在航天飞机的中舱。在 5 天 18 小时的联合飞行中，航天员在空间站上共停留了 79 小时 30 分钟，7 月 4 日，航天飞机与国际空间站分离，在 7 月 6 日安全降落，完成了一次看起来是非常成功而且没有任何意外的飞行任务。

在预先计划的装配和替换先前的航天员期间，一个严重的航天员健康问题浮出了水面。在飞行的第 6、7 和 8 天（7 月 1、2、3 日）期间，几名航天员经历了头痛、眼睛刺疼或发痒、脸色发红、恶心以及一次呕吐事例。这与他们在国际空间站期间空气质量的恶化有关系。这些症状在航天员飞行期间并未被报道，但是结束任务后两星期，对此进行了简短报道。

如果国际空间站上的空气质量有严重的问题，那在送下一批航天员（STS—10）去空间站之前，这个问题须要得到解决。空间站的执行经理（航天员）弗兰克·卡尔伯特林（Frank Culbertson）建立了一个 6 人调查小组，成员有来自休斯敦约翰逊航天中心的工作人员，由国际空间站项目管理办公室戴夫·赫伯特（Dave Herbek）领导，其他成员有航天飞机任务执行理事会飞行部主任菲尔·恩格劳夫（Phil Engelauf），空间与生命科学部菲尔·斯蒂潘亚克（Phil Stepaniak）博士（飞行外科医生），国际空间站项目管理办公室安保部的拉里·盖纳（Larry Gana），环境控制与生命保障分部托尼·桑（Tony Sang），以及航天员办公室代表航天员考帕纳·查瓦拉（Kalpana Chawla）。

调查小组听取了执行此次任务的航天员 1 个半小时的汇报，航天员对他们医疗隐私权受到的侵犯和言论自由法案之间的冲突表达了担忧，因为调查小组有可能公布一些调查结果。调查小组中的飞行医师（斯蒂潘亚克）以个人观点回顾了每一位航天员的医疗数据，给小组其他成员仅提供了一份有关的概况材料。约翰逊航天中心法律部门准备了一份言论自由例外弃权法案，但并没有用它，因为卡尔伯特森和赫伯特决定航天员在这次事故的报告中不必提供秘密的私人健康信息。

调查小组同时又回顾了全部的飞行报告，并且分析了所有能获得的数据，包括天地之间的通信记录，空间站上的录像等，以利弄清事情的来龙去脉。

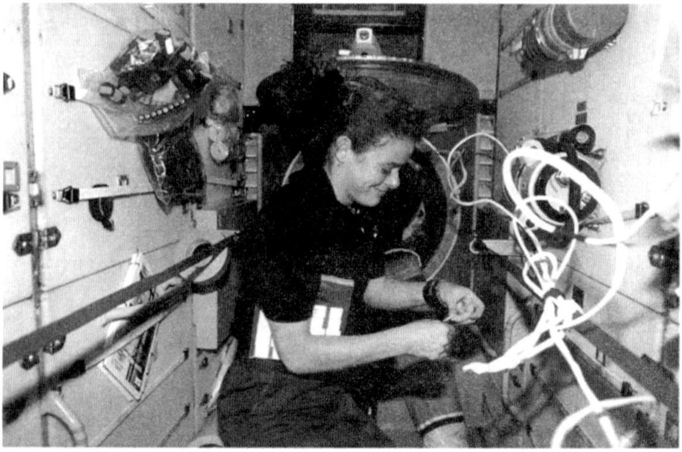

加拿大航天员朱莉·佩叶特在曙光号船舱中，她的微笑掩饰了航天员在这个新的空间站中受到了“糟糕的空气”的影响

为了逃避空间站内空气的影响，STS－96 的航天员通过连接在航天飞机和国际空间站之间的通道，进入航天飞机中的生活住舱，将此变成了一个避难所

总结报告完成于 1999 年 7 月，但是 NASA 最初并没有将它完整地公布。然而，有关此次报告的发现以及建议的改进措施从多种渠道透露出来。

当航天员在曙光号控制舱（俄语缩写为 FGB）或更为狭窄的对接舱工作时，受到了糟糕的空气的影响。经过了几天飞行（飞行 6～8 天），发现当两名或更多的航天员聚集在一起工作大约几个小时后，或当他们把 FGB 的舱门打开，这些症状便出现了。

航天员发现在打开 FGB 舱口或留在控制舱超过 1 小时后，他们便感觉到了这些症状。当他们回到航天飞机 10 分钟到几小时后，这些症状便缓解了，使航天员感到“好受了一些”。用舱内的医疗工具包对呕吐的航天员进行了治疗并控制了病情，并且当他们在 FGB 中工作时，调整了俄罗斯人的通风设备的风扇以使空气循环流通。

航天员还报告，这种情况的发生看起来与特定的活动或任务无关，并且描述了一种发霉的气味，但是不能发现它的准确根源。而且，当他们在 FGB 的下层工作时，没有感受到任何的不舒服。他们怀疑舱内有材料挥发出气体而造成了空气品质的恶化，并且提到在 FGB 中大量使用了粘接尼龙搭链，对其中粘接剂的使用表示了担忧。

调查小组发现，在 STS－96 航天员在国际空间站期间，空间站内的空气品质确实存在问题，而无法找到准确的原因是由于航天员没有及时将此问题报告给地面。如果地面能及时准确地获得有关信息，那么，发生问题时空间站中的空气样品可以带回地球进行分析，并找到污染源。

根据后来在最早的入口和最终的出口采集的空气样品，没有发现二氧化碳的水平有明显的增加。一些有经验的航天员认为，或者是形成了停滞的空气区——在此区域二氧化碳没有被空气循环系统驱散，而是在航天员附近不断地积聚，或者是航天飞机上的空气净化系统损坏，但后来证实空气净化系统在飞行期间一直保持正常工作。

STS－88 的航天员——第一批到曙光/节点舱上工作的航天

员——没有报告过类似的症状，这指出了在 STS－96 上存在着一种不同的空气流动模式。装载有哈勃望远镜的货运舱（承载于 STS－96 上，但 STS－88 上并没有）导致了从航天飞机到国际空间站的空气流量的减少。在任务的最初阶断，国际空间站上的通风依靠在结点舱混合国际空间站和航天飞机之间的空气来完成两者间的空气交换，在结点舱中，任何对空气流通的阻碍将使这种空气交换中断。通过对 FGB 设计的研究，人们同样搞清了 FGB 与结点舱之间舱门的影响，封闭的 FGB 空间为空间站和航天飞机间的一条受控空气通路提供了条件，如果打开 FGB 与结点舱之间的舱门，将使 FGB 失去封闭，通过这种模式进行的空气流通将被中断。

因为没有永久性居住的航天员，所以国际空间站上并没有装备二氧化碳净化器或是空气循环系统。空气的循环净化是由与国际空间站对接的航天飞机来完成的。当国际空间站的下一个构件，俄罗斯提供的服务舱与国际空间站对接后，它将配备空气系统控制设备，为空间站的航天员提供安全和舒适的环境。

调查小组建议：应采取一定的措施，以使航天员可以通过随身携带的监测仪或空间站内的监测设备来监视空气品质。在首批长期或常驻性航天员比尔·谢泼德（Bill Shepherd）、尤里·吉德曾科（Yuri Gidzenko）和瑟奇·科里卡利夫（Sergei krikalev）在进驻国际空间站之前，应对 FGB 和 SM 的空气循环系统进行重新的评估，因为如果再出现 STS－96 那样的情况，航天员将没有一个对接的轨道器作为安全的避难所。调查报告同时建议，应对空间站性能和设计作深入研究，应确定舱门打开的时间和次数是否应该受到限制。

调查小组还建议在下一次对接任务（STS－10 ）中，应准备几项“快速应对”方案。对以后任务的建议还有：安装一条从轨道器到服务舱固定的空气管道，以推动空气从管道的尾部通过空间站返回，造成空气的循环流动。这个方法曾在航天飞机与和平号空间站对接期间使用。STS－101 也将装载额外的空气采样罐，并对安装和运行一套曾在和平号空间站使用过的 Vozdukh 二氧化碳净化器进行评估，它将取代原来需要经常更换的氢氧化锂单元。

报告还建议地面和空间站航天员之间更通畅的信息交流，将有助于确定故障并迅速地采取相应措施。

俄罗斯的科技人员指出，在新空间站上从材料中释放气体的现象是正常的，对此不需要太担心，俄罗斯方面已经提前预料到了这一问题，并在 1997 年调查和平号空间站对接和火灾事故时，报告给了 Stafford-Utkin 调查委员会，并已经传递给了 NASA。STS－96 的航天员实际上在执行任务期间将事故情况报告给了地面的俄罗斯飞行控制人员，但很明显，在约翰逊航天中心的 NASA 的官员并没有获得这一信息。鲍里斯·莫拉科夫（Boris Morukov）——（医学与生物科学研究所）一位俄罗斯航天员医生，曾被任命进行一项有关国际空间站—航天飞机任务的早期评估，以便在常驻空间站的航天员进驻前，对空间站内空气污染的水平进行评定。这项任务原本定于 STS－88 任务期间完成，但是直到 2000 年秋天的 STS－106 任务时，它还在编写中。

今后几年随着国际空间站上居住舱的增加，在早期，为航天员建立一个安全、舒适的工作环境是能在空间站上进行永久性居住的基础，但长期的维持是更大的挑战。

4.1.3　对接事故

将一个或多个航天器连接起来形成一个更大的航天器的能力，或从由多个航天器组成的联合体中分离是航天飞行和探索中最为重要的组成部分。这通常被称为交会和对接。它同时包括在一个或多个航天器附近的机动，称之为接近操作（Prox Ops）——所有任务中最为困难的一个。它需要依靠轨道物理学和空气动力学的知识、航天员的驾驶技术和自动或手动设备的可靠性。在航天飞行成为可能之前的许多年，这些技术在理论上已经出现了。在 1966 年美国双子星计划期间，进行了一系列的无人飞船的对接，随后的 1969 年进行了载人飞船的对接。自从 1971 年，飞船开始有规律地与空间站对接，但就像我们看到的，事情的发展并不总是像计划的那样，现实存在的碰撞和损毁的危险使得这项技术具有很高的风险性。

在将航天器连接的过程中，需要航天员十分小心，以确保连接点上的作用力足够使对接装置完成捕获动作，但作用力也不能太大，否则将把准备对接的航天器撞开甚至造成毁坏。

对接通常经历 4 个阶段。两艘航天器首先在一个安全的距离下交会并保持静止（当它们在太空中运动时保持相对的位置）。在这一点——Prox Ops——最终的对接轴线被确定，并且完成了双方航天器的检查。于是，下一阶段即将开始。

两个航天器开始完成最后的靠近。其中一个航天器（目标）充当被动者，在另一艘航天器（主动）为了对接靠近时保持相对静止，在使两个准备对接的航天器形成一条直线过程中，航天员（或自动对接系统）在确信航天器上的对接设备与另一个航天器上对接接收设备形成一条直线后，为了对接而开始小心翼翼地靠近目标航天器。两个航天器对接设备的第一次接触引发了初步闭锁（软连接）用来减弱两个航天器在进行最终对接前的任何不需要的移动。当这一切顺利地完成后，主动航天器的对接设备向回收缩，并使两个航天器靠紧，于是对接舱口上沿周围分布的闭锁机构被启动，在两个航天器之间建立了一种刚性且气密的封闭——硬连接。

4.1.3.1　阿波罗 14 号（1971）

斯图尔特·罗萨（Stu Roosa）以谨慎驾驶而出名。在被任命为阿波罗 14 号的指令舱驾驶员之前的 19 个月里，他如此多地模拟登月舱从土星 V 第三级顶部分离，以至于不愿再想起它。1971 年 1 月 31 日，他首次进入太空并将在去往月球的旅途中真正完成以上的步骤。他慢慢地移动指令服务舱——Kitty Hawk，使它离开土星 V 大约 100 英尺，开始了他的操作，他将指令舱旋转了 180°，然后向回移动并靠近登月舱阿特拉斯的顶部，其位于土星火箭的顶部。

这并不是一项新的技术，而是为 5 年以前双子星计划设计出来的几项对接技术之一，并且在以前的 5 次阿波罗任务中被运用，但是作为一名太空新手，罗萨清楚大家的注意力将放在他那未经飞行检验的操作技能上，与他共同执行此次太空飞行任务的是任务指令长艾伦·谢泼德——10 年前美国登上太空的第一人，以“微笑的”或“冰冷的指令长”而闻名，至于是“微笑”还是“冰冷”则要依据的他的心情。

罗萨希望谢泼德经过长久等待的第二次太空飞行会使更多的老航天员再次重入太空，无论下一个将是谁。

罗萨计划在此次飞行中打破原来的最小燃料消耗纪录，所以他小心地引导飞船头部的对接机构进入登月舱顶部的对接接收锥筒。正当他期待着两者被锁为一体时，他惊讶地感觉到它们再次渐渐远离。他想一定是刚才接触的力量太小，没有触发对接捕获锁。知道创造一项新纪录已经不可能了，他启动发动机使指令舱向后退并又用更大的力量试了一次，但同样没有成功。登月舱的驾驶员埃德·米切尔（Ed Mitchell）证实罗萨撞击到了锥筒的中心。谢泼德称赞他做得很好，而且应该再试一次，这给了他很大的信心。在接下来 90 分钟里，罗萨在翻阅了任务控制手册后，又试了两次，但都失败了。

如果无法对接，这次飞行任务将在它开始之前就结束了。当航天员在太空中等待来自地面的建议，等待飞行控制中心的飞行控制人员对对接设备样机检查后提出对策。与此同时，地面的任务控制人员正在静静地思考，如果登月无法进行，那么有哪些任务可以在这次飞行中进行呢？而无法登陆月球这一想法从未出现在谢泼德的脑海中，没有任何问题能够剥夺他在月球上行走的这次机会。

在地面上，控制人员讨论不同的方法来解决这个问题。在罗萨又试了几次后，担心燃料储备将要耗尽，谢泼德以他典型的粗暴的方式告诉休斯敦的地面人员燃料完全够用。航天员计划从指令舱的前端舱口进入太空，进行舱外活动。谢泼德计划打开对接通道，取出探头装置，然后伸手通过连接通道，人工操纵锁紧机构将两艘航天器连接起来。这是一个极具风险而且完全不可行的办法，因为对

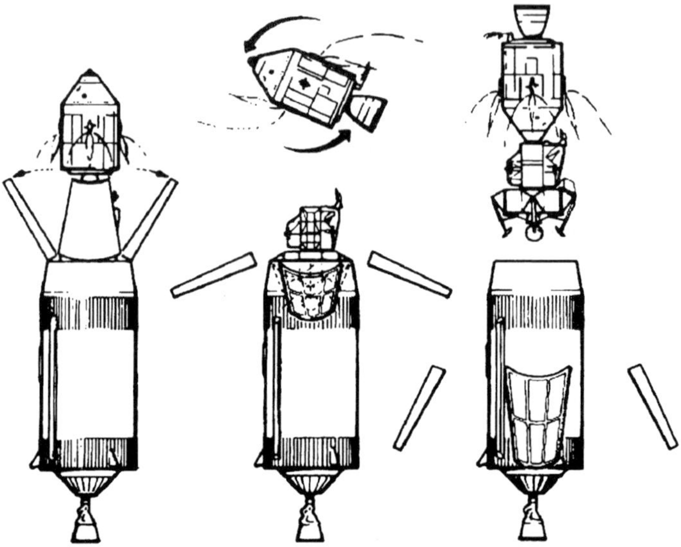

阿波罗飞船调整并进行对接操纵，将登月舱从土星 V 第三级的顶部拉出

接通道的空间对一个不穿航天服的航天员来说也显得很狭小，更不用说当他穿上一套全压力的航天服——它将限制航天员的灵活性和视野；如果不慎将航天服的手套卡在锁紧机构中，那么它将很可能被刺穿，这将导致航天员很快死亡。很明显，谢泼德尽力想出任何可能的办法来挽救这次登月。

还有一个问题是几天后——在他们从月球返回准备再次对接时——锁紧机构还需要再次工作以将航天员送回地球。如果那时对接再出现任何问题，将导致航天员只能通过太空行走进入指令舱，但这对于已经非常疲惫的航天员来说是非常不明智的。在任何情况下，任务规则都将阻止他们如此过火的行动。

对这个方案（它从来没有在太空尝试过，也没有在地面模拟过，甚至从未训练过）进行了简短讨论后，地面认为它过于冒险而将不被采用，并且地面也想出了一个新的主意：当罗萨使指令服务舱与登月舱靠在一起后，他将启动位于服务舱尾部底端的推力器，这将使指令服务舱紧靠于登月舱。与此同时，指令长谢泼德将收回出现故障的探头装置，如果此时两艘航天器恰在一条直线上，那么 12 套闭锁机构将启动，以确保它们按计划对接。

这个方案除了被后备航天员模拟过以外，从来没有被真正尝试过，直到此刻，才被再次想到。指令服务舱的罗萨和谢泼德注意到登月舱的导引锥筒上有划痕，这证实他们以前的对接操作确实命中了目标。谢泼德告诉罗萨忘掉刚才的事情，努力保持动作轻缓并节省燃料。“来，试一次”。此种方案的危险在于他们可能会损坏航天器硬件，而航天员得依靠它们从月球返回。另一种可能性是，当为了降落在月球上而试图分离两艘航天器时，或当他们不得不中止任务，为了再入地球大气层而必须抛弃登月舱时，牢固的硬对接会导致两艘航天器难以分离。

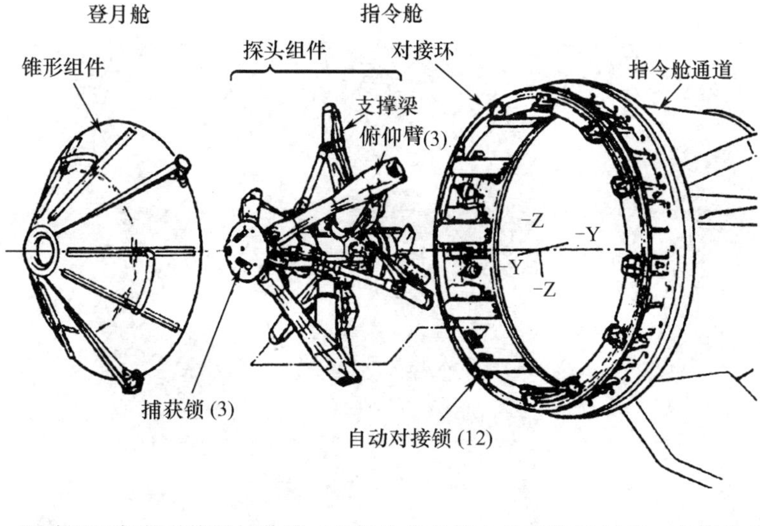

阿波罗飞船的对接机械装置（左侧为登月舱上的锥形导引筒，右侧为指令舱上的对接探头）

在第六次试图对接中，航天员并没有立刻听到外面有任何的反应，这使他们的心往下沉。但随后，他们听到安全闭锁指示器发出

从指令舱的窗口看，登月舱栖身于土星火箭第三级的顶部。同时还可以看到登月舱顶层，此处有指令舱对接探头将要进入的圆锥导引筒

这张阿波罗飞船硬件的对接测试照片清楚地显示了对接锥筒上的划痕。在飞船执行对接任务的实际操作中，类似的划痕是非常典型的

了“砰、砰……”的响声，并看到飞行控制板上指示灯发出了硬对接信号，他们已经安全地将两艘航天器连接在一起。这位“冰冷的指令长”立刻变成了“微笑的艾伦”，毕竟，他将能登上月球了。

在登月完成后，他们又完成了一次成功的对接，并将对接探头带回地球以用于分析检测。最初技术人员推测可能是冰粒卡住了捕获锁，但最终确定事故的原因是由于有异物妨碍了闭锁机构的正常工作。为了确保不再发生类似的故障，施行了一系列的改进措施，包括在发射前将易出故障机构包覆起来，对锁紧装置进行了改进，并增加了发射前的测试。

4.1.3.2　联盟 10 号（1971）

30 多年来，苏联（俄罗斯）的太空计划已经再三地展现了飞船与空间站常规对接技术已经非常成熟。但是，从它 20 世纪 70 年代初开始此计划以来，一直受到问题的困扰。其中一些问题对航天员不构成威胁，但另外一些确实是危险的故障，高度显示出在太空进行复杂设备的组合所面临的风险。

早期联盟号飞船间的对接均因故障而落空。1967 年，联盟 1 号飞船在地球轨道上飞行时遇到了问题，因而原准备与它对接的联盟 2 号飞船发射被取消了。在接下来的 1968 年，联盟 3 号飞船没能与无人的联盟 2 号对接，因为俄罗斯航天员乔吉·伯雷格沃伊（Georgi Beregovoi）试图在两艘飞船的对接装置未对准的情况下对接。实际上，他进行了几次尝试，均未完成与联盟 2 号飞船的首尾对接。在 1969 年，由于联盟 8 号飞船几分钟“失控”的状态，没能完成与联盟 7 号的对接。

1971 年 4 月 19 日，苏联发射了第一个空间站——礼炮 1 号。4 月 23 日，乘坐联盟 10 号飞船的 3 名航天员（弗拉基米尔·沙塔罗夫（Vladimir Shatalov）、阿里克谢·耶里西伊夫（Alexei Yeliseyev）和尼科莱·鲁卡维什尼科夫（Nikoai Rukavishnikov））被发射升空，他们准备进入礼炮 1 号工作 3～4 周。4 月 24 日，指令长沙塔罗夫完成了与礼炮 1 号的手动对接，但是没有航天员进入礼炮 1

号空间站，在对接5个半小时后飞船分离，并在几小时后着陆。最初，苏联方面声称进入空间站不在计划之中，而且航天员成功地完成了对接试验任务。然而，实际情况是新对接设备的齿轮装置出现了故障，而且电连接器也无法同空间站上的对应设备连接在一起。这些造成了航天员无法打开舱门进入空间站。在对接的状态下，没有别的通道可供航天员进入空间站，并且利用太空行走进入空间站的方案也没有被训练过，同时对于首次任务来说也是不可行的。如果舱口被强制性地打开，而飞船和空间站又没有精确对准，那它们之间的密封则有可能失效，这将造成快速的减压和航天员的迅速死亡。即使密封保持完好，在任务结束时，强制打开的舱口也许无法被关闭。保险的方法是不要再去管出了故障的对接设备，尽快地返回地球并确定故障的原因，在下一次的飞行任务中再进行对接。一系列的对接问题对礼炮号空间站来说是一个糟糕的开始。联盟10号飞船被命令与空间站分离，随后飞船围绕空间站飞行，以对空间站进行检查，航天员拍摄了对接装置和空间站外部的情况。航天员原定在轨飞行一个月，但只经过了两天，他们不得不提前返回地球。在经历了没有进入空间站的失望后，航天员又经历了一次危险的着陆——着陆点仅仅偏离一座湖泊50码，这几乎成了苏联第一次在水面溅落的航天员，而不是正常地落在哈萨克斯坦的大草原上。

2个月后，乘坐联盟11号的俄罗斯航天员成功地完成了与礼炮号空间站的对接并在空间站上停留了3个星期。但由于航天员没有在返回的过程中穿上加压航天服，一次悲剧性的事故导致了3名航天员丧生。当事故被调查清楚前全部的联盟号任务被中止了2年。

因为联盟10号和联盟11号的事故，当1973年9月联盟号再次飞行时，两名航天员在任务的所有关键过程中，例如发射、对接和回收，均穿着全压力的航天服。此外，联盟号飞船用电池代替了太阳能电池板充当动力源，当飞船与礼炮号空间站对接后，除了飞船上的关键系统，其余都将被切断动力供应。联盟号飞船在来往于地球和礼炮号空间站之间时，因为动力的限制，只能独立飞行2天的时间。但是，一旦联盟号飞船与礼炮号空间站对接失败，联盟号飞船将没有足够的动力储备来进行多次的对接操作，航天员将被迫立即中止他们的飞行而返回地球。在以后的 10 年中，这种将太阳能电池板改为仅能供电 2 天的电池的设计，给此后的联盟号飞船的一系列任务带来了一些麻烦。

4.1.3.3　联盟 15 号（1974）

1974 年 8 月，列维·德奥明（Lev Dyomin）和根涅德·萨拉法诺夫（Gennedy Sarafanov）驾驶着新型联盟号飞船（电池仅能供电 2 天），准备评测一套为进步号无人货运飞船开发的新型自动对接系统。利用飞船上的计算机，对从联盟号飞船和礼炮号空间站传来的数据进行自动检查，以确保计算机操纵的发动机能使飞船和空间站对准。然而，联盟 15 号飞船的计算机由于一个逻辑错误而导致了系统瘫痪，虽然航天员又尽力试了一次，但自动对接系统依然无法恢复正常。每一次，计算机控制的发动机总是过度地燃烧，使得联盟号飞船失去控制并从无人驾驶的礼炮 3 号空间站旁边仅 100～165 英尺的地方飞过。随机工程师德奥明注意到，他们从礼炮号空间站旁冲了过去。指令长萨拉法诺夫改用人工驾驶飞船，但飞船发生了一次短路故障，并且萨拉法诺夫观察到飞船的燃料此时已经不足以保证他再进行一次对接。地面控制人员通知航天员尽可能快地着陆，此次飞行只进行了 2 天便终止了。

在他们的飞行报告中，两名航天员指出他们对完全依靠计算机进行对接已经丧失了信心。然而国家委员会认为两名航天员过于苛求计算机，实际上把此次任务的失败归咎于 2 名航天员。能源科研生产联合体（NPO Energiya）并没有将完整的报告公布出来。萨拉法诺夫随后投入了有 3 名航天员的军事空间站（Transport Logtstics Spacecoaft，俄语简称为 TKS）训练任务，后来取消了该项计划，它类似于同样被取消的美国空军载人轨道实验室（MOL）计划。尽管其他的航天员尽力为他俩正名，然而，他们俩再也没有机会重返太空。苏联方面对此次简短的飞行和没有与礼炮号空间站对接的解释

一艘 1975 年的 ASTP 型联盟号飞船处于地球轨道上。这些可靠的飞船被用来在地球和苏联（俄罗斯）空间站之间运送航天员长达 30 年。这种型号的飞船利用太阳能电池板提供动力，但是另一种利用只能提供 2 天动力的电池作为能量供应的飞船，其在轨时间受到了限制，万一对接失败，将造成飞船只能立即返回

却有所不同。他们称测试无人驾驶飞船新的对接系统和操作程序、检测这 2 名航天员在太空中的心理包容能力和在夜间紧急回收是此次飞行的目的。

4.1.3.4　联盟 23 号（1976）

1976 年 10 月 14 日发射的联盟 23 号计划，在 15 日与无人军事空间站礼炮 5 号对接。为了在空间站上停留 14 天，航天员维阿切斯拉夫·祖多夫（Vyacheslav Zudov）和瓦列里·罗日杰斯特文斯基（Valeri Rozhdestvensky）（都是首次执行飞行任务）都经过了相应训练。然而，在飞船靠近空间站至 328 英尺时，全自动对接系统突然失灵，于是转为由航天员控制飞船并完成与空间站的对接。但是由于对自动对接系统过于信任，这两名航天员并未经过人工对接训

练。在经过几次人工对接的尝试后，由于飞船的燃料已经不足，他们被命令在最短时间内返回地球，导致了又一次令人失望的2天飞行。这次飞行的着陆却被证明，也许是此次飞行任务中最具有挑战性的部分。

4.1.3.5　联盟25号（1977）

12个月后，又一批联盟号飞船的航天员乘坐飞船离开发射台。他们将是首次登上第二代空间站礼炮6号的航天员。因为礼炮6号具有两个对接端口，因此几乎可以使空间站上一直保持有航天员。这次行动将宣告载人航天的一个新纪元的到来。在距空间站394英尺的地方，指令长弗拉季米尔·科瓦雷奥诺克（Vladimir Kovalyonok）将飞船转为人工驾驶并试图与空间站的前对接端口实现硬对接。联盟号飞船轻轻地碰上了对接锥，但未能形成紧密接触。在航天员向地面报告对接的力量看起来不足以触发对接锁定机构前，他们又进行了三次对接尝试。每一次，他们都与闭锁机构轻轻碰上，但是，要么是对接锁定环不工作，要么是对接探头不起作用。

在请示地面的飞行控制人员后，科瓦雷奥诺克将飞船与空间站分离并再次进行对接，但是仍然没有成功。因为燃料已经不足以使飞船绕过空间站而与空间站尾部的对接端口对接，他们不得不返回地球。这对于礼炮6号计划来说是一个令人沮丧的开始。1977年12月，联盟26号成功与礼炮号空间站的尾部对接端口对接。此后，航天员格奥尔吉·格列奇科（Georgi Grechko）和尤里·罗曼年科（Yuri Romanenko）进行了一次舱外活动以检查前部的对接端口，他们确定此处没有遭到损坏，尽管联盟25号曾尽力在此与空间站对接。此端口现在完全可以使用，这表明联盟25号的对接失败是由于其对接探头出现了故障所导致的。1978年1月，联盟27号与空间站前部对接端口成功对接，没有出现任何问题。

4.1.3.6　联盟33号（1979）

1979年4月，苏联正在准备让两名保加利亚航天员参与空间站任务，他们将在礼炮6号上度过8天时间。而在礼炮6号上，航天员弗拉季米尔·勒亚赫奥夫（Vladimir Lyakhov）和瓦列里·勒尤明（Valeri Ryumin）已经生活了一段时间。联盟 33 号将由非军人出身的航天员尼科莱·鲁卡维什尼科夫指挥，同行的还有保加利亚的第一位航天员——格奥尔格·伊万诺夫（Georgy Ivanov）。

他们于 1979 年 4 月 10 日被发射升空，起初，一切均很正常。但在发射 24 小时之后——在他们绕地球轨道第 17 圈时，准备进行对于苏联来说已经是常规操作的飞船对接——两名航天员准备靠近礼炮号空间站，在莫斯科时间 21 点 54 分，航天员接到了靠近的指令。当飞船距空间站的后部对接端口约 3 千米，航天员准备进行发动机点火以降低飞船的靠近速度时，突然，航天员同地面控制人员注意到“联盟 33 号的对接发动机偏离了正常的操作程序”；或者像鲁卡维什尼科夫所述：“我们注意到发动机的工作出现了异常。”联盟 33 号的对接发动机按规定应当工作 6 秒钟，但它在仅仅工作了 3 秒钟后便立即关闭了。与此同时，两名航天员都清楚地感觉到飞船出现异常的振动。尽管航天员请求继续完成对接操作，但严格的任务规程却不允许如此。对接被迫中止，航天员被命令返回地球。

联盟 33 号飞船原准备替换与礼炮 6 号对接已有两个月的联盟 32 号载人飞船——在紧急情况下供空间站上航天员使用。但由于联盟 33 号的发动机出现过故障，很明显，它将不能完成原定的目标。并且因为缺乏合适的仪器设备，航天员无法在飞船上对故障进行有效的诊断，所以备用发动机能否正常工作将是联盟 33 号飞船航天员安全返回的关键。在地面控制人员否决了航天员准备利用备用发动机进行手动对接的方案后，两名不高兴的航天员不得不结束了他们短暂的太空飞行。对于鲁卡维什尼科夫来说，这显得更加令人失望，因为在 1971 年他乘坐联盟 10 号与礼炮 1 号空间站完成了对接，但因故障没能进入空间站。1973 年，见证了礼炮号无人空间站在发射后不久便失败了之后，他被分配到美国/苏联的阿波罗—联盟飞船测试项目中任职。作为一名礼炮号空间站专家，他对再一次失去登上他曾经帮助设计过的空间站感到十分的失望。作为在苏联载人航天

联盟33号飞船的航天员鲁卡维什尼科夫（图中前者）和保加利亚航天员伊万诺夫（图中后者）在训练中

飞行18年中的第一位平民航天员——这是一项巨大的荣誉，如果能完成任务的话，他将变得更加伟大。

礼炮号空间站上的航天员以热切的心情，关注着对接过程，因为像所有航天员一样，他们十分高兴有来访者进入他们孤寂的空间站。在勒尤明的日记中，他写到他和勒亚赫奥夫看到联盟33号渐渐慢了下来，但最终的制动燃烧始终没有出现。他们看到发动机点火并发出了火光，但随后便熄灭了。当他们看到联盟33号加速经过了空间站而不是停下来时，他们知道他们的同事碰到了严重的问题。那天夜里他们努力寻找办法——如果联盟33号遇到危险，他们准备用自己的飞船来营救自己的同事。但随后，他们开始担心联盟32号的发动机的情况，因为事实上联盟32号的使用期快到了。

勒亚赫奥夫和勒尤明对于没有迎接到他们的客人感到十分的失望，他们知道保加利亚航天员来访任务还需要若干个星期才能再次进行。最终，这项任务被取消，代之以一艘无人驾驶的联盟34号飞船被发射升空，替换就要到期的联盟32号。因此，将没有客人来访，要在空间站上度过6个月的孤独生活。

联盟33号上的航天员不得不克服没有成功对接的失望情绪，因为他们又将全力准备一次紧急的着陆。因为电池仅够维持飞船独立飞行两天半，他们的计划在明天再入——4月12日，苏联的宇航日。在他们绕地球轨道的最后一圈前，航天员训练主管弗拉基米尔·沙塔罗夫（Vladimir Shatalov）（八年前他与鲁卡维什尼科夫在联盟10号飞船上共事）与航天员通话，加强他们的信心，并表达了他对再入发动机的可靠性深信不疑。

因为希望尽可能早地着陆和主发动机曾出现过异常的情况，地面控制人员决定飞船的再入采用弹道式，这意味着同正常情况下的升力式再入相比，航天员将受到更加猛烈的冲击。计划手动设定发动机工作188秒，如果发动机燃烧工作时间少于90秒，那么这两名航天员将停留在地球轨道上而无法着陆。

当鲁卡维什尼科夫起动了备用发动机后，它的燃烧工作时间超出了预定时间25秒，达到了213秒钟，迫使他手动关闭发动机。与正常情况相比，发动机燃烧工作时间的增加意味着飞船将以更大的角度进入大气层，因此会对两名航天员产生更高的过载冲击。在通常情况下，联盟号飞船从礼炮号空间站返回地球须经过两个步骤：在与空间站分离后，联盟号飞船的航天员将先降低飞船的轨道，然后将启动发动机以进入再入阶段。但是为了减小联盟33号的备用发动机出现故障的可能，它将只启动一次，而不是通常情况下的两次，这将使联盟33号飞船从礼炮号空间站的轨道上直接进入一条陡峭的再入曲线。

决定上述的再入方式还考虑到了其他一些因素：中止对接后飞船剩余的燃料——将用于再入阶断以及着陆点的控制；另外一个因素是希望航天员尽可能早地在预定的回收区域着陆，因为那里有大批的搜索救援队伍进行回收工作，这种再入方式还可使航天员处于可以参考地球水平线上的亮光来确定飞船的方位的有利位置。由于巨大的轨道舱的阻挡，从航天员的联盟号返回舱的座椅中无法直接看到前方的情况，他们利用一个潜望镜来观察前方，同时在前面的轨道舱部分的顶部有一个摄像机也传来前方的图像。所有这些因素使得航天员可以完全回归的途径只有一条：一旦正确的方位确定，立即进行弹道式再入。

在下降过程中有530秒的时间，航天员经受了8～10 g的过载，这比联盟号飞船正常再入情况高出了3～4 g。虽然这时航天员还可以互相交谈，但呼吸已经变得很困难。飞船外表面的温度上升到了3 000 ℃，鲁卡维什尼科夫后来说当他们朝地球加速飞去的时候，飞船好像在“喷气式发动机的尾焰中”飞行。副飞行指导维克托尔·布拉戈夫（Viktor Blagov）后来将此次飞船返回称为迄今我们所完成的“最为复杂的一次飞行”。

因为此次成功的再入和着陆是在夜间完成的，回收降落伞一开始并没有在空中被发现，直到飞船平稳地降落于哈萨克斯坦的大草原。这是联盟号飞船的第二次弹道式再入，第一次出现在4年前，当联盟号18—A的运载火箭在上升的最后阶段出现故障迫使飞船在仅进入亚轨道飞行后便紧急着陆了。正常的联盟号飞船再入沿着一条气动升力路线，这样可以利用大气的密度来减少航天员承受的过载，当飞船减速到一定的范围时，它将再次穿过大气层完成最后的伞降。

对遥测数据记录的分析表明，在联盟33号飞船最后靠近空间站时，主发动机燃烧室的压力比正常情况下低，但是很不幸，它无法被回收以进行检查，因为发动机本身同服务舱一起在再入阶段与空气剧烈摩擦而烧毁。

早期的联盟号飞船存在的一个问题是航天员缺少一些仪器设备。例如对于发动机的燃烧工作，唯一的监测仪器仅是一个秒表！航天员用它记录发动机燃烧的时间，然后等待地面控制人员通知他们是否成功。而一维的加速度表只能测量飞船在前进或后退方向上的速度变化，并且不能精确地确定发动机的燃烧时间。

鲁卡维什尼科夫后来讲道，虽然这次飞行只持续了两天，但对他来说却感觉像过了一个月。他同时也透露在绕地球轨道飞行中，他们打开了一个为礼炮号空间站上的航天员准备的包裹，“我们自我鼓励了一下自己，我喝了一点，伊万诺夫美美喝了一口。但是，他们喝的是什么并不清楚。两名航天员为他们所表现出来的勇气接受了极高的荣誉。

4 年时间里，联盟 33 号飞船最后在轨道上的真实情况一直没有被披露。在 1983 年有报道说，在飞船上的航天员和地面的控制人员都相信飞船将滞留在太空中并无法营救。当时的计算显示，如果任由联盟 33 号飞船的轨道自然衰减，它将经历 10 天时间，而飞船上现在只有不足 5 天的呼吸用氧，一天的电力储备。

事故的细节也揭示了发动机在第 7 次燃烧仅仅工作 3 秒后便关闭的原因。飞船的发动机再次点火但随即又熄灭了。这就是礼炮号空间站上的航天员在距飞船 3 千米处所看到的飞船尾部的火焰。这给了地面控制人员警示，他们注意到该次发动机点火出现了不正常的侧向羽状火焰。当他们知道主发动机已经出现了故障后，他们担心这股侧向的火焰有可能损坏备用发动机，因为它紧靠在主发动机旁。

在经过一夜的评估，并与航天员的讨论后，备用发动机燃烧工作 188 秒的再入方案被确定——这是他们唯一的选择。然而，在再入的过程中，备用发动机同样出现了故障，这一次，备用发动机没有自动地关闭，它的工作时间超出计划工作时间 25 秒。鲁卡维什尼科夫不得不利用一个舱内的开关来关闭它。过度的燃烧工作时间使弹道式再入过程中出现了 8～10 g 的大过载，并使着陆点偏离了几百英里。

联盟 33 号飞船中的航天员已经在为着陆做准备，飞行主管沙塔罗夫提醒保加利亚航天员伊万诺夫在关上头盔的玻璃面板时，小心他的胡子，并加上了本不必要的一句话：“我们将迫切地盼望着你们。”当发动机点火后，两名航天员互相看了一眼并松了口气，但备用发动机未能自动关闭又重新使空气中充满了紧张的气氛。

当他们开始再入时，在飞船的窗外，火球渐渐变大，富有经验的鲁卡维什尼科夫对还是新手的伊万诺夫说："现在，游戏开始了。"当过了"黑障"后，地面控制人员反复地呼叫航天员来询问他们的状况。鲁卡维什尼科夫告诉地面控制人员静候一会，他们将过一会再回答，因为这时他们已经被巨大的过载压进了座椅。突然间，冲击和火焰都消失了，飞船的降落伞打开并使他们轻轻地降落于地面。

4.1.3.7　联盟 T—8 号（1983）

1983 年 4 月，联盟 T—8 号的航天员正在最后靠近礼炮 7 号空间站，但是他们并不知道在此前的发射中，重要的交会雷达天线已经被发射覆盖物所刮掉。当他们试图启动雷达系统时，发现雷达天线没有接收到任何信号，这迫使航天员停止对接，并等候地面对此情况作出评估。第二天航天员接到进行人工对接的指令。因为执行这次任务的航天员训练有素，并且这次任务对于礼炮 7 号计划的下一阶段至关重要，通常的任务规程被放在了一边，他们需要进入空间站。指令长弗拉基米尔·季托夫（Vladimir Titov）在此之前从未接受过手动靠近并对接的训练，他不得不用光学仪器来代替雷达。以前苏联的太空任务中，从来没有出现过这种尝试。为了估计与空间站的距离，季托夫不得不从潜望镜中观测空间站的目视直径，然后地面控制人员计算出合理的靠近速度，以确定当靠近空间站时发动机所需工作状态。

当联盟号到达距空间站 1 000 英尺的位置时，它脱离了地面通信网络的控制范围，这使得航天员无法得知飞船与空间站之间的相对速度。季托夫继续进行对接操作，但此时飞船和空间站进入到地球的阴影中，在空间站的航行灯和飞船的泛光灯的照明下，他无法确认靠近过程中空间站同飞船间的距离。当他靠近到 575 英尺的地点时，由于担心发生碰撞，他决定启动飞船的发动机，使飞船超过空间站，放弃了对接，这同时也意味着中断这次飞行任务。飞船所剩的燃料很少，仅仅够制动火箭的点火所需，因此飞船进入了自旋稳定模式以节省燃料，与此同时姿态控制系统也被关闭了。

他们最终安全着陆，但可以称得上是千钧一发。并且季托夫和根涅德·斯特列卡洛夫（Gennedy Strekalov）在此后9月份的飞行任务中再次经历了几乎同样的一幕。由于航天员缺乏对新的对接技术的训练并对靠近距离的担心，在14年后的1997年，和平号轨道空间站在一次与无人飞船的对接中出现了事故。

4.1.3.8　天体物理科学实验舱（Kvant）（1987）

1987年3月31日，苏联发射了天体物理科学实验舱——Kvant，它计划与和平号空间站的核心舱进行对接，自从2月份以来，尤里·罗曼年科（Yuri Romanenko）和亚历山大·拉韦金（Alexandr Laveikin）就在核心舱上了。到4月5日清晨，Kvant与和平号空间站的尾部舱口形成了对接直线。在空间站上的航天员按计划是休息日。在飞船飞行过程中，地面控制人员利用自动测量下传信号对Kvant上的对接系统进行了检测，因为这是一个自动对接系统，所以航天员只是作为饶有兴趣的旁观者外，无需做任何事情。

Kvant实验舱由两部分构成，重达20多吨，是一个庞然大物。它有一个增压实验室段和一个不增压的望远镜科学仪器段。为了交会和对接，一个单独的发动机组（辅助功能发动机组FAB）已经安装在了Kvant上面。此前，那些太空舱段以往只与无人空间站对接过。而和平号空间站被设计成为在其生存时间内能够为航天员提供永久性居住的空间站。Kvant这个巨大的科学实验舱将与和平号空间站核舱心对接。Kvant只是与和平号对接的第一个（是最小的一个）舱段。

Kvant的雷达在10.6英里外锁定了和平号空间站，和平号空间站作为被动的目标，而Kvant在对接中充当主动的对象，靠近的速度据报道为6.6英尺/秒，当Kvant靠近和平号空间站到164英尺时，在空间站上的两名航天员转移到与空间站前部端口对接的联盟TM－2号飞船上，并关闭了空间站上的所有内部舱门。为了预防万一出现的对接事故，他们穿上了航天服。从1978年以来这已经变成了惯例，因为这样可以使航天员在发生对接事故时迅速逃离空间站。

地面的飞行控制中心接收到的数据显示对接设备已经正确地展开，从Kvant上传回的电视画面也显示了靠近和平号空间站对接端口的过程。在距和平号空间站656英尺的地方，和平号空间站任务主管瓦列里·勒尤明（Valeri Ryumin）——一名前航天员——通知Kvant上的航天员，数据显示Kvant没有“锁住”和平号空间站，并且它看起来正在偏离航向。勒尤明要求罗曼年科从联盟TM－2号中回到和平号空间站上的气密过渡舱段来人工观测Kvant的运动路线。“（Kvant）正在逐渐偏离，它在我们的后下方，轮廓映在地球上面。它有轻微的旋转并缓慢地飘离我们”。罗曼年科报告道。

他继续向地面报告Kvant刚刚从距空间站外壁几米处掠过。从这里，我们可以看到差一点出现了无人控制的Kvant和载人的和平号空间站相撞的事件，碰撞会导致空间站严重的损毁和空间站上两名航天员的紧急着陆。这一次是运气帮了忙，但几年后，好运气没有再出现，一艘飞船撞到了和平号空间站的一个舱段上。

虽然后来苏联方面的新闻报道没有提及此事，但勒尤明的回答显示地面控制人员的忧虑以及缺乏对突然出现的这个问题的理解。“保持冷静，尤里，一切都没问题，我们需要几个小时来检查遥测数据，然后我们将告诉你结果。”

随后的官方事故报告表明，事故的原因是由于Kvant上的自动控制系统出现了一个故障。勒尤明解释道，对接Kvant和和平号空间站这样尺寸的飞船，对于苏联来说并不是一件常有的事，“这就是为什么我们特别的谨慎，也许，过于谨慎了”。辅助功能发动机组（FAB）装载的燃料可以保证进行好几次的对接任务，而且Kvant的对接操纵余量非常小。“在设置了一些过高的指标上，我们做得有些过火，我们清楚发生了什么。”他继续说，将需要花几天的时间来解决这一问题，制订下一次的靠近方案，并准备尽力使Kvant与空间站对接。

在4月8日到9日的夜间，第二次对接尝试完成了软对接。但不幸的是，一个无法确认的碎片阻止了对接捕获闭锁机构来完成硬连接，使得将和平号空间站联合体的第一个组合舱安全地与核心舱对接的努力付之东流。而未来计划将4个更大的科学实验舱与空间站连接起来的设想看起来具有更大的风险。对接专家不久就确定了问题的原因，但是外部的视频设备无法捕捉到异物的存在，或它在对接设备里面的具体位置。航天员用眼睛也无法观察到问题在哪里，因此一次临时决定的舱外活动将用来检查空间站上的对接区域。

4月12日，2名航天员3小时40分钟的舱外活动最终使拉韦金发现了一小块白色的织物并将它从对接设备中清除出来。然后，两名航天员站在和平号空间站的外壁上，从一个安全的距离观察Kvant，终于完成了硬对接。这一小块异物也许是地面在发射前盖在飞船上的保护套的一部分，或许是空间站运行期间的碎片，比如废物收集袋等。

在这次自动对接的过程中，舱外活动成功地展示了有航天员在空间站上的价值，它使得实时计划成为可能——允许进行一项未经计划的舱外活动，并且可以检查自动摄像设备无法拍摄到的区域。如果没有航天员而全部依靠自动设备，那么这次对接将无法完成，Kvant任务将以失败而告终。

4.1.4 航天飞机子系统异常

4.1.4.1 STS－2（1981）

最初的STS－2计划，亦即1981年11月计划中的四次轨道飞行试验中的第二次，计划飞行5天。它将在有效载荷舱里面携带一个科学仪器包，并利用加拿大建造的机器人遥控操作系统开展第一次广泛的试验任务。然而在第一天的早上，哥伦比亚号上三个燃料电池中的一个发生了问题。在燃料电池里面，氢和氧发生化学反应产生轨道器所需要的电能和航天员喝的水，所以它们是轨道器上的一个重要的子系统。任务规程规定如果一个燃料电池发生故障，那么不得不将任务简化为一个“最小任务”（持续54小时，或者绕轨道飞行36圈）。第一次报告问题仅仅是在航天飞机起飞2小时30分之后，当时航天员告知地面支持航天员他们有“两三件事情要报告”，其中一件是燃料电池 2 的高读数。在轨道运行接下来的两圈里，航天员们按任务控制中心的建议行动，去尝试依次手动清除每一个燃料电池的气体。在那时一切看起来都很好，航天员们也接到了继续保持绕轨运动的命令。这允许他们解除发射状态，穿上航天服。

航天飞机起飞后 5 小时，燃料电池的问题重新出现并迫使 1 号燃料电池关闭。地面控制中心评估数据后作出了烧掉反应物并永久关闭这个燃料电池的决定。由于一个燃料电池的报废，只好开始执行最小任务规则。飞行计划调整为：在为期 54 小时的飞行期间执行最高优先级的任务，并且还决定如果两个还在工作的燃料电池能够保持正常，那么可能延长飞行时间。然而，在晚上任务管理组对情况评估后决定让航天员早些返回，当时大多数的任务即将完成。这使得航天员乔·恩格尔和迪克·特鲁利感到很失望。

地面支持航天员（萨莉·赖德）：“首先有坏消息。我们的计划是我们正在进行最小任务，你们将在明天返回。”

哥伦比亚号：“哦。我将告诉你，你搞错了，难以让人理解，赖德。”

地面支持航天员：“要我再说一遍吗？好，那么你们再一次认真听这个不好的消息。我们正在进行最小任务，你们将在明天返回。”

哥伦比亚号：“哦，好吧，那不是好消息。”

地面支持航天员：“考虑到你们已经获得了全部的科学试验包数据和所有的 RMS 数据，你们已经做了很好的工作。我们打算让你们早点回来。”

哥伦比亚号：“好的，懂了。”

于是航天员们在飞行了 2 天 6 个小时零 13 分后很不情愿地结束了 STS－2 任务。虽然他们的任务被砍掉了一半，但是他们努力在有限的可用时间内补上了额外的工作，成功地完成了 90％以上的任务。恩格尔后来在飞行后的记者招待会上说道，如果发生错误，就不得不用“最小任务”取代“最大程度完成任务”，这样一种紧迫感，致使他们在如此短的时间里完成了那么多的任务。

4.1.4.2 STS－9（1983）

1983 年 12 月，美国航天飞机哥伦比亚号第 6 次入轨，这次它装载了由 6 个国际性航天员组成的小组和第一个空间科学试验舱。当任务快结束时机组人员在轨道上遇到了故障，如果没有航天飞机的冗余技术和具有 6 次航天经验的约翰·扬娴熟的技术，他们早就已经在灾难中丧生了。

STS－9 于 1983 年 11 月 28 日发射，并执行了长达 10 天的任务，当科学家们正在实验室忙碌的时候，扬正在和他的驾驶员布鲁斯特·肖（Brewster Shaw）操纵“哥伦比亚号”完成各种空间实验室任务。这两个航天员完成了 182 次操作和 212 次姿态改变，以支持科学试验计划并补偿在飞行过程中遭遇的设备故障。当机组人员准备在 12 月 8 日回来时，一系列发生的事情使他们感到惊讶。

在美国东部时间 5 点 15 分，机组人员都绑好在座位上，扬点燃前端的反推力控制系统（RCS）来完成再入所需要的机动操作。突然一声巨响，整个航天飞机都随之震动。“我的胃像是被搅拌，腿像是要变成果冻一样难受，”扬后来回忆道。

同时当 RCS 点火时，四台随机携带的电脑中的一台发生了故障。当机组人员再次对 RCS 进行点火时，第二台电脑也损坏了。这种作用被定义为“RCS 点火烧损”，造成这种结果的主要原因是供给的燃料当中存在杂质或者机械故障，在检查问题过程中任务控制中心不得不取消着陆的尝试。航天飞机轨道器电脑系统依靠四台通用电脑（GPC）和第五台备用电脑，在发生故障的情况下备用电脑需要和四台主电脑连接以构建一个冗余的系统。

机组人员开始了一场 9 小时长的控制航天飞机的战斗，此时，不能使用前端喷气装置，绕轨道又飞行了 4 圈后才开始再入。几乎在同时，三个惯性测量单元（IMU）中的一个发生了故障，这给本就已经很严重的问题更增加了麻烦。在地面上，飞行控制中心和在模拟系统中工作的地面支援航天员都没有办法使得临时残废的“哥

在 1983 年，STS—9 任务的指令长约翰·扬在哥伦比亚号航天飞机的计算机失灵后，不得不努力控制航天飞机。此图片是扬在 STS－1 任务的指令舱

伦比亚号”重生。

一般认为是由于 RCS 的过度点火产生的冲击波造成了最初的问题。由于几台故障电脑中的一台暂时恢复正常运行，机组人员得以最后操纵哥伦比亚号到一个可以“再入”的安全高度，一对轨控（OMS）发动机点火 156 秒钟，“哥伦比亚号”安全地朝向加利福尼亚的爱德华兹空军基地着陆。当航天飞机的前轮撞到地面时，第二台电脑又失灵了，这更增加了开始是因为冲击波破坏了系统的说法的可信度。

另外事后还得知在着陆前两分钟内，三台辅助动力装置（APU）中的两台的肼燃料泄漏并着火，这一点开始并没有被注意到：这造成了后面尾部区域隔板的严重损伤，烧毁了后面的电线和电气设备。但机组人员非常的幸运。如果在再入期间发生泄漏和着火的话，将不可避免地影响到第三个也是最后一个 APU。哥伦比亚号就将不能得到液压动力来控制空气动力学舵面（副翼和速度闸），几乎可以断定哥伦比亚号将和它的绰号“飞行砖块”所描述的那样，坠毁在沙漠中。

在这次任务之后，轨道器被运送到加利福尼亚的洛克韦尔公司进行两年时间的重建，最后在1986年1月的第24号任务（61—C）中重返太空。同时在多尼（Downey），也将完成飞行和再入时的问题调查，另外还确定在飞行中的电脑故障是由于在飞行前检查时没有发现集成电路里面的细微碎片。APU的问题可以追溯到在肼燃料管里面两个O形橡胶环的故障，它们被毁坏了，于是燃料就泄漏了出来并在非常热的APU设备周围着火。

4.1.4.3 STS—44（1991）

1991年11月，在国防部的一个秘密飞行任务（STS—44）的第7个飞行日，惯性测量单元2发生故障。再使用这一单元的尝试也宣告失败，于是就按飞行任务规则执行最短时间的飞行。亚特兰蒂斯号仅仅在一天后，也就是比原计划早了三天突然降落在加利福尼亚的爱德华兹空军基地。具有讽刺意味的是，这和由于STS—2任务中哥伦比亚号燃料电池发生故障而缩短了飞行时间的事件正好相差10年。STS—44仅仅是第二次提早结束的航天飞机任务，尽管如此，许多飞行任务目标还是达到了，因此对飞行前预定目标的影响不大。

4.1.4.4 STS—83（1997）

1997年4月4日，STS—83离地升空后不久，三个电解室中的一个电解室里面的两套燃料电池之一——2号燃料电池，显示出电压下降。于是，要求机组人员清除燃料电池里面的任何污染物。燃料电池在发射前启动运行期间已显示出些微电压的差异，并且维持在150毫伏的限度内很长一段时间。然而，在反应物清除并再启动后，电压却显著降到了50毫伏以下。在进入轨道之后，尽管进行了两分钟的杂物清除，燃料电池电压继续往上变化，继续攀升。在接下来的一天中再进行了一次10分钟的清除，电压上升到逼近150毫伏。

当问题的评估工作还在地面上继续的时候，航天员继续在空间实验室材料科学试验舱里面进行实验。进入飞行后两天，在任务管理组（MMT）的会议之后，决定关闭出现故障的电池，以免交叉影响另外两个功能完好的燃料电池。

地面支持航天员（加拿大航天员）克里斯·哈德菲尔德（Chris Hadfield）："任务管理组召集了所有参与了这次飞行任务的人，包括工厂，开了一次会议。大多数人不理解 2 号燃料电池的故障。虽然你们做了很大的努力并且做得很好，使得问题也趋向于稳定，但是电池的故障还是值得注意。所以我们将缩短这次任务。

哥伦比亚号指令长吉米·哈塞尔（Jim Halsell）："那显然是一个令人失望的决定，但是我们知道你们做了最大的努力并且做了正确的决定。我们尊重你们的安排。"

在发射 4 天后，哥伦比亚号回到了地面，提前结束了原定 16 天的任务，且前后变更两次科学任务。在回到肯尼迪航天中心的轨道器处理车间后，为了进行进一步的测试和评估，从哥伦比亚号上移下燃料电池。结果不是结论性的，只是揭示"一件孤立的破坏性的事件导致了组成每一个燃料电池的 96 个小电池中的大约四分之一的电压发生了些微的改变。为了确保发射前燃料电池的正常，动力装置将比通常早些启动，以允许在离地升空前进行附加的检测。"为了揭示每一个电池的正常情况将为每一个电池安装一个监视器，而不是采取那种简单的监视每一组 32 个电池的监视器。

在哥伦比亚号着陆 2 周后，又作出了在 7 月份再次飞行时把 MSL 有效载荷带上哥伦比亚号的决定。第二次任务完成得非常成功，这也反映了地面处理人员使航天飞机迅速恢复所做的艰苦工作。在这次新任务中没有发生重大的燃料电池的问题，于是在 STS－94 任务中被继续采用。这是第一次航天器、有效载荷和航天员都保持不变的重飞。

4.1.5　舱外活动事故

在太空环境中乘复杂的载人航天器飞行，极具危险，也极具挑战，而对真正的载人航天探险航天员来说，必须不时地离开保护他们的航天器，冒险进入舱外。为了安全起见，就要求穿上舱外航天服，在此，并用安全绳系着每一个进行舱外活动的航天员。

4.1.5.1 上升 2 号 (1965)

1965 年 3 月 18 日，苏联航天员阿列克谢·利奥洛夫（Alexei Leonov）成为离开轨道上的飞船进行舱外活动或空间行走的第一人。他身上由一件压力为 5.87 磅/平方英尺的舱外航天服保护着，由于舱外航天服气囊充满了气体，他发现即使是屈腿弯臂这样简单的动作对他来说都极为困难。舱外活动结束，当他试图回到气压过渡舱时，他不能屈腿爬回舱内。几分钟的努力结果仅仅是汗流浃背。他通过降低航天服压力到 3.67 磅/平方英尺（一个危险的步骤）以减少气囊的影响来解决这个问题，但是他仍旧无法进入，他不得不释放头罩的安全装置。经过了极其痛苦的几分钟后回到了压力过渡舱里面并关好了外部舱门，再升压，然后打开内部舱门进入上升 2 号主舱。为这次努力他丢失了 12 磅的体重！

1965 年 3 月，阿列克谢·利奥洛夫成为第一个在太空行走的人。由于内部压力使航天服膨胀坚挺，以致在返回上升 2 号飞船时他遇到了困难

4.1.5.2 双子星号 (1966)

在利奥洛夫短暂的太空行走后，1965 年 6 月埃德·怀特在双子

星 4 号舱外进行了愉快的 20 分钟舱外活动，使得舱外活动看起来好像很容易。他身体上很适应，但是当最后关闭舱门结束太空行走的时候他还是累得筋疲力尽——这是任务计划者们和飞行后的评估组没有认识到的事实。在双子星 4 号后，双子星号广泛的舱外活动试验被重新评估，并且制定了在双子星 8～12 号中更具雄心的目标，其中包括背着先进的机动背包工作。不幸的是，双子星 8 号短暂的任务使得舱外活动的尝试落空，但是 NASA 也没有调整下一次舱外活动计划来弥补这次损失。在双子星 9 号上，吉恩·塞尔南将努力把自己绑在适配舱（Adapter Module）后面的航天员机动单元（Astronaut Manoeuvring Unit，AMU）上，然后释放它（被拴着）飞离飞船。

塞尔南后来写道，当他打开双子星 9 号的舱盖时是在埃德·怀特舱外活动一年零两天后。NASA 知道舱外活动的"意图"。在水星号飞行之后想获得相关经验和知识，为阿波罗登月任务做好准备，双子星是一个合理的按部就班的计划。阿波罗自身在第一次登月前也进行了一个 5 到 6 步的飞行方案。从简单的 20 分钟的飞船舱外活动过渡到 2 小时的火箭推动背包飞行测试和大量的试验，至少可以说是雄心勃勃的。它是塞尔南所说的"狂热"的一部分——要达到这些雄心勃勃的目标，面临很大的压力。它们把航天员放到一个新的、未知的和潜在的危险境况下。

在舱外活动刚刚开始时，当塞尔南提高航天服的压力时，他发现它变得十分的僵硬，他不能轻易地曲身。一旦到了外面他发现没有好的着手点和立足点，任何抑制束缚自己身体的努力都很费力气。当他在飞船的尾部工作移动时，他的面板模糊限制了他的视觉。再多的休息也不能减轻问题，他想使自己稳定，用一只手去努力执行两手的任务，带来了更多的问题。当他试着在内心里按着清单要求去做时，它开始怀疑保险装置。如果他看不见就不能驾驶 AMU，尽管他希望完成任务，当斯塔福德意识到他在视觉、通信和航天服加热方面存在困难时，做出了中止舱外活动的决定。

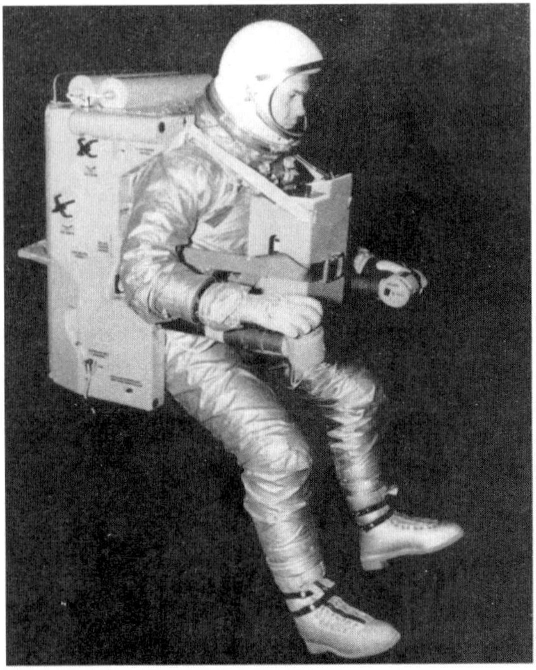

1966 年 6 月，吉恩·塞尔南用 AMU 来进行飞行实验计划的一个示范

不幸的是，由于先前在舱外活动的努力，塞尔南撕开了七层的航天服外边尾部缝合处，太阳光线穿越残缺的航天服在他的后背下部留下了一个大的晒斑。太阳光线热量也损伤了航天服的环控系统。当他结束舱外活动后挤进狭窄的双子星号舱内时也遇到了很大的困难，当斯塔福德帮助他把他的失重的双腿放进飞船时，他瘫倒在舱里。

另一个没有被注意到的事实是在双子星任务的早期，在与大力神助推器分离的地方有犀利的锯齿状的双子星号尾部，塞尔南不得不经过它到达 AMU 工作单元，恐怕他的航天服就是被它划破的。在双子星 9 号里面的斯塔福德的协助下，他回到了舱门并爬进舱里。虽然他碰上了面板，但是由于蒙上了水汽，斯塔福德不能看见塞尔南的脸。

他们最后关闭并密封了舱门，而且还打破了飞行规则，塞尔南取下他的头盔，斯塔福德马上便在他脸上喷了一口水。由于塞尔南的手用力过大，他的手套锁紧环削去了他手腕上的一块肉。

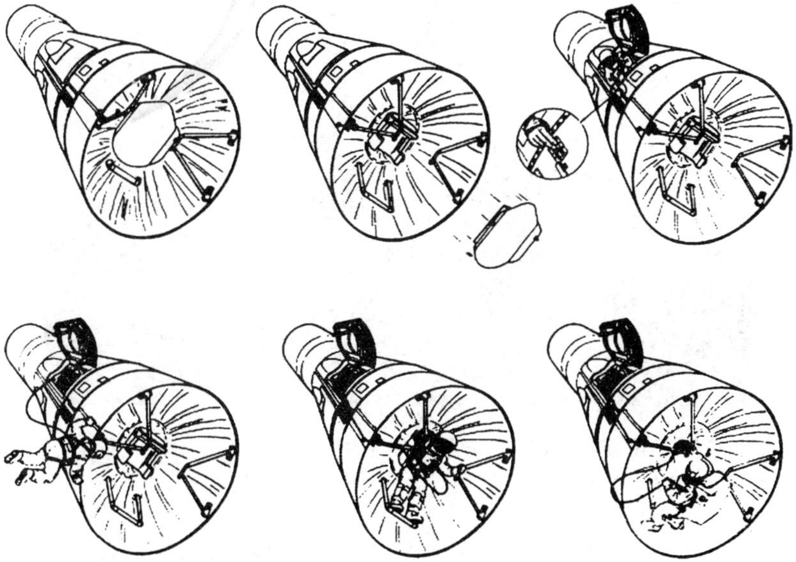

双子星 9 号舱外活动，显示了塞尔南不得不穿越到飞船的尾部背上 AMU 背包

塞尔南不能完成舱外活动原因是：在没有脚的帮助和身体的支撑情况下，在舱外执行即使是最简单的任务也是如此困难，但那时对此认识不够。对比怀特和塞尔南的舱外活动使得计划者们不得不更多地思考如何保留双子星舱外活动计划，包括提供足够的约束设备和新的训练计划。为了双子星 10 号和 11 号将及时做好准备，但是却没有在双子星号第 12 次飞行任务（最后一次任务）中发展。

1966 年 7 月，在双子星 10 号的第一次舱外活动期间（在这次迈克·柯林斯（Mike Collins）在打开的舱盖里“站起来”）约翰·扬发现他们由于眼中含满眼泪而不能完成他们的任务。

起先他们认为是在护目镜里面的新的防雾化合物造成的结果，但是他们说同时还有一股异样的气味。他们认为可能是当航天服风扇同时打开时，被用在环控系统中的氢氧化锂刺痛了他们的眼睛。柯林斯也经历了没有约束力的困难。

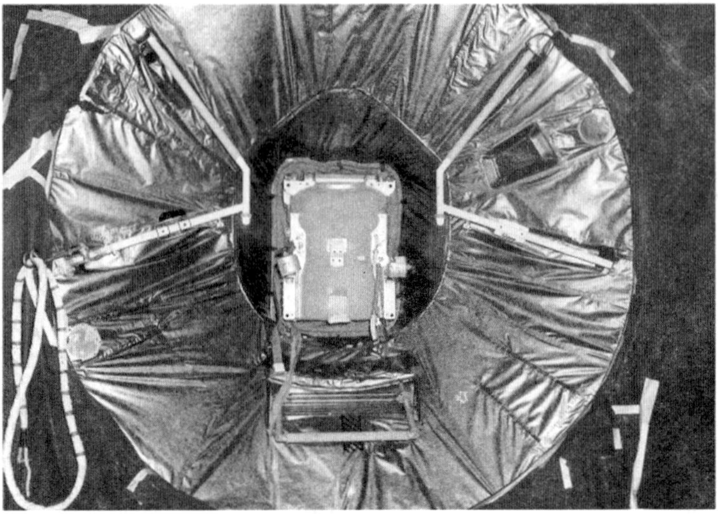

GT9 适配器背面部分，该图显示了 AMU 和扶手、脚蹬的位置，塞尔南将在太空中背上它

在双子星 11 号上，迪克·戈登（Dick Gordon）的任务之一是从双子星到阿金纳之间加一条绳索，为后来两个在轨道上系在一起的飞行器作动力学试验。由于先前的在 GT9 和 10 中的双子星号航天员的主要问题是约束问题，没有手脚的支撑，于是迫使戈登跨乘飞船以获得稳定的脚支撑，并且俏皮地提示皮特·康拉德（Pete Conrad）为“骑士，牛仔!”打开舱门之前戈登在他的头盔上遇到了一些麻烦，并且在走出舱外之前已经超过了环控系统的负荷。在酷热和大汗淋漓中他努力了 6 分钟，然后他累了。当他摸索到返回舱口时，汗液刺痛着他的眼睛，他再次需要指令长康拉德的帮助，需要他口头指导他回到舱口。

双子星 9～11 号所遭遇到的问题导致了对这几次舱外活动进行了评估，以利于双子星 12 号计划。巴兹·奥尔德林（Buzz Aldrin）借助于安全索以及脚支撑和手支撑，创造了舱外活动时间 5 小时 30 分的纪录，这是有关整个计划的一个重要的成果。舱外脚支撑和视觉的问题造成了潜在危险，舱外活动航天员都不希望在即将到来的阿波罗登月任务中在月球上遇到类似问题。

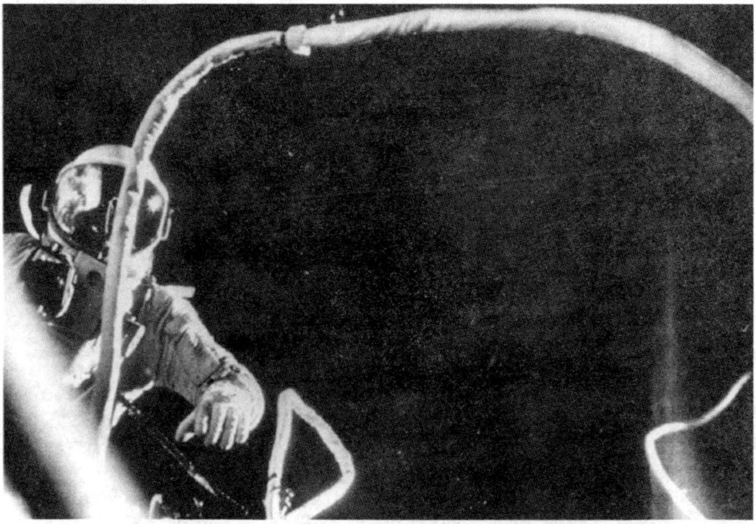

在双子星 9 号飞行期间吉恩·塞尔南在飞船尾部执行任务遇到困难后回到舱口

4.1.5.3　阿波罗（1969—1972）

航天员获得了在月球上从事舱外活动的一些最壮观场面，其中包括当他们在月面活动时的电视画面。月球上的引力只有地球引力的 1/6，这使得画面上的动作看起来很慢，但是哪怕是石头或者利器对航天服的一点小小的划破，都将意味着死亡。由于不能带着已牺牲的同伴返回到登月舱，剩下的唯一一个月球行走者将不得不把他的同伴扔在月球上独自返回轨道。幸运的是，在阿波罗计划期间从来没有发生过这样的情况。

航天员穿航天服导致的太空病问题在 1969 年 3 月地球轨道上的阿波罗 9 号上是突出的。在太空的第二天，在吃完早餐后，航天员拉斯泰·斯韦卡特（Rusty Schweickart）穿上他的航天服准备进行计划中的舱外活动时突然呕吐，但他极力闭上自己的嘴巴直到拿到一个袋子，感觉有些失去了方向感，他回到登月舱。大约一个小时后他又开始呕吐，地面上的医疗组赶忙举行了一个讨论会。考虑到航天员舱外活动安全，担心呕吐的航天员在舱外活动时不能使用袋子，因会导致在头盔的小空间内航天员会被自己所呕之物窒息，所以只好减少舱外活动任务。

在 1971 年 2 月阿波罗 14 号任务期间，艾伦·谢泼德和埃德·米切尔（Ed Mitchell）到圆锥形火山口的长距离行走付出了代价。他们在第二次舱外活动中十分僵硬地爬上山脊，在他们发现火山口边缘的努力过程中，谢泼德的心率升到了 150。在月球表面方向感的丧失更增添了挫折和精疲力竭。后来，月球探险车可以使航天员舱外活动不那么辛苦，并且具有惯性导航能力。

1972 年 4 月约翰·扬跳到月球表面，试图向查利·杜克（Charlie Duke）敬礼。当杜克试图像约翰·扬一样跳到月球上时，他跌得仰面朝天

从阿波罗 14 号登月开始，航天员有了一个便携式生命保障系统（BSLSS）的备用系统，这有点类似于配戴“水肺”的潜水系统。根据设计它可以维持两个航天员 40～75 分钟。利用一根长管，通过氧气净化系统（而不是冷却水）提供氧气，一个航天员的生命保障系统可以支持另外一个航天员的系统。估计在回到登月舱的短途中，氧气净化系统的氧流能够带走身体的热量并维持一个恰当的温度。可是过长的距离会导致在回到登月舱之前氧气的损耗。幸运的是这个备用系统在阿波罗任务期间从来没有使用过。

尽管几位进行阿波罗舱外活动的航天员在降落月球（在阿波罗 17 号中戴夫降落在一个叫哈德利·里尔的地方边上的“9A”站，杰克降落在 3 号站）时跌到，但没有遇到大的麻烦，尽管查利·杜克在他的自传中回忆了在 1972 年 4 月的阿波罗 16 号上降落时的危险性。他提供了一个月球小引力的明证，他穿着 200 磅的衣服往上能够跳 4 英尺高！然而，背包的重力使得他往后仰，他重重地仰面摔到在月面上。杜克原以为他必死无疑（在地球上如此），因为月面将全力撞击背包，而在设计时没有考虑背包从 4 英尺高下降的撞击力。如果他切开了背包，迅速降压——或者像他的一个朋友所说的，“高空嗞嗞声”——那么他将立即送命。幸好一切都很正常，最后以指令长扬的一句具有代表性的话结束：“查利！那不是一些有趣的事情，是吗？那不是非常明智的。”

4.1.5.4　天空实验室（1973）

在任务 1 的第二次舱外活动期间，皮特·康拉德几乎是用一根脐带状的绳子（安全索）拴着弹射入太空的，这次是为了从轨道工作间里面取出卡住的太阳能翼。天空实验室发射时是无人的，它的

天空实验室空间站，图片显示出航天员展开的太阳防护罩和未展开的太阳能翼（左边）

一个太阳翼在上升过程中被扯掉，第二个被卡住了，因此第一组工作人员的第一个任务就是取出这个翼，允许折叠的太阳能翼展开并提供空间站所需的能量。在1973年6月一次舱外活动期间，康拉德和乔·开尔文（Joe Kerwin）在空间站一边的外面，切割这个干扰翼的碎片并系上绳索把它从发射时配置的地方拉出来。当他们拖拉绳索时，康拉德后来说道："我被强加了一个强大的抛力，于是我周围什么东西都变黑了，我被射进了空中。当我往后落时，翼完全展开了。"如果不是被安全绳保护着，他将被抛进太空，螺旋地离开安全的飞船。

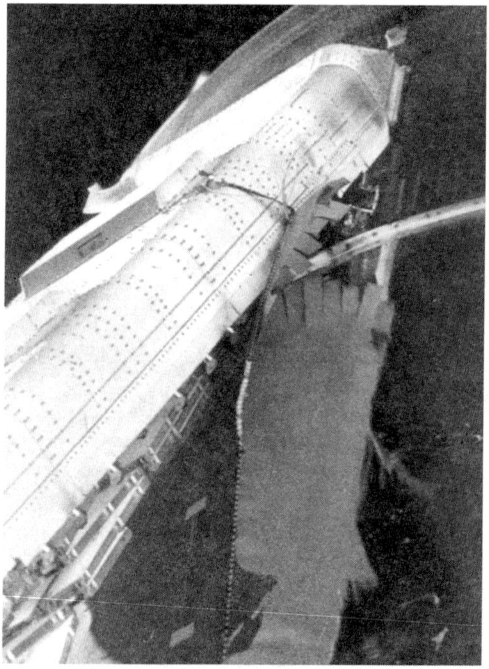

1973年6月7日，在天空实验室工作间被损坏和部分展开的太阳能翼，在切断限制完全展开的钢索之前被航天员取出

4.1.5.5　礼炮号和和平号（1977—1999）

从礼炮号和和平号空间站开始，自从1977年第一次对礼炮6号

对接舱的检查以来，在 20 年的时间里舱外活动已经成为了一种例行的工作。在这以前，自从 1969 年以后就没有俄罗斯人在太空行走过。在这些年里，一些小的问题困扰着舱外活动的进行，但是例行的舱外活动的成功证实这只是一件很一般的事情。有一点很重要，就是苏联（俄罗斯）人从空间站的舱外活动是有规律性的空间任务。建造国际空间站需要成百上千个小时的舱外活动，他们这些在轨道上手动操作的知识和经验将变得特别有价值。

然而，不是所有的舱外活动都精确地按照计划进行，不像一次飞行的阿波罗航天服和短期的航天飞机任务的舱外活动的设备，它们只用一次并在每一次任务之后要重新装备，而礼炮号一和平号的舱外活动设备就放在空间站几个月甚至几年，并重复地被陆续来的航天员使用。这需要为空间站维护和系统整理提供必需品，但是通常在航天员穿上航天服到舱外工作的时候也易造成飞行故障。

1973 年 6 月 7 日，航天员康拉德（后面）和开尔文（前面）在舱外活动期间展开天空实验室被卡住的太阳能翼

4.1.5.6　联盟 26 号（1978）

在苏联最初近 9 年的舱外活动期间，航天员格奥尔吉·格列奇

科（Georgi Grechko）和尤里·罗曼年科（Yuri Romanenko）都在检查新的礼炮 6 号空间站的前部对接舱口。先前的联盟 25 号在与空间站对接时失败，于是仅仅在 2 天后被迫回到地球。联盟 26 号载着格列奇科和罗曼年科来到后面的第二个端口（对接口）获得了成功。12 月 20 日，罗曼年科在压力过渡舱监控舱外活动，格列奇科的头和肩膀离开前部舱口直到能够在视觉上检查前部对接口。从与联盟 25 号接触的探测器里面他没有发现严重的损伤，所有的设备看上去都在正常工作。这个单元被允许在将来继续使用。航天员们接到命令，在他们走出通信范围之前，在地面控制中心的控制下完成舱外活动。后来格列奇科还添加了一个空间救援的故事以致使得苏联的空间观测者着迷了好多年，他们努力想弄清事情的真相。

根据格列奇科早期的说法，罗曼年科想看一看外面，在把头伸出舱口后他慢慢地离开，他以为他的安全绳将束缚住他，但是它没有，因为他忘记系上它了！在他作为一个人体卫星飘离之前，他有数秒钟的时间把他的绳系在空间站的任何部位上。

据报道，格列奇科问他的指令长，他漂过的时候他认为他将飘往哪里。格列奇科被拴在了空间站的外壳上并且在检查两次后，他离开，在他的指令长飘走之前抓住他。大概是罗曼年科也系了安全索，只是可能被拉松了。为了把他的指令长罗曼年科从鬼门关拉回来，格列奇科做了很多努力！然而，罗曼年科一直否认这件事，后来格列奇科自己也轻描淡写地说只是个小小的玩笑，并且最后承认罗曼年科在空间站上从来就没有丢失的危险。从这一件事情可以清楚地看出，一个好故事怎样发展成为戏剧性的事件，并混淆了事实真相的。

当他们在舱外活动结束最后关上舱盖的时候，两个人都是大汗淋漓气喘吁吁。但是他们此后面临更严重的形势。当他们触发控制器关闭降低了气压过渡舱减压阀门时，它出了故障。数据显示阀门被挤开了。他们要对气压过渡舱实现再增压的话，就要通过阀门损失很有价值的氧气，尽管他们的航天服能从空间站中汲取氧气。在他们的背包里面没有多余的气体供给，这就使他们不能越过长长的

"礼炮号"空间站到达另一个对接口的联盟 26 号，通过轨道舱的小舱口进入然后再进入礼炮号空间站。他们的问题是如果他们不能使得气压过渡舱再增压的话他们将不能够进入主舱。

当他们与任务控制中心重新建立联系时，他们讨论下步能做的事。飞行控制者们在听到阀门的问题和航天员们该回到礼炮号时而不能回的事实后感到震惊。仅仅留下一种选择，那就是努力再增加隔间的压力，希望前面的显示阀门被打开是错误的。结果真是这样。压力保持住了，两个航天员最后飘离他们的航天服并进入睡袋，并赢得了 10 小时的好睡眠。

4.1.5.7　联盟 TM－9 号（1990）

1990 年 2 月，联盟 TM－9 号从拜科努尔发射基地点火起飞，它载着阿纳托雷·索洛维奥夫（Anatoly Solovyov）和亚历山大·巴兰金（Alexandr Balandin）飞往和平号空间站，他们将成为空间站的下一批居民。在到达低地轨道后不久，航天员报告说有一个物体伸出了他们的飞船之外，部分地阻挡了他们的 Vzor 潜望镜的视线。他们成功地完成了对接。当 TM－8 与空间站分开，带着先前的太空居民回来时，他们围绕空间站进行盘旋飞行以确定粘在联盟号飞船上面的神秘物体的性质。

他们发现热防护材料的表面层已经从联盟号返回舱的外壳脱落，看起来像是花瓣。显然气动保护罩在上升段爆炸分离过程中松脱了，在底部被分开为 8 片，挂在轨道舱和返回舱之间的连接处。它们用作轨道飞行期间的热防护，而在"再入"期间就变得没有必要了。尽管如果需要的话能够发射第二个联盟号取代已经损坏的联盟号，但是联盟 TM－8 号的照片揭示，可以通过舱外活动安全地修好，或者把它们切除以免它们阻挡水平传感器。特别的舱外活动装备暂时没有准备，所以确保联盟号温度不忽高忽低变化很重要，否则的话，面向阳面时将高达摄氏 130 度，而背阳面时则是零下 130 度。调整空间站的姿态，避免飞船被阳光烘烤和冰冻，从而避免水在内部构件上凝结，否则将造成飞船上电力设备的一些危险。

7 月 17 日他们最后决定开始修理飞船，并把联盟号飞船移到和平号空间站前面对接口，以便可以更加容易地进入到受损区域。他们从量子 2 号气压过渡舱走出空间站，沿着舱的外壳前往联盟号。这不是最短的路径，但是利用梯子可以避免经过货运飞船的精密天线和外表面的仪器设备。为了进入工作点完成修理工作有如此多的事要做，以致他们在气压过渡舱还没有完全减压之前就打开了舱门。当舱门被打开时气压过渡舱里面剩余的气体冲出来把它冲得摇摆不定。气体形成射流，令航天员们感到惊讶的是一股太阳光线过早地射进来。然而，他们继续执行他们的任务，没有意识到这个动作已经损坏了舱门的枢纽，当他们完成舱外活动任务之后，这将阻碍他们关上舱门。

从 1977 年开始，苏联（俄罗斯）航天员从礼炮号和和平号空间站上进行了几十次的舱外活动，他们穿着改良了的奥兰（Orlan）舱外活动航天服，这种航天服是从最初苏联的登月航天服演变而来的

新的和平号奥兰舱外活动航天服有独立的生命保障系统，按照设计它可以供给 8 小时。除非有一件航天服发生故障，在和平号舱外活动期间不必使用安全索，航天员需要保持在离舱门附近的区域来支持他同伴的行动，让同伴继续完成舱外活动的主要任务。这次舱外活动相当的困难，因为他们工作点位置不好，将热防护层贴上轨道舱的任务也很艰巨。在开始匆忙地返回压力过渡舱之前，他们成功地完成了 3 个修理计划之中的 2 个，又工作了 6 小时，他们几乎达到了身体消耗的极限。

尽管回到舱内的过程比通常要快，那是因为他们把大部分的设备都丢在了工作点，但是当他们试图关上舱门时，最后零点几英寸的缝隙合不上，于是就不能完全锁上舱门并使过渡舱增压，所以他们只得转向紧急程序。幸运的是，量子 2 号的中央舱专门针对这种紧急情形设计了一个紧急气压过渡舱。撇下微开的外部舱门，关上内部舱门，并且最后在经历了 7 小时 30 分之后从舱外活动航天服中出来，航天服中的氧气已经只能再供应短短的 30 分钟了。氧气的供应其实不是问题，因为他们在等待增压的时候可以很容易地接通空间站系统，但是每一次呼出的二氧化碳需要经过氢氧化锂的净化，从这一点来说已经达到了饱和点，二氧化碳的浓度不久就要上升到一个危险水平。航天员们不久就将感到气闷以及呼吸和知觉困难，最后将导致死亡。幸运的是紧急程序工作良好，9 天后又完成了第二次舱外活动。

在这次舱外活动期间，航天员们试图修好坏掉的舱门，但结果是徒劳。后来的一批空间站居民也做了这方面的努力，但是直到 1991 年 1 月第三批人员才完成了这项工作，这一次他们装备了合适的工具，完成了修理。

4.1.5.8　奥兰航天服问题

自从 1977 以来，苏联/俄罗斯都是用奥兰设计的舱外活动航天服，它是由取消了的苏联“金色猎鹰”（Krechet）登月计划航天服发展而来的。最初不同于和平号，在礼炮号上面的舱外活动使用了安全索，另外还在改良了的背包里面运行了独立的生命保障系统。在 20 年的时间里，证实这是非常可靠的，但是为安全起见，一组航天服故障对策方案还是推荐给了航天员。航天服的技术员和设计者们一直都在提高衣服和它的系统的可靠性，并且承认系统有时候也会出故障，正像任何一项技术一样。只不过，在太空中故障发生时穿着航天服的不是设计者。

1991 年 7 月 27 日，舱外活动航天员阿纳托雷·阿尔特谢巴斯基（Anatoly Artsebarski）的头盔护目镜由于热交换器中的水跑出来，而变得灰蒙蒙的。同行的航天员谢尔盖·克里卡列夫（Sergei Krikalev）不得不领着他的指令长回到舱口。

1992 年 2 月 20 日，航天员亚历山大·沃尔科夫（Alexandr Volkov）在舱外活动刚刚开始的时候他的航天服热交换器发生了障碍。这迫使他保持靠近舱口，依附飞船的冷却系统。这导致整套航天服在和平号（几个月）上一直都蒙着雾。

1993 年 9 月 28 日，航天员瓦西里·特西布利耶夫（Vasili Tsibliyev）的航天服冷却系统发生故障，于是他不得不又保持离舱口近距离，仅仅帮助另外一名航天员做一些支持性的工作。在紧接着的下一次舱外活动中，亚历山大·谢雷布罗夫（Alexandr Serebrov）的航天服遇到了氧气系统的问题。这套航天服已经在 13 个不同的场合被不同的航天员使用了，已经超过了它的设计使用寿命。

1995 年 7 月 19 日，航天员阿纳托雷·索洛沃约夫（Anatoly Solovyov）的航天服冷却系统发生故障。

这些事故没有一个被认为是有“生命威胁”，但是却的确有很严重的后果。护目镜上面的雾严重削弱了视力；航天服冷却系统是非常重要的，这不仅是为了航天员舒服，更重要的是要维持航天服系统的正常运行，以确保航天员的生命安全。幸运的是，当系统出现故障的时候，如果靠近舱口的话，可以接通空间站的生命保障系统。然而，如果远离或者隔离了主供应舱，则返回到空间站就会变得如此之紧迫。

4.1.5.9　航天飞机舱外活动（1982—1999）

航天飞机任务的主要事件之一就是太空行走。虽然没有致命的危险，但是一些小事情证明在太空行走从来就与危险相伴。并且可以说瞬间死亡也正是你所穿的航天服的另一面。

在 1984 年的 STS 41－C 上面，航天员乔治·尼尔逊（George 'Pinky' Nelson）经历了一个在专业术语上被称作为"微量的尿液污

在 STS 41－C 任务中，乔治·尼尔逊在舱外活动修复期间设法用手减慢"太阳最大任务"卫星的旋转速度。在这期间，他的航天服的尿液收集系统出现了故障

染的问题"。这些液体冷却了他身上穿的航天服，在这个过程中航天服发挥的是像海绵一样吸收大部分水分的作用。一些头盔上的雾被注意到，而飞行后的检查揭示，很幸运没有尿液进入他的头盔。当尿液浸入他的衣服后他感觉到冷，于是他关小液体冷却通风系统，结果形成了雾。当吸气的时候头盔中流动的液珠会造成危险——而即使是一滴尿液也可能导致最不舒适的情况出现。一回到航天飞机

舱里面，闻到尿液与航天服中 6 个小时的汗液相混合后散发的臭味，简直就是“在没有冲洗过的厕所里面的气味”。显然，它是那么的难闻以至于尼尔逊的同伴威胁说要把他作为任务的遗弃物扔入太空中！

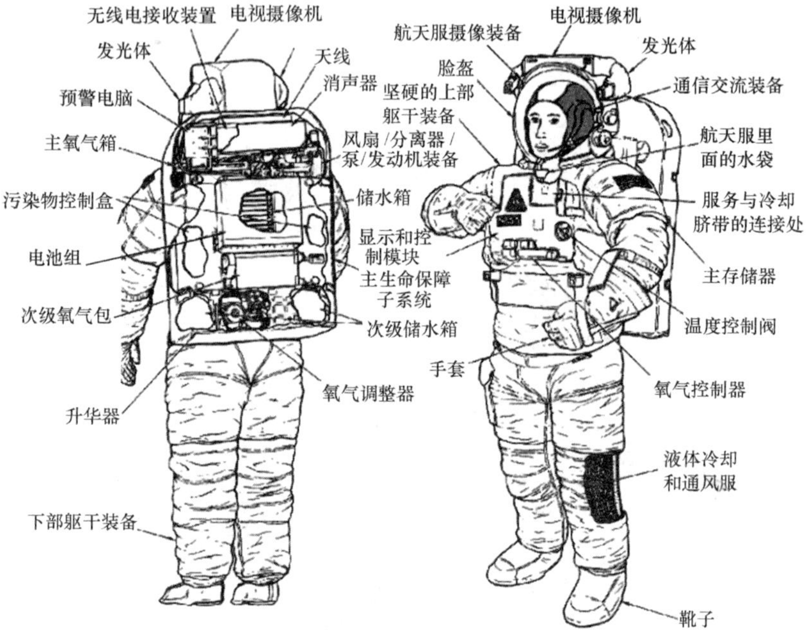

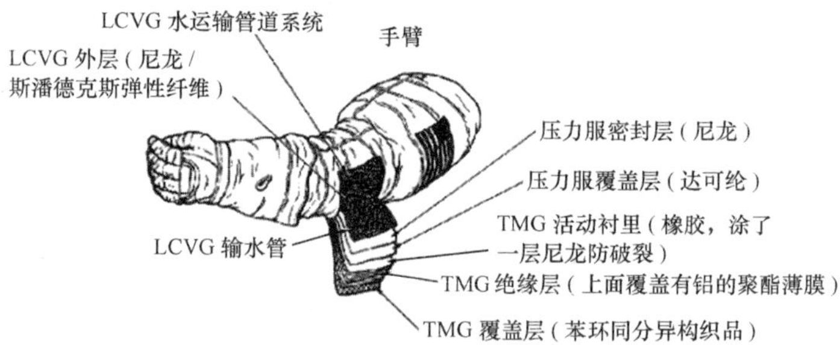

剖面图显示在太空行走期间保护航天员的航天飞机舱外活动航天服和热防护层以及压力层的结构

评价空间站构造工作之一，就是 EMU 航天服经受低温考验的能力。在 STS 51－I、STS－63 和几个其他的任务中，有关于冷指的报道。在此，延长暴露在阳光下的时间，加热航天服，然后当航天器移动到太阳阴影部分时，再把航天员放入结冰的温度中。航天服的环境控制系统可以耐受大范围的温度波动，也计划安排一些试验来评估航天服的设计指标。如果航天服系统发生了故障，或者航天员用力过度又不能返回安全位置，那么冷热问题还是要严重影响太空行走。

计划的国际空间站的日志中，面临着超过 1 500 个小时总共 75 次的舱外活动，这些舱外活动将由航天器连续不断送来的工作组和空间站上的常驻工作人员共同完成。在这些广泛而又重要的舱外活动期间，航天器、EMU 和奥兰航天服的可靠性和安全性将在整个空间站建设期间得到完全的检验。当然事故将不可避免地发生，但是在最近的技术发展水平下，飞行的经验和足够的训练，将使得事故发生的概率降到最小。

4.2　双子星 8 号飞行异常中止（1966）

1961 年 4 月至 1965 年 12 月之间苏联和美国成功完成了 19 次载人航天飞行，其中包括两次亚轨道短程飞行和 17 次轨道飞行。另外，X－15 火箭探索飞行器完成了 9 次亚轨道短程飞行，轨道高度为 50 多英里，这些短程飞行的特点就是飞行高度刚好超过“航空”和“航天”之间的界限，而且又满足“航天飞行”的定义。在所有这些太空任务中，都能完成大部分飞行前计划的目标，没有一次飞行因为严重的故障而被迫缩减计划。

在 1966 年初，NASA 正在为双子星 8 号的飞行做最后的准备工作，双子星 8 号计划要完成与一个不载人航天器阿金纳在外层空间的对接任务。和即将来临的阿波罗登月计划一样，这次飞行将成为载人航天史上的重要里程碑。NASA 和麦道公司认为双子星飞船是乘载单人的水星号飞船和乘载三人的阿波罗号飞船的过渡。双子星号将要执行几个关键的任务：完成长达两个星期的飞行；受足够保护的航天员完成舱外活动成为可能；实现两个航天器在外层空间交会并对接——对阿波罗最为关键的——也是可行的。就在 1965 年圣诞节前夕，双子星 7 号完成了持续两个星期的飞行任务之后坠入大海。

原本双子星 6 号计划也要实现同样的任务，但由于发射故障中它丢失了目标航天器，因而被重新指派与双子星 7 号在它 14 天马拉松式的飞行过程进行太空对接，完成了登月计划中的另外一个重大步骤。1966 年 3 月份期待已久的对接任务落到了双子星 8 号的头上。双子星 8 号将为阿波罗首次发射前剩下的 4 次飞行做出示范。尼尔·A·阿姆斯特朗是这次任务的指令长，他的驾驶员是美国空军少校戴维·R·斯科特（David R. Scott）。他们不仅要完成首次太空对接操作，而且在 3 天飞行中斯科特还要完成两个小时的舱外活动，他将穿戴上根据双子星 4 号上埃德·怀特的短暂经历而改进的装备。

3 月 16 号上午 7 点，阿姆斯特朗和斯科特在航天员休息室里被叫醒去经历飞行前例行的医护和早餐程序，以适应他们在飞船和目标飞行器中将要经历的状态。尽管有一些小问题，但没有任何严重问题足以威胁到两次发射。在目标航天器起飞之前大约 14 分钟，两位航天员就已经穿上了航天服，并被送到等候着的双子星 8 号飞船里面，轻轻地滑到各自的座位上就坐。上午 10 点目标飞行器阿金纳将从 14 号发射架上起飞。目标航天器被发射到 184 海里×188 海里的近似圆形轨道上。地面上一段紧张时刻过后——特别是想到双子星 6 号丢失了预期的目标航天器的事实——阿姆斯特朗更加坚信他们的任务就是“抓住目标航天器”。

上午 10 点 40 分 59 秒，双子星 8 号在 3 秒钟内起飞，开始追赶在他们轨道上空的阿金纳 8 号。当阿姆斯特朗和斯科特乘坐大力神Ⅱ号火箭到了 100 海里×169 海里的轨道上时，阿姆斯特朗向地面报告：“从起飞到现在一切正常。”在计划的 6 个小时从后下方追赶阿金纳 8 号的过程中，他们将飞行 105 000 英里。一旦进入轨道之后，阿金纳在飞船的前方，两个飞行器之间相距 1 209 英里。阿姆斯特朗将同时运用轨道机动推力器和复杂的轨道力学知识去抓住目标航天器。双子星 8 号计划进行 5 次大的机动。阿姆斯特朗回想起他在教室和模拟器里为这次实际操作而受到的训练，他知道开启轨道机动推力器时，推力方向若与飞行方向相一致，飞船就会移向更高的轨道，飞船的速度也会随之降低；若与飞行方向相反将会使飞船向低轨道移动，飞船的速度会相应提高。组合使用这两种状态，航天员就能逐步地追赶上目标航天器并使他们的轨道吻合起来，以达到对接的目的。

1966 年 3 月 16 日发射当天早上，阿姆斯特朗和斯科特进入肯尼迪航天中心 19 号建筑群的白房子。两位航天员正微笑地期待着他们的第一次飞行

在双子星 8 号的设计中，姿态控制是通过一些小的推力器单元（能产生 25，85 或者 100 磅的推力）来实现的，这些推力器单元的燃料是可以自燃的一甲基肼和四氧化二氮。飞船后面部分配备着 6 个轨道姿态及机动系统（OAMS），其中 4 个分别用来控制向上、向下、向左、向右，其他两个带有朝向航天器前方的喷嘴，可以用来使飞船往后飞行。设备段安装有一套共 10 个轨道姿态及机动系统，航天员利用它们来实现飞船倾斜、偏航、滚转以及前进等动作。在返回舱里，两组 8 个推力器被用作姿态控制操作装置。这套系统通过红外线传感器扫描飞船在三个轴向的运动，并判断飞船相对于一个关于地球地平线已知位置点的运动信息。在自动模式下，这些给

计算机提供的状态信息就会根据情况触发某些推力器进行工作。在手动模式下，通过对三个轴向手动控制器输入数据，负责指挥的航天员就能够利用这些推力器按要求控制飞船的飞行。

当阿姆斯特朗操纵飞船绕地球飞行以追逐目标航天器的时候，斯科特忙着向计算机输入指令。起飞后 1 时 34 分，当双子星 8 号飞过得克萨斯州的正上空时阿姆斯特朗发动了一次逆向 5 秒钟的点火，以便稍微降低远地点。但是当他关闭点火器的时候，他注意到一个问题。有一个很小的残余推力，导致计算机读数出现变化，因而很难计算这次点火后产生的精确减速加速度。阿姆斯特朗又发动了一次正向推进点火，这次是为了将飞船的速度增加 15 米/秒。阿姆斯特朗又一次发现推力器的关闭使得获取精确读数产生困难。

当飞船飞过太平洋上空的时候，大约在他们完成第二次变轨（起飞时计起 02 时 45 分 50 秒）前 25 分钟，阿姆斯特朗将双子星 8 号头部向飞行轨迹的南面偏转了 90°，他同时敲击了尾部推力器的指令按钮，使水平速度改变了 8 米/秒，从而改变飞行平面，进入到阿金纳的飞行平面。这是为了补偿起飞时慢下来的 3 秒时间。在与追踪船失去联系之前的最后几秒内，一个迅速的喷气又将速度提高了 0.6 米/秒，接下来的任务就是启动交会雷达，雷达追踪到了 332 千米外的阿金纳。

起飞后 3 时 48 分 10 秒，阿姆斯特朗又将飞船的姿态往下调转了 20°，并利用尾部推力器将速度改变了 18 米/秒，结果使飞船进入阿金纳下方 28 千米的近圆轨道上。在那时双子星 8 号已经准备好进入交会对接程序的最后阶段。

两位航天员都看到了约 140 千米外明亮闪烁的阿金纳号。在向阿金纳号接近时，斯科特将计算机从追赶模式转到了交会对接模式。当穿过日落区的时候目标飞行器滑入到黑暗当中，阿姆斯特朗校准了惯性平台为平移机动做好准备。当阿金纳正处在飞船的正前方的时候，阿姆斯特朗调整飞船的头部向上倾、向左倾。在 5 时 14 分 56 秒他再一次点燃了推力器。大约 28 分钟后，就在日落前，他又一次点燃推力器，使双子星 8 号减速。根据目测，阿姆斯特朗获得了来自雷达的信息和距离变化率（同时斯科特呼叫着告诉他）。在相距仅46 米的时候，他将飞船和目标航天器之间的相对速度降到了零。交会成功之后，他们就马上准备好进行对接尝试。

接下来的 36 分钟内阿姆斯特朗利用灵敏的手动控制器操纵控制着飞船的姿态，同时斯科特则用眼睛监视着即将与飞船相连接的阿金纳。

阿金纳目标对接连接器（Target Docking Adapter，TDA）安装在阿金纳的前端，这个连接器被 7 个装满液压流体的阻尼器支撑着，液压流体可以吸收撞击时传递的能量。双子星号光滑的头部被引向目标飞行器前端的一个锥形体，一些弹簧锁则保护着飞行器。一个电子马达驱动 3 个齿轮箱向后回缩锥形体，以便保证飞船与对接连接器的接触更加牢固。在对接连接器的前端锥形体的尖端安装有一个显示器，以便于两位航天员都能观察到阿金纳的数据。接着，斯科特通过向一个编码器输入 3 位数字的控制代码来控制位于阿金纳背部的一个发动机。

一旦所有有关对接需要的安全和目标的总体稳定得到确认之后，阿姆斯特朗就应该在起飞后 6 时 32 分 42 秒往前进行对接。阿姆斯特朗以 8 英尺/秒的速度轻轻地将飞船的头部推进了阿金纳对接连接器中。

双子星 8 号靠近美国空军的阿金纳的上面级，该级为了完成与 NASA 双子星对接任务进行了改进（引自美国空军）

阿姆斯特朗报告说："飞行控制中心，我们对接上了！真的很平稳，根本没有任何明显的振动。"

飞行控制中心回答："嘿，恭喜。真棒。"控制中心爆发出一阵欢呼，彼此热烈握手，互相拍着背，表达激动之情。阿姆斯特朗说道："我们现在的兴奋难以平静，我们真的赢了！"

在双子星 8 号飞船和阿金纳对接前的最后时刻，从戴维·斯科特的窗口得到的景象

按计划航天员现在应该要执行一系列对接后的琐碎工作。当他们艰难地核对阿金纳对接数据时，控制中心向航天员发送了一些新的信息。

控制中心："罗杰 8 号，大声告诉你，我有一些信息要给你。首先是关于偏航机动的操作。如果你遇到问题发现阿金纳的姿态控制系统变得不正常的话，只要给编码器输入命令 400，关掉阿金纳的姿态控制系统，控制好飞船就可以了。”

当结合体穿越设在马达加斯加（Madagascar）的塔那那利佛（Tananarive）跟踪站的观测范围时，两个航天员正忙于应付对接检验单。斯科特命令阿金纳姿态控制系统将结合体往右转 90°，接着开始向编码器敲入下一条命令。这时，他注意到他前面的控制仪表板提示了一条出错信息。双子星 8 号应该是水平飞行，但“球”指示器却显示他们有 30°的滚转角。因为飞船飞出了跟踪站的范围，并且进入黑夜边，想要得到地面控制中心视觉的确认是不可能的。所以斯科特向阿姆斯特朗报告了这一情况。阿姆斯特朗也确认他的指示器也显示同样的姿态。

阿姆斯特朗用推力器纠正滚转，但是这种状况再一次出现的时候，两位航天员认为是阿金纳处于不配合状态。依照失去联系的前一时刻控制中心（吉姆·洛弗尔）的指示，斯科特尽职地关掉了阿金纳的姿态控制系统。四分钟之后结合体稳定下来了，问题似乎已经解决。

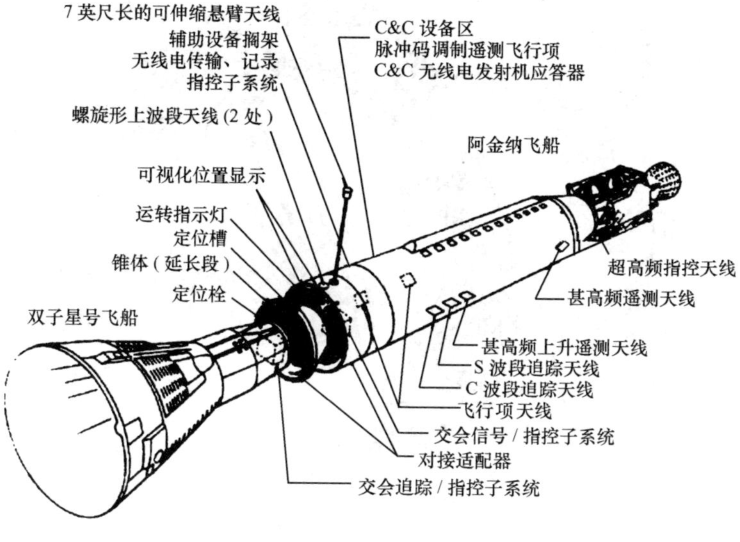

双子星一阿金纳对接模型结构示意图

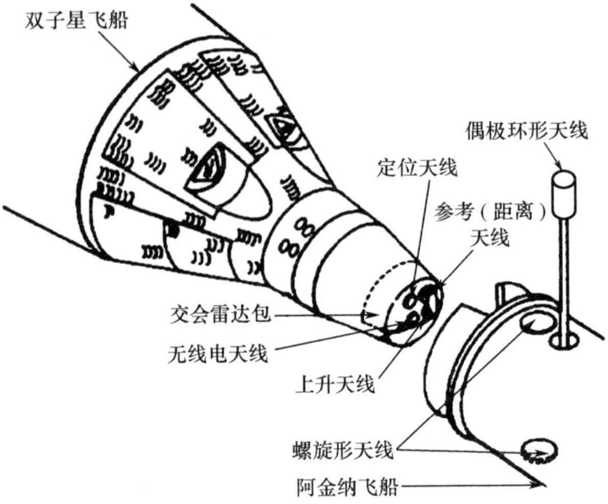

联合的双子星—阿金纳交会系统

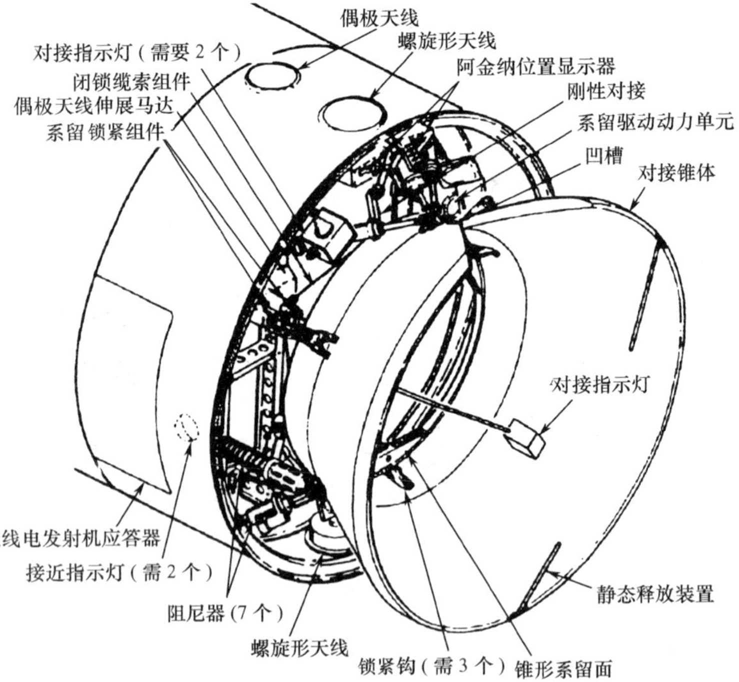

阿金纳对接锥体

当阿姆斯特朗用双子星的推力器来操纵着结合体希望使其达到正确的水平位置时，滚转的现象又突然出现了，而且这次滚转的速度更快。在分析情况的时候，他们认为要测量两个对接航天器之间应力相容性是一个学术问题。阿姆斯特朗艰难地操纵着控制器，斯科特从他的窗口中拍摄到了反映两个对接体之间相互作用的照片。阿姆斯特朗注意到轨道姿态及控制系统的推进剂达到了 30%的负荷，对于航天员来说，这表明在双子星 8 号里有一个被卡住的推力器。斯科特不断重复地将阿金纳关掉、打开、再关掉，阿姆斯特朗想通过双子星号的开、关来尝试是否能将问题孤立起来，但是似乎也不是很成功。

考虑到有 16 个推力器因而根本没有时间来进行系统的诊断分析，两位航天员意识到要阻止这种正在失去控制的飞行，唯一的办法就是实施分离。这时，情况变得更加的复杂，因为滚转速率和偏航发生了耦合，问题更加难以诊断。在阿姆斯特朗努力稳定飞船的同时，斯科特则将目标飞行器的控制转交给了地面站。（为了避免干扰信号，这种措施原本被禁止的，但这个举措肯定是挽救了阿金纳，用于以后将要做的试验任务中）。阿姆斯特朗发出指令，斯科特按下分离按钮，两个航天器分离了。因为阿姆斯特朗让推力器燃烧了很长一段时间，双子星直接往后脱开。当飞船进入下一个跟踪站——“魁北克海岸跟踪站”（CSQ）号船的范围时，偏航和滚转速度惊人地增加，他们认为有被卡住的推力器的猜测也得到了证实。

控制中心：“情况怎么样了？”

魁北克海岸跟踪站：“我们这里指示飞船是自由的。我正在呼叫航天员。我们这里显示飞船是自由的——显示他们没有对接上。我来和航天员确认一下。双子星 8 号，我是魁北克海岸跟踪站。收到信号了吗？”

双子星 8 号：“我们认为问题很严重。飞船正在滚转，但是我们已经与阿金纳号分离了。”

魁北克海岸跟踪站：“我们这里已经收到了飞船分离的信号。到底出了什么问题?”

双子星 8 号：“是滚转，我们无法阻止。一直在不断地向左滚转。”

控制中心（对魁北克海岸跟踪站）：“他说他不能关掉阿金纳号吗?”

魁北克海岸跟踪站：“不是。他说他已经与阿金纳号脱开了。飞船在不断地滚转，他们无法阻止。他们的调节压力降到了零，也就是说他们的轨道姿态及系统的调节压力降到了零。”

自他们的飞船与阿金纳号分离之后，飞船的滚转速度急剧地增加，达到了每秒一周的使人眩晕的程度。阿姆斯特朗怀疑轨道机动推力器里的燃料差不多要耗尽了。当他们就要接近昏迷和晕倒的时候（这将会产生严重的后果），阿姆斯特朗和斯科特想到了留给他们的最后机会。他们隔离了出现故障的轨道姿态及控制系统，启动了安装在飞船的头部的反作用控制系统（RCS）。在检测了控制板之后，阿姆斯特朗又试了一次手动控制器，这次有了一点响应。将飞船稳定了之后，关掉了反作用控制系统一个刻度（ring），以便保存宝贵的燃料。他们依次重新启动轨道姿态及控制系统的推力器，在这个过程中他们发现第 8 号推力器已经坏了，它在打开的位置真的被卡住了，这就是产生问题的原因所在。

双子星 8 号：“目前我们这里正在猛烈的向左滚转。我们装备了反作用控制系统，但是不能发动它。我们已经查清楚是因为一个手动控制装置被卡住而导致了滚转。”

魁北克海岸跟踪站：“飞行控制中心，他们好像有一个推力器被卡住了。我们这里得不到任何有用的数据。飞船处在快速的滚转当中。我们这里显示阿金纳上的姿态控制系统已经关闭了。我们丢失相当多的气压。”

双子星 8 号：“好的，我们在反作用控制系统的指引下，正在慢慢恢复对飞船的控制。因为只能让反作用控制系统以相当慢的速度脉冲动作，所以我们还没有完全将滚转纠正过来。我们正在努力消除这种滚转。”

魁北克海岸跟踪站：“在滚转的状态下，我们这里正显示相当急剧的振动……现在阿金纳号也在猛烈滚转。”

控制中心：“检查一下他已经用了多少反作用控制系统里的燃料，是否只使用了反作用控制系统一个刻度。”

魁北克海岸跟踪站：“你已经使用了反作用控制系统多少燃料？仅用了反作用控制系统一个刻度吗？”

双子星 8 号：“是的。为了节约燃料，我们只使用了一个刻度。开始时启动了两个刻度，但现在只用一个刻度。现在这反作用控制系统只剩下1 700 磅燃料，在 A 燃料储存罐里还有大约 2 350 磅。”

魁北克海岸跟踪站：“8 号，我是魁北克海岸跟踪站。你们那里的情况怎样？”

双子星 8 号：“我们正在努力。”

魁北克海岸跟踪站：“好的，放松。一切都会好的。”

双子星 8 号：“飞船和阿金纳号的结合体是在偏航和滚转状态分离的。我们不得不将姿态控制系统（ACS）关掉，这些都发生在 7 个小时前……我们启动飞船的控制系统，努力使情况稳定下来。这个过程中我们可能已经将轨道姿态及机动系统的左向滚转推力器中的燃料用完了。”

魁北克海岸跟踪站：“行了，我记下来了。你们现在能看见阿金纳号吗？”

双子星 8 号：“不能，自从分离开后不久，我们就没有见到过它。”

到现在，反作用控制系统的使用直接受到飞行守则的限制，因为按照守则规定，只有在紧急情况下使用反作用控制系统，此时要求飞船尽可能快地返回地球，以免系统的任何泄漏阻碍或耽搁飞船重返大气层。这样，在太空仅仅飞行了 10 个小时之后，阿姆斯特朗和斯科特就将回到地面。

此时有效的训练和地面控制人员过去的飞行经验起到了很重要的作用，这有利于迅速估计现场的新情况，并为太空中的航天员提供帮助。迅速选取紧急情况的着陆地点，否则就要忍受 24 小时的等待——这是所有人都不愿意看到的事情。他们决定当双子星号运行到第 7 圈时在太平洋上实施回收。

双子星飞船剖面图，示意燃料箱和航天员的位置

当观看了双子星发射的公众和NASA官员收到中止飞行以及航天员紧急返回的消息时，他们大部分都正在各自回家的路上。麦道公司的工程师此时正从肯尼迪中心飞往休斯敦，“来了个猝不及防”，中途折返。麦道公司的工程师以后再也不会在飞行途中被叫转回来，因为从这次事件之后，在整个飞行任务的持续时间内休斯敦和肯尼迪中心都会有工作人员留在那里，如果有类似事故发生，专家们可以迅速到现场支援补救行动。阿波罗飞行任务中也执行了这种规定，并在1970年阿波罗13号事故中取得了很好的成效。

回到太空，阿姆斯特朗和斯科特正在为重返大气层以及着陆做准备。他们向地面控制中心报告了他们的经历、采取的行动以及水星号的状态。地面控制中心建议他们在重返大气层之前服用一片晕船药片。对于这次事件更加详细的报告只能等到航天员返回到休斯敦之后再说。

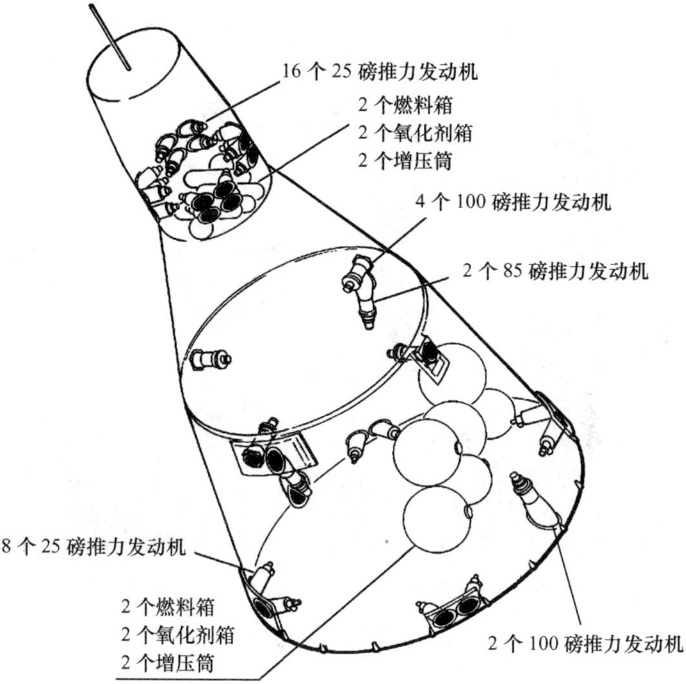

飞船里双子星推进系统的位置和组成（引自火箭动力公司）

休斯敦任务控制室，任务提前中止之后双子星 8 号处在回收期间，墙上中间的显示器显示着太平洋西部冲绳岛东面 500 英里的主要回收区域

斯科特（左）和阿姆斯特朗（右）坐在敞开舱口盖的飞船里，等待主回收船——莱奥纳德·F·梅森号驱逐舰的到来

当双子星 8 号飞过地球南纬度地区的时候，梅森号驱逐舰尽可能快地驶往预期着陆点：日本冲绳岛以东 800 千米，横须贺以南 1 000千米。当飞船在黑暗中穿越刚果上空的时候，航天员接到发动机点火的命令。航天员按下按钮点燃了减速火箭。两位航天员开始降落洋面进行回收。

大约 30 分钟之后，一架 C—54 回收飞机看见双子星号挂在降落伞下面摇摇摆摆地向海洋飘去。整个飞行任务共用 10 小时 41 分 26 秒后，飞船溅落。当航天员等待梅森号驱逐舰来回收他们的时候，伞降潜水员给飞船绑上了一个漂浮项圈。3 个小时之后，航天员们爬上回收船上的救生网，向冲绳岛的停泊地驶去。被缩短的飞行任务结束 2 天之后，他们重新抵达了肯尼迪中心，在那里双子星 9 号飞行的准备工作正在进行当中。阿姆斯特朗对等候在那里的新闻记者说："我们经历了极好的 7 小时飞行。"

当 NASA 播放事故的录像和录音时，沉稳的现场实况和逼真的细节展现了航天员和控制中心人员的胆略和技能。当美国国内的媒体中断了正常的节目来播放航天员回收的实况报道时，像很多美国人一样，约翰逊总统一直关注着处在困境中的阿姆斯特朗和斯科特。总统赞扬了航天员们的尽职态度。总统说："我们所有的人都松了一口气。"他还补充说两位航天员都展现了面对压力时非凡的勇气和镇定。不过也有一些报道说，由于播放来自太平洋和控制中心的实况照片，几千名不同电视台的观众抱怨他们最喜爱的电视节目被取消了。

为了平息有关这次事故的疯狂谣言，NASA 发表了声明。声明中说：根据遥测数据、录像以及对阿姆斯特朗和斯科特的任务执行情况的初步访谈，问题是双子星号飞船里的一个控制推力器发生短路所致。返回舱（不包括尾段，它在再入过程中被抛弃了）从太平洋着陆点直接运到了圣路易斯的麦道公司，在这里进行详细的事故分析。

在 3 月 19 日休斯敦载人航天中心（MSC）的新闻发布会上，飞行主任约翰·霍奇（John Hodge）重申他决定提前结束飞行的正确性。在他看来，航天员们毫无疑问必须返回。当魁北克海岸跟踪站告诉他对接航天器出乎意料地分离时，他首先感觉到出了麻烦。很明显飞船出了问题。一旦借助反作用控制系统阻止了飞船滚转之后，他就知道按照规定他们必须立刻返回。阿姆斯特朗首次向他报告情况之后 15 分钟，他就下达了返回命令。霍奇补充说："我的头脑里闪过一个想法……哎呀，多可惜呀。但是感谢上帝，他们完成了对接任务。"虽然他们提前返回，但主要的目标还是达到了。

双子星 8 号真相大白，航天员小组的努力以及他们可能的不幸处境也都同样如此。载人航天中心主任罗伯特·吉尔鲁斯（Robert Gilruth）说，原始数据排除了航天员误操作的可能性。事实上，航天员在克服困难和引导飞船安全着陆的过程中已经展示了他们卓越的驾驶技能。而且和吉尔鲁斯意见一样，NASA 载人航天飞行的副主任乔治·穆勒博士也赞扬了航天员们。他还赞扬了飞行控制人员、事故救援队以及事故鉴定组的人员。鉴定组在事故发生后不到72小时就给出了事故原因。

在1966年3月6日的一次新闻发布会上，阿姆斯特朗和斯科特解释了他们在飞船上的举动，接着就是对国防部救援队的授奖仪式。他们被授予了NASA集体成就奖，用以表彰他们在救援两名航天员过程中的快捷行动。总统约翰逊宣布在这次民用服务计划中，阿姆斯特朗将得到社会地位的提升，斯科特将从少校提升到中校。因为他们的出色工作，两位航天员都被授予NASA杰出服务奖章。

阿姆斯特朗说："在7个小时之后，事故发生了。戴夫（戴维的昵称）报告说飞船正在滚转。我们没有听见推力器在活动，也没有看见任何推力器活动的反应，看着指示器，尽管速率很慢，我们还是察觉到飞船的偏航和滚转姿态在变化，当时我们还没有意识到出了问题，以为只是阿金纳控制系统的某些异常对阿金纳产生了影响。我们立刻启动我们自己的控制系统，关闭了阿金纳的控制系统。接下来大约3分钟时间，我们隔离了那些可能出现问题的部分，试图控制结合体，并利用不同的阿金纳命令来降低滚转速度，很明显都未明显见效。我们开始认为问题可能与飞船的控制系统有关。之后4分钟里，滚转几乎停下来了，我们开始相信情况已经被控制住了，但是，问题又出现了，滚转速度不断上升，达到了威胁飞船与阿金纳结合体整体结构的程度。我们重复开启、关闭控制系统。我们试过所有的推力器，都未获成功。因为所有方向都在旋转，我们必须将滚转角速度降到可以安全分离的程度，以免两个航天器发生碰撞。在两者发生再接触之前，我们必须保证阿金纳离我们足够远，这个过程花了3分钟。一旦两个航天器分离，就能很明显地看出问题出在飞船的控制系统上，我们花了大约3分钟的时间企图隔离故障，这时手动控制器不能操作了。我们将速度提高到一个很大的数值，启动了重返大气层的控制系统，并关闭了轨道姿态及控制系统。30秒钟之后，我们成功地将控制和滚转速率恢复到了一个可以接受的程度。为了节约燃料，其中一个再入控制系统被关闭了。接下来6分多钟，我们将滚转速率降得很低。一旦飞船稳定下来，我们就慢慢恢复轨道系统，而且发现 8 号推力器的开口位置已经坏了。飞行后的分析显示它处在未打开状态 3 秒钟，3 秒钟处在不能关闭状态，3 分钟不能打开，4 分钟不能关闭，依次重复。这和我们当时的数据相符。除了 8 号推力器早就已经坏了之外，在重新启动推力器的时候我们还发现所有的偏航推力器都不能操作了，俯仰推力器还可以正常开启。和飞行控制中心进行了很长时间的通话之后，他们建议执行回收计划。当时我们极不情愿地放弃飞行，因为我们还有很多任务没有完成。但是，返回大气层的决定是合乎情理的，我们同意准备回收。”

在圣路易斯，麦道公司的工程师们对推力器进行详细的检测，这些推力器没有随返回舱在再入大气层前被抛弃。在一个隔离的控制实验室里，工作持续进行了一个多月，最后事故鉴定组终于赶在不至于耽误双子星 9 号飞行计划前公布了结果：“8 号推力器开口位置的阀门可能不小心造成了短路，飞船上还有好几个故障可能出现在控制燃料和氧化剂阀门的螺线管位置。”

为了避免类似恐怖事件的再次出现，麦道公司改变了姿态控制电路的开关，以确保开关处在关闭状态时没有电流通过推力器。在双子星 8 号以及以前所有的飞船上，仅仅关闭电子组件是不能阻止电流进入推力器的，所以推力器有可能一直开着，就像双子星 8 号上发生的那样。当航天员小组将开关反复地关闭、打开、再关闭时，短路现象就可能发生，从而在开口位置将推力器卡住。

第一个飞行途中异常中断的载人航天飞行就这样结束了，尽管如此，剩下的 4 个飞行任务却执行得非常出色，完成了一项很有意义的计划。次年 7 月双子星 10 号在太空中遇到了阿金纳 8 号，发现它处在稳定的飞行状态中。

双子星 8 号完成了世界上第一次太空对接技术——一个了不起的成就，它是美国月球探索史上的一个重要里程碑。在一系列的阿波罗飞行计划中，交会对接技术是决定成功与否的关键因素。

同时，经历了严酷现实的双子星 8 号也表明了太空的危险，说明足够的训练和航天员的正确选择对于航天员的安全返回非常重要。这次飞行向世界证明 NASA 有能力应对难以预料的局面和飞行中的紧急事件——这正是他们以后 20 多年中建立的形象。

4.3 阿波罗 13 号爆炸 (1970)

在人类探索太空的短暂历史中，取得了许多辉煌的成就。这些成就中包括几位航天探险者在航天飞行中留下的令人难忘的话语，也许没有比阿姆斯特朗更著名的话语了，“这对人类来说是一大步”。而在一次阿波罗登月任务中，记录着 5 个经典的包含深刻含义的单词，这就是“休斯敦，我们遇到了麻烦”（Houston，We′ve had a problem)。这句话改变了第三次载人登月计划的进程，改变了 1970 年 4 月参与阿波罗 13 号 6 天飞行的 3 名航天员及许多控制人员、回收人员的命运。

这是距离地球 205 000 英里外的登月飞船上出现重大事故时发出的第一个迹象，当时是航天员在太空中的第 3 天晚上。接下来整整 4 天，航天员和飞行控制人员尽一切努力回收阿波罗 13 号，整个世界都在关注他们并为他们祈祷，这是一次难以置信的经历，包含奋战、机智和好的运气。

阿波罗 13 号象征着驾驶着四轮马车穿越天空的太阳神阿波罗。拉丁语格言“知识来自月球”成了阿波罗 13 号和以后阶段的美国载人登月计划的集中精神体现。阿波罗 11 号和 12 号都证明登陆月球是可行的。登月能够准确实现，并能完成一些有价值的工作。航天员可以在月球上停留几个小时或者几天。一直到阿波罗 11 号，政府和公众都是公开地赞扬和支持阿波罗登月计划的。不幸的是，到阿波罗 12 号的时候，美国的政府机构和大部分的公众都将注意力转向国内外更为紧急需要的计划。在阿波罗 12 号首次月球表面舱外活动期间发生的电视摄像机故障，也没有对阿波罗飞行计划不断提高的科学目标起到任何推动作用。阿波罗 20 号从 NASA 的财政计划中被删除，让位给了天空实验室计划。在阿波罗 13 号飞行期间，科学界正在努力挽救任务单上失去的阿波罗 18 号和 19 号飞行计划。

派去执行这次要求很高的飞行任务的航天员头领是美国经验最丰富的航天员洛弗尔（同伴康拉德给他的绰号是“摇摆”）。这将是他的第四次也是最后一次飞行。洛弗尔在 1959 年勉强进入第一航天员小组，但 1962 年 9 月就进入了第二航天员小组。在双子星系列中他飞行了两次。第一次是 1965 年 12 月双子星 7 号，创造了飞行时间 14 天的世界纪录。直到阿波罗 13 号飞行结束后两个月，联盟 9 号飞船飞行了 18 天，这个纪录才被打破（在美国，直到 1973 年天空实验室 2 号，这个纪录才被打破）。1966 年 11 月洛弗尔又驾驶双子星 12 号完成了交会和对接任务。紧接着，1968 年圣诞节他又驾驶具有历史意义的阿波罗 8 号完成了绕月球轨道飞行任务。现在，他就要驾驶阿波罗 13 号进行他最后一次飞行——这是他事业的巅峰之作。

原阿波罗 13 号航天员小组（从左至右）：指令长洛弗尔、指令舱驾驶员马丁利以及登月舱驾驶员海斯（Haise）。马丁利因为接触过风疹病人（没有受到感染），发射前 72 小时被取消参与飞行

从阿波罗 13 号开始，NASA 开始了一项新的政策，规定航天员小组由一个经验丰富的指令长和两个新成员组成（以前的航天员小组由三位经验丰富的航天员组成，其中包括一名有交会对接经历的指令舱驾驶员）。阿波罗 13 号的两位新手都是 1966 年 4 月挑选出来的。托马斯·肯·马丁利在阿波罗计划中完成过大量的支援性工作，包括长期的阿波罗航天服研制工作。他是指令舱驾驶员，当两个同事到月球法莫拉（Fra Mauro）地区进行探索的时候，他将留在轨道上操纵地标追踪仪（Landmark tracking）并负责拍照片。登月舱驾驶员是弗雷德·海斯，他将陪同洛弗尔到月球的表面。弗雷德·海斯也在阿波罗计划（阿波罗 8 号和 11 号的后备航天员）中从事过大量的支援性工作，还是航天员办公室一名登月舱及其系统方面的专家。

1969 年 8 月阿波罗 13 号的航天员小组被任命，并立刻开始进行特殊任务训练。因为洛弗尔和海斯在阿波罗 11 号的后备航天员小组中工作过，马丁利是从支援工作组提升过来的，他们的正常职务轮换将会经历阿波罗 12 号、13 号和 14 号的飞行。阿波罗 13 号最初的航天员小组艾伦·谢泼德、斯图尔特·罗萨和埃德·米切尔（Ed Mitchell）因为完全没有经验，NASA 总部认为他们需要更长的时间训练，这很难满足 1970 年春天发射的这一时间要求（他们三个中谢泼德是唯一达到飞行要求的。1961 年他在太空中飞行 15 分钟后返回地面。从 1963 年到 1968 年他中止了航天员的训练。按计划他需要掌握指令与服务舱和登月舱的操作）。1969 年 6 月——阿波罗 10 号任务组返回之后和阿波罗 11 号发射之前——洛弗尔领导的航天员小组开始着手准备驾驶阿波罗 13 号。洛弗尔说他相信他们能够成功，他们的训练就是为了阿波罗 13 号，但伴随着整个飞行任务有一系列讽刺性事件发生。在飞行开始之前，洛弗尔曾经被问到被指派执行含有数字“13”的任务是否让他有些担忧。他回答说：“意大利人认为这是一个很幸运的数字，我相信他们。”

阿波罗 13 号计划要飞行 10 天，包括两次月球表面的行走。一次是建立一个地球物理站 ALSEP（阿波罗月球表面试验成套装置），另外一次是对 370 米宽锥形环形山的地质勘察。洛弗尔和海斯需要挖一个壕沟，收集一般随机样本，给着陆点附近拍照片，还要钻探月球地表收集重要的月心样本。这些从月球表面钻探得到的月心样本是植入传感器测量月球热流试验的一部分。一旦任务组回到地球，科学家就会选取岩石的三分之一进行检测和分析——这将让他们忙上很多年。

就在发射前的一个星期，有消息说马丁利接触过风疹病人——后备航天员查礼·杜克一个朋友的小孩。检查发现马丁利对风疹病没有免疫力。因此出现了一个困境：要么取消飞行，要么用后备航天员小组（其中有一人曾经也接触过风疹病人）替换整个航天员小组，要么仅仅用杰克·斯威格特替换马丁利。洛弗尔争辩着要将马丁利留在航天员小组里。按照洛弗尔的说法，马丁利是飞行组里工作最努力、最尽职尽责的人之一。他努力向 NASA 的行政官汤姆·潘恩（Tom Paine）博士解释风疹没有那么可怕，即使马丁利真的不幸在飞行途中感染了风疹，在任务比较轻闲的时候，他们就可以返回来。洛弗尔说根据他以前在阿波罗号上作为指令舱驾驶员的经验，在不得已的情况下他和海斯都可以将阿波罗号带回来。无论如何，马丁利当时并没有得风疹病，而且很有可能根本就没有感染。尽管事实证明洛弗尔是正确的（马丁利根本就没有感染），潘恩博士说这种危险太大（他不是医学博士，因而寻求航空医生的建议）。但是，首先斯威格特必须向洛弗尔和海斯证明他能够通过一两天时间的熟练程度训练替代马丁利。星期四和星期五，也就是 4 月 9 日和 10 日，跟洛弗尔、海斯一起，斯威格特开始在模拟指令舱里训练。发射前一天的下午，洛弗尔同意让斯威格特接手工作，参与阿波罗 13 号的飞行。

洛弗尔后来说，他原本应该察觉到很多指向这次飞行的征兆都表明情况总是对他们不利——飞行的数字编号、马丁利和斯威格特的替换、计划发射时间 4 月 11 日休斯敦时间 13：13（即将降临到他们头上的重大事故发生 4 月 13 日!）、发射台编号 39A（13×3）。而且发射前还有另外两个事件也都没有在有关人员的头脑中引起足够的警惕。

在肯尼迪中心对登月舱做地面检测时，工作人员发现下降级的超临界氦储箱绝缘性很差。为了得到飞船上氦储箱压力的大小，飞行计划做了一些修改，使得航天员小组比计划提前 3 个小时进入登月舱。据洛弗尔说，这个过程在事件中带来了两个好处。它让航天员小组在任务中提前适应像蜘蛛一样的飞船。这也算是一种运气，因为它有利于在爆炸之后迅速启动登月舱。回顾整个事件，这有可能挽救了他们的生命。这也意味着在最需要的时候登月舱的控制人员都在飞行控制中心，这不仅是指月球着陆的阶段，也包括随之而来的事故发生时刻。

最后就是 2 号氧储箱，原本它被指定在阿波罗 10 号上使用，在任务开始之前因为遭受了一些损坏而被替换。结果整修后的氧储箱重新用在了阿波罗 13 号上。洛弗尔总是祝贺阿波罗 10 号航天员小组“摆脱了那个氧储箱”。大约 12 个月之后这个氧储箱经过修理和工厂的测试，被重新装配在阿波罗 13 号的服务舱里。1970 年 3 月 16 日在发射准备过程的验证测试中它又被检测了一次。在正常操作下，氧储箱里的液氧会被消耗掉一半。1 号氧储箱达到了这个标准，但 2 号储箱只降到总容量的 92%。工程师试图用 80 磅/每平方英寸的排气管道通入气态氧气来解决这个问题，但不是很有效果。尽管在一份中期报告中指出了这个问题，但是直到 3 月 27 日发射前两个星期，才重新进行检测。按照洛弗尔的说法，“1 号储箱能正常地被完全放空，但是它愚蠢的伙伴却不能。”依据承包商和 NASA 的谈话结果，决定用储箱子里的电子加热器将多余的液态氧气气化掉，这次成功了。但是为了除去这些氧气，地面辅助装置里的 65 伏特直流电共消耗了 8 个小时。

洛弗尔事后才明白并承认在起飞之前他本应该要求换掉那个氧储箱——作为指令长这在他的权利职责内，但是他一直附和着那个决定。因此他承认自己必须对阿波罗 13 号的惨痛失败负一份责任。这启迪人们：从“他们的”飞船开始建造到飞行任务的执行，几乎整个任务执行过程中，应该加强整个航天员小组直接的参与。这不仅能增加航天员小组对飞行器的信任，同时还可以从航天员和工程师两种角度提高他们对系统操作的熟悉程度。

美国东部时间 14：13（休斯敦时间 13：13），阿波罗 13 号终于在肯尼迪航天中心 39A 发射台上开始启动。第 6 次载人发射的巨型土星Ⅴ运载火箭带着洛弗尔、海斯、斯威格特以及他们的飞船飞向月球上的指定地点——至少他们是这样认为的。

阿波罗 13 号航天员小组发射当天的早餐（从左至右）：海斯、洛弗尔和斯威格特（以前是后备指令舱驾驶员，顶替马丁利）

1970 年 4 月 11 日中部标准时间 13：13 时阿波罗 13 号从 39A（13×3）发射台开始发射。在发射过程中第二级火箭的一个发动机出了故障，航天员小组认为他们只是出了一个小故障——但是他们错了

每次火箭雷鸣般冲向肯尼迪中心的天空时，土星运载火箭都拥有100%的发射成功率。随着阿波罗13号开始发射，大家都期望这个记录依然能保持下来。但是，任务开始仅仅5分半钟，在指令舱里的3名航天员就感觉到了轻微的振动。紧接着，土星号第二级火箭的主发动机提前两分钟关闭了。为了达到足够的轨道速度，其他4个发动机多燃烧了34秒钟，第三级火箭的发动机也额外燃烧了9秒。洛弗尔认为这表明冲着他们的不祥之兆遭到了挫败，从此之后飞行会变得正常，不会再出现问题。

进入轨道后，航天员小组顺利检测了飞船。接着他们再次点燃了土星运载火箭的第三级火箭发动机S－IVB（单台发动机），开始向月球出发。指令舱（“奥德赛号”）从土星运载火箭的耗尽级的顶端拉出登月舱（“宝瓶座号”）。耗尽级将自由地撞击月球。如洛弗尔所想，接下来的两天飞行很正常。海斯有点受不了空间适应性综合症的影响，但很快他就恢复过来了。

航天员小组取消了飞行过程中的轨道修正机动，因为觉得没有这个必要，但是进入太空的第二天较晚的时候，他们点火进入飞往月球的转移轨道。这就可以使飞船结合体在离月球表面低到只有70海里的空中飞行，而不是以前任务中的115英里高度。这样做也是为了保证飞船能在具有最好光线条件的最佳时间着陆于指定地点。这次机动同时也意味着飞船脱离了自由返回轨道，如果没有外加的轨道机动，他们将再也不能绕月球飞行并返回地球。在阿波罗8号、10号和11号上用到的自由返回轨道是一个在发动机出现故障时的安全措施，它提供给航天员小组一个相对比较安全且有保障的回家之路。这个“自由返回”限制了发射日期和月球登陆点的选择。为了利于选择着陆点，摒弃了阿波罗12号所采取的“自由返回”轨道，在阿波罗13号选用了“复合自由返回”方式。S－IVB将会继续燃烧着冲向月球的另外一轨道点，绕月球飞行，如果服务舱的推进系统点火，仍可以使飞船成功返回地球。这种轨道选择对阿波罗13号来说产生了严重后果。

转移轨道启动开始于美国东部时间20：54，轨道调整是如此的准确以至无需作进一步的轨道修正。这个计划在阿波罗12号飞行中工作得令人满意，使得康拉德和比恩在月球西半球的 3 号无人探测器着陆点的附近安全着陆。阿波罗 13 号将在几百英里以外的地方着陆。如果阿波罗 13 号不能进入月球的轨道，这次轨道转移的结果会使飞船绕月球飞行一圈，调头飞向地球，然后到 4 000 英里的时候将会失踪。因此阿波罗 13 号存在很大的危险性，但是 NASA 总是对指令与服务舱系统非常自信。

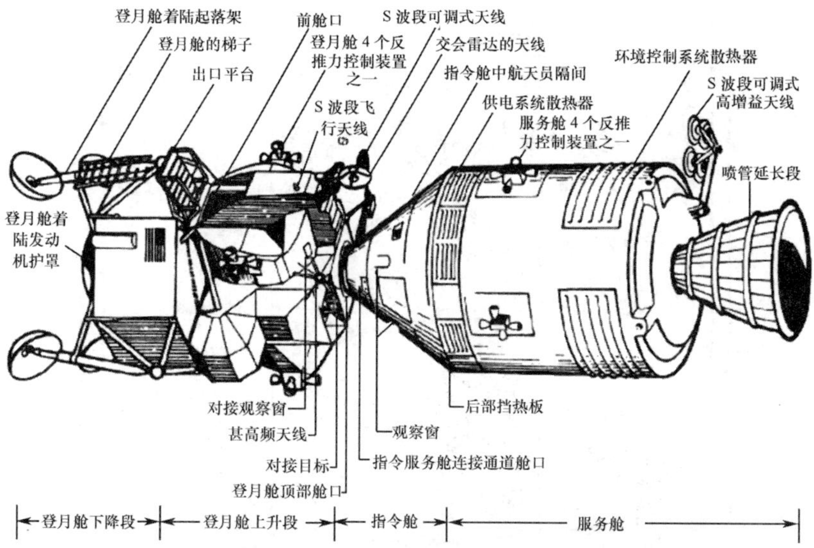

艺术家眼中的阿波罗 13 号登月舱和指令与服务舱透视图，示意爆炸时飞船的对接结构

4 月 13 日晚上，洛弗尔和海斯进入到登月舱检查那个可疑的氦储箱的压力。检查发现它的状况还可以接受。接下来一个小时，他们向电视观众展示了登月舱里面的情况，登月舱是他们在月球上的家，真是一次轻松的旅行。发射的成功以及正常飞向月球轨道使这次飞行任务的压力得以减轻。前一天，一向比较冷静的斯威格特突然通过传输线路发出一条恐慌消息说，由于匆匆忙忙准备阿波罗 13 号的飞行，他忘记了提交联邦所得税申报表，他要求宽限时间，地面控制人员和他开了几个玩笑之后告诉他，不在境内的美国公民可以宽限 60 天，而他

肯定是不在境内。“我想这肯定是适用的。”斯威格特很感激地回答道。

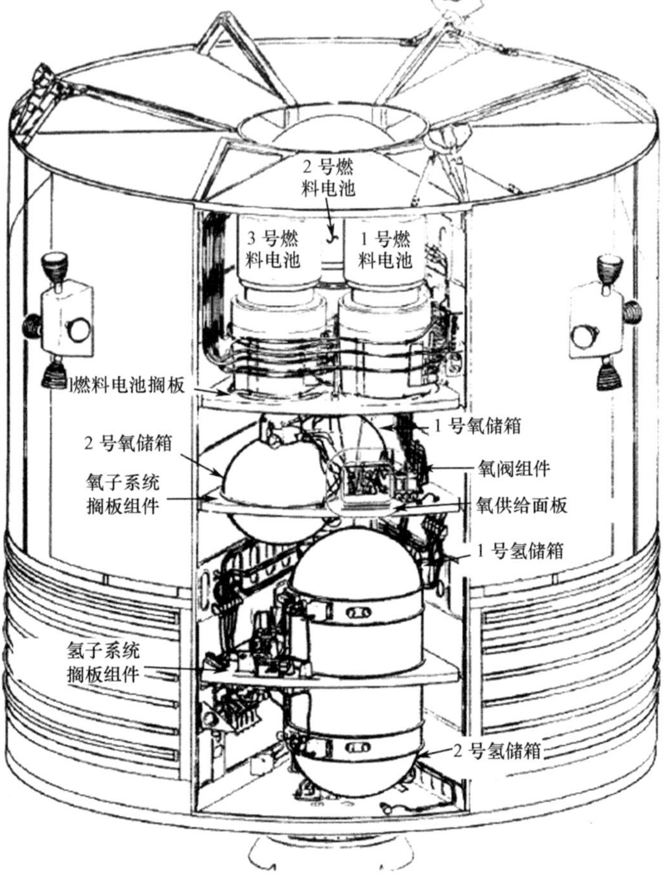

阿波罗服务舱的剖面图，示意内部装置的位置

那个时候飞船已经到达不需要任何发动机驱动就可以转向并回到地球的点，如果出现故障他们至少要绕月球飞行一圈，但究竟会出现什么问题呢？斯威格特报告说有一个氧储箱的用量表读数有点问题，比标准要求的高很多。通常的解决办法是打开氧储箱里的风扇去搅匀气体成分以便提供准确读数，在电视转播刚刚结束后他就完成了这些工作。当转播继续时，控制中心的一些飞行控制座位是空着的。接替晚班的人马上就要到岗了。在飞船接近月球附近之前，飞行情况与计划非常吻合，因

此也没有很多工作要做。好几个大的电视公司甚至都没有进行实况转播，晚间新闻出现的也只是航天员与地面告别的旧新闻。公众对于登月计划的兴趣大减，保持兴趣的观众只剩下那些飞行控制人员和聚集在飞行控制中心观察室里与本次任务有着密切关系的家属。

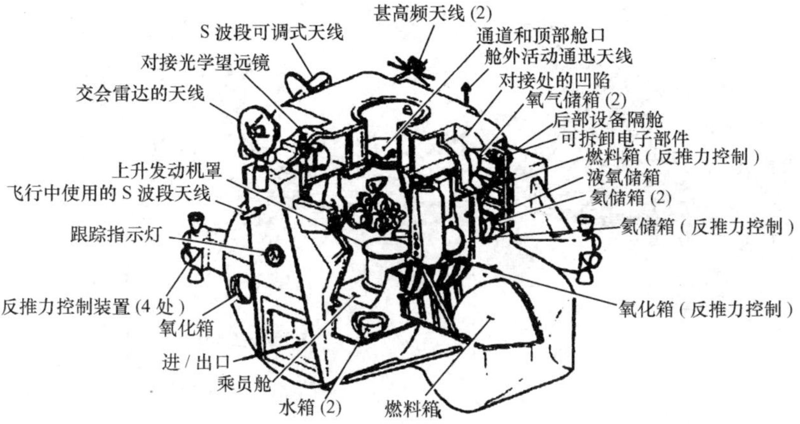

阿波罗登月舱上升级剖面图，示意航天员隔舱的内部

起飞后时间 55 时 46 分，当航天员结束 49 分钟电视转播时，洛弗尔宣布："这里是阿波罗 13 号航天员小组，希望大家晚上过得愉快。我们即将结束对'宝瓶座'的检查，然后在'奥德赛'里过上一个愉快的夜晚。晚安。"

洛弗尔穿过通道进入指令舱里同斯威格特一起准备关闭登月舱，然后休息，海斯又继续在登月舱里呆了 9 分钟。几秒钟之后，洛弗尔在后来的回忆中说道："出了大乱子……弗雷德还呆在登月舱里，杰克退回到了指令舱左侧的椅子里，我正在低矮的设备舱中间收拾电视电线和摄像机。当我看着弗雷德走进来时，突然听到一声巨响，只有一声。此事之前，弗雷德开启一个阀门的时候通常也会发出这样的声音。他总是不事先通知，害得我们每次都被吓一跳，总以为出了什么问题。但他只是和我们开玩笑，我们都认为此时开开玩笑也是挺有趣的；所以这声巨响发生时，我们并没有马上警觉起来。

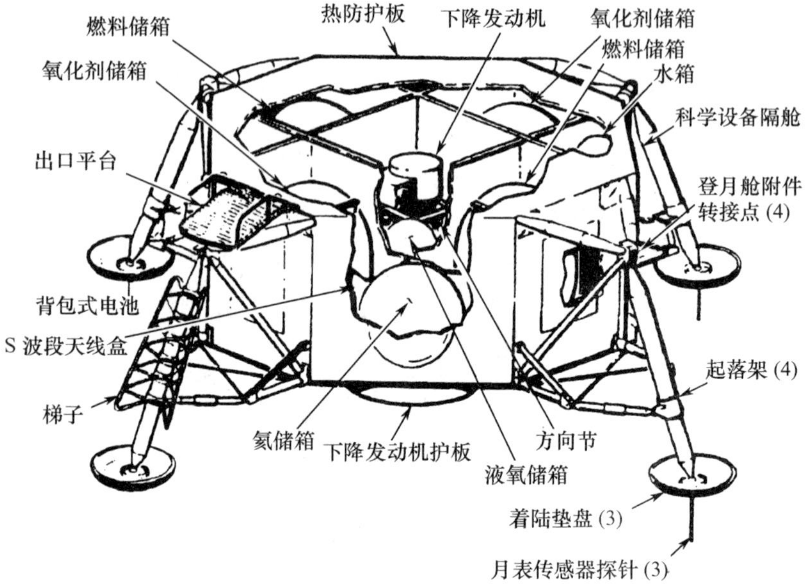

阿波罗登月舱下降级剖面图，示意非增压隔舱的内部

但是当我们抬头看见弗雷德脸上有一种很无辜的表情，我们突然意识到出了问题，但我们并不知道到底出了什么事。

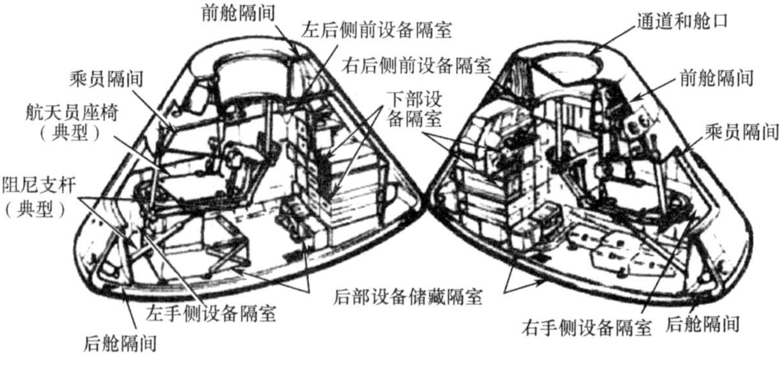

阿波罗指令舱剖面图（为了看起来清晰去掉了中央的躺椅）

海斯提到他在通道里的时候感觉到了一次振动。两秒中后斯威格特报告说出现一个严重警报，报告主总线 B 电压不足（掉电）。我们迅速向休斯敦报告了情况。

斯威格特：“嘿，我们遇到了一点麻烦。”

地面支持航天员洛斯玛：“这里是休斯敦，请再说一遍。”

洛弗尔：“休斯敦，我们遇到了麻烦。主总线 B 电压不足。出现提示和警报时还听到一声巨响。现在主总线 A 也出现电压不足，主总线 A 正在读取压缩文件。”

地面支持航天员洛斯玛：“我们建议你试着将 1 号燃料电池接通主线 A，3 号燃料电池接通主线 B。我们正在为你们寻找更好的办法。”

洛弗尔：“让我来告诉你们一些读数吧。我们的 2 号低温氧储箱读数为零。依我看，要当心舱门，它正在排放什么东西。我们正在向太空排放什么东西，肯定是气体之类的东西。”

后来洛弗尔在回忆当时飞船上的情景时说道：“了解航天员小组在发生这种事情时的感受，我想会很有意思。当第一次听到这种声音的时候，你根本不知道是怎么回事。在太空中以前也听到过类似的这种声音，但结果什么问题也没发生。因此我就向窗外看了看，结果我看见有正在排放什么东西。我的担忧在不断增加，从‘我们是否继续登月着陆’到‘我们是否能够回得去’。当我查看两个氧储箱的压力表时，发现其中一个实际上已经降到了零，另一个正在下降。我感觉到我们真的遇到了很严重的问题……真是一个不错的夜晚啊！刚开始还因为不能登上月球而感到失望的想法消失了，我们现在直接面临的问题是如何求生”。

我们听到的那声巨响是服务舱里 2 号液态氧储箱的爆炸声。这个氧储箱提供维持生命需要的氧气，补给 1 号和 2 号燃料电池，使它们产生电能以便操作指令舱与服务舱。这是阿波罗号的主要动力来源。事实上，在指令舱里还有一些电池，但是指令舱单独返回大气层时需要用到它们，而且它们的最大寿命也只有 10 个小时。即使只考虑最有利的情况，阿波罗 13 号最短也需要 87 个小时飞回地球。

一个氧储箱压力已经降到了零，另一个也在明显地降低——航天员们知道这是可呼吸氧气源泉。

在任务控制中心旁边的建筑物楼顶上，一群业余宇航爱好者正在追踪阿波罗 13 号航线，在所有的登月飞行中他们都会这样做。当他们通过望远镜观察的时候，装配的显示屏上显示出一幅画面，有点像一个变化着的星星和不断增大的云团。他们没有和飞船以及任务控制中心取得联系，他们无法将观察的东西和阿波罗号联系起来，因为整个晚上他们的接收效果都不是很好，直到回家后听到新闻，他们才明白自己看到的是什么。

在飞船上，不断下降的气压读数和排放出去的气体表明着爆炸的后果。幸运的是，航天员们没有看到服务舱里面敞开着的洞口。如果看到的话，他们肯定会精神崩溃的，这样就会增加返回飞行的困难。

航天员小组听到巨响后第一个想法以为是陨石撞击了飞船。就像潜水艇人员为了阻止可能将他们淹没的洪水一样，航天员对此作出的反应就是关闭舱门。在洛弗尔发觉有气体排放之前，他的第一行动就是命令关闭连着两个航天器的通道门。他们努力着，但是没有办法将门关紧。可能当时因为爆炸，门轴心发生了轻微的偏离。一旦意识到指令舱与登月舱并没有泄漏之后，他们就让舱门敞开着，转而开始考虑如何利用仍然携带着的登月舱以及它独立的系统，来帮助他们返回。后来因为要抛掉登月舱，他们不得不去关闭舱门，结果舱门却很容易地被关上并锁紧。洛弗尔说："飞行本来就是这样的。"

公共事务官员："这里是任务控制中心。由于今天晚上发生的状况，我们正在考虑一个可供选择的方案：绕月球飞行并利用登月舱动力系统。"

地面支持航天员："我们正在考虑利用登月舱作为救生船。我们估计指令舱里大概只剩下维持 15 分钟的能源，所以要求你们尽快转移到登月舱里，启动某些动力系统。"

到那个时候，也就是爆炸首次震动飞船后一个小时左右，航天员小组也正在考虑往登月舱转移。将登月舱用作"救生船"的想法与和建议并不新鲜。事实上，从 1962 年一直持续到 1963 年，在所选的月球轨道交会模式评估中，最初的这种想法和建议就已经被提出来过，而且因为这种想法，登月舱最初的性能被部分修改了。但是，1964 年将登月舱作为救生船的应急计划最终被停止了，因为根据报告，“没有查出特别合乎情理的指令舱与服务舱故障会阻止服务舱推进系统的使用。”但是这种说法恰恰被证明是错误的。

海斯作为航天员办公室一名登月舱专家，在位于贝思佩奇（Bethpage）的格鲁曼工厂工作了 14 个月，从未观察到登月舱将在太空用作救生船的意图。他们在模拟器里练习过假如服务舱推进系统瘫痪必须将登月舱作为备用推进系统使用的操作。他们学习了返回推进系统（DPS）的操作，偶尔也学习了上升推进系统（APS）发动机的使用。虽然他们全面了解指令舱的操作，但仅部分了解服务舱的工作。在母体舱完全瘫痪的情况下使用登月舱是很难想象的。阿波罗 9 号在太空中一定程度上评价过这个理论（利用 DPS 控制对接后的结合体，但不是 APS），现在阿波罗 13 号飞行正在重写历史。

几乎在爆炸发生的同时，任务控制中心的工程师、航天员、承包商就开始忙碌起来了，他们涌入现场以便提供尽可能的援助。在接下来的任务中他们也是如此。飞行主任吉恩·克伦茨和任务控制中心的飞行主任组取得联系，通知他的队员保存所有的数据并仔细考虑现在的情况，绝对不要“夸大这次任务”，这是他的原话。在起飞后时间 56 时 32 分，格鲁曼公司负责阿波罗 13 号飞行主任威拉德·比斯乔夫（Willard Bischoff）接通了位于纽约贝瑟特的上级办公室的电话，寻求任务控制中心和纽约的一些工程师的援助，这时已是纽约的午夜，对于和阿波罗 13 号相关的人们来说，这是一个漫长的夜晚。对于他们许多人来说，这个黑夜一直持续到 3 天后航天员安全飘落到洋面上的那一刻。

阿波罗 13 号飞行到 58 小时的时候，飞船距离地球 210 000 英里，飞行速度仅 2 100 英里/小时。洛弗尔和海斯在登月舱里尽可能快地启动系统。斯威格特则在指令舱里关闭可能未受损的操作系统，以便为返回大气层和着陆阶段节约电池、氧气以及冷却水。当两位航天员就要启动好登月舱的时候，海斯开始初步研究怎样向登月舱提供漫长返回旅程的生活必需品。利用屏幕上显示的数据以及他以前操作登月舱时所作的笔记——很幸运的是这些笔记他都随身携带着，他开始思考怎样将登月舱计划的45小时生命保障能力延长到90小时，怎样维持3个人的生命，而不是计划中的2个人。他估计他们有充足的氧气，因为除了下降发动机里有一大储箱之外，上升发动机里还有两个储箱。加上原计划要在月球上使用的两个便携式生保系统以及他们自己的舱外航天服生保系统，氧气量完全能够满足三个人返回飞行的需要。（到登月舱抛弃时，他们还剩下28.5磅氧气——原始总量的一半多一点。）

返回飞行途中，为了保存可获得的能量，登月舱动力被部分关闭了，仍在启用的动力系统只是用来支持生命保障系统，以及为通信、环境控制、用于关键机动的推力系统提供动力。这样，电力消耗降到了每小时11安培以下。登月舱里的总电池能量为2 181安培·小时。除了某些不能被激活的基本仪器之外，指令舱已被关闭，所以登月舱可以对指令舱里的电池重新充电。

飞行中坐在登月舱宝瓶座号指令长位置上的洛弗尔，就在这里他点燃了登月舱下降发动机，使飞行轨道更加准确

一旦电力被转换过来，登月舱里首要的任务就是将飞船调到正确的姿态。切断指令舱电源之前，斯威格特向登月舱里的洛弗尔和海斯口头传递了平台的惯性参数（朝着过道大声叫喊姿态数据）。一方面洛弗尔和海斯努力将登月舱的回转仪与就要熄灭的指令舱的回转仪对齐在一条线上，另一方面斯威格特则利用电池能量维持指令舱的活动。航天员们不得不尽快工作，所幸的是，他们终于将飞船调到了正确的姿态。洛弗尔后来认为这是爆炸后的第一个重大转折点，因为登月舱的系统没有指令舱系统复杂，从来没有用作深空追踪。假如航天员小组丢失了惯性参数，他们就不得不依据对太阳、地球和月亮的视觉观察来操纵结合体。这肯定是做不到的，因为爆炸产生的气体云团包围着飞船，它会妨碍六分仪对这些已知星球的观测。

在任务控制中心航天员监视着同事们进展：（站立者自左至右）阿波罗 13 号指挥舱驾驶员马丁利和支持航天员万斯 · 布兰德（Vance Brand）；（坐者自左至右）航天员莱斯顿（航天员小组运行主任），指挥员杰克 · 洛斯玛和阿波罗 13 号备选指令长约翰 · 扬

在阿波罗 8 号的飞行中洛弗尔就曾经历过这种情况。当时排放的小便液体在真空中凝固并气化，将观察星球的星空背景弄得模糊

不清，而且在某阶段他不小心将计算机的存储器清空了，所以他非常熟悉在阿波罗号“程控式”的轨道飞行中将会遇到的航行困难。

接下来的困难就是将飞船回归到自由返回轨道上，使得飞船绕月球一圈然后朝地球方向返回。由于指令与服务舱不能启动，他们没有办法使用服务舱推进系统强大的发动机，而只能依靠登月舱里比较小的下降发动机。

他们必须利用登月舱的下降推进发动机实现每秒 38 英尺正向转动。登月舱需要推动比原计划更大的飞船，此时质量和质心都发生了变化。格鲁曼公司的工程师们就是带着这种思想设计了登月舱，一年多以前在阿波罗 9 号的飞行中，吉姆·麦克戴维特航天员小组就以“拖船”方式驾驶着登月舱“蜘蛛号”，带动指令与服务舱“橡皮糖号”长达 6 分多钟。尽管没有人想过在登月飞行中这种方式是否可以使用，但至少阿波罗 9 号已经证明在太空中这种方式是可以完成的。

自由返回机动可以确保减少飞行持续时间，从而使生活必需品有更多的富余。还有几种可能状况要经历考验，其中包括一个技术难度很高的 180°快速回转、脱离绕月飞行轨道、飞回地球并在印度洋着陆。为了将速度降低到每秒 860 英尺并缩短返回飞行时间 10 个小时，他们需要进行第二次推力器点火。关于登月舱能否承受这项任务的问题依然存在，所以 NASA 向专家以及外面的承包商求救。专家和承包商们开始不断涌向任务控制中心以及相关的地方，以确定这项轨道机动是否能够执行。TRW 系统公司的推进技术工程师说下降发动机的设计燃烧时间大约为 17 分钟，它还可以加大马力，并最多可以重新启动 20 次。另外，他们自己的工程师在发射前对登月舱“宝瓶座”进行过点火测试，所以他们有太空中即将点燃的发动机的实际性能数据，同时还有上百个以前登月舱的实验数据和飞行数据。他们自信地认为发动机可以达到期望的要求。为了保险起见，他们还进行了计算与模拟测试。这些试验结果也表明在必要的持续时间里登月舱发动机的燃烧不存在可预见的困难。

在任务控制中心，医学研究与运行部主任查尔斯·伯瑞（Charles Berry）博士向阿波罗 13 号指令长洛弗尔的妻子玛丽茵·洛弗尔简单介绍情况

也有专家建议抛弃目前没有用途的服务舱（SM），以便减轻结合体的质量，以利于登月舱返回机动。起飞后时间 66 时 59 分，比斯乔夫打电话给身在贝瑟特的登月舱专家汤姆·凯利（Tom Kelly），告知发动机点燃前的情况，并告诉他 NASA 要求所有承包商在发动机燃烧期间必须时刻待命。凯利问为什么必须保留服务舱。因为，从尽可能让航天员返回的角度出发，每个人都在置疑这种想法的可靠性。回答有三重原因，其中最直接的原因就是登月舱的发动机在携带指令舱的情况下从来没有在太空中被点燃过，而且也没有这方面的模拟数据。没有人知道爆炸到底给服务舱和指令舱分离系统造成了多大的损害，等到重返大气层前一刻它们不得不分离时再抛弃是比较明智的做法。另外，服务舱可以保护非常重要的指令舱隔热系统，这些隔热系统可以帮助克服太空的寒冷，同时也可以降低爆炸产生的碎片对飞船的撞击威胁。因此，最后的结论是作为结合体的一部分尽可能保留住服务舱。

航天员小组要求有更多的时间来准备首次点火，在 61 时 28 分 43 秒首次点火顺利完成。他们将飞船的速度增加了每秒 16 英尺，使其脱离复合轨道，回到自由返回轨道。现在航天员们打算休息一下，斯威格特和洛弗尔试图在寒冷黑暗的指令舱稍作休息，但没有成功，海斯则继续留在登月舱里观察。

正当他们休息的时候，世界各地都主动要求为航天员的返回工作提供帮助。苏联宣布有好几只船正赶往回收地点，同时宣称“苏联政府已经向它的所有公民和部队下达命令，要求他们利用一切可能的手段为美国航天员的营救工作提供帮助”。与几个小时之前的冷漠形成鲜明的对比，全世界成千上万的人开始带着紧张的心情密切关注飞行的进展。阿波罗 13 号冲击着世界新闻媒体的头版头条。遭到电视台忽视的有关洛弗尔的报道现在被反复地播放着。再也不会有来自“13”号的电视了，饥渴的电视网络公司迫不及待地捕捉这次危机的实况脚本。

在梵蒂冈外面 1 万名观众的面前，教皇保罗为 3 位航天员祈祷和祝福。学校、办公室、工厂，世界各地都在为他们祈祷。人们在街道上驻足聆听最新报道，观看飞行进展公告。在纽约的时代广场，氖灯显示屏滚动显示着飞行状态的实况报道。整个世界都在关注阿波罗 13 号。在人类太空飞行史上，能够吸引全世界的注意并将每个人的关注点集中起来的飞行任务也只有几个：加加林的飞行、阿波罗 8 号、阿波罗 11 号和现在的阿波罗 13 号。

被媒体忽视了两天后，因为航天员的应急返回任务使阿波罗 13 号成为了媒体活动的中心

在美国各地，航天界的人们很活跃地支援着三个航天员的回收工作。登陆月球的全部希望已经破灭，现在最重要的是如何将身处困境的航天员营救出来。在加利福尼亚州丹尼的北美洛克韦尔公司——阿波罗指令与服务舱的制造地，工程师们利用可获取的数据，进行紧急情况的计算机模拟。在麻省理工学院——阿波罗导航系统的研制地，有 30 位成员的专家组通宵达旦地进行数学问题的分析和求解。设在贝瑟特的格鲁曼公司的特别援助办公室和纽约任务控制中心之间有 10 条电话线一直开通着。NASA 前航天员柯林斯（阿波罗 10 号）和安德斯（阿波罗 8 号）曾对尼克松总统作了简要介绍，总统亲自打电话给海斯和洛弗尔的妻子以及单身汉斯威格特的父母。正在上班回家路上的 NASA 员工和承包商员工一听到这个休息，立刻掉头回到了办公室。每个人都知道他们有可能为航天员的返回提供技术支援。因为超速被摩托车交警拦住的工程师在解释了原因之后，立刻被护送到任务中心。突然之间，几乎所有的人都忘记了此次任务是为了第三次登上月球，就好像全美国人都在亲身经历阿波罗 13 号克服困难的过程。

航天员们也涌进航天中心参与支援工作和模拟试验。谢泼德和米切尔在约翰逊航天飞行中心操纵着登月舱模拟器，吉恩·塞尔南和戴夫·斯科特则操纵着另外一台模拟器。在佛罗里达州的肯尼迪航天飞行中心，后备阿波罗 15 号指令长迪克·戈登正在利用那里的登月舱模拟器模拟紧急救援步骤。肯·马丁利和约翰·扬、查尔斯·杜克一起组成后备航天员小组，模拟飞行程序、机动和技术要求，以便在命令下达给太空中的航天员小组之前证明这些操作是可行的。航天员们利用完全相同的装备尽可能地模拟他们太空中的同事正在经历的真实环境。

航天员乔·科尔文、万斯·布兰德和杰克·洛斯玛轮流着将一张接一张的核查单传达给航天员小组，其他的航天员则进进出出提供援助、建议和想法。航天员乔·英格尔（Joe Engle）、罗·埃文斯（Ron Evans）和托尼·英格兰（Tony England）在飞行期间一直长时间地工作着，因为在这几天里航天界成了一个更大、更团结的家庭。

根据后来的统计，在飞行期间每台模拟器大概都用到了 40 个小时。为了确保所有的命令可以仔细而准确地传达给航天员小组，模拟和训练工作组的人员昼夜不停地工作着——某些航天员甚至睡在办公室的地板上。

4 月 14 日（星期三）一大早，航天员小组收到了关于第二次发动机点火的数据，这次点火持续 5 分钟，它将使轨道加速并带领他们更快地回到地球。此时他们绕到月球后面已经有两个小时了。当洛弗尔忙于估算返回地球的第二次点火步骤时，他的两个新手同伴则拿着摄像机对着月亮拍照，此时他们的飞船正滑过月球远侧。在飞行阿波罗 9 号时，洛弗尔就见过这个场景。他对他们喊道："先生们，如果我们不正确执行下面这次机动，你们就根本没法将这些相片冲洗出来。"他们回答说这是他们第一次也可能是唯一一次飞行到这里，而洛弗尔以前已经来过了。这的确是他们如此近距离靠近月球的唯一机会，他们不想浪费它。凑巧的是，他们拍摄的照片是所有阿波罗飞行中从远侧得到的照片中最好的。

1970 年 4 月 14 日，中部标准时间 18 时 21 分，他们飞入月球的背面，并失去了与地面的无线电通信。在所有阿波罗号飞行中，这都是一个孤独的晚上。但是对于阿波罗 13 号，它更是如此。飞船处于这种状态下时，航天员和地面的唯一联系也被暂时中断了。对于飞行控制人员来说，这是一个喘气的机会，因为对着空白的屏幕，除了等待和期望之外他们没有别的可做。这也是所有工作人员从爆炸到海面溅落这段时间里的唯一休息机会。

在飞船上，航天员们因为如此接近月球而兴奋不已，同时也因为登月计划被取消而感到失望。考虑到飞行的困难，阿波罗计划有可能被取消，这将可能是最后一个拜访月球的阿波罗航天员小组。(此前，洛弗尔曾经对他的两个同事说："好好看看月亮吧。以后很长一段时间都不会有人到这里来了。"但是，他当时没有意识到传声器都在工作当中（这段时间长达 45 分钟），因而他的评论被传播到了地球上。不幸的是，后来因为这些评论洛弗尔被错误地指控蓄意妨碍阿波罗飞行计划。潘恩博士不得不解释说洛弗尔并不是故意这样做的。飞行结束之后，洛弗尔被要求向众议院航天委员会解释他的言论。他说他根本不是有意要向公众散布这个评论，这只是他对两个同事说的话。不幸的是他的评论真的变成了现实。阿波罗 13 号的失败决定了阿波罗 18 号和 19 号的命运，1970 年 9 月它们被取消了。直到 1971 年 2 月阿波罗 14 日才飞向月球。担心可能不会再有绕月（或登月）飞行的真正原因是危险太大。之后的阿波罗计划直到 1972 年才展开工作，1973 年飞行计划又输给了天空实验室。

18 时 49 分飞船在月球的另一面出现，并与地面重新取得了联系。

阿波罗 13 号："休斯敦，这里是'宝瓶座'。那边的景色太美妙了，你们能看到我们已取景照相完毕"。

正当他们脱离绕月飞行时，土星运载火箭用完的第三级火箭 S—IVB 正按计划冲向月球撞击点。它撞击月球时产生的冲击将会激发阿波罗 12 号留在月球上的地震记录仪器。4 月 14 号东部标准时间 19 时 9 分，S—IVB 以相当于 11.5 吨梯恩梯炸药（TNT）的爆炸力撞击到月球，产生了一个很强地震冲击信号。这个信号比几个月前阿波罗 12 号的无人操纵登月舱上升级撞击产生的信号强 20～30 倍。火箭的撞击速度为 8 456 英尺/秒（比 6 000 英里/小时少一点），撞击位置在阿波罗 12 号位置的西南面 74 海里。这是阿波罗 13 号整个试验过程中发回的唯一有用的科学数据。

地面支持航天员："'宝瓶座'，顺便说一句，我们收到了阿波罗 12 号地震检波器的信号。你们的火箭刚刚撞击了月球，而且撞击很强烈。"

阿波罗 13 号："好了，这次飞行总算做了一件事情。同时我为我们的飞船没有撞到月球而感到高兴。"

飞行中航天员小组在飞船上经受了很多危机，他们没有时间放松。为了点燃发动机加速他们的返回飞行，他们需要根据已知的星球校准平台，这时候更加严重的问题出现了。当航天员向外看时，发现窗外悬浮着很多爆炸产生的碎片。碎片反射的太阳光使他们无法分辨目标，他们根本看不见需要的星球。没有校准，他们就不可能朝正确的方向推进，最后指令舱返回大气层的校准也不可能完成。任务控制中心提出的建议是依据太阳来校准，由于太阳比较特殊，因而校准起来不容易出错。他们成功了，飞船的姿态校准非常成功。这样，多灾多难的飞行又逃过了一劫。

这次的点火过程是：首先以 10％的功率燃烧 5 秒钟，接着以 40％的功率燃烧 21 秒钟，最后全速燃烧 4 分钟。燃烧使速度提高了 585 英里/小时，并推动飞船朝太平洋萨摩亚群岛南面的溅落点飞去。主回收船 Iwo Jima 正驶往回收区域。

阿波罗 13 号上的景况还不能说是最差的。跟洛弗尔被困于双子星 7 号两个星期的情况相比，这已经算是绝对的奢侈了。但是不管如何，阿波罗指令舱设计只考虑了有限的飞行时间和特定的目标。今后大型飞船需要装备更好的设施。登月舱甚至可以更加简练，因为它只是为两个人维持三天时间而设计。

指令舱里极度寒冷。系统关闭之后再也没有热源维持室内的温度。毫无生气的指令舱里只有 38 华氏度，因此航天员们根本没有办法睡觉。他们试图在相对暖和的登月舱里睡觉，但是仍然不是很舒服。正在经历的困境使得他们过度疲劳，甚至都没有办法完成常规的工作。太阳光从窗口射进来，但是没有用。洛弗尔回忆说："我们像困在冰冻池塘里的青蛙一样寒冷，特别是杰克，他的脚一直都湿湿的，不像我和弗雷德穿着登月套鞋。"气温那么低以至于水蒸气都在冰冷的金属块上凝固了。"看到渗着水的墙壁以及湿湿的窗口，感觉更加寒冷。我们考虑过要换上航天服，但是在太空舱里这样会显得很笨重、很吃力。泰氟纶制作的飞行工作服冷得都不能碰。我们非常渴望几件暖和适用的内衣裤。"最后斯威格特又穿上了另外一套保暖长内衣。海斯在飞行最后阶段患了肾炎，而且病得很严重。可以想象他们三个有多么恼怒和疲惫。就在这时，他们关闭了生物医学追踪装置。因为接收不到他们身体重要器官的遥测数据，地面航天医学研究人员非常担忧，还以为他们已经死了。

因为登月舱里没有热水冲开脱水的食物，他们的食物都是冰冷的。切断电源几个小时之后，太空中刺骨的寒冷开始将飞船的某些部位冻结。他们无规律地轮流休息，每次至少留一个人保持清醒，但是他们根本没有真正睡着过。飞行小组运行主任莱斯顿（也是一个航天员）是喜欢在通信中间插入几句与航天员们的直接对话的人之一。飞行最后阶段，他在线上说："我知道你们谁都没有睡过一个像样的觉，因为那里太冷了。你们可以打开药箱，每人吃几颗得克西得林药片。"得克西得林是一种药效很强的兴奋剂，医生们正考虑用它顶住一段时间。但是它有非常不好的副作用，药效退去之后会产生很严重的精神萎靡。到返回大气层前几个小时，航天员们精疲力竭，不得已服下了适量的得克西得林药片。

肯尼迪控制中心："如果我们可以想到办法给你们送去一杯热咖啡的话，此时味道一定很好，不是吗?"

阿波罗 13 号："是啊，肯定的。你们想象不到这个东西（飞船）有多么的冰冷。"

肯尼迪控制中心："坚持住，不会等太长时间了。"

水也成了问题。海斯计算出溅落前 5 小时他们就会断水。再次利用以前登月舱的经历，洛弗尔知道阿波罗 11 号登月舱的上升火箭级没有像阿波罗 12 号那样撞击月球。航天器的工程分析表明，如果没有流动的水冷却，登月舱可以在太空中维持 7～8 小时，直到在导航系统承受不住此次未曾计划的烘烤而发生故障。航天员小组必须节约用水，但是另一方面，因为担心他们严重缺水，地面的医生更加密切地监测着他们的身体状况。在舱外航天服生保系统的背包里，他们可以得到一些液体，这些水原本预备在月球上使用。但是，这些用来冷却的水并不非常适合饮用。每人一天饮用 6 盎司水——相当于正常饮水的五分之一，加上水果饮料、冷的热狗香肠以及其他湿包装的食物，这就是航天员小组节约用水的情况。他们真的脱水了。因为缺水，海斯的肾炎更加恶化。航天员小组创造了不值得羡慕的，也是其他阿波罗飞行无法打破的纪录：洛弗尔体重下降了 14 磅，整个航天员小组体重下降了 31.5 磅——几乎比其他阿波罗飞行任务增加了 50%。飞行结束时他们还剩下 28.2 磅水——总量的 9%。

最初航天员小组的计算表明他们有足够的筒装氢氧化锂。这些氢氧化锂用来除去登月舱气体成分中的二氧化碳，这对维持生命是非常重要的。登月舱里有四筒，手提式生命保障系统及其备用系统（PLSS）中还有四筒。但是这些氢氧化锂需要维持的不是设计中的两个人两天，而是 3 个人 4 天。爆炸发生 36 小时后，二氧化碳的含量累积到威胁航天员小组生命的危机程度。如果不是因为任务控制中心航天员系统部（Crew Systems Division）提出了一个独创的方法，航天员们肯定已经因为二氧化碳中毒而死亡。这个独创的方法是托尼·英格兰设计的，并通过无线电传达给了航天员小组。他们利用了指令舱的方形筒，因为它不适合登月舱系统上的圆形接口，所以他们利用塑料袋、胶带以及未使用过的舱外活动地图的硬纸质分镜头提示卡等将它固定在登月舱的系统上，然后再用舱外活动制服上的软管将两者连接起来。这样它就可以用来清洁登月舱里的气体了。虽然这种方法很粗糙，甚至很难看，但它发挥了很好的作用。

航天员利用控制器里的器具临时装备的“邮箱”，用来净化飞船里的二氧化碳气体

他们在飞向大气层的途中进行了两次航线校正，这两次校正提高了返回大气层的校准精度。星期三早上 8：38 时，当飞船进入地球重力影响区域时（距返回地面仍有 216 277 英里航程），跟踪器显示飞船又开始向深空滑去，偏离了地球 99 英里。因此航天员小组使用了手动推进校准技术。这项技术在洛弗尔的阿波罗 8 号飞行中首次使用。跟其他用在阿波罗 13 号飞行中的很多事件和操作程序一样，它也从来没有被料想到会用在登月舱里。斯威格特负责发动机燃烧时间，告诉两个同事什么时候点燃发动机，什么时候熄灭发动机。海斯控制俯仰，而洛弗尔则控制滚转并负责启动、停止按钮。最终，这个和睦但又疲惫不堪的小组齐心协力完成了这次必需的发动机点火。

进入大气层前 6 个半小时他们就开始为飞行的最后阶段整理指令舱，但是直到进入大气层前 2 个半小时他们才将电池充好电——仍然处在正常负荷状态。他们还发现任务控制中心正在全力重写一份文件并传送给他们，编制指令舱动力加载程序通常需要 3 个月，但现在只用了 3 天。洛弗尔说：“当我们开始着手给指令舱加电时，发现指令舱就像一个冰冷、潮湿的罐头盒。墙壁、天花板、地板、电线护套以及仪表板到处是水珠。”他们怀疑仪表板的后面也是同样的情况，因此非常担心船舱里会出现短路。由于阿波罗 1 号失火之后发展了一些技术，因而没有出现火花。当他们减速通过大气层的时候，指令舱里下起了“雨”，由此可见有多少水分被凝结了。

“情况一直在变好，”洛弗尔后来说道，“我们这次的情况完全不一样，因为通常返回时带回来的只有指令与服务舱（CSM）。但是现在，我们有一个瘫痪的服务舱、一个没有动力的指令舱和一个登月舱。真是一个奇妙的航天器，但是它没有热防护系统，马上我们就要把它扔掉了。”

随着一张接一张的核查单被传送给指令舱里的斯威格特，登月舱的系统不得不被关闭。“我的声音听起来可能不是很清楚，因为我的牙齿中间正咬着一个手电。”至少指令舱里的温度正在上升到比较舒适的水平。

肯尼迪控制中心：“当你准备好的时候就可以将服务舱（SM）抛掉。不是马上，而是任意时候。”

一位艺术家的描绘：受损服务舱脱离透视图，示意以前太空飞行中从未出现过的指令舱/登月舱的独特结构（引自 NASA）

斯威格特在一个开关的上面标上“登月舱抛弃”的字样，以防万一洛弗尔和海斯还呆在登月舱里的时候他不小心按错了开关。洛弗尔认为这是一个非常棒的主意。

斯威格特后来回忆说：“地面上制定了一个很好的时间表。紧张的时刻到了。正常的步骤要求装上逻辑总线［这个爆炸螺栓用来分离服务舱和指令舱］，并让休斯敦看到释放分离。此时，我们没有任何遥测装置和休斯敦联系。弗雷德朝我走过来，我对他说，‘弗雷德，我已经准备好抛弃服务舱了。马上就要启动爆炸螺栓。’弗雷德说，‘我去请求休斯敦的行动命令。’我告诉他说：‘我们没有和休斯敦联系的遥测装置。所以现在你只需要堵住耳朵站到一边就行了。’接着我就装上了‘A’系统，我能听到分离的声音。什么都没有发生，这是一个鼓舞人心的征兆。接着我又装上了‘B’系统。还是什么都没有发生。那时，我感觉到能放心回家了，各位工作进行得很顺利。我们采用了“推拉式”的方法。吉姆和弗雷德在登月舱里利用转换控制装置让飞船速度增加了一些。当吉姆大声喊道‘点火’时，我抛弃了服务舱，它在一大群碎片中离去，情况一切正常。”

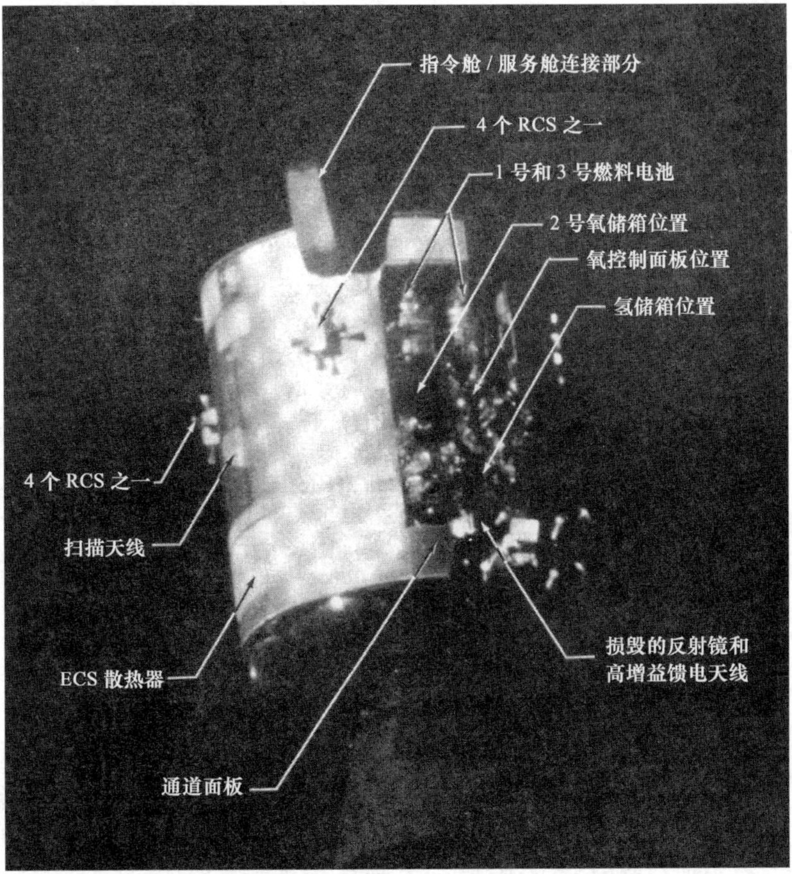

这张服务舱损毁情况的照片，显示了舱体第 4 部分的外壳被完全炸飞，将服务舱的内部系统暴露出来

当服务舱飘过窗口时，航天员小组拍摄到了这一瞬间的照片，第一次看到了损伤程度。

阿波罗 13 号："好，我们看到了。飞船整个一大半丢失了。差不多从发动机的底部开始，高增益天线附近的那一整块面板都被炸裂了。天哪，简直不敢相信！刚刚好像还有很多碎片从 S 波段天线周围冒出来。"

当海斯降低登月舱电力时，洛弗尔跑回到了指令舱，说道："我不得不说这个星期非常令人兴奋。"肯尼迪控制中心回答："吉姆，如果你再不好好照顾你的飞船，我们就不会再给你另外一个了。”指令舱又一次坐满了 3 名航天员，它正在利用它自己的电池充电。确信从登月舱带出了所有的胶卷并抓了几件纪念物之后，他们关闭了连接登月舱的舱门，将他们自己封闭在指令舱里。

因为指令舱的发动机不再起作用，只能靠对接段上内部的气体压力迫使两个舱段分离。11 点 23 分，斯威格特按下了登月舱的抛弃按钮。

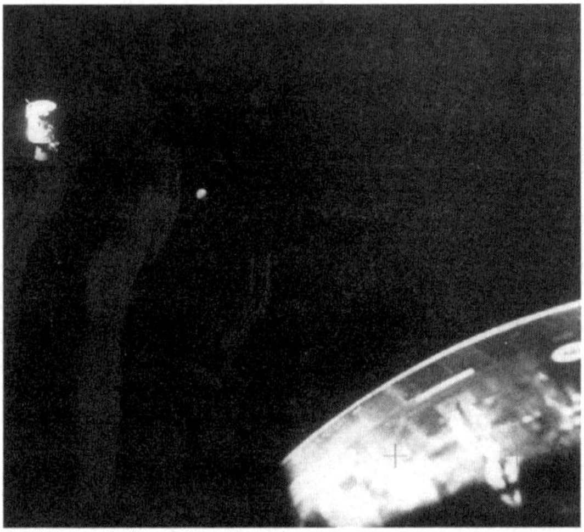

在进入指令舱之前，航天员从登月舱的窗口急忙对损坏的服务舱拍下照片

肯尼迪控制中心：“别了，‘宝瓶座’。我们感谢你。”

海斯：“她绝对是一艘伟大的船。”

“宝瓶座”结束了它的生命。带着一个放射性同位素热电式发电机（RTG）的动力，它在太平洋上空随意燃烧，然后向萨摩亚群岛东南面 600 英里的一个世界上最深的海沟处掉落。指令舱经过黑障时有一段通信中断之后，开始进行降落伞的展开。回收的舰船正在那里等着他们。

任务控制中心的格鲁曼公司的阿波罗 13 号登月舱飞行主任比斯乔夫在他的私人飞行日志本上写下了结束语。他在任务控制中心监控飞行，并和贝瑟特的登月舱制造工厂的维护工作组一起，解答了 NASA 提出的关于登月舱性能的很多问题，现在，丢弃登月舱并结束任务的时候到了，这个登月舱无疑曾经挽救过航天员的生命。

艺术示意，服务舱分离及随后的登月舱分离，指令舱重返大气层

“别了，宝瓶座”。登月舱救生船在任务结束前被抛掉，航天员飞向地球

地面经历时间（从起飞开始记数）：

141：30："登月舱抛弃。"

142：17："紧急医疗服务核对完毕。"

142：28："丢失登月舱数据信号。"

142：31："登月舱数据恢复——仍然完好。"

142：33："指令舱导航系统开始工作。"

142：35："登月舱数据再次丢失。"

142：36："数据恢复，但断断续续。"

指令舱——现在就只剩下它自己——开始朝太平洋快速下降。它以24 000英里/小时的速度飞过印度洋的上空，跨过澳大利亚的南部，在400 000英尺的高空进入大气层。当他们开始进入炽热的重返大气层阶段时，洛弗尔、海斯以及斯威格特看见远处小小的月亮沉到了地平线以下。

142：39："信号丢失"；黑障开始了。

在任务控制中心的电视屏蔽上阿波罗带着降落伞落向海面

有好几分钟所有的人——包括指令舱里的航天员——只能在那里等待并期盼着。飞船快速穿越厚厚的大气层时产生的电离粒子形成了一个中断无线电通信的保护层。对于地面上的人来说，这几分钟就像几个小时那么长，因为他们在期待着指令舱能从在经历重返大气层的黑障后逃生。

142：45："ARIA 飞机接收到了信号"；指令舱上的遥感装置显示数据。

142：46："恢复与指令舱的声音联系（斯威格特）。"

142：49：30："减速伞出现。"

142：50："电视屏幕上重要目标出现。"

在指令舱里，洛弗尔在阿波罗 8 号飞行中经历过一次着陆时的强烈冲击，因此提醒他的同伴要准备应对着陆时的强烈冲击。

142：54：46："溅落！在 Stable I 方位（正右侧）离船队 413.5 英里。"

飞船抓住一个波峰的机会轻轻地落入海洋，"奥得赛"再次给人一个惊喜——终于回到了地球。3 名航天员静静地躺在指令舱内的躺椅上，等待着伞降救援队潜水员们的到来。整个世界欢呼起来。起飞后准确时间 142 时 54 分 41 秒，他们终于回到家了。

潜水员们给飞船绑上了漂浮装置。航天员依次爬出舱内，进入橡胶救生艇，并被抬送到等在那里的直升机上。在回收船里，他们看起来非常疲惫和宽慰。因为太累不想对公众说什么（以后将要进行的），他们被弄走了，并准备接受医疗护理和理所应当的休息。接下来的事情就是回家、任务报告、总统迎接、家庭团聚以及回忆他们所经历的一切。洛弗尔表达他个人的感受说："只有当你离开了地球后才明白在地球上你拥有的是什么。"

阿波罗 13 号飞行日志，1970 年 4 月 11—17 日

4 月，中部标准时间		
11	13：13	从佛罗里达州肯尼迪航天中心发射；土星 V 运载火箭第二级的一个发动机提前关闭

续表

	15：48	S—IVB第三级火箭点火使飞船转入月球轨道
	17：14	指令与服务舱分离，掉转方向，登月舱与S—IVB分离
12	19：54	阿波罗结合体转换到复合轨道，准备向着陆点法莫拉地区前进
13	21：08	离地球205 000英里时，服务舱里2号氧储箱爆炸，“休斯敦，我们遇到了麻烦……好像正在排放什么东西。”
14	02：43	登月舱发动机发动，将飞船带回自由返回轨道
	18：21	阿波罗13号飞到月球的背面，海斯和斯威格特拍照片，洛弗尔说：“如果我们回不了家，你们就洗不出这些照片。”
	18：49	飞船在月球的另一面出现：“这里的景色简直太美妙了。”
	19：09	S—IVB以相当于11.5吨梯恩梯炸药（TNT）的爆炸力撞击月球，阿波罗12号的地震记录仪记录了冲击信号：“好了，这次飞行总算做了一件事情。”
	20：41	为了提高飞船的速度，“宝瓶座”下降发动机燃烧了4分30秒
15	22：31	中程航线校准，用以提高地球轨道入轨的精度：“地球就像货运列车一样呼啸着。”
17	07：15	受损的服务舱被抛弃，航天员小组抢拍到照片：“飞船整个一大半丢失了。”任务控制中心：“如果你再不好好照顾你的飞船，我们就不会再给你另外一个了。”
	10：43	航天员小组转移到指令舱并抛弃登月舱“宝瓶座”：“别了，‘宝瓶座’。我们感谢你。”
	12：08	指令舱在太平洋溅落
	12：53	阿波罗13号航天员安全登上主回收船Iwo Jima

4月17日成立了一个事故调查组。1970年6月16日调查组公布了调查结果。

• 事故原因是服务舱2号氧储箱里发生的一次由电引起的失火。火灾的源头是储箱内风扇电动机电线的特氟隆绝缘材料。电线接点产生了一个电火花。

• 事故发生前的遥测数据分析显示，储箱内的电火花产生了电干扰。容器结构体系评估也揭示了很多潜在的火灾隐患，如电线接点、未密封的电动机、旋转的铝质电扇、特氟隆电线绝缘材料，所有这些都有可能引爆超临界的氧气。

• 追溯容器的建造历史发现安装的填充管道有些松动，这可能是承包商最初装配时振动所致。这些松动给肯尼迪航天中心发射前的常规操作带来了困难。在发射前的测试和核对过程中采取了一些以前没有用过的异常步骤，让容器经受了前所未有的长达8个小时的加热运行和压力循环。

• 加热器上两个保护性恒温开关的设计标准电压为直流28伏特，但肯尼迪航天中心实际用到的电压以及测试时承建者使用的电压都是直流65伏特。

• 最后，无论NASA、北美洛克韦尔（指令与服务舱的主承包商）还是Beech飞机公司（氧储箱的供应商）都没有觉察到这些差异，没有任何文件评述此事，这是糟糕的计划协调工作。对于高重力载荷下开关的循环作用，没有任何技术要求或验收测试。委员会声称“这是各部门都有责任的最严重疏忽”。

为了确保类似事件不会在服务舱里再次发生，调查组给出了以下一些建议：

• 修改服务舱的低温存储系统，避免电线和未密封的电动机直接接触液氧，因为在这些地方可能的短路会点燃附近的物质。这要求在有氧气的地方尽量少用特氟隆、铝以及其他易燃物质。

• 将来修改过的服务舱低温存储系统必须经过严格的重新认证，包括考虑可能出现的运行问题。

• 检测并修改阿波罗飞船和任务控制中心的提醒及警报系统。这包括在正常操作范围和主要出错警告之间增加不同层次的警告，防止一个警告将同一子系统堵塞一秒钟，以及提供视觉和听觉双重警告，这样警告就不容易被忽视。

• 应该提高登月舱和指令舱里生活必需品和应急设备扩展用作救生船的潜在功能。评估指令舱和登月舱之间子系统及部件的兼容性。

• NASA应该评估登月舱动力系统的异常，包括进一步调查和解释发射准备工作中关键的子系统里出现的重大异常。一些涉及子系统飞行可行性的关键性决定应该有一位子系统专家的参与。

• NASA 还应该全面复查所有包含高浓度氧气的飞船、运载火箭以及地面支持设备。进一步研究在不同重力加速度下的材料相容性、强氧化剂点火及燃烧、超临界流体的特征。必要时应建立新的设计标准。

• NASA 在检查阿波罗子系统的同时，也应该检查休斯敦和承包商中对这些子系统负责的工程机构，以确保对工程和制造方面的知识有足够的理解和掌握。

1970 年 6 月 16 日，事故调查组组长埃德加·科特莱特（Edgar Cortright）博士向众议院科技与航天委员会声明："阿波罗 13 号事件深刻地提醒着人们登月计划的巨大困难。地面系统、运载火箭以及飞船，构成了整个阿波罗体系，它是人类历史上最具挑战性、技能要求最高的工程发展计划。为了获得成功，工作人员和技术装备都必须尽善尽美。我们已经取得了两次月球探索计划的成功，这归功于那些参与构想、设计、建造以及飞行的人们。尽善尽美不仅难以达到，而且更难维持。阿波罗 13 号的不完美几乎酿成灾难，由于航天员小组和地面控制人员的出色工作这次灾难才得以避免。调查组认为阿波罗 13 号事件对将来的飞行计划是一次重大教训，它提醒人们注意提高载人飞船的安全性和有效性。

1965 年指令舱已经经历了很多的改进，包括将氧储箱加热器的许可电压从直流 28 伏特提高到直流 65 伏特。不幸的是，由于疏忽，加热器上的恒温开关并没有得到相应的修改。在发射台上最后一次测试中，加热器持续工作了 8 个小时。这使得加热器附近的接线达到了 1 000华氏度，因而大大降低了电扇发动机接线上特氟隆绝缘材料的绝缘性能。在直流 65 伏特下，恒温开关就极有可能被熔化而关闭。在后来进行的测试中，发现警报信号不起作用，任由容器罐充满氧气。这样，容器储箱就成了一个潜在的炸弹，1970 年 4 月 13 日当飞船接近月球的时候容器储箱终于爆炸了。从阿波罗 14 号开始，在飞船上的其他位置加放了第三个氧储箱，在服务舱里安装了隔离阀门和辅助电池。

就月球探索而言，阿波罗 13 号失败了；但是，从其他方面来说，它也充分体现了 NASA 拥有的足智多谋和团队合作精神。阿波罗 13 号是一次“成功的失败”。

阿波罗 13 号任务控制中心的管理员们庆祝阿波罗 13 号航天员成功返回

在第四次也是最后一次飞行结束之后，吉姆·洛弗尔阅读营救他自己的头条新闻

溅落之后，登月舱的制造者格鲁曼公司送给指令舱与服务舱建造者洛克韦尔公司一份有挖苦意味的回收账单，洛克韦尔则回送了牵引付费单——只不过是玩笑而已。

登月计划失败了，但是航天员小组的返回工作却表明 NASA 处于极佳状态。直到 1971 年阿波罗 14 号才飞向太空，而且只又进行了 4 次登月就结束了。NASA 正在设计新一代的太空飞行器——航天飞机，它是一种可重复使用的安全可靠的航天器，可以提供一种频繁而安全往返于太空的途径。阿波罗 13 号表明太空探索仍然是一种高危险度的冒险。尽管在登月计划里它是一次失败，但由于 NASA 从重大灾难的边缘成功挽救了航天员而被称作一次“成功的失败”。16 年后另外一场灾难和另外一个 NASA 就没有这么幸运了。

4.4 和平号火灾和碰撞（1997）

第一次登上俄罗斯和平号空间站的新成员，在舱门入口问候了驻守的成员之后，他们最先注意到的东西往往是噪声、潮湿和气味。和平号已经在太空中漂游很久了。那种环境清洁、有条不紊、宽敞舒适的形象已经是过去的事了。

与航天飞机（它在轨道上只逗留 1 周到 17 天的时间）不同的是，和平号是一座长期的研究平台。和平号联合体的第一个单元（基本模块）于 1986 年被放到轨道上，此后该结构逐渐扩展了其他的模块、成吨的仪器设备和随后的航天员队伍。

加到和平号联合体上的第一部分是用于研究天体物理学的舱体量子 1 号，它于 1987 年发射升空。这是通过位于圆柱形基本模块一端的一个对接舱门进行的。在量子号的另一端，对接了两架联盟号运输飞船中的一架。两架运输飞船把航天员们送到和平号，还将在他们太空任务结束之后把他们带回地球。

在核心舱的另一端是一个舱门，通向可提供多个对接口的舱体，或者称为“节”，在那里逐年加上了 4 个科学研究舱体。1989 年添加了量子 2 号舱（扩充和气闸舱）。1990 年添加了晶体舱（技术舱，1995 年航天飞机对接舱加在它上面）。1995 年添加了光谱舱（遥感舱），又于 1996 年添加了自然舱（另一个遥感舱）。他们分别被设置在“节”周围的 4 个对接口上。每个舱体都通过打开的舱门和主舱体相通，并用电缆和管道连接和平号联合体的动力和供给子系统。第 6 个舱门和第 2 架联盟号运输飞船，供留下来的 3 名航天员使用，它处在联合体上与第一架飞船相对的另一端。

和平号的设计使用寿命是 5 年，可是到 1997 年它已经在轨道上进入了第 11 个年头。它开始显露出老化的迹象，另外，好像没有扔掉任何东西。虽然新鲜的补给供应已经由自动飞行的进步号货运补给飞船送上来，成吨的垃圾被带走，但和平号还是充满了多余的设备。它一点也不像地球上整洁的训练舱。这是一个真实的、住人的空间站。

和平号与一座用来进行科学试验、从而加深我们对太空环境认识的平台的概念有很大差别，航天员们的很多时间都用来进行长达数小时的“家务”管理和维护工作。由于联合体外壳上的太阳能电池板的电能供应问题，他们经常被迫在安排科学实验和维持空间站系统之间进行折中。

从 1986 年到 1995 年，和平号为俄国人提供了很有价值的训练帮助，使在太空中进行持续的日常生活成为可能。由航天员瓦列里·波利亚科夫（Valery Polyakov）博士创造的最长的停留时间纪录是 14 个月。为了建造更大更复杂的空间站，并且为在不久的将来更宏大的飞往火星的计划提供基本数据，这都是一个理想的准备。正在忙着修订国际空间站计划的美国人并没有这样的资源。事实上，他们唯一曾经有过的空间站是天空实验室，它是用剩余的阿波罗登月硬件建造的，于 1973 年发射。3 名成员分别在天空实验室里生活了 28、59 和 84 天，完全超过了 1965 年双子星 7 号创造的 14 天的最长纪录。从 1981 年航天飞机进行轨道运行开始，美国长期飞行唯一的选择只有最长时间为 17 天（两组 12 小时的轮班）的航天飞机/空间实验室舱任务飞行。NASA 需要的就是空间站的经验。随着 1992 年美国/独联体联合合作计划的创建，机会终于到来了。

美国航天员杰里·利嫩格尔（Jerry Linenger）于 1997 年 1 月 15 日抵达俄罗斯和平号空间站。他是 7 名 NASA 航天员中的第 4 名，他们会成为俄罗斯常驻空间站成员的一部分，而不是访问小组成员。1995 年诺曼·塞加德（Norman Thagard）在空间站呆了 3 个月，成为这批人中的第一个。1996 年姗侬·露西德（Shannon Lucid）紧随其后，她成了在空间站上连续呆了两个年度的美国航天员。

露西德之后被约翰·布莱哈（John Blaha）接替。当利嫩格尔从亚特兰蒂斯号上飘过对接舱门进入他的新家时，布莱哈还在和平号上。之后迈克·福尔（Mike Foale）接替了利嫩格尔，之后是航天员戴维德·沃尔夫（David Wolf）和最后一位安迪·托马斯（Andy Thomas），最后计划圆满完成。7 名航天员为美国人建造国际空间站的计划提供了急需的基本数据。他们第一次体验在持续的轨道飞行中一周又一周的生活到底是怎么样的。与航天飞机飞行不同的是，他们不仅是在身体感觉方面离开熟悉的环境，他们的飞行还是俄罗斯国家太空任务的一部分。他们是俄罗斯小组的一部分，接受航天员的命令，并且受莫斯科而不是休斯敦太空任务控制中心的管理。这是一种非常不同的体验，甚至这些美国人在俄罗斯接受的数月太空任务训练，也无法为他们在和平号空间站中遇到的文化冲击做好准备。

1997 年利嫩格尔和福尔在和平号上一共居住了 8 个月，期间他们的角色都戏剧性地遇到了挑战，这种挑战比其他人遇到的更甚。在他们停留期间，和平号空间站上发生了人类太空飞行历史上两次最严重的事件。这增加了完成太空任务的风险，而且威胁到了成员的生命。

利嫩格尔在空间站上的第一个月并没有发生什么事情。他是作为 STS－81 号的成员抵达的，并且加入了第 22 号（EO－22）俄罗斯和平号派遣队（常驻或者长期）。他和约翰·布莱哈交换了联盟号返回舱上定制的座位，后者则乘坐航天飞机回家，结束了旅程。

在为期 5 天的共同行动中，布莱哈每个晚上花费两个小时的时间为利嫩格尔介绍这个太空联合体的布局和各种设备。他也完成了他的实验，那是 NASA“随站工程师 3 号”计划的一部分。他还帮助利嫩格尔确立了他自己的计划，即 NASA“随站工程师 4 号”计划。过渡期结束后，布莱哈和 STS－81 号成员一起离开了和平号空间站，并于 1 月 22 日降落在佛罗里达州。

和平号联合体在轨道上运行，1997 年 1 月。中央核心舱（基本模块）支持一艘联盟号飞船（中间最显著位置），而一艘进步号无人驾驶载货飞船对接在量子 1 号舱（背景位置）上。从顶部起顺时针顺序分别是光谱舱、带着航天飞机对接舱的晶体舱、在外侧预备着 YMK 载人机动飞行器的量子 2 号舱和自然舱

在 1 月剩下的日子以及 2 月的第一周里，利嫩格尔制定了他自己的实验计划。他也努力去融入包括他的俄罗斯同事指令长瓦列里·科曾和飞行工程师亚历山大·卡列里在内的空间站小组。1 月 7

日，和平号成员们把对接的联盟 TM－24 号飞船从和平号的前对接口移到后对接口。利嫩格尔将这一段时间的飞行描述为“在飞船里旋转了一个下午”。这种调动在该空间站的漫长存在过程中已经进行了很多次，用来给下一架联盟号的航天员们腾出主对接口。联盟号是从俄罗斯发射升空的航天员来往和平号的交通工具，也是一艘“太空救生艇”，万一航天员们需要迅速疏散并紧急返回地球，它就可以派上用场。为了重新对接 TM－24 号，自动驾驶的进步 M－33 号载货船从和平号的尾部接口断开连接，并被转移到新的停泊轨道，它将在那里一直逗留到俄罗斯 EO－22 号航天员启程之后才重新对接上来。

联盟 TM－25 号于 2 月 10 日发射升空，带来了顶替的进行第 23 次远征（EO－23）的俄罗斯航天员，他们是指令长瓦西里·特西利耶夫（Vasili Tsibliyev）和飞行工程师亚历山大·拉祖蒂金（Alexandr Lazutkin）。船上还有另一名德国的航天员莱因霍尔德·埃沃德（Reinhold Ewald），他要在和平号上逗留 20 天，然后与科曾和卡列里一起回家，留下利嫩格尔，与特西利耶夫和拉祖蒂金一起继续留守在空间站上。

2 月 12 日联盟 TM－25 号的自动交会和对接系统（Kurs）在接近和平号的最后阶段出了故障。自动系统引导联盟号接近到 8 英尺的距离，然后关闭了。飞船继续移进了约 20 英寸，然后对系统失败做出了反应，开始后退。特西利耶夫接到命令进行手动控制，而他从来没有受过在离对接口这样近的位置的训练。还有 60 秒就要进入轨道日落区了，那时候进行任何对接都是很困难的。特西利耶夫将对接探测器轻轻推进和平号的漏斗形对接器，成功地进行了对接。(俄罗斯后来为了削减费用，于 1999 年从联盟号和进步号上撤除了昂贵的乌克兰自动交会和对接系统 Kurs）航天员们不得不用俄罗斯“TORU”对接系统完成手动对接。进步号货运飞船也要用“TORU”系统，但是可以由和平号联合体内部的航天员们通过视觉观察和装在靠近进步号飞船上的电视摄像头来进行控制。在 EO－23 太空任务期间试验这个系统的决定，对后来和平号的操作产生了戏剧性的影响。

在 3 周里 6 名航天员在整个空间站里进行了一些联合实验。每一次和平号太空任务都伴随着科学实验、日常维护和“家务”管理，现在又多了这些实验。太空任务的琐碎事务之一发生在 2 月 19 日晚上，当时空间站姿态控制系统的 6 个旋翼式螺旋桨之一出了问题。出故障的部位在量子 2 号舱上，并进行了修理。然而，4 天多之后，发生了性质极为严重的事件，这次故障也就变得微不足道。

2 月 24 日的 NASA/俄罗斯的联合新闻发布会上宣布：“昨天晚上和平号空间站上的一个制氧设备出现问题，发生火警，并且对空间站上的某些硬件造成了轻微的损害。”报告接着说 6 名航天员都没有受伤，并且在应对火灾的时候表现很好。根据报告，火势持续了 90 秒，使得航天员们被浓烟笼罩达 5～7 分钟，逼得他们戴上了面具。在火势被扑灭后，利嫩格尔是一位医生，对所有航天员进行了身体检查。地面上的医疗人员建议他们都戴上面具和护目镜，直到可以对和平号上的空气进行分析为止。

第一阶段航天飞机计划的主任——航天员弗兰克·卡伯特森（Frank Culbertson）补充说，很不幸事故已经发生了，而“俄罗斯的管理和操作专家们对于发生的事提供了很多的信息，我们与他们紧密合作，对于航天员们的健康以及如何对损坏作出最佳反应进行了评估”。他还说双方的地面支援都“非常好”。

火灾后和平号上的系统都继续正常工作，第二天航天员们对量子 1 号舱上着火的区域进行了清理。数周之后，关于这次火灾的详情才为人所知。

事故源于高氯酸锂罐（“蜡烛”），它们被用来制造额外的氧气，供给更多的空间站航天员。和平号空间站上由 3 名航天员组成的核心小组依赖于水电解装置产生的氧气，该装置产生的氧气也用来净化空间站里的空气。而当空间站里有超过 3 名航天员的时候，就用高氯酸锂“蜡烛”作为水解系统的补充。这些“蜡烛”大概可以持续 20 分钟，提供足够一个人用一天的氧气，而且必须定期更换。最初来自俄罗斯方面的报告显示他们认为是氧气生成器的外壳出现了一处裂缝，导致氧气泄漏到放置“蜡烛”的硬件里面。这使金属容器设备上升到极高的温度。

着火那天晚上6名航天员都坐在和平号核心舱里的桌子旁共进晚餐，并且在空间站震耳欲聋的噪声中欣赏音乐磁带。“嗡嗡声”虽然很烦人，却也向他们提示空间站还是“活”的，为联合体提供着热、光、呼吸的空气和能源。

在6名航天员闲聊的时候，常驻指令长科曾叫新来的飞行工程师拉祖蒂金去换一个新的“蜡烛”。拉祖蒂金是第一次进行太空飞行，很愉快地听从了指挥。他飘过桌子进入量子1号舱，那里放着这个“Elektron”装置。他挑选了一个新的“蜡烛”，点着它，并且把它放到容器里。这是一个正常的例行程序，之前已经重复了无数次。突然间他惊叫起来，掺杂着震惊和痛苦。火焰从罐中喷射出来，在舱体里射出好远。他抓住离自己最近的橡皮绳，迅速把自己拉回了核心舱，把这一悲剧事件告知其他人。这时其他5位航天员已经被火警惊动，也可以看到火焰、四周墙上熔化的金属以及充满该区域的黑烟了。

在任何飞船上发生的火灾都是危险的，可在一个受控的飞船环境中，甚至更是危及生命。精密控制的环境对于维持飞船上的生命至关重要，而在完全真空的太空中“弃船逃生”显然并不可行。这就是为什么联盟号飞船接在空间站上的原因，那就是为了在紧急时刻让航天员们迅速逃离。当时的问题是火焰封锁了通往其中一架联盟号飞船的道路。

科曾立即作出反应，抓过墙上的灭火器冲进了仍然在着火的量子舱。过了一会儿，利嫩格尔冒着满身的浓烟进来，拉扯科曾的腿来确认他是否还保持着清醒。科曾转向美国人，脸上漆黑一片。他抓住了更多的灭火器，一个氧气面罩和护目镜。他告诉他的同事也戴上保护装置，因为烟可能有毒。和平号上的烟越来越多，当航天员们戴上保护性面具和护目镜的时候，他们还穿着当时的便服——短装！

在 1998 年的一次演讲中，拉祖蒂金回忆起了这次经历，他形容说这件事有悲也有喜。科曾将灭火器中的水喷射到火上时，让拉祖蒂金想起了站在火炉前的工厂工人。他们几乎放弃了空间站，直到他们想起他们仅有的一份最新的联盟号火灾应对计划表。它由地面进行更新，然后被传送到和平号上的计算机。航天员就把它打出来，并把最新的一个版本放到联盟号返回舱中。计划表每日更新，使得航天员们在手动把重试程序输入正准备返回的联盟号的计算机中时，手头能够获取基于当前轨道参数的最精确的计算结果。

经历了火灾和翻腾的浓烟之后，利嫩格尔戴着全套俄罗斯面罩

由于有两艘联盟号停泊在空间站，他们需要第二份拷贝，可是他们并没有打印一份出来。于是在其他成员狂躁不安地在和平号四下漂浮、试图寻找更多的灭火器的时候，卡列里激活了程序，打印第二份计划表。在火势汹涌、浓烟弥漫的时候，航天员却在操作计算机，这让利嫩格尔很是吃惊，他并不知道卡列里正在努力做什么事情。浓烟甚至飘进了停泊在和平号联合体两端的联盟号飞船，如果他们选择了逃离空间站，这将使得他们在密闭的飞船空间里呼吸

艰难。

后来他们又意识到，即使有第二份火灾应对计划表，如果两艘联盟号飞船都离开和平号，那么这种紧急返回可能实际上就是冒险。没有人事先想到为两艘联盟号飞船提供独立的数据。所以这两艘飞船将会使用相同的火灾应对数据，沿着相同的返回轨道飞行，同时重新进入大气层，并且朝着相同的着陆点进发。这以前从来没有做过，可能由此引起的碰撞危险将会很容易地把一个紧急事件变成一场灾难。

他们后来进一步证实火势大约持续了 90 秒，但看上去却似乎要长得多。（在后来的新闻发布会上，利嫩格尔实际上描述了持续了 15 分钟的高达 3 英尺的火焰!）3 个用掉的灭火器似乎毫无用处，“蜡烛”是自行燃尽熄灭的。

利嫩格尔在接下来一个月的一次空对地采访中，仔细回忆了这次经历：“你不得不对这状况作出反应，你不得不保持冷静，我猜这就是生死攸关的事情。不扑灭那场火，就无法进入任何一个联盟号密封舱。浓烟是最让我吃惊的事情。我不曾料到烟雾会扩散得如此之快，大概要比我能预料的速度快了 10 倍。烟雾来得又快又浓密，我可以看到我手上的 5 个手指头，也可以看到我前面一个模糊的身影，但是我无法辨认出来是谁。而在他所在的地方，真的是伸手不见五指。烟雾如此快地扩散到了整个联合体，这真是太让人吃惊了。”

利嫩格尔继续讲解说，成员们都带上了俄罗斯的氧气呼吸器，如果没有它们他们将根本无法呼吸。呼吸器是利用化学反应进行的，于是使用者把一个面罩绑在脸上，打开带着的氧气瓶开关，然后迅速呼吸了好几口气。对于整个氧气流来说，呼吸产生的湿气应该可以产生完全的氧气供应。对埃沃德而言，他的第一个面具就很合适。而对利嫩格尔而言，他拿的第一个面具太长了，所以他抓了另外一个。利嫩格尔不想冒险在充满浓烟的房间里呼吸。呼吸器工作得很好，提供了必要的保障，所有的 6 名航天员都得救了。

当火势熄灭，浓烟不再从房间里冒出来的时候，利嫩格尔开始很为航天员们的健康担忧。他在空间站里搭起了紧急装置，来应对万一因为吸入有毒的烟气而发生的呼吸系统疾病。他立即对每一位航天员进行了体检（包括他自己），并且在 1 小时、24 小时和 48 小时之后又各做了一次。他还确认了他们血液中的氧气饱和度，并且检查了他们的肺部。最后他得出结论说，由于他们行动迅速，及时带上了保护装置，避免了任何问题的出现。

航天员对一段关于火灾所造成的破坏的录像进行了解说，它有毁坏的制氧筒的画面，还有航天员们戴着面具和护目镜的画面。他们把录像下传到了地面。破坏局限于火灾现场区域，波及到了绝缘板和支撑架，不过空间站结构的完整性并没有受到影响。航天员们花费了数天的时间对杂乱不堪的房间进行了清理，擦洗舱壁，去除损毁的设备，这些设备后来送回了地面进行分析。

俄罗斯人原先责备拉祖蒂金在更换制氧筒的时候犯了错，后来他们判断火灾最可能的罪魁祸首是来自地面工作人员工作裤上的磨损的织物，这是在飞行前的操作过程中进入舱体的，它在使用制氧筒的时候被点燃了。

火灾之后，注意力转到了科曾、卡列里和埃沃德的着陆准备上。他们将把火灾后的样品带回地面，由俄罗斯、美国和德国的生命科学小组进行分析。这 3 个人于 3 月 2 日降落在俄罗斯。

如果留在和平号上的航天员们希望在火灾后生活能够回复到原来的日常例行生活，那他们可就要失望了。其他问题似乎又开始折磨他们。3 月 4 日第一个问题出现在进步 M—33 号货运飞船上。既然联盟 TM—24 号的航天员们已经出发了，进步号就可以对接到后部的接口。这将用来测试俄罗斯造的“TORU”对接系统，但是结果没有成功。根据特西利耶夫所说的，货运飞船根本不听从他的命令，实际上在与和平号 750 英尺距离之内擦肩而过。为了保留让进步号脱离轨道燃烧需要的推进剂，他们放弃了所有重新对接的尝试。

3 月 7 日，报告说，放在更大的量子 2 号舱里的主“Elektron”装置出了故障。这个系统设计用来把氧气从空间站废水系统中分离出来，并利用电解让它重新回到舱室空气中。航天员接到指示，启动量子 1 号天体物理舱（那里就是着火点）里的第二个装置。他们执行了这个命令。几乎在同时他们报告说第二装置显示有比正常值更高浓度的氢。它将会在 6 小时后被气体分析测量仪自动关闭。

根据这个信息，航天员接到指示，关闭该装置，并启动固体燃料氧气“蜡烛”。和平号上有足够的“蜡烛”可以支持 3 个成员用两个月，而且一架新的进步 M－34 号飞船计划在 4 月初带来更多的“蜡烛”以及主“Elektron”装置的替代元件。航天员还接到指示在空间站四周设置风扇，在换上另外的“蜡烛”前，让供应的氧气在各个舱体中均匀分布。在前一阵子发生的火灾事故后，航天员们对于接着使用“蜡烛”有些担心，但是并没有其他办法。

由于量子 2 号舱里的主“Elektron”2 号系统存在过滤器旁路问题，而第二个装置——量子 1 号舱里的“Elektron”1 号——持续存在抽吸泵问题，NASA 第一阶段主任卡伯特森针对这种情况提出了更新方案。他充满信心地说当下一架进步号送来备用部件时，航天员们就能够进行修理工作。然而，由于这些备用部件中的一部分必须在装上进步号之前制造出来，它们的可靠性是个问题。NASA 还被要求给下一次执行航天飞机和平号对接任务的 STS－84 增加硬件。在航天飞机发射的准备阶段快要结束的时候，这并不是很容易的事情，因为每次航天飞机太空任务的最大货运容量在起飞前的数周乃至数月前就已经确定了。一般并不允许后来增加东西，因为发射时的质量和重心，加上紧急和计划降落，都早已在起飞前编程输入了计算机。

为了保证火灾不会再次出现，航天员们使用修改过的程序来点燃“蜡烛”，以应对以后可能发生的任何火灾。对点火程序的修改同

拉祖蒂金和特西利耶夫在杂乱核心舱内

样经过了评估。在第一位航天员更换并且点燃新的“蜡烛”时，第二位航天员将携带灭火器站在一旁。俄罗斯人认为不大可能发生第二次火灾，经过地面上对这些“蜡烛”的实验之后，他们认为和平号上的那些做法应该是比较安全的。可是航天员们并不那么确信！

3 月 19 日光谱舱上的主姿态控制传感器 Omega 发生了故障，使得运动控制系统计算机自动关闭了它的备份系统——这是一个需要花费 3 分钟时间的进程。在这种传递期间，空间站的那些旋翼式螺旋桨将控制方向和空间站绕着 3 个轴向的运动。然而，当备份系统运行的时候，旋翼式螺旋桨将无法控制转动。航天员因此关闭了姿态控制系统，让和平号“自由飘荡”，然后利用空间站上的推力器来稳定它的姿态。由于空间站受重力梯度作用，空间站的中心线通常指向地球，这样就可以使太阳能板始终对着太阳，给空间站上的电池充电。为了保存能量，旋翼式螺旋桨和其他设备（包括一些科学仪器）都被关闭了。于是地面控制站接着上传新的数据给航天员们，用来重启那些旋翼式螺旋桨并转动空间站，重新锁定太阳。此外还有计划重新铺设电缆连到位于其他舱体的另一个 Omega 装置上。在 4 月的第一周，发生了一个严重得多的问题。地面控制站发现量子 2 号上的冷却回路发生泄漏。系统正在向空间站的空气中泄漏乙二醇。这给利嫩格尔造成了困扰。“我作为一名航天员医生，不能不担心吸入乙二醇的后果，”利嫩格尔 4 月 11 日报告说，“我们在量子号进行修理工作的时候，戴着呼吸面具，这降低了一些工作效率。可是我们还患了充血症，我确信这是某些烟雾作用的后果。”

拉祖蒂金在一些乙二醇飘进他的眼睛后，发生了一种过敏反应。利嫩格尔后来揭示说暴露在密闭环境中会造成一些过敏反应，虽然美国人和俄罗斯人都告知他们乙二醇（这和汽车发动机中用的冷却剂是相同的）气体并不会对人体造成伤害，而且地面试验也并没有出现过敏反应。为了补偿回路的冷却能力损失，他们改变了联合体的方位，让量子 2 号舱处于量子 1 号舱的阴影之中。航天员开始利用一种特殊的密封剂和防水布来修补泄漏。在修理好之后，他们将一些冷却管改变方向进入核心舱，来降低内部温度。在量子 1 号的一个冷却回路中发现了降压现象，这个故障导致关闭了用来净化空气的二氧化碳净化系统，核心舱中的一些部位的内部温度由此达到了 104 华氏度。因而航天员降低了一些运动器械的使用频率，例如运动脚踏车和充气真空装。后者用来模拟重力对下肢的拉力，这是为准备返回地球所做的应对措施之一。

利嫩格尔注意到温度上升对航天员和空间站上的一些仪器都造成了影响，尤其是削弱了从空气中去除湿气的能力。情况可能变得非常复杂，所以他建议“解决这个问题”。他还补充说：“在这个前线阵地，我估计到会发生很多无法预料的事情。我们一直都在面对它们。”

4 月 6 日，进步 M—34 号发射飞往和平号，这是太空任务得以继续的关键一步。它带来了很多继续飞行所需的替换设备、修理工具、备用的灭火器、面具和高氯酸锂筒。为了防备万一进步号自动对接系统失败，特西利耶夫已经在和平号里面进行了“TORU”手动对接系统的练习。然而这一次自动系统运作很成功，4 月 8 日进步 M—34 号对接到了尾部的接口。指令长特西利耶夫并没有被叫去检验他的技巧。

在对接后的 3 个小时里，航天员们开始从货运飞船上卸货。110 磅重的氧气箱是最先用上的东西之一，它被用来补充舱室内的空气。在航天员开始修理和平号的时候，俄罗斯负责飞行控制的副主任维克多·布拉科夫（Viktor Blaggov）告诉记者说，美国人夸大了和平号上的情况。他补充说，这并不会威胁生命。

4 月 13 日报告说和平号上的厕所系统坏了，航天员不得不转而使用备用系统。这是在早期的太空飞行中使用的系统，包括一个像避孕套的防漏尿袋和一些盛装固体废物的粘口袋子，袋子中有细菌药片，防止袋子因为气体累积而膨胀爆裂。航天员设法修好了厕所的手动方式，但是却无法让“分离”部件（它将尿液转化为水）或者“贮藏”部件（它向尿液中添加化学物质，防止微生物生长）正常工作。

利嫩格尔在一份从和平号发出的 E–mail 中强调了航天员们的忧虑：“是的，氧气是很重要的。将二氧化碳从空气中净化出去是必不可少的。而对设备进行冷却也很必要。但是关于厕所的问题却跃居修理列表的顶部，我们首先考虑的就是要把厕所修好。”

从 4 月直到 5 月，空间站上的故障要么已经修理好了，要么已经得到控制。5 月 9 日厕所也修好了，虽然航天员还没有得到许可饮用生成的水，直到样品经过在地球上分析才行。第二架发射的航天飞机会带来利嫩格尔的替代者迈克·福尔，它的另一个重要的货物是 110 加仑的水。空间站上的航天员已经储存了 66 加仑来自冷却回路的污染了乙二醇的水。特西利耶夫试图获得允许，在亚特兰蒂斯号对接上的时候，通过它上面的水倾倒系统倾倒掉不要的液体，可是 NASA 拒绝了——这并不令人惊讶——因为他们需要更多的时间

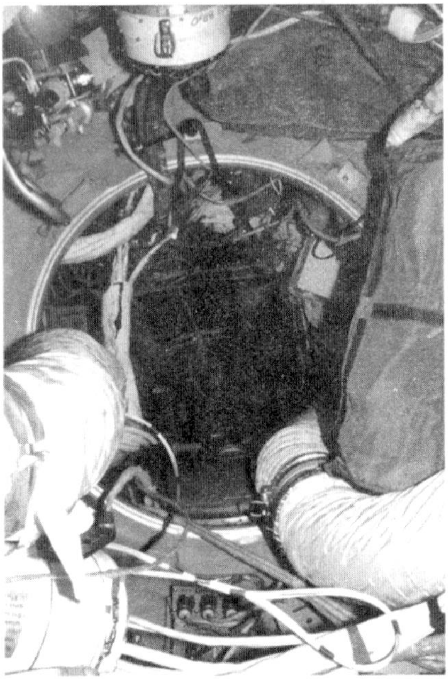

通过一个舱门看到的“节”，显示了这个连接舱黑暗的内部情景，空调软管在各个舱体之间曲折而行

来评估处理和倾倒这么多数量的受污染液体所带来的后果。受污染的液体贮存着，直到样品分析确定，它或者可以被回收利用，或者可以放到进步号上，在重新进入大气层的时候烧掉。在利嫩格尔漫游空间站的电视节目中，在和平号上储存废水和其他不用或者不要的设备的问题被揭示出来。设备堵塞着出入口和通往其他区域的通道，在正常的工作时都妨碍操作的进行，更不用说紧急情况了。

5 月 15 日亚特兰蒂斯号——迈克·福尔就在船上——在 STS－84 太空任务中发射升空，出发去与和平号会合。5 月 17 日完成了对接，在传统的交接和欢迎仪式之后，利嫩格尔带着福尔参观了他的新家。其中包括光谱舱，美国研究者在那里进行了他们的大部分实验，也在那里睡觉。

现在和平号上加起来有 10 名航天员，在亚特兰蒂斯号对接的 5

天里，经过修理的各系统度过了一次额外的质量检验期。5 月 22 日，利嫩格尔在亚特兰蒂斯号上，而福尔在和平号上，两个航天器脱离开来。亚特兰蒂斯号于 5 月 24 日在肯尼迪航天中心着陆。

和平号上的航天小组替换。STS－84 核心航天员小组送来福尔并带走利嫩格尔。联合航天小组的 10 个人分别是（前排，从左到右）利嫩格尔、特西利耶夫、查理·普雷科特（Charlie Precourt）、拉祖蒂金、福尔、（后排，从左到右）埃德·卢（Ed Lu）、埃尔琳·柯林斯（Eileen Collins）、金一弗兰福斯·克莱佛（Jean－Francoise Clervoy）、叶列娜·孔达科娃（Elena Kondakova）和卡洛斯·诺列加（Carlos Noriega）

利嫩格尔返回地球 3 周之后，为他在和平号上的经历举行了一次记者招待会。他说他获得的主要经验教训是给要完成的事情留出机动性。一个航天员还不得不对实时发生的事件作出反应，利用有限的硬件进行临时维修，直到下一艘补给飞船带着必需的物品上来。关于这次火灾，他的一个反应是“开窗”，不过他又意识到“这是很荒谬的，你不能开窗。”他回忆起他的紧急状态室内训练，教他首先自己平静下来，然后去照顾病人。他一旦确定了自己的状况，就开始帮助其他成员一起灭火。

我们回到和平号上来，福尔正慢慢习惯了他的日常生活，继续进行他的科学计划。他注意到他的俄罗斯同事们在空间站四处忙于几乎是持续的日常的修理工作。航天员们最后找到了在VGK回路中的漏洞。他们修好了它，并且确认它至少能够承受的压力。他们花了大概6个月的时间来找到这个漏洞，它在一处很别扭的部位，以至于有人建议在未来的飞船上这种无法触及的部位应该更少才是。

福尔在他的训练中，更注意能够听懂俄语，而不是仅仅懂一点该语言（达到通过考核的要求）。他注意到了他前面的同事在习惯长期的轨道生活以及和俄罗斯航天员和谐共处所存在的困难，而他决心克服这些障碍。他希望寻找机会去提供他力所能及的帮助，而不是勉强和他新的指令长在一起。第一个月他观察着另两名航天员。虽然他的科学实验和观察占据了他的时间，他还是觉得自己并没有充分派上用场。他可以很轻松地在空间站四周帮着做一些更平凡的日常琐碎工作，但是他意识到那可能并不容易实现。

他们仍然在对各个舱体里面的乙二醇的浓度做着记录。福尔定期地进行取样，不过浓度如此之低，已经不再被认为会对航天员造成威胁。6月13日修理工作结束了，残留的乙二醇也被扫荡一空。特西利耶夫和拉祖蒂金——被福尔叫做“真英雄”——接下来重新把备用的“Elektron”设备和“Vozdukh”二氧化碳过滤系统与量子号上的冷却回路连接起来。然而，他们在接头上碰到了麻烦，接头要么找不到，要么不匹配，这对他们的努力造成了重大打击。

福尔在太空呆了4周后已经很习惯了，而且从他的实验中获得了良好的科学结果。他睡得好，而且吃得也不错——包括一些很难得的、由对接的进步号飞船送上来的巧克力。他在6月12日进行的一次采访中对在和平号上的生活做了这样的评论：“景色很奇妙，工作很有趣，所以我过得很好。和平号是舒适的，它比大多数的露营旅行要好。一切颇为顺利。比我预想的要容易得多。”6月20日，一名NASA的和平号专家补充了他的观察结果，说前一周是“几个月来最宁静的一周”。

福尔事先预料到了通过莫斯科附近的俄罗斯太空任务控制中心和他的个人邮箱维持定期的通信联系的困难性，不久他就和以“radio hams”而闻名的业余无线电爱好者们建立了无线电联系。通过这个途径他能够接收 E－mail 或者有声邮件，他的联系遍及世界各地。由于和平号利用很小的能量来维持通信，这种网络在接下来的几个月里被证明是一份意外的惊喜和收获。这个附加的通信线路也使得福尔的家庭可以获知关于他活动的消息，了解他对长期的轨道生活的各种感受。

最开始福尔对于特西利耶夫的疏远有些吃惊。他习惯了美国的命令风格，指令长会鼓励团队的融合，鼓励发展共同知识和互相信赖。然而对于他的新的俄罗斯指令长而言，情况有着很大的差别，他是一个非常含蓄的角色。原因可能要部分归咎于福尔的前任——利嫩格尔，他通常是一个人呆着，因为他发现并不容易融入俄罗斯航天员队伍之中。

在开始的几周内他们有一些小规模的接近，这 3 个人在彼此相处的时候逐渐变得更为轻松，不过通常是在吃饭或者休息时间。福尔观察到这两位航天员尽量把空间站的修理和维护工作放在首位，以至于耽误或者忽略了其他一些重要的事情。为了避免触犯指令长的权威，福尔很谨慎地说，他很愿意而且也可以接手一些日常的打扫和维护任务。他对于某些空间站系统的熟悉程度让另两名航天员吃惊，而他长时间的俄语学习以及对和平号上硬件的研究在这时候派上了用场。

平民工程师拉祖蒂金也支持他提供帮助，拉祖蒂金努力地游说特西利耶夫，说福尔的帮助应该对他们都有利。指令长并没有被说服，他担心地面控制站的反应。福尔被逗乐了，因为他们就当着他的面公开讨论这件事情。数天后，这个话题又一次被提起。当时特西利耶夫向地面控制站抱怨说两名航天员已经 3 个月都没有度过一次周末了。他们没时间弄干净水和乙二醇，而且堆积了所有其他的维护任务。福尔就在附近，趁机用俄语说他可以干这活儿。在很长一段时间的停顿之后，地面控制站（控制室里有不少笑声）说如果他愿意这样做，那么他就可以这样做。几个小时后，NASA 联络控制官凯思·齐默尔曼（Keith Zimmerman）希望得到确认，福尔主动要求干“俄罗斯人的活”。福尔直接确认了。

早先福尔提出愿意帮忙的时候，他的同事们议论说他们是俄罗斯人，应该干重活，而福尔是“一只软毛美国狮子狗，和我们不是同一类的”。作为一名“外国人”，他在那里是为了进行研究，而不是干俄罗斯人的工作。他的父亲，原英国皇家空军准将柯林·福尔（Colin Foale）后来写了一篇关于他儿子在和平号上经历的报道（标题为《通往星际的中间站》，1999 年）。根据他父亲的叙述，这些议论对他儿子而言就像红布条对公牛一样。迈克尔·福尔有一种总是进行逻辑思维的风格，有条理地接近他要达成的任何事情。他是一名盎格鲁血统的美国人，而他的美国航天员同伴也都认为他是一个英国人或者欧洲人。不过这种多文化的背景和教养肯定帮他赢得了对于他在和平号上增加工作量的支持，两个俄罗斯人也最终认为他的性情与其说像美国人，不如说像英国人。

几乎同时，特西利耶夫开始信赖福尔，让他接手一般的空间站工作任务，最后甚至地面控制站也开始让他加入到俄国人的太空任务中来。福尔觉得他凭着自己的努力，已经在国际关系的发展上迈出了意义非凡的一步。当福尔开始着手写一个软件程序接收和安排上传进来的数据和信息的时候，特西利耶夫尤其舒了一口气。更重要的通信信息直接传给特西利耶夫，所以他不用再不得不把它们从普通的信息中分离出来。

航天员们逐渐地接受了福尔，后来发生的事件很快就证明了这是一个明智之举。

6 月 24 日早上，进步 M－34 号从和平号的尾部接口脱离开，进行一个短期自动飞行。一天后，计划是让特西利耶夫试验“TORU”对接系统，重新把进步号与和平号对接。之后接着是要在 6 月 27 日发射进步 M－35 号，携带新的补给飞往和平号。第二天，进步 M－

34 号将进行最后一次脱离，此后将重返大气层，燃烧殆尽；再过一天，进步M—35号将自动和尾部接口对接，重新补给空间站上的航天员们。

在设定利用“TORU”系统来对接进步号货船的计划的时候，其中包括了使用已分离的货船进行系统检验和对接练习的选项，并没有说明说这是为 M—34 号而计划的，但是在6 月 25 日之前增加的无线电通信量显示特西利耶夫已经接到指示，对“TORU”系统进行检验，而且这个指示是地面控制站发出的。整个操作计划处在地面追踪站的监控范围之内，它们可以为重新对接提供支援。

福尔和拉祖蒂金很清楚特西利耶夫对于即将进行的手动对接觉得不安。在早些时候流产的尝试中，指令长无法从安装在进步 M—33 号船上的摄像机获得和平号清晰的电视图像。他盲目地进行了驾驶，而在他觉得进步号接近得太迅速的时候，控制推进器改变了交会状态，使它在边上越过了空间站。

在进行新的尝试的前几天，特西利耶夫忙于练习“TORU”系统，可是尽管有拉祖蒂金信赖和支持的话语，他已经表现出了紧张不安的迹象。福尔设想地面上的专家们已经很好地设计了整个程序。他没有收到任何关于对接的简报，因为这是一项俄罗斯方面的行动，不过他会尽可能地帮助他的指令长。和俄罗斯人共同工作了很多个月之后，他已经明白他只会被告知他需要知道的，而对其余的一无所知——这和美国的体系不同，美国的航天员们几乎熟悉每一个螺母和螺栓。确实有差别，可这就是俄罗斯的方式。

在进行对接的那个早上，特西利耶夫开始检查设备。他有两个控制杆，用来控制对接过程的相对位置和姿态，此外还有一个电视屏幕，他可以通过它来看到和平号，就像从接近的飞船上看到的一样。在他的身后，他的动作以及电视屏幕上的图像都被摄进一架摄像机，用来在飞行后进行分析。航天员们后来说看这些关于这件事的带子就像看一场恐怖电影一样。

拉祖蒂金在核心舱的一个窗户旁，在进步号接近的时候，他用一个激光测距仪对准它。读数可以提供给特西利耶夫飞船精确的接近距离，因为飞船上的摄像机无法提供这个重要信息。当进步号在天体物理舱的远端接近对接口的时候，福尔也被派到量子1号的窗口。不幸的是，由于观察窗的糟糕设计，两个人都只有有限的视场。福尔和拉祖蒂金都无法看见进步号已经开始了对接运动。

并没有人建议特西利耶夫什么时候开始对接，也没有人告诉他两架飞船相对于地球的位置如何。当进步号的推进器点火的时候，飞船暂时超出了无线电接收的范围。特西利耶夫的电视屏幕上显示着和平号，对接的灯光在闪耀，背景中的地球也在移近。在短时间内和平号的图像好像并没有什么变化，但是随着进步号接近空间站，图像就逐渐变得越来越大。

特西利耶夫盯着屏幕，他看到量子舱的对接口朝着屏幕的底部滑下去，光谱舱开始进入视野——它挡住了进步号的路线。他执行了预先计划好的刹车操作，可是进步号仍然朝着和平号冲过来，这时它已经不是在按计划与量子舱会合，而是冲着对接“节”来了。特西利耶夫在距离820英尺远的时候发出连续的刹车指令。他只有几秒钟时间对事件作出反应，发出指令处理，可是起先好像一切都动得很慢。

在他的指令长呼叫164英尺的时候，拉祖蒂金还是没看到进步号。突然间他看到了它。他意识到它已经非常近了，并且正在以高速接近，他也注意到它将直接和“节”发生碰撞。碰撞已经无可避免，他对福尔大喊：“迈克尔，快去联盟号，现在！瓦西里，停！”第比列耶夫正在疯狂地操纵手柄，竭力想阻止即将发生的碰撞。福尔正从量子舱飘回来，无法看到进步号，这时候他听到了拉祖蒂金的呼叫。他马上作出反应，冲进“节”里，接着进了联盟号。在他做这件事的时候，沉重的撞击声摇动了空间站，让整个结构都振动起来。正常的进步号对接速度是每秒1英尺。进步M－34号却以每秒10～15英尺的速度撞击在光谱号上！

航天员们立即从他们的耳朵里感觉到了气压的变化。压强报警器响彻全站，伴随着很响的嗞嗞声。福尔只有很少的时间，来把缠绕在一起通过舱门进入联盟号的通风软管以及电缆与联盟号分开，这样他们才能把舱门关上，并利用这艘飞船作为救生船。拉祖蒂金已经看到了进步号撞击光谱号，所以他飞速冲进“节”里，试图关闭通往发生了泄漏舱体的舱门，之后福尔加了进来。

和平号上所有的舱体的电缆和软管都是通过开着的舱口的，因此阻碍了舱门的关闭。在福尔切断供电电缆的时候，拉祖蒂金飘进光谱舱，找到了主连接箱，那些电缆就是从那里出来的。光谱舱里的嗞嗞声更响了。已经没有时间断开所有的电缆了，因此拉祖蒂金就用一把小刀割断了最后的几根，通着电的电缆火花四溅。

两人接着试图关闭光谱舱舱门，可是舱体里的低压把它往里面拉，并且把它拉离了舱口。他们迅速去抓另一个舱门盖。由于两边气压差作用，这个舱门被吸向密封面。他们成功了，千钧一发。

特西利耶夫计算过从碰撞发生时间开始，他们有 20 分钟的时间来从空间站疏散。当舱门盖盖上的时候，他们已经只剩下 8 分钟了。当仪表记录到气压恢复稳定的时候，他们意识到他们只有一处泄漏，而那时候已经成功封住了。

很幸运，进步号并没有撞上“节”；可是它击中了太阳能板，太阳能板使飞船改变方向，撞到了光谱舱外壳的大散热板上，它吸收了大部分的动能。进步 M－34 号飞船接着越过了和平号，这时候已经和空间站有好一段距离了。假如货运飞船击中了“节”，那么空间站外壳上的裂口将要严重得多，航天员们可能在他们能够做任何事情来阻止气体散逸之前就已经丧生了。他们也不得不穿过“节”才能去往位于另一端的联盟号。

那个生死攸关的决定，也就是切断来自光谱舱的供电电缆，使得从舱体外的太阳能板上获得的电力供应减少了 40%。碰撞还对空间站施加了一个转动力（力矩），这是空间站上的稳定装置无法控制的。所造成的结果是使得所有存留下来的还连接着的太阳能板都不再朝着太阳。现在和平号正在快速地失去电力。

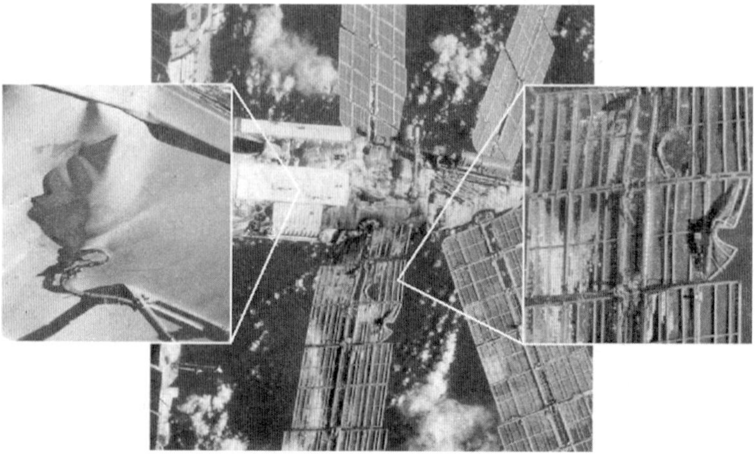

1997 年 6 月 25 日，无人驾驶的进步号补给飞船撞击产生的破坏：（中间）光谱舱所遭受破坏的全图；（左）光谱舱散热板的特写镜头；（右）太阳能板的特写镜头

在地球上，莫斯科的太空任务控制站在向媒体报告前对实际情况进行了分析。NASA 报告说航天员们都安然无恙，他们的机构正在同俄罗斯的同事们合作，讨论恢复电力和控制空间站的计划。后来福尔发给他的妻子伦达（Rhonda）的一封电子邮件上说开裂的外壳已经被隔离开了。迈克本人状况很好，不过他在光谱舱里的住所却失去了他所有的个人物品。他的妻子并不指望收到第二封电子邮件，因为他“可能非常忙”。

俄罗斯人希望在命令进步号自动返回大气层自毁之前，对自动飞船上的所有数据进行分析。好几个工作组以及由俄罗斯航天局主任尤里·科普捷夫（Yuri Koptev）任主席的完全调查组都成立了，开始对事故的各个方面进行检查。科普捷夫还强调说和平号行动不会被中断，航天员们不会被疏散而被带回家，俄罗斯会继续在国际合作的框架下履行它的义务。

特西利耶夫受命在整个危机期间呆在他的通信岗位上。和平号的电池现在快要耗尽电能了，航天员不得不关掉所有不是必需的设备，以保存尽可能多的电能，直到他们能够重新将太阳能板对准太阳为止。地面控制站可以编程让空间站推力器反向点火推动船体绕着两个轴做翻转运动，可是在他们这样做之前，他们需要确定在失去所有的电能之前空间站的转动速率和周期。空间站上没有可以提供这种信息的设备，所以福尔临时伸直手臂用拇指测量经过空间站的恒星的通过时间——他计算的结果是空间站绕着它的中心轴旋转的速度是每秒 1°。莫斯科的太空任务控制站一接到这个信息，他们就马上控制推力器止住旋转并且停住了空间站，他们成功了，可是有效的太阳能板并没有对准太阳。根据拉祖蒂金的说法，如今空间站从震耳欲聋中寂静下来，沿着轨道旋转。福尔总是很乐观，他发现空间站新的寂静让人心情愉快，甚至开始欣赏起非常祥和的轨道日落的景色来。福尔注意到特西利耶夫看上去显得非常沮丧，于是安慰他说："假如没有他们刚刚经历的麻烦，他们怎么也不可能体验到这种独特的美丽与宁静。"特西利耶夫并没有被说服，对于他而言，这依然是可怕的一天。

航天员们逐渐地设法通过调整核心舱的姿态，以便转动太阳能板，以使得进入太阳照射的区域的时候能够更好地对准太阳。可它们也只能在白天有阳光的时候勉强维持电力，并无法提供多余的电能来给电池充电用于夜间的飞行。不仅是产生光和热需要用电，产生空气也需要用电，而且还需要通风系统来防止二氧化碳累积。如果空气不在空间站里流动，那么一团团的二氧化碳气体会在航天员们的脸上聚集，可能使他们失去知觉乃至窒息而死。接下来的几个小时里航天员们不敢入睡，经常互相看看，用地图和日志上的纸片来扇他们的脸部，并且在舱体之间移动。在夜间的飞行中只有手电筒可用，而且也变得更冷了。

地面控制站指示特西利耶夫试着利用联盟号上的推力器移动空间站到一个更好的太阳照射角度上。飞船位于联合体的一个末端，飞船发动机的小规模推进应该足够产生一个小的转动，来获得尽可能多的太阳光。这里的第一步是要找到太阳。福尔推断使用还能工作的太阳能板的最有效的方法是逐渐轻推空间站，直到光谱舱指向太阳。接着他们就可以绕着通过光谱舱和对接在相反一侧的量子 2 号舱的中心线，也就是空间站的“Y”轴来旋转空间站。

把空间站和太阳对准需要时间——要比一次白天飞行时间来得长。所以对准操作不得不在夜间飞行期间开始进行，但相关问题是没有太阳用来对准。福尔利用他的天体学知识对准了几颗恒星，这可以用来指引空间站的方位，于是就使得光谱舱能够在下面的白天飞行里对准太阳。这听起来很容易，做起来却很难。

特西利耶夫进入联盟号指挥推力器。福尔在空间站舷窗里看到的方向和特西利耶夫用联盟号推力器推进的方向不同，所以他们不得不非常小心，以给指令长精确无误的方向指示。点火的时间长度需要凭猜测来确定，特西利耶夫不断地提醒福尔联盟号上宝贵的燃料的另一个用途——这是他们可能要用来回家的燃料。实际上，联盟号上带着大约 900 磅的燃料用于操作，而且还有另外一箱用于脱离轨道过程的燃料。而这事做完之后，只用了 22 磅的燃料。

这是一个缓慢的过程，不过最后他们达到了正确的方位，并听到了太阳能板在对准太阳时的自动反应。福尔希望用联盟号发动机 10 个脉冲点火来加快旋转以确保稳定，可是特西利耶夫却总想着节省燃料，只答应用 3 个脉冲。这个想法上的差异延长了整个操作过程，不过航天员之间并没有发生摩擦。两个小时后，太阳能板又一次偏离了太阳方向，不过在那时它们已经给电池充上了足够 30 个小时用的电能。虽然空间站在对准和偏离之间来回摆动，这已经可以用储存在电池中的电能来矫正了。

经过 24 小时的高强度工作，航天员们终于可以睡一下了，虽然空间站仍在旋转中。地面上，正在设计如何封住光谱舱的漏洞的计划方案。

最初的报告显示早先的责备都是冲着两个俄罗斯航天员去的——尤其是特西利耶夫，他负责控制对接过程。不久就弄清了这并不是完整的事实，其他相关因素包括事件计划、航天员训练以及使用的硬件和软件。6月26日，俄罗斯公共电视台报道说是乌克兰电子导航系统的一个错误导致了碰撞。第二天，乌克兰电视台回应说出故障的是他们的电子设备所连接的俄罗斯方面开发的对接装置。他们还指出，这种报道“对两个国家之间的合作是有害的”。

航天员们从最初的碰撞中生存下来，并且保障了空间站的相对安全性，他们留在空间站上努力去修理并尽可能进行抢救，以延长联合体的轨道运行生命。1966年，双子星8号上的航天员们在一次飞行中的紧急事故中生存下来并且在出发10小时后返回地球。1970年，阿波罗13号在飞入地球外太空两天之后，飞船上发生了一次爆炸，扯掉了飞船的一侧，可航天员们经过漫长的4天之后还是回到了地球。不过和平号上的航天员们至少在8周内都没有返家计划。然而如果有任何别的事情威胁到他们的生命，他们可以用仍然连接着的联盟号逃生——只要他们有时间到达联盟号，并且脱离和平号。

在接下来的几周里，问题不断出现，而和平号上3个人的技能和角色也就不断地受到挑战。在碰撞后的两周里，能源逐渐地重新恢复了。在依赖美国提供的氢氧化锂筒以及量子2号里的“Elektron”制氧装置过了一些天之后，“Vozdukh”二氧化碳空气净化系统也重新开始工作了。

地面上，在下一次进步号发射时将修理设备送往和平号的各种方案也在进行着评估。设备包括一个特殊的接线板，通过它可以传送22条电缆。计划改装多余的“Korus”漏斗形对接器，它们原先是装在空间站上用于舱体对接和再定位的。在漏斗形对接器的端部是一个可以脱离的端帽，通过它电缆可以连进去并且附在平板上。漏斗形对接器和平板然后可以通过一次内部太空行走（舱内活动，IVA）安置到进入光谱舱的舱口。这样就可以恢复与位于该舱体舱壳外的太阳能板的连接，为主联合体的电池系统提供更多的电能。特西利耶夫和拉祖蒂金将穿着他们的“Orlan”太空舱外活动服在减压的“节”里工作，这样子就不用冒险在外面，而是从空间站的内侧部分进行封锁。福尔则穿着他的“Sokol”压力服，留在联盟号返回舱中。数名俄罗斯航天员、美国航天员以及两个国家的太空舱外活动专家们一起在地面上事先进行了舱内活动（IVA）演习。

为了使和平号恢复到完全正常工作状态，地面及空间站人员仍有许多工作要做，但至少把希望寄托在进步号飞船的发射和太空舱外行走计划。通过舱外行走可以检查外壳的损伤以及评估修复的可能性。事故发生几天以后，一个俄国通信社估计说，碰撞造成了300万美元损失，如加上修理费用，损失还要高。

6月26日，福尔通过无线电告诉齐默尔曼，他的大部分个人装备——包括药箱、运动鞋、踏车运动服、剃须刀和牙膏——都在光谱舱丢失了。他要求下一架进步号送来一些替代品，以及NASA生命科学装备、一些计算机硬盘和一个打印机。虽然他已经有两台笔记本了，福尔还是要求在进步号里放上一些替代装备。这个月底，他的装备就开始运往哈萨克境内的拜科努尔发射场，它们将被装到进步号上。

第二天福尔得到一个机会，通过无线电业余爱好者网络给他的妻子伦达发了一封长信（写于6月26日）。福尔知道很多的听众都可以收到这封信，所以他措辞谨慎，尽量不在允许将整个真相透露给媒体之前，涉及航天员们所经历的一系列事情。他知道NASA会及时通知伦达的，而她则会接下来告诉他在英国的父母。他写道（部分）："我希望你不要着急。我们都很感谢上帝，撞击离质量中心和"节"不远，所以没有对"节"施加一个大得多的力矩，否则后果就完全不同了（彻底破裂）。对于瓦茜（第比利耶夫）在对接中的那种棘手的状况，我有很多话要说。我的观点是，进步号与和平号相关的最初设置根本无法完成对接，不过这都已经是后知之明了……我感到内疚的是我事先没有在意交会对接计划，不过那并不是我的工作。我是要用激光测距的……我还没来得及做那件事，进步号就已经撞上我们了……我失去了我的个人物品，恐怕包括你和孩子们的照片。不过我对于现在的这种结果还是感到高兴的……爱你的，迈克。"

6 月 29 日莫斯科电视节目播放了一段对和平号航天员们的采访。在采访中，拉祖蒂金叙述了以前在训练中模拟如何学会减轻压力。福尔开始被认为是他们挽救和平号努力中的一位核心成员，可以看出他和其他航天员们已经是多么的融洽了。特西利耶夫说福尔“完全可以把他当作一位真正的成员——两名空间站工程师之一，帮我们做一切需要做的事情。在我看来，他比很多其他美国航天员都要知识渊博得多。”

一封日期为 6 月 29 日的信——伦达发给迈克·福尔在剑桥的父母的——显示了那时候存在于和平号 3 名航天员之间的亲密无间，在事故之后，他们已经成为一支更有凝聚力的队伍：“今天早上和迈克通了话，他听起来很不错。他开玩笑说莎莎（拉祖蒂金）和瓦西里（第比利耶夫）不得不为他四处寻找补给。他们取笑他，说他是街上的流浪汉。”

福尔现在没有一个正式的床位，不得不利用一个其他的舱室，它又暗又冷。他睡觉的时候，头伸出到“节”里呼吸新鲜的空气。在一封发给他妻子的时间也是 6 月 29 日的电子邮件中，他回忆并讲述了在他们封死光谱号之后空间站失去所有的动力时的情景：“瓦茜在努力搞清弄坏了哪些东西（由于断电）的时候，在冰箱后面发现了一个装着神秘的红色液体的容器。我们尝了一下，异常惊喜，接着我们就开始互相讲故事……我记得我们陷入完全的黑暗中，没有电，没有风扇，我们无事可做，都挤在大窗户旁，看着令人难以置信的错综复杂而旋转着的极光，星河在它们下面闪烁。我知道，你在想红色液体已经对我们产生了影响。”

航天员们在等待进步号货运飞船到来的时候，继续管理空间站上的各种系统，并且为舱内活动准备装备。在准备维修的同时，为了让和平号对准太阳，他们承受了巨大的精神压力和体力消耗。福尔在 7 月的最初几天发出的消息中可以看出这一点：

7 月 2 日：“我们又失去控制了，我们又一次从一个黑暗的舱体中冲到另一个舱体，努力往窗外看，对准太阳能板。如果我们不这么做，空间站很快就会死去。（福尔认为这很像在怒海中的一叶小舟，风时刻在变，一个人必须到处跑，在一次风暴到来之前升起或者降落风帆。）我现在知道了，和平号上生活的特征就是长期单调安详的平静，以及间歇出现的极度狂暴。”

7 月 3 日：“在早起和舱内活动准备工作之后，我们现在都累了。另一个电源供给耗尽了。我花了几个小时把带子和电线绑在一起。当我进了核心舱的时候，绝缘材料烧焦的气味让我大吃一惊。因为莎莎和瓦西都非常累，他们都睡熟了，直到我大叫‘着火了！’才醒过来。我们找到了烧焦的电线……今天我做的都是很实际的站上工程师所做的工作（支援舱内活动的准备工作）。自从碰撞之后，对我来说飞行的感觉完全不同了。我现在仅仅是一名航天员——不涉及什么科学工作。这像是一种截然不同的飞行。”

所有三个人都非常疲惫，7 月 7 日进步 M－35 号与空间站平安无事地完成了自动对接，航天员们的精神为之一振。经过数天的试验之后，与和平号碰撞的进步 M－34 号在地面控制站的控制下，在太平洋上方烧毁。

7 月 8 日：“我们现在正在从进步号上卸货——新鲜苹果的气味无比美妙。我打开了两个为我准备的工作包，找到了我的卫生用具……还有巧克力。”

福尔在寄宿学校的时候经常能享受家里送来的食物篮子，现在也正是如此。对于空间站的机组人员而言，主要的好处是士气的鼓舞，此外还有家人的信件和照片、修理设备、新鲜食物和一个新的录像机。福尔可以继续给他的同事们翻译美国电影（汤姆·汉克斯和吉姆·洛弗尔主演的《阿波罗 13 号》是他们最爱看的电影之一！）。福尔喝到了两个月来的第一杯茶，还有从家里寄来的电子邮件——告诉他家里一切平安，这有助于让他在后面的工作中集中注意力。

7 月 13 日，在一次正常的运动期间以及在后来的睡眠期间，特西利耶夫显示出了不规则心跳（心律不齐）的第一个迹象。第二天，在地面医生的指示下，他进行了更多的运动。他被告知去休息，并且等候地面的指示。地面对他进行舱内活动（IVA）的能力提出了怀疑。工作任务负担的重压，对于撞击的责任感，以及缺少充分的休息都在他身上累积起来。7 月 15 日舱内活动任务已经延迟了，虽然他总的健康状况大体上是好的，医疗支援人员还是为他在随后的 10 天里开了一个强心镇静的药物疗程。特西利耶夫在答复一连串的医疗问题的时候，回答说他已经很清醒地认识到这个问题“好几天了”。

这时候俄罗斯方面开始和 NASA 接洽，要求允许福尔和拉祖蒂金一起进行舱内活动。福尔曾经在作为利嫩格尔（他在前面的 4 月份进行了美国人的第一次和平号舱外活动）替补人员的时候，接受过太空舱外活动的训练，而且在 1995 年 2 月他的第三次 STS－63 太空任务期间进行了他自己的舱外活动。第二天 NASA 同意了，福尔开始和拉祖蒂金一起为舱内活动做训练。同时，福尔和拉祖蒂金都在他们指令长受到的另一次打击下，为他的健康和情绪状况而担忧。他们允许他在他们准备舱内活动的时候，进行额外的休息。

事件前两天，拉祖蒂金在“节”中开始最后的准备工作。福尔正在休息，而特西利耶夫在核心舱中。拉祖蒂金要把通过“节”的 140 条电缆中的 100 条断开，为进行舱内活动的时候节省时间。最后的 40 条电缆将在刚开始舱内活动的时候断开。这是一项复杂的操作，需要不时参考程序手册，并且留意他前面的那些电缆。拉祖蒂金知道他必须留下一些电缆保持连接状态，因为它们对于维持空间站是很重要的。他有一段时间认为他拔错了插头，可接着又意识到并没有错。他放下心来，继续工作——接着他又呆住了，他又一次害怕他断错了电缆，他静静地等着最可怕事情的发生——可什么也没有发生。拉祖蒂金确信自己已经拔错了插头，他飘回核心舱，告诉特西利耶夫“我刚才拔错了插头，发生什么事没有？”还没有任何答复之前，他们就听到了警报声，知道了答案。

拉祖蒂金意外地断开了用于稳定空间站的旋翼式螺旋桨之间的通信连接。他试图重新建立连接，可是这一切需要时间来恢复，空间站开始漂移出了对准状态，在太空中翻转。他告诉特西利耶夫，他宁可自杀，也不愿意拔错插头。他的指令长听了他的建议，决定不再责备他，坦然面对新的状况。这时候，福尔已经清醒了，他们一起开始对最新的挑战进行分析。

接下来的3个小时里，由于电池耗尽，旋翼式螺旋桨的动力也没了，它们给空间站的计算机传送了不同的信号——先试图让它向这边转，然后又试图让它向那边转。这导致了多轴旋转，而空间站内一片漆黑，并开始变冷。他们突然就回到了撞击发生那一阵子的状况中，可是这一次甚至没有储存的电力，通信也只能通过联盟号进行。

地面控制站很不喜欢特西利耶夫报告的消息。提供给媒体的消息是空间站失去了姿态控制，处于失控状态，在轨道上旋转。舱内活动已经被推迟了，而且有迹象显示故障是人为错误。由于通信故障，地面控制站也爱莫能助。他们建议试试已经闻名的"迈克尔方案"，也就是利用联盟号把空间站移转回原位，让太阳能电池对准太阳。

特西利耶夫在联盟号里，福尔在舷窗处，他们测试了联盟号的推力器，它发出很响的类似机关枪发出的声音，把3个人都吓着了。特西利耶夫关闭了联盟号上的所有东西，冲过舱门到了"节"里。地面控制站也因为这种未预料到的推力器快速点火而焦虑万分。假如联盟号也毁坏了，那么他们的逃生路线就危险了。

人们认为用联盟号上的自动推力器设法补偿不稳定的和平号姿态控制系统，可以稳定空间站。航天员们被告知去关闭一切东西，并且将控制火箭从自动系统转换为手动系统。这一次很有效，航天员们利用他们以前的经验，逐渐调整和平号回到了正确的姿态，电池又一次开始充电。

在地球上，福尔的父亲柯林接到了从电视新闻部打来的电话，询问他对和平号上发生的最新事件的看法。他对最新的进展一无所知，因此征询细节情况。他们告诉他所有他们知道的就是某个人断开了一个插头，导致空间站"乱转。它丧失了高度（altitude）。"柯林·福尔立刻抓住了最后一个词："高度！你确信莫斯科说了'高度'？是不是'姿态（attitude）'啊？"他们重新核对了一下，确认说和平号并没有翻转脱离轨道，而只是旋转而已。这已经足够严重了，不过比失控重新进入大气层可好多了！

这些事件的后果是舱内活动被推迟进行。最后决定派一组新的和平号航天员去进行舱内活动以及以后的舱外活动操作。由指令长阿纳托里·索洛尤夫和飞行工程师佩沃·维诺加多夫（Pavel Vinogradov）组成的新的航天员小组（EO—24）将会在 8 月初起飞，而 EO—23 太空任务的航天员（特西利耶夫和拉祖蒂金）将于 8 月 20 日返回。福尔将继续留在和平号上，直到计划的下一架航天飞机在 9 月对接上来。法国航天员利奥波德·埃哈特兹（Leopold Eyharts）（他原先计划作为 EO—24 太空任务的成员之一执行为期 3 周的使命，然后和 EO—23 太空任务的航天员们一起返回）将被重新分派到 1998 年进行 EO—24 太空任务的下一个航天员小组中。福尔认为推迟修理工作，等待新的小组抵达是正确的决定。在和平号上的 3 个人有点失望，但是仅为了维持和平号运行，他们在数周里持续承受着压力，已经变得精疲力竭。

他们在和平号上遇到的问题之一——包括准备舱内活动和维持和平号运转——是内部布置操作。这常常涉及重新安置不用的设备，把好的电池从一个舱体挪到另一个舱体。他们发现，太阳给一个舱体的电池充了电，却并没有给其他舱体的电池充电。航天员们因此要拔下充满电的电池，与没充电的电池交换，然后又把没充电的插上去充电。福尔简单提到了他们所有人是如何的疲惫。把“巨大的”设备从进步号和量子舱拖出来，通过核心舱狭窄的空间，放到各个舱室里存放，这就花了 3 个小时。不过这对于后面的事情并没有帮助，在最后一刻，地面控制站要求他们去从不同的贮藏袋中找到一些东西：“这些东西必须要贮藏在没有电力的舱体中，那里温度是＋5 ℃，而且它们需要用冷凝水来填满。这是艰难的一天，不过这地方倒是从不枯燥！”

那些大件也只能挤着通过和平号的各个舱门。他们设计的时候没有真正考虑过这么大的物件是不是会弄伤墙壁、管道甚至航天员的手指头。航天员们在空间站里移动物体的时候，有好几次他们的手被卡住，而且弄破了皮。让物体的运动停下来也很困难。在很多场合下他们都因为沮丧、疼痛和疲惫差点要哭出来。他们在把一些要处理的东西装载回进步号时，还必须小心谨慎。3 英尺长的晃晃悠悠的污水袋（含有乙二醇），当进步号与和平号分离返回的时候，可能很容易对进步号的稳定性造成影响，也可能导致第二次碰撞。

7 月 31 日，NASA 航天飞机一和平号太空任务主管弗兰克·卡伯特森和俄罗斯第一阶段合作计划主任瓦列里·鲁明（Valeri Ryumin）在一次新闻简报会上宣布，他们会让戴维·沃尔夫而不是计划中的温迪·劳伦斯作为下一名和平号上的成员进行飞行。这两个空间机构共同决定在未来将派遣受过舱外活动训练的美国人，以适应可能进行舱外修理活动的需要。替换劳伦斯并不是由于她缺乏舱外活动经验（沃尔夫也没有进行过舱外活动），这只是由于她的身体尺寸。她太小巧了，奥兰舱外活动航天服不适合她。为了给沃尔夫更多的时间穿着俄罗斯航天服训练，决定推迟航天飞机的发射时间 10 天，到 9 月末才发射。这意味着福尔将要继续呆上 8 周才能回家。

特西利耶夫和拉祖蒂金开始准备返回地球，这时候指令长花了些时间回忆他们在和平号上度过的几个月："我们有一次火灾，'Elektron'制氧故障，旋翼式螺旋桨停转，一次非常危险的碰撞，一次几乎是灾难性的插头拔出，而我可能还生了一次心脏病。还有什么会发生在我们身上呢?"福尔并不想冒险，因为他还要在空间站上和新来的航天员一起呆上两个月，他回答道："嗯，我们还没有被外星人入侵!"特西利耶夫仅仅惊异地转了一下眼睛，从一个西方人那里还能指望得到什么答案。

7 月 30 日，福尔接受了 CBS 电视新闻的采访，被问及美国人以后派航天员去和平号时有何害怕心理。福尔回答（部分）："我想这将是一个很大的遗憾（不派航天员）……因为美国正从这里得到很多经验。我们看到的是一个存在了 11 年之久的空间站，而且它在很长一段时期都运行得非常好，现在它有点老了，而且财政窘迫，不得不拿出新的方案来解决问题，我想这是比较困难的。我们的国际空间站在一些年后同样会碰到这些问题，所以现在这种经验对我们来说真的是非常宝贵，而且我们并没有付出很多的代价就得到了……虽然条件很艰苦，他们现在也没有处在做科学实验和其他事情的最佳状态——我们在操作方面以及如何进行合作方面学到的知识却是绝对价值无穷的。”福尔也被问及关于设备状态、实验结果（例如血样）以及光谱舱里的残余物等问题。他回答说，所有的实验样品都在事故前盛装好了，所以没有问题。他的饮水袋和洗发水可能已经破裂并且结成了银色的冰，不过这些也不成问题。

8 月 7 日，联盟 TM－26 号带着 EO－24 太空任务的航天员与和平号尾部对接，那个对接口是最近从现在装满了垃圾的进步号上腾出来的。在 EO－23 太空任务的航天员离开后，它将会重新对接上。此后两个小组的航天员一起工作，为特西利耶夫和拉祖蒂金返回地球作准备，也为即将由索洛尤夫和维诺加多夫来完成的舱内活动作准备。

8 月 14 日，在依依惜别之后，两名即将离开的航天员最后一次从和平号上脱离，准备返家。对于他们来说，这是一次坎坷多事的太空任务，可这还没有完，飞行中磁带记录器坏了，即便受到一位航天员的重击，它也不愿意恢复工作。不过他们更为关心发动机是否能点火，联盟号可否从舱体脱离，还有减速伞能否工作。他们对于这次太空任务中发生故障真是习以为常了，不过这一次一切顺利——至少在着陆之前都是如此。追踪直升机告诉他们说他们将在一块荒凉的盐碱地的边缘地点着陆。他们制动，准备着陆，希望可以用着陆减速火箭来进行缓冲。可是当太空舱落到地面的时候，却发生了猛烈的撞击，原来减速火箭并没有工作！事后判断，假如第三个座位有人的话，那么他在着陆撞击中肯定会身负重伤。

而在和平号上，福尔正开始熟悉他的新伙伴。他们的第一个任务是把联盟号重新对接到和平号的另一个末端，以便进步号和空间站能够重新对接。福尔很喜欢这为时 45 分钟的漫游，并且他在他们掠过外面的时候，拍下了和平号的外景。然而，在他重新进入和平号之后，由于地面任务控制站的一个错误，进步号的自动对接又被取消了。航天员们接到命令，直接去联盟号，因为没有人知道进步号经过的时候，会距离空间站多近！航天员们决定不冒任何险，在通话结束的时候，他们就已经在联盟号里了！

迈克·福尔同和平号第 24 航天小组阿纳托里·索洛尤夫和佩沃·维诺加多夫在发射前合影，后两人 1997 年 8 月接替了和平号上的常驻人员第 23 航天员小组的特西利耶夫和拉祖蒂金

当索洛尤夫给福尔机会让他观看货运飞船掠过的时候，他拒绝了。他认为这太可怕了，如果他们都闭上眼睛，那么他们至少可以“觉得”安全一些，这样会更好一点。俄国人——他们临时忘记了他在早些时候与一架疯狂的进步号之间发生的经历——觉得这非常可笑。福尔很高兴索洛尤夫采纳了他的建议，用扳手拧开了一个重要的通往“节”的软管，这样子如果需要的话，就可以迅速撤离空间站，上一次事故的教训得以汲取。进步号在几天之后的对接基本上是成功的。就在对接前，和平号的计算机崩溃了。很幸运的是索洛尤夫在很多后来的阶段中都采取了手动控制，而不是像以前在 6 月的那次。同时，进步号的移动速度也慢多了。

计算机故障导致了又一次姿态失控，福尔有一种似曾相识的感觉。当索洛尤夫想向地面征询应该如何做才能恢复空间站的姿态控制时，他耸了耸肩。福尔前面已经经历过 3 次这样的情形了，他知道应该做什么，可是他的新指令长无法确信。索洛尤夫和地面联系的时候，他被告知按照福尔的指示去做就行了，因为他已经获得了很多关于这种状况的经验。索洛尤夫接受了建议，从那时起，福尔就知道他在太空使命余下来的阶段中可以和他的新伙伴们愉快相处了。

8 月 22 日，航天员们进行了他们的舱内活动。福尔帮索洛尤夫和维诺加多夫穿上舱外活动服，然后呆在联盟号里以防万一，需要从空间站快速逃离的时候就可以派上用场。当减压程序进行的时候，福尔听到维诺加多夫说他可以感觉到空气从他戴着手套的手上流过。福尔迅速告诉他停止移动手，因为看来是他的航天服上有了一处漏洞。在一段焦虑的时刻里，他努力吸引飞行工程师的注意力，而在地面控制站和已经意识到危险的指令长的帮助下，维诺加多夫停下了摆手动作，而索洛尤夫则把“节”里的气压重新升上去。找到一个新手套之后，操作继续进行。要不是福尔注意到这种情况，维诺加多夫可能已经由于缓慢泄漏而轻易地送命了。两名航天员在一起工作得很顺利，因为他们曾在地球上的水槽模拟器里练习过这一程序。他们成功地通过新的舱门接线板重新连上了电源电缆，还设法找回了福尔的一些个人物品。

训练期间迈克·福尔位于联盟 TM 返回舱内。他认为两名俄罗斯航天员进行光谱舱内部进行检查时他应呆在这个位置

迈克·福尔在位于休斯敦的NASA约翰逊航天中心训练期间，准备爬进俄罗斯奥兰舱外活动航天服。他在俄罗斯出舱活动硬件方面的训练帮助他被选中和索洛尤夫一起进行舱外活动，来检查光谱舱的外部情况

在几周里，一直在讨论一项计划，即让福尔进行一次出舱活动，去检查光谱舱的外部情况。9月4日，计划最终被正式批准，同意进行舱外活动，定在9月6日进行，目的是检查舱体的表面，以查明外壳上的裂口。福尔和索洛尤夫将准备工作区域，而修补工作将在下一次舱外活动中进行。他们没有发现开裂源，不过舱外活动提供了空间站外壳的损坏信息，为以后的舱外活动计划的修订提供了基础。

福尔成功地完成了他的出舱活动，然后开始期待乘坐航天飞机回家。然而，太空任务还没有结束。9月14日，美国空军太空指挥中心通知说一颗废弃的 370 磅重的美国军事卫星的轨道将与和平号的轨道交会，距离在 3 300 英尺之内。联合轨道速度超过了每小时 30 000 英里，假如它撞上和平号，航天员们只能听天由命。3 个人不敢怠慢，在预计的轨道交会期间，又一次进入了联盟号。经过漫长的等待，地面控制站告诉他们那颗卫星已经安全地通过了。

迈克·福尔即将结束他在和平号上 4 个月的生活，他脱下了俄罗斯的航天员服装，正穿着代表 STS－86 航天员的服装。他将和他们一起返回地球。他脸上的表情洋溢着尽早返家的期盼

航天飞机发射的日期临近的时候，和平号上的计算机又崩溃了——不过航天员们可以恢复它。在航天飞机最后对接接近的时候，这种计算机崩溃会导致和平号失控旋转，那就不可能完成对接。对于福尔而言，另一种不幸是要考虑的事情太多了，而且——就像他在 9 月 15 日的一封电子邮件里所说的那样——即将进行的航天飞机

对接，使得他尽快返家的渴望变得越来越强烈：“我今天有点疲倦了。现在我们已经至少有24小时没有热水，没有热的食物，也没有厕所可用。电力损失是计算机故障的一个直接后果。我们换上了一台旧的计算机，那是很多年以前就放着不用了的。我们正处在飞行完全失控的边缘。我现在意识到，我真的很想快点回家。”在和一个又一个的问题作斗争之后，福尔变得非常疲倦。然而，他还是找时间提供了一份正式报告，说明为什么他认为他的替代者戴维·沃尔夫应该继续在和平号上工作，那时美国国会科学委员会的一次会议正在讨论这个问题。他写道：“这次飞行……是我一生中经历过的最艰难的事情之一。我不得不回忆起肯尼迪总统在我大概4岁时所说的话，如果引述得不正确请原谅。‘我们并非因为容易才做事情，而是因为它们困难，正因如此我们才能创造辉煌。’”他继续强调说，虽然合作并非总是容易的，却可以从中得到很大的回报。他说他很珍惜他在和平号上度过的时光，并且会“永远记住最后这三到四个月，它晶莹剔透，饱含着我的乡愁。”

亚特兰蒂斯号发射于9月25日，并且在2天后与和平号顺利对接。接下来的5天里，福尔带着沃尔夫在联合体里四处转悠，同时自己准备打道回府。他并不急着离开——和平号已经是他的家，不过他又极度盼望着再次见到家人，不住地往窗外看和平号，确认它并没有舍他而去。1997年10月5日，他终于回到了地球。这是阿波罗13号之后太空中发生事故最为频繁的一段时期，有将近9个月的时间几乎是每天持续上演着各种事故。福尔说这是一次艰难的太空任务，他的评论是恰当的。不过对于一年以后建造的国际空间站来说，如果新空间站运作时能够吸取和平号的经验教训，那么这份经历却是一笔宝贵的财富。

1997年9月27日——STS－86号离开发射台去接迈克·福尔的那一天——前航天员们的评论显示，对于6月发生的进步号撞击事件的原因现在大家已经达成了一个普遍而一致的意见。在此之前，绝大多数的谴责都落在俄罗斯航天员们身上——尤其是指令长特西利耶夫。两名航天员都付出了停飞的代价，并且在降落的时候都对可能的反应有了心理准备。

迈克·福尔结束了 4 个半月的太空任务之后和家人团聚。他和他的妻子伦达还有他们 5 岁大的女儿詹娜以及 3 岁大的大儿子伊恩在一起，背景上还有一幅非常合适的“欢迎回家”的标语

原阿波罗号航天员汤姆·斯塔福德将军受 NASA 主管丹·戈丁（Dan Goldin）委托，负责调查和平号上发生的问题。他的报告指出，有一系列事件都导致了最后事故的发生。这并不是单个人或者单个因素的过错，而是一系列不同的人和不同的硬件软件的共同行为所导致的结果。

斯塔福德指出特西利耶夫唯一的视觉参照是进步号的摄像机，它“向下”对着和平号，并以地球为背景。他在 30 多年前在他的双子星 9 号太空任务期间就体验过这种对接的困难，并且建议过飞行计划设计者，由于光照条件的原因，这种对接是极其困难的，因此只应该在紧急情况下才进行这种尝试。他还指出，进步号上的推力器的性能不好，而特西利耶夫并没有接受过关于这种对接的充分训练，他已经有超过 130 天的时间没有练习过这类操作了。

在 STS－86 发射前的记者招待会上，原俄罗斯航天员、航天飞机一和平号计划的主任瓦列里·鲁明明确指出，特西利耶夫当时认为进步号与和平号之间的相对速度对于对接来说是可以接受的，因此仍然决定进行对接。他没有更新速率的数据，这是“TORU”对接系统软件包的一部分，而且点火制动操作也进行得太晚了。不过，鲁明说他会吸取斯塔福德的建议。

航天员训练中心的副主任、原航天员尤里·哥拉兹科夫（Yuri Glazkov）将军支持鲁明的说法，不过他补充说，存在一系列的问题，必须在日后得到改进。这些包括改进航天员的训练，拓宽航天员们获取信息的渠道，加快信息传递的速率，注意进行困难而复杂的太空任务时航天员们的健康状况。他还对斯塔福德在调查中的投入表示了赞赏。

很清楚，特西利耶夫不必负全部责任。对接是飞行计划中后加上去的，部分是为了加速从昂贵的乌克兰 KURS 系统向便宜些的 TORU 系统的转换。特西利耶夫并没有在对接方面接受过持久训练，而在开始对接时的安排也不对。在操作期间传递给他的信息很有限，而福尔和拉祖蒂金在交会开始的时候都无法清楚地看到进步号。拉祖蒂金仅仅在飞船接近空间站并冲过来即将发生碰撞的时候才看到了它，可是为时已晚。地面控制站也无法保证交会对接期间全部通信顺畅，那样的话他们就可以同时监视两边飞船的数据显示了。另外，指令长和太空任务控制站都有太多成功的压力。特西利耶夫从没有在靠近和平号的联盟号上进行过对接，可他却不得不进行TM—25 飞船的对接工作。并且在 4 个月后，他在没有得到真正的训练的情况下，还受命为进步号进行手动对接。

经过慎重考虑，俄罗斯官员最后承认碰撞并不是航天员们的过错，两名航天员最终得到了他们应得的飞行嘉奖。

福尔成了一名受人尊敬的航天员，并几乎成了俄罗斯英雄。他那振奋人心和乐观的性格，以及他在压力下的清晰思路使得他在为时 18 周之久的长期而残酷的一系列故障中生存下来。他的英国背景、美国训练以及对俄罗斯思维方式的理解，在他最需要的时候帮助了他——他是一名真正的国际太空探索者。1998 年 4 月，俄罗斯给予他一个嘉奖令，表扬他在解救和平号时发挥的技巧和贡献。对于福尔来说，被认可为俄罗斯航天员小组中的一名正式成员，而不仅仅是一名科学家或者客座研究人员，这让他心满意足了。

4.5　总结

在太空中工作和生活不仅依赖于飞行小组和地面支持队伍的技能，而且也依赖于设计用来维持生命的硬件的可靠性。飞船上航天员人数的增加，增加了设计的复杂性，需要提供生命支持系统，应付航天员们可能碰到的各种紧急状况。

所有的太空任务都提供了保健箱和药品，帮助治疗轻微的疾病和伤害。天空实验室的航天员们接受过额外的牙齿保健训练，而航天飞机的航天员还接受过更多的培训，即当国际空间站成员受伤或者生病不得不返回地球的时候，协助他们恢复健康。另外在需要的时候，懂得送回牺牲的航天员的程序。

1999 年，在国际空间站上，STS－96 太空任务的航天员遭遇“坏空气”状况的事件，突出地表明需要维持一个充分的检测系统，提供航天器里空气变化的早期警报。另一个事例是在阿波罗 13 号事件期间，航天员们不得不在登月舱里构造一个新的氢氧化锂净气系统，然而却发现指令舱和登月舱系统的储箱无法匹配。

医疗协助也可能来源于其他飞行成员们的支持和鼓励。1985 年弗拉基米尔·瓦西尤京在礼炮 7 号上生病期间，他的同事们支持他、鼓励他，并且分担了他的工作任务，一直到清楚表明必须把他送回地球为止，此时他的体温已高达 104℉，除了削减任务，已别无选择。

一次飞行任务的压力已经很大了，可是当事故真的发生时，忧心忡忡的航天员们额外的压力更会导致进一步的健康风险。在阿波罗 13 号太空任务期间，由于飞船太冷而缺少睡眠，影响了 3 名航天员的反应能力。失去登月机会的失望情绪，使得他们的生存压力倍增，不得不进行发动机点火，重新进入大气层，一切只是为了尽快结束飞行。

1997 年和平号上发生的一系列事件又例证了这一点。当时不仅仅是一个直接事故威胁到航天员们的生命，而且在为期数月的时间内故障反复出现，给航天员们造成了巨大的挑战。在这些事件中，地面人员对于飞行小组所处的困境的支援和理解，与太空中航天员们的坚定信念、继续生存的决定一样重要。

除了医学事件之外，设备和系统故障也是更为频繁的原因，这导致了太空任务中出现各种异常、事故和灾难。在 20 世纪 70 年代、80 年代早期，联盟号飞船出现的数次对接失败，不仅导致航天员们因为无法完成他们为之训练多月的任务而产生沮丧感，有时也使他们在进行充满危险的重返大气层和着陆步骤时，陷入危及生命的处境——其中联盟 23 号的溅落和联盟 33 号及“T－5”的系统故障是最值得注意的。

在美国和俄罗斯的计划中，对于胜利完成太空任务的渴望有时候也会对太空中航天员的健康和安全造成影响。在阿波罗 14 号之后，艾伦·谢泼德经常给人一种印象，就是没有任何东西可以阻止他登上月球——无论是出故障的对接系统还是出故障的着陆雷达。然而，在法莫拉地区攀登 Cone 环形山的时候，为了抵达目的地而造成的体力消耗，以及航天员对他们所处环境缺少充分的了解，导致谢泼德和米切尔两人都筋疲力尽。他们未能到达环形山火山口边缘，而后来发现他们自己在一无所知的情况下，曾经和目的地如此接近，更是令他们倍感失落。

在月球上另外一个安全考虑是兴奋过度的航天员可能摔倒，导致航天服破裂，死于火山灰中，而别的航天员根本无法救助他并把他抬进登月舱带回家。当然，另一个需要考虑的是登月舱下降发动机和将把他们带回家的服务舱发动机，假如它们中的任何一个在月球任务中出现故障，那么上面的航天员将成为人类征服太空历史上永久的纪念。

一种更危险的程序——不久就将成为国际太空站一个很频繁的内容——是交会和对接。要把两个正在运动的不同物体连接起来的任何尝试都是很困难的，而要在太空中完成这个任务更是凶险万分。这些物体在地球轨道上以每小时 17 500 英里的速度运行，它们还要相对运动。因此不仅这么高的速度会导致问题的出现，而且两个航天器的接近速度（1987 年量子舱故障以及 1997 年和平号事件都是见证）的微小差异加上航天器的大质量都会造成问题。

化学电池、燃料电池和太阳能板都能给载人航天器提供电能，如果它们发生故障，那么航天器就会丧失动力。最值得注意的是燃料电池故障发生在双子星 5 号、阿波罗 13 号和三次航天飞机任务（STS－2，STS－44 和 STS－83）中。而电池的限制是联盟 15 号、23 号及 25 号很快返回的主要原因。太阳能板导致的困难曾经给联盟 1 号、天空实验室以及和平号造成麻烦。

到太空旅行从来都不是一件容易的事情，而且也永远不会容易。给太空任务整个过程提供合适的装备和硬件来维持航天器的运作，还有航天员的健康和舒适都是国际空间站及今后的航天器所要面临的持续挑战。

第 5 章　从太空返回

5.1　概述

将航天员从太空回收，这可能是太空任务的最重要组成部分。因其难以控制，每个人都必须为不可预测的意外事件做好准备，因为对于航天员来说这可能是他们飞行生涯中最为重要的环节。这些航天员都经过数年的训练，并且安全地经历了极具风险的发射阶段、完成了所有任务目标，此时，他们期待着返回家园收获成功的喜悦，甚或希望能够再次飞行。

苏联（及后来的俄罗斯）拥有广阔的陆地面积，但其海洋资源有限，故在早期的太空探索中他们选择了陆地回收。像东方号系列，就提供了弹射座椅，使得航天员可以和太空舱分离，借助于降落伞下落。当航天器发展到多人乘坐的上升号后，上述方法就显得不现实了，于是就在太空舱上设置了制动装置，它可以在最后几秒点火来放慢航天器伞降过程，形成软着陆。这种制动装置装备在联盟号上，使用固体燃料火箭，在返回舱的底部点火，傍晚前在哈萨克的干草原上着陆。航天员们也进行过水中回收训练，1976 年就有一位航天员在湖上着陆。

在 20 世纪 80 年代，苏联航天员为暴风雪号航天飞机在跑道着陆进行训练。这种跑道着陆早在 40 年前就开展了。在 40 年代，X 系列火箭飞机首先在位于加利福尼亚的莫洛克（今爱德华兹）空军基地着陆。短翼火箭飞行器在跑道上着陆总是充满了艰险，而且运气不佳。经历了 X 系列飞行器（如高空探测火箭和以后的 X－15 号）以及两用机系列后，直到 1975 年才发展了航天飞机着陆的概念和经验。两年之后的 1977 年，企业号航天飞机得到进一步发展，并且在 1981 年开始了从太空轨道至跑道回收的航天飞机飞行。除去一些天气因素（回收过程中会妨碍着陆能见度）和轮胎、制动、驾驶等硬件困难，航天飞机证明了从太空轨道到跑道着陆是可行的，同时空间飞行器要是能重复使用，那是再好不过了。

从 1961 至 1975 年间，美国航天员是在海上着陆。比起陆地着陆，这是一个巨大的、潜在的软着陆。海上着陆用在了水星号、双子星号和阿波罗号飞船上，除去一些小的坏运气，在整个海上回收项目中没有航天员丧命（尽管曾有过一位航天员侥幸脱险）。

在曙光 7 号飞行过程中由于过多地使用了控制燃料，使得航天员斯科特·卡彭特飞过了计划着陆点，他在海洋中的救生艇上多花了 2 个小时等候着被吊起。一些双子星号和阿波罗号飞船的航天员（包括以前的海军官员）在等候被吊起时晕船，有几个在被拖吊至直升机上的过程中弄湿了脚。对于火箭的有效载荷，双子星号和阿波罗号都很好地满足了，作为航天飞船它们是优秀的，但是它们却不是真正意义上的船只。

在数分钟内重力加速度由 0 g 变化到 1 g，将引起身体内部受力变化，有些航天员发生了瘀伤，这种疼痛提醒你现在正在返回地球。回收是一项巨大的、复杂的并且花费昂贵的海上作业，但也实现了高成功率，仅有一次把航天飞船丢落在海里（竟在 30 多年之后才将它捞起!）。

5.1.1　独立钟 7 号（1961）

水星号上的全体航天员建议在他们 7 人之后给航天飞船和航天员编号，这反映了国家的骄傲和将美国人送上轨道所表现的团队精神。维吉尔·格斯·格里索姆决定命名他的飞船为独立钟 7 号，由于它的外形像钟，以及它鼓舞人心地联结着美国的历史和国家的骄傲。有一个工程师甚至建议在飞船的边上绘上裂缝，就像真的独立钟那样（真正的独立钟起先是在伦敦铸造，为的是纪念宾夕法尼亚州成为英国殖民地 50 周年（1682—1732）。独立钟 1752 年被运到宾夕法尼亚州费城，一个月之后由于受到钟锤的敲击，出现了一条很大的裂缝，经过当地作坊的重铸，以后被用作宣布州议会开会。在宣读首份大众读物——《独立宣言》时它也被敲击过。第二次出现裂缝是在 1835 年，但是由于独立钟在历史上的重要性就没有再重铸。1976 年美国 200 周年庆典，独立钟被安置于费城独立亭。独立钟也出现在美国 50 分硬币的背面）。

1961 年 7 月 21 日，格里索姆乘坐美国第二艘载人飞船进行亚轨道飞行，在离开卡纳维拉尔角 15 分 37 秒后，最后要在大西洋着陆。飞行阶段进展顺利，只是在海面降落之后，降落点在距离卡纳维拉尔角 303 海里的范围内，飞船几乎遭到了灭顶之灾。

在 21 000 英尺的高度，格里索姆透过狭小的观察窗，看到引导伞按计划打开。在 12 500 英尺高度主伞从太空舱打开，比计划高出了大约 1 000英尺。格里索姆注意到主伞上撕开了一个 6 英寸长 L 状的口子，但是裂口没有再扩大，他也就放松了，继续着降落阶段的任务。

1961 年 7 月 21 日，水星号上航天员维吉尔·格斯·格里索姆，全副武装，站在独立钟 7 号飞船前，等待技师做最后调节以便进入

格里索姆："引导伞打开了。"

格里索姆："主伞打开了，它张紧了。主伞很好，降落速度降下来了。"

格里索姆："主伞很好。着陆包的绿灯亮了。"

太空舱的下降速度很快降到 28 英尺/秒，格里索姆继续卸下他不想要的控制燃料，向地面报告仪表盘上的显示数字。当听到"当"的一声时，确定着陆包在他下面打开了，于是就拿掉航天服上的氧气管，打开面罩，但是有意地让航天服通风管附着在飞船的连接器上。与此同时，格里索姆开始建立与营救（主回收）船——伦道夫号（代号是"大西洋船"），以及与以"搜救 1 号"为首的搜救直升机群的通信联系。

格里索姆："大西洋船，我是独立钟 7 号。我已确认自动燃料和手动燃料都倒空了，我正在将保险销插回门里。我正通过 6 000 英尺高度，万事完好。我要打开我的面罩。喂！有个门的保险销插不上，我试了又试却无能为力。你能从回收组得到指导吗?"

直升机（编号 23)："独立钟 7 号，我们正朝向你飞过来。"

飞船于发射后 15 分 37 秒撞向大西洋，距离发射点卡纳维拉尔角 262.5 海里。

格里索姆："收到了，我的状况很好。太空舱在飘浮，慢慢直立起来……紧急救援装置已经启动。备用伞丢弃了。"

格里索姆后来评述说他对海中溅落的第一印象比他预想的影响要轻微些。独立钟号一头栽到水里，格里索姆面朝下左侧卧倒。很快太空舱进行了自我矫正，借着窗外的光线，格里索姆丢弃了备用伞包，激活了舱内的紧急救援装置。太空舱在暴虐的巨浪中剧烈翻滚，万幸的是一直没有进水。

此时，援救直升机群正飞往航天员处，他们问格里索姆是否准备好了要被吊起。格里索姆已经完成了很多项的回收程序，脱掉了头盔，进行了准备离开飞船的个人检查。颈套——一只橡皮圈，用来阻止水渗入航天服——这时难以解开，格里索姆四周摸弄航天服项圈，保证在匆忙中不得不离开独立钟号时能维持浮力。格里索姆通知直升机飞行员，在记录好驾驶座舱的其他显示后，他会在5分钟内准备好。不顾航天服和太空舱的热积累所引起的不适，格里索姆完成了任务，请求飞行员将他吊起。

格里索姆："好的，搜救1号。我是独立钟7号。准备好了吗?"

搜救1号："是的。"

格里索姆："好的，明白。叫我一声，我就关机、打开舱口。我脱掉了航天服，现在有了点暖意。你要告诉我准备好了，我就卸掉头盔，关机，离开舱口。"

搜救1号："明白。当你离开舱口，拉你的圈就落下来等你。"

格里索姆："明白。"

格里索姆然后拿开舱口起爆器安全栓，向后躺下，等候营救。灾难出现了，就像他以后回忆道："我正躺在那儿，留意着我的事务，就听着嗡的一声。"使他惊讶和惊恐的是，独立钟号的舱门突然弹开，海水开始立即大量涌入太空舱。格里索姆面对着这样的现实：飞船在进水，很快就要下沉了。

格里索姆确定他没有意外地碰到过打开舱门的机关，但他没有时间来考虑这件事。他必须逃出太空舱，越快越好。幸运的是格里索姆早有先见，解开了座位上的安全带，于是抓住仪表盘，窜出很小的舱口，从下沉中的太空舱里游出。

救援直升机飞行员在格里索姆上面报告说，他试图吊装太空舱，正在努力切断太空舱的控制天线，突然地看到舱门开了，航天员从中爬出，进到海里。飞行员让格里索姆用自己的工具漂浮，努力营救下沉的太空舱——这一举动基于他的训练经验：注意到水星号上的航天员进行水上营救训练时呆在水里似乎没什么问题。飞行员然后使用营救设施钩住太空舱，此时直升机几乎浸在海里，三个轮子实际上就在水下。太空舱已经完全淹没，但却是安全可靠的。直升机上控制面板记录的拉力信息表明，由于独立钟号进水增加了额外的起重重量，使起重超载，但后来发现指示器读数也是错的。独立钟号现在充满了水，包括填满了着陆包，正好充作海锚，独立钟号此时总重超过了5 000 磅，超出直升机的起重极限 1 000 多磅，使它不能够从水里拉出太空舱，除非倒空着陆包里的水。直升机快速逼近太空舱最有可能的丢落点后，只好对办不到的事作出让步，吊挂太空舱系绳被切断了，太空舱下沉到2 800英尺深的大西洋底。直升机上丢下了一个标记物，为的是在以后打捞太空舱，但是没有立即尝试打捞。

一架美国海军直升机企图从大西洋里营救出独立钟 7 号飞船，但是归于失败。舱盖过早地打开，使得海水涌入太空舱，尽管如此，格里索姆设法逃了出来。38 年之后，太空舱从海底打捞出来

就在直升机努力营救太空舱时，格里索姆仍然呆在水里希望使他自己能漂流起来。离开太空舱后格里索姆立即确保他没有被任何绳索缠结，否则他就会被往下拉；然后注意到直升机正艰难地起吊太空舱。往回游时，格里索姆看到缆绳紧紧地拴着，他没法帮上忙。飞行员离开时告诫格里索姆带好将他浮出水面的个人安全带，此时比起最初浸到海里时所受到的浮力有所下降。格里索姆已经注意到他的航天服空气泄露，这就减少了漂流的可能性，他未能密封住航

天服的进气阀门，海水开始渗进航天服。当第二架营救直升机靠近时，搅起的螺旋桨涌流使游泳变得更加困难。直到被吊起，格里索姆不断地在水里上下翻滚，急切地寻求空降潜水员帮助他。

第二架直升机靠近格里索姆，投给他一条项圈状的救生索，于是处在恐慌和气恼中的格里索姆冲向吊索，向后套上，尽管此时这样做无关紧要！两次深深浸入水中之后，格里索姆被安全吊进直升机，立刻穿上了救生衣。格里索姆泡在水里大约仅有 5 分钟，但是当直升机绕着他飞行，显然没打算把他吊起，只是进行摄影，这 5 分钟对他来说似乎就像是很长的时间。

美国第二次太空任务结束时，一架海军直升机从大西洋中吊起落水航天员格里索姆

在伦道夫号搜救船上，格里索姆非常疲倦，但是他坚持完成任务报告书。格里索姆感谢航天员沃尔特·施拉，是施拉发展了航天服的颈套，格里索姆相信自己因之获救。在这份报告书中特别着重强调水中逃逸训练，以后在大巴哈马群岛，特殊救生程序得到进一步发展。但是要检查引起舱门打开的原因碰到了困难，事实上太空舱还躺在海底呢。在水星号飞船飞行前夕，承包商霍尼韦尔公司对舱门及其部件进行了一系列的试验，包括高温测试、低温测试、多次冲击测试、盐喷射测试和水浸测试，从没有发生过舱门“碰巧打开”事件。

NASA 成立了一个包括航天员施拉的特别委员会来调查此事。

调查中针对舱门设计做了一次甚为严格的试验，结果没有过早的爆裂出现。调查小组也检查了驾驶员座舱设计，确定是否有航天员误撞的可能。施拉稍后写道，只有一个极小的可能性存在，就是航天员可能触动了活塞杆，而确切的原因从没有被找着。太空舱于 1999 年打捞出来，似乎格里索姆是对的，舱门恰是打开的。在舱盖周围有个金属密封圈，已经弯了，表明是波状点火耐热镍合金而非计划中的同步耐热镍合金。

推测是这样的：一根外部绳索可能纠缠在一起，触发了设备；一条环状密封垫可能从活塞脱落，从而减少了启动系统所需的压力值；直升机的静电可能电击了舱门……但是却没有实物来检查，NASA 所能做的全部工作就是采取改进措施，确保这样的事故不要再发生。在得到确认直升机捕捉住了太空舱之后，航天员才能触及活塞杆。

独立钟号是计划中最后一艘用直升机回收的太空舱。以后所有的航天器要被立即吊到搜救船上，直升机就能专注于航天员的营救，并在吊起前让空的航天器能立即恢复安全状态。格里索姆继续着这项事业，直到 1967 年不幸去世——他也就不接触和触摸任何东西了。他经常指向自己的手，证明他没有受伤。约翰·格伦、沃尔特·施拉和戈登在航天器上使用活塞杆时都曾遭受过轻微伤害。

最后一次发射的航天器带着“裂缝”，很快成为了笑话，传遍了发射场。对格里索姆来说，这次是非常幸运的逃逸，但是 5 年半后他就没有如此幸运。尽管有些建议和媒体报道指责他弄丢了太空舱，但是，他的才能与信心还是得到了认可，1964 年他被委派为双子星号的第一批航天员（在 1965 年又飞了双子星 3 号），1966 年成为了阿波罗第一批航天员。

事故发生数年之后，与 NASA 无关的人员在讨论要打捞太空舱，并在博物馆陈列，格里索姆的遗孀不反对打捞，但不希望被公开展示。然而，找回太空舱的意愿非常强烈，因为它是美国唯一一艘还未回收的载人飞行器。后来，位于堪萨斯州哈钦森的堪萨斯航天中心计划陈列打捞出的太空舱，不论太空舱的状况如何。

1992 年和 1993 年，打捞队两次试图找到独立钟号，但是都没有成功。打捞队于 1999 年 4 月又一次尝试，但是担心太空舱在海底这么长时间，如今将它捞出水面可能使其受损。

1999 年 5 月 1 日，独立钟 7 号在最有可能的 88 处目标地点之一的 2 850 英尺深的海底被发现。麦哲伦号潜艇上的遥测电视摄像机首次拍摄了太空舱，此时距离太空舱在搜救 1 号下被拍照的时间过了快 38 年。计划是让潜艇给太空舱系上一根回收缆绳，然后拉出水面。然而，大西洋不会如此爽快地认输给独立钟号。水面上，巨大的波浪阻碍着屡次回收尝试，连接潜艇和尼达姆浪潮号主回收船的链条突然断了。5 月 4 日，潜艇在工作中倒下了，躺在太空舱的旁边。打捞队返回卡纳维拉尔港，为收回太空舱和潜艇置备新的、更结实的回收设备。

新一轮搜寻开始于 1999 年 7 月 10 日，次日又找到了独立钟号的位置。用了 9 天时间来做将太空舱吊出水面的准备工作。1999 年 7 月 20 日——阿波罗 11 号飞船登月 30 周年纪念日，独立钟 7 号终于被拉到海洋项目号主回收船上。船上有格拉斯·温迪及吉姆·刘易斯。格拉斯·温迪是前麦道发射台上的指令长，他曾在“水星一红石 3 号”航天任务时目视格里索姆进入航天器。吉姆·刘易斯是一位已退休的美国海军直升机飞行员，当年他曾试图从海里吊起被淹没的这艘飞船。

独立钟 7 号飞船于次日回到了卡纳维拉尔角，距离当年发射整整 38 个年头。格里索姆的弟弟洛厄尔（Lowell）现场目击了这次回收，但是他的遗孀——贝蒂·格里索姆没有在现场出现。独立钟号外表上还保持完好，圆柱形降落伞包上有一些海垢，但里面却是难以呈现，全是锈蚀和泥沙，堪萨斯航天中心考虑进行修复任务。这项工作要耗时 6 个月，此后飞船要周游国内各博物馆，然后在堪萨斯州一个永久地点安家。美国唯一一艘有航天员乘坐过但没被回收的航天器，终于重见天日。

5.1.2　曙光7号（1962）

约翰·格伦和友谊7号于1962年2月20日极其成功的飞行，证明航天员在行程中远不只是一名乘客。任务制定者随之调整了下一次任务的飞行计划，水星—亚特拉斯7号允许航天员做更多的控制。另外，加进去一项科学实验项目，它既不会危及航天员的安全，也不会影响任务的成功。

1962年5月24日，斯科特·卡彭特乘水星—亚特拉斯7号上天，这艘飞船又被称为曙光7号。他成为美国第2位、世界第4位绕地球轨道飞行的航天员。发射及太空舱分离后，约翰·格伦以前使用自动控制系统，用了超过5磅的燃料来扭转航天器，使之达到正常姿态，而卡彭特则选择"定点飞越"系统（"flyby" wire system），只用了1.6磅燃料。

1959年间，水星号上自动稳定和控制系统还在研制中，也影响到自动驾驶仪。一台微计算机可以比较电子传感器信息输入与陀螺仪上预置参考点和地平线偏离间的偏差。要反应这些，自动驾驶仪就要给小型推力器触发命令，使其喷出热气，维持航天器的平衡。尽管称为"简单"系统，其实也是非常复杂的，引发了很多设计上的问题。

可供自动驾驶仪选择的是直接机械地连接上二级完全独立冗余的反作用控制系统（RCS），允许航天员在轨道上手动调节航天器的姿态到如他所愿。然而，尽管水星号清楚地表明测试人在太空的能力是它的目的，但对燃烧消耗来说，它却是一个极不经济的燃料消耗装置。

为了解决这个紧迫的手动推力器控制问题，于是设计了一根从航天员的手控到自动系统的跳线，允许航天员电动开关极小的阀门，给自动推力器燃烧室补充过氧化氢气体。此系统完全回避了自动驾驶仪，只依赖于航天员的判断力和反应。由于允许航天员援助，甚至中断自动系统绕俯仰轴、偏航轴和滚转轴，所以是一个半自动系统，被称之为“定点飞越”。

在曙光 7 号飞船轨道飞行中，卡彭特忙于非常繁忙的实验进度，还要人工给方位系统输入指令机动。他太忙了，无意间 6 次触发了高度敏感的控制喷流，与此同时，喷流反过来又触发了自动系统和人工系统，消耗了更多的燃料储备。到第一圈绕行结束，卡彭特只剩下 42%的手动罐储量及 45%的自动罐储量。整个第二圈飞行，地面通信员在他继续进行实验时经常提醒他要节省燃料。

从第 3 圈也是最后一圈飞行的开始，卡彭特开始了很长时期的、差不多一整圈的自由飞行，要留下足够的燃料用于再入和着陆。在自由飞行期间，当航天器进入黎明时分，他的手碰撞了太空舱舱口，出现一片粒子云飞过舱口窗户。卡彭特立即回转航天器跟踪粒子云，重击航天器的壁面产生了更多的粒子，就像格伦的神秘萤火虫。卡彭特推论说，由于太空舱外面显然被霜冻覆盖，这片粒子变成了“霜虫”。

由于前两圈过多地使用了燃料，卡彭特设法在第 3 圈节约燃料。在位于佛罗里达的飞行控制中心，任务负责人克里斯·克拉夫特相信航天员拥有充足的燃料，用自动或手动控制系统能够做出正常、安全的再入。当位于夏威夷的跟踪站点指示卡彭特开始准备点火倒计时，并且变手动控制为自动控制时，卡彭特告诉地面控制人员，事实上他还没准备好，因为他试图查证航天器外粒子云的由来。当卡彭特试图将系统切换到自动控制状态时，他发现系统不能保持在所需方位。他试图去解决此事时，触发了“定点飞越”系统，远落后于任务清单要求。忙乱中卡彭特忘记了脱离手动系统，这样，在接下来的 10 分钟里燃料要被 2 个系统继续使用。

航天器飞过夏威夷区域后，卡彭特最后为再入竭力调整航天器姿态时，被告诫要尽可能地完成尽量多的任务清单。因为使用自动系统困难重重，卡彭特发现它是关着的，他必须手动按下按钮，点燃缚在热防护层上的固体燃料反推力火箭。所有 3 次点火都成功了，但是晚了 3 秒。

曙光 7 号事实上在反推力火箭点火时向右倾斜了 25 度，且反推力火箭的喷流方向没有完全逆着飞行方向，没有足够地减慢航天器下降速度，使其向预定着陆点飞行，而将飞过目标 175 英里。反推力火箭点火的推迟，增加了额外的 15 英里弹道飞行，并且由于缺少恰当的推力，又增加了 60 英里，结果飞过了目标 250 英里！

在反推力火箭点火之后，卡彭特醒悟到手动系统还开着，就迅速关掉“定点飞越”系统，并检查手动系统，控制输入的读数上显示不到 6%的燃料（实际上已经没了）。卡彭特跳回“定点飞越”，那上面的记录是 15%——卡彭特相信远没有这么多。自由滑翔期间卡彭特让双手不接触控制系统，为关键的翻转机动来尽可能地保存更多的燃料。姿态控制指示似乎没用了，控制系统随时可能没有燃料供应。此时距离0.05 g引力场高度有 10 分钟，到那时他就可以再次开始感受到重力。漫长的 10 分钟！

在要到达 0.05 g 飞行走廊的数秒内，曙光 7 号开始剧烈地摆动。快速切换到辅助阻尼模式后飞船得以稳定，航天器在再入返回过程中像一只火球。在火球里面，卡彭特遭遇到超出想象的加速过载，在此时，像他之前的格伦，卡彭特等待着坐舱随时被烧掉。

离开黑障区，航天器在超过 10 度的许可范围内摇摆。当曙光 7 号从严重的摆动中解脱出来，卡彭特伸手去打开引导伞，降落伞正常张开、降落，比预想的摇晃要小，曙光 7 号最终在海上溅落。跟踪显示溅落位置就在数英里内，通过无线电通信格斯·格里索姆指出营救队会在 1 小时后到达。到了这时卡彭特才认识到他飞过了指定着陆区。卡彭特注意到磁带录音机上有水滴，想到他可能会经历格里索姆在独立钟 7 号上同样的命运，那次是弄开了边舱门。卡彭特没有发现泄露，但是明白太空舱往左边倒，大部分浸在水中。要从主舱门出来将很危险，于是在狭窄的太空舱里面 101 华氏度的高温下，卡彭特摘掉了头盔，从航天器的颈部奋力向上爬，钻到舱门顶部。卡彭特让航天服散热管尽可能地拉长，确保自己带上了营救包，轻轻地滑入海洋给救生筏充气，稍后开始长时间的等待。发出回收信号后，海洋染色标记开始起作用。

一名海军降落伞潜水员在营救行动中援助曙光 7 号航天员斯科特·卡彭特

那些在电视上收看和在广播旁收听的人，都知道曙光 7 号返回来了，但是不知道卡彭特是安全的。飞船的无线电通信没有发射信号，其救生筏上也没有信号。卡彭特一边等候飞机送来营救队，一边欣赏起海草的游走，“一条黑色的鱼极其友好”。36 分钟后，卡彭特看见了小型飞机接近了，知道自己被找着了。20 分钟过后，离着陆刚过 1 个小时，卡彭特看到数架飞机盘旋在上空，两个潜水员从一架 SC—54 运输机上跳下。其中一个离着陆区有一段距离，就解下了降落伞背带，在波涛里游向卡彭特，卡彭特十分惊喜地看到潜水员在救生筏旁边出现。

给另外两艘救生筏充过气，两个降落伞潜水员及卡彭特等着被直升机吊起。3 小时后卡彭特终于被吊起了——先是泡在海里，再到营救直升机上。在任务控制中心，克里斯·克拉夫特对反推力火箭推迟点火，以及卡彭特显然对任务后阶段的飞行计划注意力不集中极为恼火。克拉夫特在报道中说道：“那个家伙永远别跟我工作了”，这还真成了事实。在短期从事于阿波罗登月舱开发任务之后，卡彭特找了一个离开的借口，到海军的海上实验室，从事 20 世纪 60 年代中期“生活在海洋”居住计划的工作，1967 年离开 NASA 之前他一直专职于海军海上实验室项目。

5.1.3　联盟 5 号（1969）

1969 年 1 月 18 日，鲍里斯·沃雷诺夫正接近这次为期 3 天飞行的尾声。3 天前，沃雷诺夫连同航天员亚里克谢·叶里西耶夫及叶夫根尼·赫龙诺夫被发射升空，他们要与上一艘飞船——联盟 4 号（其上是航天员弗拉基米尔·沙塔罗夫）对接。第二天，联盟 5 号担当被动目标让联盟 4 号对接。稍后，叶里西耶夫和赫龙诺夫都穿上航天服，通过舱外活动从联盟 5 号进入联盟 4 号。1 月 17 日联盟 4 号与之分离，带着 3 名航天员返回地球，次日，沃雷诺夫独自留在联盟 5 号上，准备只有他自己的再入。

按照飞行计划，沃雷诺夫将自己系在联盟号飞船的返回舱座椅上，并发指令抛弃位于他前面的轨道舱。当位于他后面的设备舱被命令抛弃时，有故障的爆炸螺栓点火失败，没有完全分离设备舱，因此挡住了位于返回舱底部的再入热防护层。不干净的分离曾出现在东方号和约翰·格伦乘坐的水星号飞船上，但是分离后剩余物都比联盟号设备舱上所留下的块头要小得多，并在再入期间烧掉了。

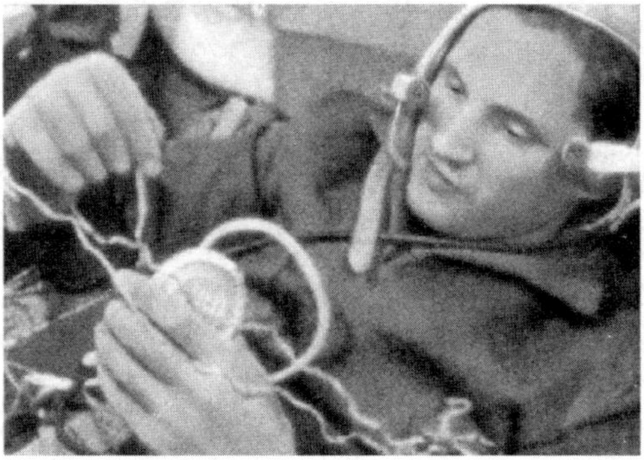

1969 年 1 月，航天员鲍里斯·沃雷诺夫在联盟 5 号飞船上。此艘飞船再入定向过晚，极有可能要烧毁，导致航天员被烧死，侥幸的是他免遭此劫

由于附加了设备舱的质量，沃雷诺夫失去了对联盟 5 号的控制，

联盟5号在太空中开始翻滚起来，最后当飞船最薄的部分朝前时，飞船稳定下来，但此时飞船的热防护能力处于最弱状态。随着联合体开始进入大气层，结构开始失效。两舱间连接解锁螺栓上增加的应力和热最终引起了燃烧和突然断裂，终于使得返回舱与设备舱分离，设备舱在再入期间烧毁。

在联盟5号飞船上，沃雷诺夫只有坐等自动定位系统在开始再入前努力恢复对返回舱的控制。返回舱在进入大气层时寻求气动上最稳定的姿态，其热防护层终于幸运地朝前，但是太晚了。

再入幸免于难，但是降落伞只是部分地展开，几乎引发联盟1号着陆悲剧的重演。返回舱底部的软着陆火箭失效，较正常着陆冲击更大，几乎使飞船失事。当搜救队找到联盟5号时，发现飞船是空的。找到沃雷诺夫时，他正在附近一个农民的茅屋里取暖，等着营救人员，他的几颗牙被震裂了。

5.1.4 阿波罗15号（1971）

1971年8月7日，阿波罗15号上的航天员在指令舱里面，挂在3个正常展开的圆形降落伞下面，他们的登月任务接近尾声。突然，其中一个伞盖塌陷了。航天员被告知不要紧张，他们可以用两只伞安全着陆，但是落地要猛烈一些。3只伞时的着陆速度是19英里/小时，而两只伞时为22英里/小时。当他们从云端出现，指令舱恰好与一架搜救直升机擦肩而过。指令舱在太平洋进行了艰难溅落，着陆点位于夏威夷以北353英里。在指令舱与登月舱的连接处，航天员吉姆·欧文卸掉了受创的降落伞，其实他没必要这么做，那儿没风，不会从海里拖曳飞船。那只失效的降落伞是唯一没被回收的部件。

1974年10月6日至7日两天，位于华盛顿市的NASA总部，一次载人飞船管理委员会会议上研讨起阿波罗15号的降落伞异常问题及其对随后任务的影响。故障归因于RCS系统在着陆前燃料罐排放时的燃料泄漏。改进措施包括：返回时保留飞船上的RCS系统的

1971 年 8 月 7 日，阿波罗 15 号在太平洋溅落。3 个圆形降落伞中的一个没有展开，导致着陆时有较大的冲击

燃料；着陆异常时，抛掉飞船上的氧化剂，并增加时间延迟以便迅速排空推进剂，避免与降落伞展开装置及伞绳接触。

在 1975 年阿波罗一联盟号试验计划（ASTP）着陆时的指令舱里，RCS 系统无意间点火，这与在海面着陆时保留飞船上燃料的决策有关。

5.1.5　阿波罗一联盟号试验项目（1975）

1975 年 7 月，美国执行单次往返飞船系列计划的最后一次飞行任务，这项计划起于 1961 年 3 月谢泼德乘坐的水星 3 号。阿波罗 18 号是美一苏联合太空对接任务中的美方部分。阿波罗 18 号于 7 月 15 日发射上天，17 日与联盟号对接，在联盟号着陆前做了一段时间的合作实验，联盟号于 20 日着陆，最后留下美国航天员在阿波罗飞船上作在轨飞行，进行地球资源研究。

7 月 24 日，阿波罗上的 3 名航天员完成了美国第 31 次也是最后一次计划在海洋的溅落。直到 1981 年航天飞机的出现。他们是：指令长汤姆·斯塔福德、指令舱驾驶员万斯·布兰德和对接舱驾驶员德可·斯雷顿。

从发射时起，任务进展就非常顺利，甚至在航天员返回地球之前，众多的观测者已在报告飞行成功的消息。从水星号着陆那天起，经过很多次的海上溅落，它已经程式化。阿波罗搜救人员的注意力都在电视上。以至当某处出事了，对航天员和控制人员的震惊也是“程式化”的。

美国中部时间 7 时 30 分，轨道飞行的最后一天，航天员一觉醒来就着手为阿波罗 18 号下午回收作准备。他们被告知位于太平洋的主着陆区天气很好，能见度 10 英里，风速 17 节，散射云层高度 2 000英尺，最大浪高超过 3 英尺。操作上，一切进展正常得像时钟的发条，指令服务舱的发动机于美国中部时间 15：37：47 逆向点火 7.8 秒，开始向地球降落。

仅 6 分钟半的时间，指令舱携带航天员与服务舱分离，开始穿过大气层下降。当指令舱垂直地向海洋落下的过程中，斯雷顿（他为此生第一次、也是唯一一次太空飞行足足等了 16 年）和布兰德（他等了 9 年，迎来了此生的第一次飞行任务），两人都谈论到重力的增大。至于斯塔福德——任务指令长，则和以往非常相似，这已是他 10 年中的第 4 次飞行。这组航天员将是计划被降落伞回收的最后一批美国航天员（尽管国际空间站航天员正在接受紧急状态时利用联盟号降落伞回收系统的训练），他们在美国中部时间 16：18：24 在海中溅落，着陆点在夏威夷以西 270 英里，距离新奥尔良号主搜救船大约 4.5 英里。

当阿波罗指令舱撞击到水面，标志着美国载人航天飞行史上一个时代的结束，对于飞行控制者似乎是一次常规再入和在海中溅落，剩下的工作仅仅是航天员的救起。但是航天员在降落时吸入了四氧化二氮烟气，自 1961 年航天员格里索姆几乎溺死的那次回收以来，这是美国航天员回收过程中所遇到的最严重灾难。

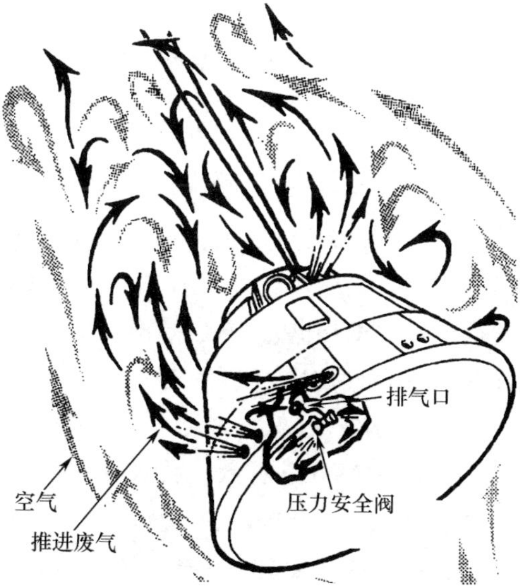

示意图展示 RCS 排出的气体如何进入指令舱入口，引发舱里的 3 个航天员呼吸困难

一直到约 50 000 英尺高度，飞船按计划降落。当指令舱以 300 英里/小时的速度穿过大气层时，要求航天员在 30 000 英尺高度触发控制地球着陆系统的两个开关。这样将自动抛弃顶盖，按程序关闭 RCS 系统，依次拉出引导伞和主伞。由于阿波罗 15 号上其中一个主伞未能展开，导致了 RCS 系统燃料不能被排空。3 个航天员中斯塔福德居中，布兰德在左边，斯雷顿在右边。由于指令舱推力器的点火和飞船穿过大气层，指令舱里有很大的噪声，航天员必须完成的必要步骤没有顺利实现。在再入进程中，斯塔福德从再入进度表读取指令。指令舱驾驶员布兰德，则触发相应的开关。布兰德后来解释说："在 30 000 英尺高度我们正常操作 ELS 自动单元和逻辑单元，它们没有做完。可能是因为情况复杂，我没有听到他的喊声，也可能他没有喊。无论如何，我们迅速从 30 000 英尺降到 24 000 英尺。我看到高度计上显示 24 000 英尺，并没有看到期待的顶盖打开，或

是引导伞弹出。于是，在 23 000 英尺时我想撞击两个手动开关，一个负责顶盖，另一个负责引导伞，灾难出现了。”

当注意到 ELS 功能失效，斯雷顿让布兰德按下控制面板上人工开伞按钮，顶盖被打开抛弃了。3 秒钟后，两个 16.5 英尺的引导伞展开，飞船速度减慢到 170 英里/小时。由于手动展开引导伞，指令舱摇摆起来，使得 RCS 系统猛烈地工作，以补偿指令舱的摇摆。斯塔福德注意到了这一点，表明航天员没有成功地将 RCS 命令开关置于“关闭”位置，他就立即切断燃料流入 RCS 系统。由于已经通过隔离阀的燃料和氧化剂未燃烧完，30 秒后燃烧才停止。布兰德继续说道：“同样紧急的是，舱里似乎充满了有毒气体，对我们来说浓度非常的高。斯塔福德说他都可以看到，我现在不能确切地记得我是否看见了，但是我的确知道毒气存在。感觉到和闻到了它的存在，当然你能闻到它，我们开始咳嗽。”

在 24 000 英尺，压力安全阀自动打开以吸入新鲜空气，从滚控发动机排出来的有害气体就在离阀门 2 英尺远的地方。航天员将氧气补给设在高流量模式，并触发自动开关展开主伞——使得所有推力器全部停机。尽管舱内都是有毒气体，他们尽其所能继续干完各项任务。降落伞展开没有出现差错，但是返回舱猛烈地撞击海面，并立刻翻转到第二稳定位置，顶朝下，航天员被座位安全带挂着，像是在观察海洋的深度。

布兰德咳嗽得最为厉害，因为他离通风口最近。布兰德注意到斯雷顿感觉恶心，他提醒斯塔福德取出氧气面罩，而氧气面罩存放在座位后的储备箱里，一个非常难去的位置，且指令舱处在倒置状态。为了取出氧气面罩，斯塔福德不得不解开系在身上的安全带，小心地下到返回舱的小头末端，然后在椅子后面向后爬行，去拿氧气面罩。航天员已经触发了三个大的自平衡漂浮带，但花了 3 分钟，他们需要新鲜的空气补给，但他们清楚他们不可能等得太久。斯塔福德稍后回忆道：“因某些原因，我对糟糕的空气质量具有较强的忍耐能力，我立即想到要‘得到那些该死的面罩，不要在通道中跌

3个ASTP航天员：斯塔福德、斯雷顿及布兰德在和福特总统电话交谈，显示出被有毒气体感染的迹象

倒。’我解开安全带，不得不蜷缩着去拿面罩。我知道自己有了中毒的缺氧症状，开始咕哝地呼吸，使肺部维持压力，来保持头脑清醒。我察看布兰德，他正挂在他的安全带下，没有知觉。”

当斯塔福德给布兰德的脸上戴上面罩，经历了1分钟的无意识后，布兰德开始苏醒。飞船很快矫正了自己，斯塔福德打开泄气阀，允许新鲜空气的涌入，遗留的烟气很快消散了。倒转的位置阻止了返回舱空气的净化，但舱门终于被打开，新鲜空气不久就净化了舱内环境。

最后一艘指令舱的回收是采取天空实验室的回收方式。飞船以及里面的3个航天员，被吊到新奥尔良号搜救船上。接到他们后，没有发现明显遭遇到毒气的迹象。电视观众和旁观者除了看到航天员擦流泪的眼睛外，没有发现他们有不适的症状，并且在和福特总统通电话时显得很愉快并对完成任务感到高兴。眼疾被认为是因为他们一直处在昏暗的指令舱里，到搜救船甲板上受到耀眼的阳光照射所导致。似乎没有人注意到斯雷顿不经意的评论，他们高兴地从指令舱的窗户看见搜救队，“我们吊起后有少许的烟”留在途中。

飞行任务完成后，在新奥尔良号船上对 3 名航天员进行了身体检查，他们抱怨说在试图做深呼吸时不适，并有胸疼。而进一步的检查显示他们的呼吸道发炎，医生用可的松来减轻他们的病症。次日 3 人到达檀香山，被送入三角陆军医院做观察，而没有立即飞往休斯敦。航天员们在医院呆了 3 天后，解除了病症的困扰，然后留在夏威夷休养。经历了 10 天的医学观察，他们的夫人们也来到了他们中间。幸运的是没有一人病情复杂化。他们很快地痊愈，各项检查正常，虽然 NASA 于 8 月 19 日宣称斯雷顿肺部有斑点，对此有一点担忧。

8 月 26 日做了诊断，斑点被发现是良性的，医生报告说那不是毒气影响所致，而是在飞行前就已存在，要不是进行体检和放射检查，斑点不可能被发现。假如飞行前斑点被发现，也许就阻止了斯雷顿的飞行，1962 年他由于心脏杂音而丧失了水星号飞行机会，使他的航天飞行耽搁了 10 年。

在 1977 年发表的 ASTP 医学报告上透露，当斯塔福德看到在斯雷顿、布兰德以及控制面板前面有黄褐色的烟雾漂浮时，他已经有了麻烦，他闻到的气味像 RCS 系统的燃烧尾气。烟气迅速地清除了，可能是斯雷顿和布兰德都报告没有看到的原因。报告写道，从 RCS 隔离阀关闭，到着陆后航天员戴上氧气面罩，暴露在氧化蒸气中的总时间为 4 分 40 秒。

医学报告也写到布兰德失去知觉约 50 秒，可能是由于吸入毒气和飞船处于第二稳定点状态综合作用的结果，在第二稳定点时，血液郁积到低处的肢体，导致昏厥。

着陆后大约 40 分钟飞船被吊上搜救船，舱盖打开后，检测到一股潮湿的、发霉的气味。这在以往的阿波罗指令舱回收时是正常的，但那时没有报告有刺激气体的气味。

在美国和苏联的联合飞行过程中，3 人中没有一人因有毒气体的吸入而表现出不健康的迹象。布兰德以后进行过三次航天飞机飞行任务，斯塔福德和斯雷顿则分别返回到美国空军和 NASA 行政管理位置。最后一组随阿波罗飞行的航天员，在降落伞降落时几乎成为第一批遭遇到严重损伤的航天员。阿波罗 18 号太空舱是唯一一次航天员执行手动展开降落伞的飞行。设想如果 3 名航天员失去知觉了，他们撞击海面的速度将会达到 300 英里/小时！

调查事故发生的原因，归究于以下几个因素：通信不畅，但这些是因为传输条件受限，以及该阶段需要高负荷的通信量。另外，最初关于浓烟和黄色气体的评论不认为是罕见的。在以前的任务中航天员都报告过类似的情况，且斯塔福德报告他 1965 年和 1966 年在双子星号上的两次再入飞行，以及在 1969 年阿波罗 10 号登月返回时，此怪味也曾出现过。工程师怀疑这些怪味起源于指令舱防热层的烧焦部位，或是用来打开降落伞舱的电爆管。阿波罗 18 号的报告没有立刻引起关注，因为没有理由怀疑此次飞行时的怪味和那些早期飞行任务所碰到的有什么不同。

由于严重的咳嗽和内部通话噪声，航天员互相通信困难，更别说和地面控制人员通信了。直到任务结束，航天员接受飞行结束的身体检查和任务汇报后，对他们的困难程度的认识才有了充分的转变。医生稍后将布兰德一段时间的无知觉归因于直立性低血压——头部暂时的低血压，好几个航天员都经历过，发生在失重状态的突跃期间，从高空数个 g 再入到着陆时的正常 1 g。

NASA 调查了降落记录、航天员的通信和降落伞回收期间的遥测数据，来检查事件发生的过程。检查显示航天员在通信时的注意力被干扰和分心（耳机里辨识出有喧吵的、不清楚的尖叫声），引起 ELS 两个着陆开关的触发延迟。该系统依次完成了数个自动循环，但是是在航天员触发之后发生的。

当指令舱穿过地球大气层下落期间，航天员正常触发了降落伞回收系统，系统运行无误。然而，他们应该隔离 RCS 却没有成功，本应该是按程序被自动触发。其中一台推力器出口的位置非常靠近一只直径 2.5 英寸的返回舱压力安全阀，安全阀吸入空气到指令舱，并补偿下落返回舱内的压力。是推力器中的氧化剂（N_2O_4）进入了返回舱，航天员看到的、闻到的和吸入的就是这种气体。这是一种毒性很强的制剂，如果大量吸入就会使人致命。它可能引起严重的肺病，长时期的吸入会让受害人易受肺炎和其他呼吸疾病的攻击。ASTP 航天员非常幸运，他们没有受到严重影响。

通常，这样的调查将影响到飞行器生产线的变动，以保证类似事故不再发生，但是阿波罗 18 号是这个时代最后一艘飞船。航天飞机是航天员将要乘坐的下一代载人飞行器，有着不同的着陆方式——跑道着陆，而不是通过降落伞到海里回收。尽管如此，NASA 还是留意着调查结果，来布置航天飞机轨道器上 RCS 推进器和进气阀的位置。

5.1.6 联盟 23 号（1976）

1976 年夏天，苏联使用第一代礼炮号系列的礼炮 5 号，建立了军用空间站。它也是该系列最后一艘进入太空轨道并搭载航天员的空间站，其他的还在规划和制造中，但是都不载人，一直到 1977 年出现了礼炮 6 号第二代空间站。8 月份，联盟 21 号在长时间的任务期间，一股苦辣的气味出现在空间站的空气补给系统，迫使其 2 名航天员立即撤退，返回地面。这次过早地撤离空间站留下了较多的未完成的工作。礼炮 5 号下一组航天员的飞行计划将有额外的任务，要完成空间站的修复工作，还要拣起上一组航天员未竟的作业，这是一次具有挑战的飞行任务。航天员已接受过舱外活动训练，但是没有接到这次任务中有任何的舱外活动计划的指示。瓦列里·罗杰斯特斯基想到他以前作为海军潜水员的训练可能对执行轨道上的任务有用。利用大型水池进行舱外活动模拟，被美国航天员和苏联航天员用在了训练项目中。有讽刺意味的是，这些技能几乎被学习了一遍，但不是在太空！

维切斯拉夫·祖多夫和罗杰斯特斯基于 1976 年 10 月 14 日乘坐联盟 23 号飞船升空，进行为期 2 周的任务，恢复礼炮 5 号上的工作。起先一切正常，飞船完成了发射，在 24 小时的飞行中初步接近礼炮号空间站。然而，交会和对接没有成功。距离 328 英尺，指令长进行手动控制。苏联政府发表了一份报告，在飞船接近空间站期间，“在自动靠近空间站时，在交会点，联盟号上的对接用电子装置出现了故障”，在试图解除故障失败后，由于燃料储备不足，被迫取消对接，并立刻启动再入计划。联盟 23 号是一艘设计在轨运行两天的飞船，它依赖化学电池，而非太阳能来提供能源。

航天员从欢快的、谈笑风生的情绪中冷静下来，接受了任务中断的现实，关掉舱内的动力，尽可能地多保存有限的能量，包括只用一盏机载灯，保持无线电寂静。与地面控制人员讨论失败原因后，确定从距离 328 英尺处不可能进行手动控制。与 1974 年联盟 15 号相比较，那时不可能在 98 英尺至 164 英尺间进行控制，表明此设备存在着严重的问题。宣告航天员立即返回，显示出苏联在处理飞行中紧急情况时的信心，这是联盟 15 号和 1975 年“4 月 5 日异常”后又一次异常。现在所期待的是快速和正常回收两名航天员，并调查对接设备为何又一次辜负了苏联的计划。事实上接下来发生的事比起轨道上的事更富有戏剧性。

莫斯科时间 20：02，航天员第 33 圈飞行时，启动了设备舱上降落发动机点燃的指令，飞船减速开始再入步骤。由于轨道要求的原因，白天着陆已不可能，于是航天员被迫进行晚间降落。23 分钟后，随着设备舱和轨道舱的抛弃，带着失意航天员的返回舱炽热地通过大气层。终于，回收降落伞打开，返回舱向地球飞去。通常，返回舱缓慢地落向地面，联盟号的再入很少在这个阶段出事。联盟 23 号的应急返回已经指定为在黑夜着陆——很不利于搜索和营救，且着陆点的条件更为糟糕，大风和降雪在等着他们！

在返回舱里，像 1968 年以来有过 18 次着陆的其他联盟号航天员那样，两名航天员在回收降落伞下摇摆，他们振作精神，期待着在哈萨克斯坦大草原软着陆。在要进入地球大气层时，航天员校准了高度计，用来测量最终到地面的距离。航天员的座位下装有液压装置，它们在再入前充气，来获得着陆缓冲力。尽管着陆前数秒有降落伞的减速和减速火箭的点火，着陆冲击还是相当剧烈，不像技术指标所指示的那样柔和。

在离地面164英尺高度，祖多夫给同伴罗杰斯特斯基发出着陆准备的指示。两人都振作起来，等待返回舱“砰”的一声撞击地面。使他们非常惊奇的是，飞船溅落在了水里！

返回舱遇到的强风使它偏离了航线，飘到切利诺格勒西南130英里的腾吉斯湖面上。苏联载人计划中迄今为止第一次水中溅落发生了，时间是莫斯科时间20：46。苏联航天员以往最接近水中着陆是在1971年4月的联盟10号任务，那次返回舱离湖边仅有50码。

所有联盟号航天员都训练过水中救生，类似阿波罗计划所使用的方法，潜水员给飞船系上浮力圈，航天员从返回舱撤出等着直升机回收。但是，联盟23号所遇到的恶劣天气严重地妨碍了正常的救生作业。

溅落后仅几分钟，航天员意识到舱外的环境。舱内昏暗且急剧降温到零下20 ℃。经过约15分钟的滚爬后，航天员感觉到发生了“剧烈的爆炸”，他们被推到一边，几乎沉入部分结冰的水里。降落伞分离装置出现故障，里面浸满了水，实际上成了一个锚。降落伞一步一步下沉至完全淹没，返回舱被困在湖中央，舱口沉入水里。在严寒的温度下舱盖不可能被打开。盐水侵蚀了电路，妨碍航天员使用无线电告知搜救队他们还活着。

尽管有大风雪，直升机一直在波涛汹涌的水面上方盘旋，闪亮着探照灯以帮助潜水员，他们正试图给倒置的返回舱系上漂浮设施。－15 ℃到－17 ℃这样寒冷的温度更加阻碍了救生作业。航天员在冰冷的返回舱里等待了9个多小时。大部分储备电池主要用于再入期间，由于电源不足，舱里面正在形成霜冻。为了保暖，两人穿上了他们所有能找到的衣物。两人快速地脱掉了Sokol－K压力服，压力服能保证航天员在压力失效的环境中生存，但对他们现在面临的严寒没有作用。两人穿上了毛线衫和隔热外套，这是为航天员在类似北极的条件下救生准备的，但现在却用于在漂浮着的“冰柜”中求生的航

联盟 23 号航天员祖多夫和罗杰斯特斯基成为溅落水中的首批苏联航天员。大风雪中在湖面着陆，两人几乎被冻死在长时间的救生作业中

天员身上。

因无法和舱里进行通信联络，搜救队认为航天员很可能死了。真是碰上了坏运气，飞船降落到了主搜救区的湖中央。不可能在半冰冻的湖里用救生艇来营救，且极低的温度意味着潜水员不可能在水里呆很久。直升机搏击着大风，并且在黑夜里，由于纷飞的雪花探照灯也起不了多大作用。

飞船返回后差不多 9 小时，地平线上破晓的第一缕阳光提供了一些光亮。直升机试图从水里吊出返回舱，作业中又将祖多夫从其靠着的座位衬垫上弹出，他的手表碰到仪表盘后被打碎了。吊升尝试失败，飞船沉回水里。在帮助祖多夫脱掉压力服时，罗杰斯特斯基滑倒时也曾将手表碰到了仪表盘上。后来他拿“海洋”牌的表名开玩笑，同时他认为，发射前关于自己以前有海军潜水员技能的谈论是个坏兆头。

到达岸边的最快方法是用绳索拖曳返回舱出水。这对舱里的两人是粗野的行径，历经撞伤和挤伤的痛苦后，他们终于到达岸边，耗尽了力气。当用尽全身力气打开舱口盖时，使搜救队非常惊讶的是他们还活着，搜救队曾料想他们会是两具冻尸。直到着陆 10 小时后才发布回收的消息，表明遭遇到了重重困难。

航天员主管弗拉基米尔·沙塔罗夫稍后对搜救队的“巨大勇气和英雄事迹”给予赞扬（据传闻，救助两名航天员时有许多搜救人员牺牲，但这从没有得到官方确认）。沙塔罗夫继续说道：“所有的搜索和营救系统都完全准备就绪，为了快速营救航天员而尽了一切努力。在此情形下，很难说出这项工作有多困难，有多辛苦。”更进一步表明此次回收任务的困难出现在塔斯社的声明中，这家苏联通信社对此次飞行发表评论说：“在飞行的所有阶段以及着陆后，航天员的举动充满了信心，有效地完成了他们的使命。”

这次飞行没有明显地让航天员遭受到任何疾病影响，尽管两人没有一个承担第二次飞行任务。两人都继续了若干年的航天员训练，并指派到发射前重新分配的航天员编组中。伴随着军事空间站的消失，航天员们也见证了阿马兹军事航天员训练组的解散。对接设备上的难题继续困扰了苏联数年，尽管联盟 24 号航天员于 1977 年在礼炮 5 号空间站上花了 18 天设法解决这个难题。

从联盟 23 号学到的宝贵教训，是在不利条件下联盟号的回收和保障程序运行良好，最终，从极其恶劣的环境中仍安全地营救了束手无策的航天员。

5.1.7　STS 51－D（1985）

一次戏剧性的航天飞机着陆发生在 1985 年 4 月执行 STS 51－D 任务时。在发现号航天飞机返回位于佛罗里达州的航天飞机专用着陆场时，因航天飞机受到强侧风干扰，指令长卡瑞尔·博比科（Karal Bobko）遭遇了新的麻烦。这是航天飞机第 16 次着陆，尽管安装有前轮导向系统来补偿侧风干扰，但在实际操作中仍不得不靠驾驶员来校正。对于这次着陆，博比科所能做的是利用差动刹车系统使发现号保持在着陆场的中轴线上。数据记录显示博比科所经历的侧风风速仅有 8 节，但是主着陆机构上用以保持航天飞机直线飞行的载荷引起其中一个轮毂爆裂，另一个也被严重腐蚀，刹车系统被锁死。

1985 年 4 月 STS 51—D 号着陆期间，发生了轮胎损坏

幸运的是，爆裂发生时，航天飞机的轮胎刚刚停止滚动。要是爆裂发生早一些，航天飞机就会偏离 100 米宽的着陆场冲入跑道边的灌木丛中。

对航天飞机刹车系统的关注持续了很长一段时间，作为此次事故的结果，NASA 决定将此着陆场用作应急着陆场，只能在前轮导向系统完全引入后使用。位于加州的爱德华兹空军基地（首批 9 个航天飞机着陆点之一）在干河床上有很大的开阔地，为偏离着陆跑道的航天飞机提供了安全的余裕地带，因此恢复了主着陆场的作用。

挑战者号灾难之后，刹车导向和制动系统方面的问题在航天飞机返航计划中被提上日程。作为此次灾难的结果，飞行计划拖延了好几年，由评估委员会评估后执行，直到 1990 年才有航天飞机在卡纳维拉尔角基地着陆。1992 年，降落伞制动系统引入到奋进号航天飞机上，它既减缓了航天飞机在着陆时的速度，又能有效地将航天飞机保持在中心线上。这些改良为的是可应付较大的载重和高温。改进后肯尼迪航天中心成为主回收场。此后，即使在侧风环境下，没有哪个轨道飞行器曾遭遇过严重的着陆问题。自从 1977 年的着陆试验后，轨道飞行器没有发生过着陆事故。

5.2 联盟 1 号着陆事故（1967）

1967 年春天，NASA 和整个美国都在为年初阿波罗 1 号在发射台上发生火灾，造成 3 名航天员丧生这一悲剧做善后工作。20 世纪 60 年代末——肯尼迪总统要求把人送上月球并安全返回地面的最后期限——眼看就要到来。在这些令人悲伤的日子里，对照肯尼迪总统当初所定的登月目标，月球似乎离美国人更遥远了。

1967 年对苏联来说也将是很重要的一年。这一年的 10 月将迎来十月革命 50 周年，同时还将迎来世界第一颗人造卫星发射升空 10 周年。此时，苏联人用自己的飞船进行载人月球探测的工作已开展了一段时间，他们觉得自己在此前的“太空竞赛”中已占得先机。而由于美国的相关工作至少在 1968 年之前难以恢复，他们觉得再次创造一次太空壮举以进一步展示其领先地位的机会到了，而且是胜券在握。

这一年的 4 月 23 日，塔斯社发布了一条同以往一样含糊其辞的简短新闻，宣布莫斯科时间当天 3 点 35 分，联盟 1 号载人飞船从苏联中亚地区的拜科努尔航天发射场发射升空。飞船上乘坐的是空军上校、此前因驾驶上升 1 号飞船而获得苏联英雄称号的弗拉基米尔·科马罗夫。

塔斯社的报道说，这次飞行的目的是“试验新型载人飞船和在太空飞行条件下对飞船各系统及组件进行检验”。此外，科马罗夫将“在太空飞行条件下开展时间更长的科学和物理/技术实验及研究，并继续开展有关太空飞行的各种因素对人体影响的医学和生物学研究”。

报道没有提供其他细节，但此前数月西方观察家们就已料到苏联要再进行一次发射。自 1965 年 3 月上升 2 号发射后，苏联就一直未送航天员进入太空，而从那时起，NASA 已完成了 10 次十分圆满的双子星号飞行。联盟 1 号的发射证实了此前有关苏联将很快发射一艘新型多人飞船（且有可能是用于登月的型号）的猜测。

塔斯社还报道说，科马罗夫在飞船绕地飞行 5 圈后报告说，飞行计划正在按计划顺利进行，而且他本人感觉良好。除宣布无线电联络正常外，人们再未听到其他消息。莫斯科时间 13：30 到 21：30 是科马罗夫的休息时间，期间没有与地面进行联络。

休息过后，通信联络恢复。据报道，这之后科马罗夫又继续执行飞行计划，并且依然感觉良好。当时有传言说，苏联会把另一组航天员送入轨道，以期在 4 月 24 日与科马罗夫在天上会合，但官方没有证实安排了另一次发射。莫斯科时间 4 月 24 日 4：50 发布的一条消息再次声称，飞船和航天员一切正常。随后的 9 个小时苏联方面没有发布新的消息。

到莫斯科时间 12：27，塔斯社和莫斯科广播电台联合发布了一条消息，称“航天员科马罗夫在结束联盟 1 号飞船的试飞时不幸牺牲”。

随后的一则报道透露说，他是在试图驾驶飞船着陆时身亡的。报道说：“飞行计划完成后，科马罗夫上校接到了停止飞行并着陆的指示。在完成了与着陆程序启动相关的所有各项操作后，飞船安全度过了在稠密大气层中制动这一最困难的阶段，而且全面完成了从轨道速度开始的减速过程。但根据掌握的初步情况，当降落伞的主伞在 7 千米的高度上展开时，伞绳发生缠绕，致使飞船高速下落，导致科马罗夫身亡。”

报道还说，在持续了超过 24 小时的这次试飞中，科马罗夫完成了该新型飞船的系统试验要求，并进行了所有预定科学实验。他还使飞船完成了机动动作，“在不同情况下对飞船各主要系统进行了试验，并评估了新型飞船的技术特点。”

这次突发事故对苏联和全球航天界都是一个沉痛的损失。这是世界上首次有人死于航天飞行的途中。从初步报道来看，在着陆用的降落伞打开之前，似乎一切都很顺利。科马罗夫的死是由于降落伞故障而使飞船与地面高速撞击造成的。

就这样，苏联也像美国一样，陷入了对其航天勇士的哀悼之中。他们成立了调查机构。种种迹象表明，他们在1968年10月之前不再会送任何航天员升空。而巧合的是，美国在经历了阿波罗1号火灾事故后，正是在这个月最终恢复了载人飞船的发射工作。

然而，尽管苏联官方对这次事故进行了报道，但却开始有传言说，联盟1号发射后不久就遇到了问题，而不仅仅是降落伞出了较简单却非常不幸的故障。此后30年间，零零星星地又有一些情况被公布或发现，使人们多少掌握了联盟号飞船这次首飞的全面情况。也是在这期间，联盟号及其改进型飞船逐渐发展成为苏联（俄罗斯）载人航天计划的主要工具。

1945年二战结束之后，世界上出现了苏美两个“超级大国”对垒的格局。这导致了近50年的冷战，同时也引发了惊心动魄的太空竞赛。这是一场不折不扣的争先赛，尽管技术和资源并非总能与政治需要同步。

为展示其技术优势，并在新兴的航天时代里打败美国，苏联一次又一次地制造太空壮举。第一颗卫星（1957年），第一只太空动物（1957年），第一颗抵达月球的探测器（1959年），第一位航天员（1961年），第一位女航天员（1963年），第一个多人航天员组（1964年）和太空行走第一人（1965年）等荣誉都被苏联收入囊中。面对对方的这些“技术”成就，艾森豪威尔、肯尼迪和约翰逊连续三任美国总统都十分重视美国的航天工作，希望以此展示未来的世界自由在于能否征服宇宙。

当美国宣布将在60年代末登上月球时，苏联尽管并未声张，但暗中也开始将此作为自己的目标。美国有了双子星号飞船后，苏联领导人也要求迅速搞出同类飞船，以在交会对接、多机组飞行、太空长期停留和太空行走等方面击败美国。

联盟号的研制工作始于60年代初。根据要求，作为一种多用途飞船，它最多要能乘坐 3 人，并要能用于载人登月飞行和地球轨道上的各种实验。它由谢尔盖·科罗廖夫领导的第一设计局（OKB—1）设计，是使苏联先于美国摘得“第一位航天员”和“第一位女航天员”这两项桂冠的东方号单人飞船的后续型号。

按最初的打算，联盟号应在 1964 年前后接替东方号。苏联原先的设想是建设一个由 3 部分组成的空间联合体，其中联盟 A 为 3 人飞船，联盟 B 为轨道机动飞行器，而联盟 V 则将作为推进剂运输飞船。有关这一方案的文件显示，在这 3 种飞船中，联盟 B 将最先发射，随后是一系列为该机动用飞船提供补给的联盟 V。此后，载人的联盟 A 飞船将升空，与联盟 B 对接，然后可能还要再去执行环月飞行任务。当时的计划中并未包含在月球上登陆这项内容，登月是下一步要考虑的事。

然而，在 1963 年和 1964 年调低了联盟号这些大胆的计划目标。在此期间，第一设计局对联盟号系统全面进行了重新设计。修改后的飞船将作为新修订的探月计划的一部分，而这项探月计划的目标是在无人飞船的支持下开展载人环月和着陆探测任务，但这一目标在 1966 年前难以实现，而要等到美国的双子星号完成了飞行之后。在这种情况下，设计人员得到指示，要去掉东方号飞船上“不必要”的设备，用其执行一系列的任务，以从美国双子星号飞船手中夺回失去的荣誉，再次向世界展示苏联能在新技术领域占尽优势，同时对准备用于登月的舱外活动用航天服进行试验。

由此形成的这种“新”飞船被称为上升号。它实际上只进行了两次载人飞行，时间分别是 1964 年和 1965 年。虽然它实现了首次多人太空飞行和首次太空行走，但却为了多设座位和增设气密舱而不得不去掉了应急弹射救生系统和大部分内部组件。在此前后，苏联领导人出现变动，而苏联早期航天计划的主要推动者科罗廖夫总设计师也于 1966 年 1 月在手术台上与世长辞。

科罗廖夫去世后，他的副手瓦西里·米申继任。米申成功地说服了新的苏联领导层，使他们相信继续使用老旧而且能力非常有限的上升号飞船将不利于苏联探月计划的实施，并将使苏联与美国的差距进一步拉大。他根据上级指示，取消了上升号随后的飞行，集中利用全设计局的资源来开展探月计划，希望早日实现第一艘载人联盟号飞船的首航。

早在科马罗夫乘联盟号飞船升空之前，就有人怀疑该飞船的完备性。当时苏联的载人飞船还没有必要的地面试验设施，所能做的只是先将不载人的飞船送到天上，来对各系统进行试验。然而，此前进行的 3 次不载人试飞都出现了各种各样的问题。1966 年 11 月 28 日进行的首次试飞，在飞船入轨后被冠以“宇宙 133 号”的代号，以掩盖其真实目的。这次飞行从一开始就遇到了麻烦。飞船一入轨就失去了对姿态的控制，主发动机只能在不使用姿控发动机的情况下工作。这耗尽了宝贵的燃料，影响了主发动机的工作。在飞船任务结束、准备调整姿态以便再入时，控制人员再次遇到了同样的问题。在费尽周折启动了再入程序后，他们又发现下降走廊过于平缓，飞船会因此而掠过苏联大陆。沿着这一走廊飞行，返回舱会落到中国境内。为了避免出现这个问题，控制人员只好启动了飞船自毁系统。

两个多星期后的 12 月 14 日进行的第二次试飞在发射台上就夭折了。当时的大爆炸摧毁了整个运载火箭。离主发动机点火只剩几秒时，自动控制系统中止了发射倒计时程序。几乎与此同时，发射台上的摆杆重新摆向箭体。见此情景，地面工作人员开始走出观测掩体。突然，随着“砰”的一声巨响，逃逸系统的固体火箭发动机启动，引发了飞船的回收程序。在地面人员还在寻找藏身之处时，飞船部分、火箭第三级和整个火箭相继在发射台上爆炸。令人称奇的是，爆炸没有造成任何人员伤亡。不管怎样，尽管此次试验没有载人，这次不幸的事故倒也为联盟号的逃逸系统提供了验证飞船航天员舱救生性能的机会。让地面人员没有想到的是，他们会如此近距离地目睹这一景象。

1967 年 2 月 7 日，代号“宇宙 140 号”的飞船发射。这次试飞在进行到着陆阶段时也遇到了问题。在飞船落向地面的过程中，位于返回舱前部防热罩上的一个地面维护口盖基本上被烧穿，露出了该舱的金属蒙皮，使内部设备严重受损。虽然挺过了再入段，但该舱的霉运并未到此为止。接着，它又砸穿了海面上的一块浮冰。如我们所知，联盟号飞船是可以从水中回收的，但这艘飞船当时已经被损坏，在水面上漂了几分钟后就沉入了 30 米深的海底。不过，后来苏联还是派潜水员将其打捞了上来，以进行飞行后的检查。

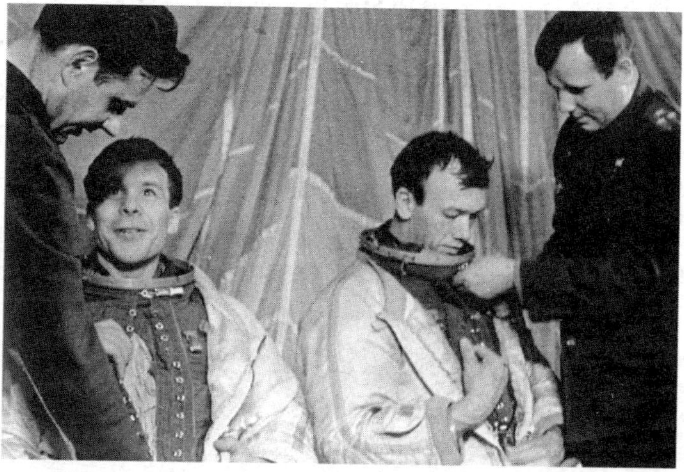

这是科马罗夫（左一）与联盟 2 号舱外活动航天员赫鲁诺夫（左二）和叶里西耶夫（左三）在联盟 2 号任务训练过程中拍摄的照片。这次飞行后来被取消。右侧站立者是联盟 1 号替补航天员尤里·加加林

3 次飞行出现 3 次重大安全事故，明显地说明联盟号在设计上还存在严重的缺陷。根据计划，下一次飞行就要载人了，但米申主张应取消这次发射，先多做几次不载人试飞。由于坚信返回舱还达不到载人飞行的要求，他甚至拒绝在飞行任务书上签字。但胳膊拧不过大腿，他的请求最终还是被驳回。苏共依然作出了 4 月 1 日进行联盟 1 号发射的决定。当时是否有人站在米申一边，以及是否有人站出来质问在不载人试飞连连失败、系统尚未达到载人要求的情况

下，为什么还要让航天员去冒牺牲生命的风险，迄今还不得而知。但决定是由苏共中央领导层作出的，而中央的权威是不容动摇的。十月革命50周年和第一颗人造卫星发射10周年的日子日益临近，而再用一次“太空壮举”来为这两个纪念日献礼可谓意义重大，机不可失。

苏联人对于他们新的航天目标感到非常自豪，也不免有些张扬，这使得西方在这次发射前几个月就得到了有关消息。新型飞船据传非常先进，只需飞一次就会让双子星号的所有成就黯然失色。1967年3月，航天员训练主任尼古拉伊·卡马宁中将暗示有关航天员组正在进行训练，可望在春季或夏季做好准备。据称，他还说过必须对飞行成功有十足的把握，因为这次飞行的复杂性要远远高于以往各次。训练航天员和研制新设备都需要时间。他说，苏联不想在没把握的情况下加快进度。为此他还提到了数周前刚发生的造成3名阿波罗号飞船航天员丧生的事件。用卡马宁的话来说，过于仓促只会导致悲剧的发生！

有传言认为，联盟号的首次载人飞行与美国拟进行的阿波罗计划首飞不同，它将不仅仅是一次简单的工程检验性试飞。这次试飞将有两艘联盟号飞船被发射升空，发射间隔为一天，共有4名航天员参加飞行。

尽管这次双飞任务从未对外公布过，联盟1号失败后苏联方面也否认了曾有过这种打算，但从一些合影照片上却可以看到卡马宁与航天员尤里·加加林（科马罗夫的替补）、瓦列里·比科夫斯基、叶夫金尼·赫鲁诺夫和亚里克谢·叶里西耶夫在一起的场面。据说比科夫斯基将是第二艘飞船的指令长。更重要的是，从照片上可以看到赫鲁诺夫和身上穿着舱外活动服的叶里西耶夫。人们也曾看到过科马罗夫身穿舱外活动服的场面，但那可能是他在为在紧急情况下进行舱外活动进行训练，而预定计划中可能并不包括出舱的内容。赫鲁诺夫和叶里西耶夫两人后来都在1969年首次上天飞行。飞行中，他们均通过太空行走从一艘飞船转移到另一艘飞船（当时对此有报道)，以“验证太空救援技术”。但他们与科马罗夫的合影肯定是在联盟 1 号发射前拍摄的，那么，他们是否可能是在为在第二艘联盟号同科马罗夫所在的联盟 1 号之间进行太空行走而训练呢?

另外，苏联新型航天器初期发射时从来都不给定数字编号，第一颗人造卫星、月球号、东方号、金星号和上升号都是如此。但这次飞行从一开始就被定名为联盟 1 号。这显然说明很快还会发射另一艘飞船（联盟 2 号)，而这第二艘飞船又需要在代号上加以区别。联盟 1 号发射时对飞行目的的报道也能让人看出些眉目：试验新型飞船，检查各系统及组件（在可能进行的第二次发射之前进行?)；开展时间更长的科学、物理（对接?）和技术实验（短暂的单飞很难作出这样的安排)；继续开展有关太空飞行对人体影响的医学和生物学研究（说明飞行时间应在 24 小时以上)。

以下就是联盟号首次任务的飞行计划：科马罗夫单独乘设有 3 个座椅的联盟 1 号首先升空。第二天，乘有比科夫斯基、赫鲁诺夫和叶里西耶夫 3 人的联盟 2 号升空，并准备于次日在苏联上空与联盟 1 号实现交会。交会后，科马罗夫所在的联盟 1 号将缓缓地向联盟 2 号靠近，使其对接探头能插入联盟 2 号的漏斗形对接装置中。两船实现机械连接后，4 名航天员将开始休息。

联盟号飞船上没有设置内部转移通道。这种通道牵扯到比较复杂的技术，所以当时还未列入计划。为此，赫鲁诺夫和叶里西耶夫只能身着舱外活动服通过舱外转移到联盟 1 号上与科马罗夫会合。随后两艘飞船将分开，并各自返回着陆。联盟 1 号（此时乘有 3 名航天员）将首先着陆，而联盟 2 号则将在一天后带着比科夫斯基一人着陆。

如果成功，这次模拟太空营救行动将是世界上首次实现航天员在太空中的转移。当然，苏联还想在登月飞行中使用这种办法将航天员转移到单人登月舱中或从登月舱中转移回来。阿里克谢·列昂诺夫此前已对他们要穿用的舱外活动服的试制型号进行了试验。

联盟 1 号和联盟 2 号航天员组的训练计划以 3 月 30 日进行的一

联盟 1 号替补航天员尤里·加加林和该次飞行的主驾驶员弗拉基米尔·科马罗夫在一起

次期末考试而结束。据报道，训练队中的所有航天员都顺利通过了考核，并准备前往拜科努尔做最后阶段的发射准备。科马罗夫于 4 月 8 日到达发射场。

这次飞行的发射前准备要花 8 天时间，为此发射时间被确定为不早于 4 月 24～25 日。由于同时有两枚联盟号火箭处在不同的发射台上，为火箭加注燃料也需要一定的时间。联盟 1 号所用火箭于莫斯科时间 4 月 17 日 23 点开始加注，48 小时后加注完毕。在另一座发射台上，第二枚火箭于 4 月 18 日开始加注。

4 月 17 日，对两艘飞船的交会对接方法进行了最终评审。当时有两种方法可供选择：一是全自动对接，二是飞船自动接近到相距 200～300 米的位置，然后进行手动对接。考虑到手动方案的可靠性还有疑问，米申倾向于采用全自动对接方案。而航天员们则更希望采用手动对接，担心自动对接不能展示他们的驾驶技能。要知道，他们为手动对接已进行了两年多的艰苦训练。经过反复讨论和评估，最终决定用“针”式交会系统（Igla rendezvous system）来完成自动接近（接近到与对接对象相距 50～70 米以内），然后再由航天员手动操作，把两艘飞船对接起来。

4月20日，发射时间最终确定。科马罗夫乘坐的联盟1号定于莫斯科时间4月23日3点35分发射，而乘有比科夫斯基、叶里西耶夫（飞行工程师）和赫鲁诺夫（科研工程师）的联盟2号则定于莫斯科时间4月24日3时10分升空。有航天员组人员和设计人员参加的最后几次会议讨论了有可能导致联盟2号推迟或取消发射的因素。如果联盟1号的"针"式系统在轨出了问题，或太阳能帆板不能充分地为蓄电池充电并提供充足的船上电力储备，联盟2号的发射都将推迟或取消。据称安全性是当时最让人担心的一个问题。航天员们被告知，如果在对接过程中遇到什么问题，就应放弃对接。1967年4月22日23时30分，在科马罗夫还在熟睡时，联盟1号的发射得到最终批准。

科马罗夫于莫斯科时间4月23日2点被叫醒。装好生物医学传感器后，他穿上了一件轻便的灰色毛质跳伞服和一件蓝色夹克，但并未穿压力服。苏联依靠完善的火箭和发射逃逸系统来保证发射出故障时航天员的安全。如果上天后出现严重问题，则依靠联盟号飞船的能力来使航天员能生存下来。飞船上没有像东方号那样安装弹射座椅，但设有由主伞和备用伞组成的降落伞回收系统。尽管没穿压力服，但由于联盟号的两个舱之间设有连通的舱门，所以科马洛夫仍能出舱活动。出舱活动所需的舱门设在轨道舱一侧，因此科马罗夫可以安全地呆在返回舱中。从一些照片上可以看到科马罗夫穿着压力服，但那有可能是为了在出舱活动时舱门关不上或轨道舱无法补压的情况下应急。在这种情况下，他可能会穿上自己的压力服，并使返回舱减压，然后打开连通两个舱的门，使叶里西耶夫和赫鲁诺夫能够进来，最后再关上两人身后的连通门，并重新对返回舱进行增压。虽然未得到苏联的证实，但如果按这一程序执行，3名身着压力服的航天员挤在这样狭小的空间内将非常难受。不过由此却可以解释为什么科马罗夫在一些照片上不同寻常地穿上了压力服。

科马罗夫于莫斯科时间3点整到达发射场。在此之前，已报道

图为一枚联盟 R7 运载火箭从发射台上起飞。就是这种型号的火箭于 1967 年 4 月将科马罗夫送上了不归之路

过联盟号出现过 203 处大大小小的故障，要在发射之前予以解决。这些不祥之兆对科马罗夫影响很大。在准备乘车前往发射台时，他一直沉默寡言，显得心事重重。他同其他航天员说起了他心里的不安，称他对这次飞行有一种不祥的预感，但在同事们的鼓励下，在到达火箭脚下时，他就又变得有说有笑了。科马罗夫和发射工作人员及他的替补加加林一起到了舱门处。此后他攀入轨道舱的侧舱门内，又轻轻地通过内部舱门下到返回舱内，并在量身定制的发射座椅上就位。倒计时和最终发射准备进展得很顺利。过了一会儿，加加林和发射工作人员关上了舱门，留下科马罗夫孤身一人，等待着起飞时刻的到来。

莫斯科时间 4 月 23 日 3 时 35 分，运载火箭载着这名航天员准时开始了联盟号飞船的处女航。从这一刻起，科马罗夫的命运被最终锁定。在离开发射台和升空过程中，他报告说过载不大。上升段共用了 540 秒，从报道情况看没出什么问题。火箭第一级工作正常，4 台捆绑助推器准时分离，芯级和上面级最终将单枪匹马的科马罗夫送入了轨道。这使他成为苏联第一位两度上天的航天员，但这一荣誉不久便失去了它的光芒。

科马罗夫和他的飞船的初始轨道为 200 千米×350 千米，倾角 51 度。这一轨道倾角是首次采用，此前东方号和上升号的轨道倾角都是 64 度。科马罗夫的妻子瓦伦蒂娜·科马罗夫是从另一位航天员帕威尔·波波维奇那里得到丈夫升空的消息的。她说她的丈夫从来都不告诉她什么时候“出差”。飞行看起来进行得很顺利，而事实却并非如此。

几乎在同运载火箭分离的同时，联盟号飞船就在准备在轨运行时遇到了问题。设在克里米亚和拜科努尔发射场的地面站收到的初步数据显示，飞船左侧的太阳能帆板没能展开，因而无法接受阳光，不能为船上系统供电。一部遥测系统备份天线也未能展开。另外，姿态控制传感器（用于锁定太阳和地平线，为飞船定向）的光学镜面也被旁边发动机的排出物污染。这些问题中，要数传感器污染问题最为严重，因为没有传感器的帮助，科马罗夫就无法调整飞船的方向，为次日与联盟 2 号的对接做准备。由于自动定向系统也已失效，当时飞船已开始慢速滚转。直到进入第二圈飞行时，地面才通过超短波系统与航天员建立了直接的无线电联系，短波无线电装置此时已无法工作。

科马罗夫最初报告说，他本人感觉良好，但飞船的状况就说不上好了。除前面已出现的问题外，科马罗夫还通报说，飞船定向发动机的内部压力出现了下降。地面指示科马罗夫尽可能多地关掉不重要的系统，以节省蓄电池的电力，并要试着手动为飞船定向，以使已完全展开的右侧太阳能帆板能面向太阳。其实他已经做了这种尝试，但没有奏效。

由于左侧太阳能帆板被卡住，飞船上的电力远远低于完成预定任务所需的水平。船上的蓄电池仅能应付到第 17 圈飞行，也就是发射后 24 小时，而备用蓄电池也仅够再飞 2 圈之用。

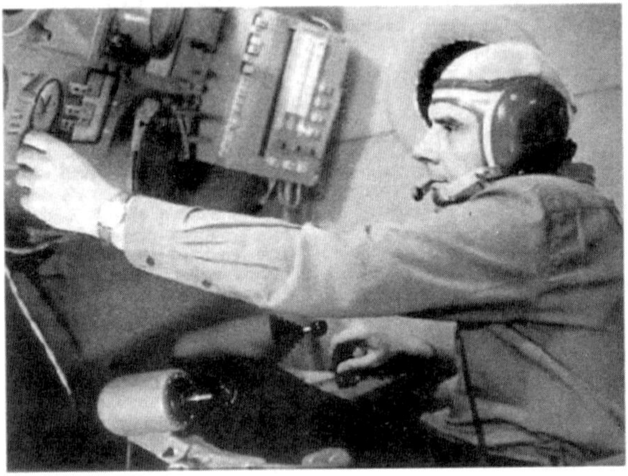

科马罗夫在为联盟 1 号飞行进行训练

苏联塔斯社的报道与天上实际发生的情况有以下的出入：

第 3 圈：塔斯社报道称科马罗夫状态良好。他的脉搏是每分钟 82 次，呼吸频率是每分钟 20 次。而飞船上的科马罗夫实际上报告说，太阳能帆板仍然还被卡着，飞船手动定向失败。

第 5 圈：塔斯社报道称飞行计划正在完成之中，航天员状态良好。舱内温度读数为 16 ℃，压力为 750 mm 汞柱。而船上的科马罗夫实际上报告说，飞船自旋越来越厉害，他已初步感受到太空运动病的症状。

尽管出了这些问题，但苏联国家委员会仍然要求发射联盟 2 号，认为定向问题完全可以解决。第 5 圈飞行过程中，科马罗夫一直苦苦地操纵着飞船，企图利用地平线作参照来为飞船定向。但船上的第三套定向系统用的是离子传感器，这种传感器通过电离层来测定飞船相对于速度矢量的指向。这使得他的手动输入总也起不到作用，使问题更加复杂。

到联盟 1 号进行第 7 圈飞行时，科马罗夫飞出了超短波通信的有效范围。当飞过大西洋和美洲大陆上空时，他决定开始休息。与此同时，在地面上，莫斯科、发射场和各跟踪中心之间仍在保持着高层联络，以期解决越来越多的各种问题。加加林则被送往设在克里米亚叶夫帕托里亚的主通信中心，看看能否帮上什么忙。

到第 13 圈时，科马罗夫又飞入克里米亚跟踪站的有效通信范围内，并立即向地面通报说，他又几次利用离子定向分系统（Ionic Orientation Sub-System）为飞船定位，但还是没能成功。由于船上电力水平明显下降，电流只有 12～14 安，船内温度明显降低，使他感到越来越不舒服。

地面上，仍有人坚持要发射第二艘飞船。他们提出用联盟 2 号来救助科马罗夫，建议由联盟 2 号上的航天员在止住翻滚后手动拉开联盟 1 号上被卡住的太阳能帆板。但有关部门很快就意识到，再发射一艘飞船将无助于问题的解决，国家委员会也一致同意取消这次发射，并发出了有关指示。这样，下一步的主要任务就是如何使科马罗夫安全返回地面了。包括科马罗夫在内的所有人都知道这不那么容易，很可能会以悲剧收场。

此时，科马罗夫的妻子也被接到飞行控制中心，以与她的丈夫通话，给显然在“出差”路上遭遇到麻烦的他提供精神上的支持。而就在几小时前，她还不知道丈夫已被第二次发射升空。在很可能是令人心碎的最终道别之际，她顽强地止住了泪水。与此同时，在伊斯坦布尔近郊的一座美国空军基地，美国国家安全工作人员正在监视着联盟 1 号的进展。据称他们录下了科马罗夫和地面控制中心的通话情况，包括科氏夫妻在意识到他可能会殉职的情况下的痛苦对白。最后，不堪忍受的科马罗夫要妻子先回家。苏联方面后来指责一些更具轰动性的报道是在夸大其辞，认为地面站在静电干扰中听错了原话。

联盟号设有三种定向系统：太阳－地平线定向系统（当时已不能工作）、离子定向系统（科马罗夫当时报告还在工作）和手动系统（因离子定向系统优先级别高于它而一直无法有效使用）。飞船要进入地球大气层，就必须用其中的一个系统来定向。如果三个系统都失效，科马罗夫就将无法返回，并注定要在舱内空气耗尽后活活憋死在飞船内。

科马罗夫试图将展开的太阳能帆板朝向太阳的努力没有收到成效，反而白白浪费了定向分系统中再入所需的宝贵的推进剂。如果制动点火时燃料储备过低，他将没有足够的燃料，来对因太阳能帆板没展开引起重心变化所造成的再入轨道偏差进行补偿。

地面技术人员寄希望于手动系统，而科马罗夫此前已报告说这种系统难以奏效。若采用该系统，他时刻都要紧盯着地平线，而这很难做到，尤其是在没有阳光的时段。该系统一般要在飞船越过地球晨昏线进入光照区的过程中使用。当时还认为，如果使用离子定向系统，飞船进入再入段时传感器的工作可能会因离子空穴而中断。

可这时飞船已在进行第 15 圈飞行，而要在第 17 圈启动着陆程序，科马罗夫就必须在第 16 圈之前得到再入指令。这也是能开始返航的第一次机会。各中心及科马罗夫经过反复讨论，决定采用自动离子定向分系统和备份定向发动机组尝试着陆。加加林担当起地面通信主任，将指令发送给他的战友，并转达地面各部门对他的良好祝愿。当时地面上的人们所能做的也仅此而已，关键还是要看科马罗夫本人如何应对，以及要看已经出了众多问题的飞船可靠性如何。这样的飞船肯定不符合上天的要求，根本就不该发射，但回过头来说这些为时已晚。

根据安排，再入制动发动机点火要在飞船第 17 圈飞行过程中进行，时间为莫斯科时间 4 月 24 日 2 时 56 分，此时飞船将处在与地面控制中心的通信范围之外。制动将使飞船减速，使其在地球引力的作用下飞向地面，并进入回收程序。

但不久后的初步报告表明，飞船实际上并未再入，而是仍然留在轨道上。制动显然没能成功。当重新建立联络后，科马罗夫平静地报告说，离轨发动机没能点火。离子定向系统工作正常，但联盟号穿越赤道时飞过了地球阴影区域内已知的一处离子空穴，空穴内的离子浓度水平显然比船上传感器所能探测的水平低得多。这一次，船上系统没有出差错，而是迅速发出了阻止发动机点火的指令。

有关部门随即制订了在第 18 圈第二次尝试着陆的方案，但当时科马罗夫已进入到了这圈飞行，所以根本来不及把指令传送给他。为此又把着陆实施时间改在了第 19 圈。由于船上的两种自动定向系统已不能发挥作用，唯一的办法便是由科马罗夫尝试手动定向。阿历克谢·科西金总理这次直接与科马罗夫通了话，告诉他他的祖国为他而感到自豪，将永远怀念他。虽然听不到科马罗夫是如何作答的，但事情很明显：地面上的人们都不指望他能闯过再入这道关口。

这种再入方法不仅非常困难和复杂，而且由于认为实际飞行中绝不会出现这种局面，所以当时还从没有哪名航天员真正为此做过有针对性的训练。为实施这一方案，科马罗夫需要在第 18 圈飞行过程中在有阳光一侧利用地平线作参照来为飞船定向。接下来，在进入阴影区之前，他必须迅速将姿态控制交给船上陀螺，并在飞出阴影区后立即对飞船进行重新检查，看它在第 19 圈进行制动之前是否依然保持着正确的指向。如果发现指向有误，他就要完全手动地进行再入点火，而这是极其困难的一项操作。

正当科马罗夫为这项高难任务做准备时，地面又向他通报说，船上电力仅够用到第 21 圈飞行。第二次再入尝试很可能是他的最后一次机会。正埋头记录正确操作信息的科马罗夫似乎平静了下来。加加林再次把一连串的指令发向了联盟 1 号。

在巨大的精神压力下，科马罗夫准确无误地完成了各项操作。他为在预定时间再入而调整了飞船的方向。随后发动机点火并工作了 146 秒。不管等待他的是什么结果，联盟 1 号毕竟开始降落了。

科马罗夫通过无线电设备向地面报告了他成功的消息，但又说飞船启动了一条“2 号异常”指令。地面对此的解释是飞船偏离了设计上要求的 8 度再入角，原因是飞船在进入再入走廊初期失稳，引起舱体移位。这意味着科马罗夫将经历直接弹道式（高过载）再入，而不是有控再入。安全返回所需的其他因素似乎还都正常。

科马罗夫随后发出了返回舱与轨道舱和服务舱分离的指令，使再入防热罩露了出来。由于电离的空气裹住了在大气层中高速下落的飞船，联盟 1 号进入到通信黑障段。

随着飞船飞出黑障区，地面上又听到了科马罗夫向他们报告情况的声音，这声音平静而沉稳。在飞行控制中心观看的人员开始相信，他们做到了一件不可能做到的事情，使科马罗夫安全地回来了。

在科马罗夫完成再入程序的时候，几位高级官员已乘军用运输机离开，直奔备用回收区。由于飞船多飞几圈所引起的延误，该回收区应比平时的回收区靠西。弹道式再入要比滑翔再入快，所以弹道式再入（着陆前仅半个小时才能确定下来）会使返回舱的着陆点偏差几百千米。回收直升机必须不断移动才能发现着陆点。为了扩大搜救范围，一些空军基地可能也受命处于待命状态。人们都认为，着陆前剩下的一连串程序已不会再出什么问题，科马罗夫将安全而归，并向国家委员会报告说：苏联又一次具有开拓性意义（当然也很艰难）的航天飞行胜利结束。但事非所愿。

联盟号飞船的回收从飞出黑障段后降落伞打开时开始算起，降落伞伞衣放在下降舱一侧机组人员头后方的伞箱内。在 7 千米高度上，靠近舱顶并盖住伞箱的保护性舱门应分离，并拉出一个引导伞，用于为下降中的飞船减速。这一小伞可使飞船速度下降到更易控制的 40 米/秒，这也是主回收伞的安全展开速度，速度再高，主伞的伞衣就会被撕成碎片。

然而，联盟 1 号的引导伞未能将主伞拉出，主伞仍被卡在伞箱内。正常情况下，船上安全系统会发现主系统的故障（根据下降速度增大来判断），促使主系统分离，并启用备份系统。但不幸的是，这样的情景并未如愿出现。安全系统确实发现了问题，但却未能将出问题的主系统分离掉，原因是主伞仍然处在伞箱内而不是拖在飞船后面。仅有的备份伞直接闯入了还与飞船连在一起的引导伞内，并在张开过程中发生了缠绕。就这样，它也未能展开。

飞船上的科马罗夫此时再也无力回天。尽管后来有传言称他在生命的最后时刻曾大声惨叫，但实际上他在意识到自己最终还是无法活着回来时显然并没做出这样的举动。

在无法减速的情况下，返回舱重重地摔在了地面上，撞地时的速度为 90 千米/小时（130 英尺/秒）。联盟 1 号的坠毁地点是奥伦堡附近的草原地带，时间是莫斯科时间上午 6 点 24 分。落地时的冲击力使返回舱被摔开。准备用于为飞船减速以实现软着陆的固体推进剂制动发动机爆炸，引起了火灾。从起飞到坠毁，整个飞行共持续了 26 小时 47 分 52 秒。

还在冒着烟的联盟 1 号残骸

回收人员在联盟 1 号残骸中寻找科马罗夫的遗体

通过分析再入数据确定了具体着陆区域后，搜救直升机飞向了这一地区。到达着陆点的首批直升机只看到了还在燃烧的联盟 1 号残骸，着陆点周围被黑烟笼罩着。残骸内的火还很大，熔化的金属还在不断地滴落在烧焦的地面上。飞船完全被烧毁，已看不出它原来的模样，只有船顶的圆形舱门环还算完整。回收人员试图用小型灭火器和少量泥土来扑灭火焰。

来自着陆区的消息很少，而且难辨真伪。如果发现哪条消息说明飞行以失败告终，就会对其进行删改。控制人员从着陆区收到的第一份报告是一条加密编码信息，称救援人员已看到了地面上的飞船。飞船还在着火，航天员需紧急救治。

随后的几个小时，着陆区再没有报告发来。事发后 2 小时，卡马宁的飞机在距着陆点 65 千米处的奥尔斯克机场降落。他得到的报告互相矛盾，有的说飞船已降落，并正在燃烧，但看不到科马罗夫在哪里；有的则说严重烧伤的科马罗夫已被送往距着陆地点 3 千米的一家医院。有人甚至相信了科马罗夫在相距很远的保加利亚或西德着陆的谣传，由此可以看到人们对他们勇敢的航天员是多么迷信。

又过了 3 个半小时，控制中心仍没有得到新的消息，卡马宁决定亲自前往着陆点，迎接他的是还在燃烧的残骸。目击者说，他们看到飞船拖着缠在一起的降落伞以很高的速度落了下来，落地后还发生了几次爆炸。

寻找科马罗夫的工作仍在继续，而他已被送往医院的传言不久便被证明是子虚乌有。地面搜救队在碎片中翻找，并将残骸清理开，以便能最终找到科马罗夫的遗体。就在他们铲走碎片并移开仪表板部件时，他们发现了还坐在中央座椅上的科马罗夫遗体。现场医疗队对遗体进行了初步检查，并宣布死亡是由头部、脊椎和骨骼多处损伤所致。

确认了联盟 1 号飞船失事这一无情的现实后，卡马宁飞回到奥尔斯克，向中央委员会书记迪米特里·乌斯季诺夫汇报。后者又与苏联总书记列奥尼德·勃列日涅夫联系。勃列日涅夫当时正在捷克斯洛伐克参加各国共产党的一次国际会议。苏联塔斯社也得到了一份广播稿，并在事发 12 小时后播发。当天晚些时候，国家委员会其他成员以及设计局人员来到了着陆点。在移走遗体和对飞船残骸做最后清理之前，工程技术人员也赶到这里，对现场情况进行了记录。

4 月 25 日凌晨，装着科马罗夫遗体的灵柩在联盟 2 号预定机组人员、他们的替补和加加林的护送下运抵莫斯科。卡马罗夫的遗孀也来到莫斯科的机场接机。遗体在到达后不久就被火化，随后骨灰被暂放到苏军中央之家红旗厅内。超过 15 万苏联市民为这位令人尊敬的航天员送葬。

航天员们在莫斯科迎接科马罗夫的灵柩

4 月 26 日，科马罗夫的骨灰盒装在军用弹药车上，在通过红场后，被安放在克里姆林宫墙内，享受了国葬的待遇。墙前放着他的遗像。他的妻子一度挣脱开亲友的搀扶，跪在地上，亲吻着丈夫的画像，与他作最后的诀别。NASA 的 47 名现役航天员联合发来唁电，向全体苏联航天员和科马罗夫的家属表示慰问和悼念。

葬礼后，科马罗夫的妻子突然跪向丈夫的遗像

葬礼举行了几天之后，一些少先队员又在着陆地点挖出了科马罗夫的部分遗体。这部分遗体被就地安葬，从而使科马罗夫有了两处安葬地点。

迪米特里·乌斯季诺夫领导了事故原因调查工作。事故调查委员会是 4 月 27 日成立的，下设 7 个小组。调查很快发现，事故是因降落伞伞箱未能正常工作或分离引起的。另外还认定，科马罗夫系因与地面撞击而死，而不是死于飞船坠地后发生的火灾。由于下降速度太快，飞船前部的防热罩未能按要求在 3 千米的高空被抛掉，撞地前用于软着陆的发动机也未能点火工作，而着陆后反倒启动了。姿态控制发动机分系统中剩余的高浓度过氧化氢燃料加大了火势。

通过对降落伞系统故障进行的进一步调查发现，降落伞出伞受阻竟是伞箱内外的压差所致。试图弹出的伞体所引起的摩擦阻力使伞挤在了伞箱内。在联盟 1 号飞行前对该系统进行的 4 次投放试验中，这一隐患并未被发现。在发射前打包时，总设计师米申曾认为降落伞系统的叠放不当。

为了防止再次发生类似事故，委员会提出对降落伞伞箱进行重新设计，措施包括将伞箱从圆筒形改为锥形，对其内表面进行抛光以使伞能更顺利地弹出以及增大伞箱的内部空间。另外，引导伞将采用自动分离装置，而且要对伞的叠放步骤进行摄影记录，以保证包装过程正确无误。

但早先出现的飞行故障调查起来就没有这样容易了，原因是所牵扯的部件要么已在再入前分离掉，要么就已在撞地时被毁。不过，委员会还是确定太阳能帆板故障是因为它被钩在整流罩上引起的。姿态控制传感器的问题则是其光学镜面上蒙上了水蒸气。

除官方委员会给出的联盟 1 号事故调查报告外，关于天上发生的事以及事故原因，还出现了一些非官方的说法。多年来，西方不时有报道对围绕联盟 1 号的实情和传言进行评判。在 1996 年发表的有关米申所领导的设计局的历史的一篇文章中，就有这样一种非官方说法。该书披露，在发射前准备过程中，联盟 1 号和联盟 2 号飞船都曾被放入高温试验室内，以封装合成树脂防热系统。据传，在进行这些高温试验时，飞船是在未盖上伞箱盖的情况下被烘烤的。这使得伞箱被涂上了树脂，最终造成联盟 1 号的降落伞无法展开。官方的报告中并未提到这一点。当时对此秘而不宣有可能是不想使有关方面受牵连。

事前米申已在不同场合称，他认为降落伞包装不合理。如果确实是这样的话，那么如果联盟 2 号也被发射升空，灾难将会严重得多。届时将会有 4 名航天员（而不是 1 人）命丧航天之路。

由于这次调查所得出的结论，加之后来降落伞回收系统又两次试验失败，主管载人和无人飞船降落伞回收系统设计的总设计师帕威尔·塔谢夫被免职。他是降落伞着陆系统研究与实验研究所的负责人，联盟号的降落伞展开与回收系统就是由该所负责的。

另一显而易见的情况是，发射前检测没能查出降落伞包装不当这一问题，苏联初期航天飞行的质量控制工作在某些事关安全的关键领域存在不足。对实现首次载人飞行的渴望可能使苏联人感到了与美国人一样巨大的压力。再创航天“第一”的政治压力以及科罗廖夫的去世，更加迫使苏联航天计划中的一些关键人物努力在“太空竞赛”中取胜。美国人的目标是登上月球，在实现这一目标的过程中，安全和常识在某种程度上被抛在了脑后，而阿波罗 1 号火灾说明了这一做法的后果有多么严重。对苏联人来说，同样的做法不仅使他们损失了一艘飞船，还损失了科马罗夫。而同样可悲的是，两国当时都没有充分地汲取教训，随后又发生的航天灾难便是明证。

事故发生后的一年里，又有许多传言出现。有的说科马罗夫在轨道上就已失去知觉，有的说他是被冻死的，甚至还有人说他在再入过程中被烧掉了。几名苏联航天员率先驳斥了这些谣传，其中就包括正在为 1968 年的下次联盟号飞行进行训练的尤里·加加林。他指出，科马罗夫从未报告说生保系统有什么问题，而且回收程序的各个步骤都是正常完成的。在整个飞行过程中，无线电通信一直很稳定，也很正常。在降落伞系统发生故障前，连“警报的迹象”都从未出现过。有很多年，这种防卫式的回答反倒使有关联盟 1 号飞行真相的传言更加花样百出。

本想为苏联奔月计划展示实力的联盟 1 号以彻底失败而告终，这也迫使苏联长时间地停止了载人航天飞行。1968 年 3 月，加加林又在一次飞机事故中牺牲，使苏联航天员重返太空的时间进一步推迟到那一年的 10 月。

联盟 1 号失事后，在派人乘改进型联盟号上天之前，苏联又进行了一系列的不载人飞行。1967 年 10 月，宇宙 186 号在飞行中同宇宙 188 号实现了自动对接。1968 年初，宇宙 212 号同宇宙 213 号又再次实现了对接。联盟 2 号（未载人）最终于 1968 年 10 月发射升空，一天后与乘有吉奥尔吉·别列戈沃伊的联盟 3 号在轨交会。由于别列戈沃伊未能使飞船对准好方向，并想以与预定姿态相反的姿态“底朝上”地同联盟 2 号对接，所以原定的对接计划最终未能实现，但航天员还是安全返回了地面。1969 年 1 月，联盟 4 号和联盟 5 号上的两组航天员最终完成了联盟 1 号和联盟 2 号未完成的任务（包括由叶里西耶夫和赫鲁诺夫完成的舱外转移）。这时，阿波罗号最终赢得登月大赛的大局已定，所以苏联航天计划制定者们又瞄向了一个新的目标，即在轨道上建设一座科研基地——空间站。虽然他们仍希望派人登月，但工作重点还是很快转向了将由联盟号及其派生型号提供补给的永久性空间站设施的研制工作。

科马罗夫牺牲 30 多年后，在阿波罗号早已退役的今天，联盟号飞船仍在进行着太空飞行。它们还将继续服役，为国际空间站的建设工作出力。而它们的每次升空和返航，都不禁让我们回忆起为它们担当过开路先锋的科马罗夫。

5.3　联盟 11 号返回舱减压事故（1971）

到 1971 年，人类已经进入太空 10 年了。已经有 5 批航天员小组抵达月球，并且安全返回。已经计划了更进一步的阿波罗登月飞行，不过在计划的安排上已经有了一些变化。阿波罗计划将于 1972 年结束，美国的第一个空间站天空实验室将取而代之，它是用剩余下来的阿波罗登月硬件开发的。计划发射两个天空实验室，之后航天飞机将送一个永久性的空间站上天，它将能够容纳 12 名航天员。这种轨道基地将用来作为去月球和火星的跳板。对于苏联来说，由于已经在登月竞赛中输给了美国，那么创建第一个空间站就成为他们新的竞赛目标。

1971 年春，苏联以发射第一个空间站礼炮 1 号的方式纪念尤里·加加林飞行 10 周年，这标志着载人航天探索进入了一个新纪元。西方报道，苏联因为阿波罗 11 号已于 1969 年夏季登上月球，而取消了他们的载人登月计划。有一段时间，苏联曾经对这种报道进行了驳斥，他们甚至否认载人登月飞行曾经是他们的目标。然而人们现在知道，事实并非如此，苏联进行载人登月努力的试验一直持续到了 1972 年。根据苏联的看法，要在太空中进行有用的研究，最合理的途径是在地球轨道上建立永久性载人空间平台，从那里可以发射飞船开始去月球或者火星旅行。那时看来，月球并非苏联航天发展的主要目标。而到了 20 世纪 70 年代早期，美国和苏联总体上都认为开发空间站将是下一步太空探索的合理途径。

1971 年 4 月 19 日礼炮 1 号的发射被很多人看作是在地球轨道创建大型空间站和空间工厂的宏大计划的开端。可是在建造这样的结构之前，还需要解决一些问题——主要是不知道长期的太空飞行会对人体造成什么影响，那时最长的飞行时间要少于 20 天。苏联人保持着这个纪录，他们在一年前通过联盟 9 号创造了 18 天的纪录。那时美国的最长飞行时间是 1965 年双子星 7 号创造的 14 天。其他要重点考虑的问题包括人数较多的航天员小组有效的“工作—锻炼—休息”循环、重新补给系统、紧急程序计划以及这种飞行可能对航天员小组造成的心理影响。礼炮 1 号——一个长期飞行的空间站系列中的第一个——将在学习曲线上迈出前面几步，不过这个过程并不是不需付出代价。1971 年苏联将联盟 11 号航天员小组送上了礼炮号，当他们庆祝成功的时候，没有人会预见到这次太空任务会以悲剧结尾——这是对世界上第一座空间站任务的残酷打击。

苏联空间站计划始于20世纪60年代，当时，苏联正在登月竞赛中赛跑，想击败美国人。首先是绕月球轨道运动的太空任务，接着是载人登陆。到1968年12月，阿波罗8号赢了第一轮，而到1969年夏季，阿波罗11号已经赢了整个竞赛。没有一名苏联航天员飞出地球轨道之外，而且随着各种事件的发生，直到20世纪末也没有一名苏联航天员实现这个目标。

1970年2月9日，苏维埃中央委员会和苏联部长会议发出指示，要求航天工业创建并运行一座长期性的空间站（俄文缩写为DOS)，积聚全国力量，朝着一个不同于登月的方向努力。那时，有两个不同的设计局已经开始设计苏联空间站的基本组件，在此之前，他们在登月竞赛中的确落后了。

切洛梅（Chelomey）设计局完成了一座苏联军事空间站的大部分开创性工作。在科罗廖夫设计局准备飞往月球的登月硬件的同时，切洛梅设计局制定了20吨重的军事空间观测平台的计划，它被称为“Almaz”（钻石），用来与美国空军的载人轨道实验室（MOL——不久该计划被取消了）竞赛，也可改进为更为便宜、更为先进的无人侦察卫星，该计划包括监视美国的舰队移动，拍摄收集高清晰度图像，以及准备用小型返回舱发回自动数据。该空间站甚至携带一座可以快速开火的纽德尔曼（Nudelman）无后坐力机关炮，它具有太空行走的能力，拥有设计用于军事应用的实验部件。

1970年莫斯科的赫鲁尼切夫制造工厂已经造出了不同生产阶段的超过10个“Almaz”空间站，当时在组建新的飞船控制系统的时候正面临一些小的问题。当中央委员会决定开始国家空间站计划的时候，它下达命令，要求在一年之内把第一座空间站送入轨道。切洛梅设计局无法按时完成，所以该工程被移交到最有经验的设计局。

科罗廖夫设计局——当时由瓦西里·米申领导，他们选派了实验机械制造一部的中央设计局——拥有完成空间站工程所需要的经验。米申开始很不情愿，后来很快把他的设计局的工作重心转移到了这项任务之中。为了在 1971 年把空间站送入轨道，他们改装了来自联盟号飞船的控制系统和太阳能板，将它们整合到切洛梅的“Almaz”空间站的外壳上。他们没有设计新的笨重的运输飞船，而是利用一种与联盟号有差异的飞船作为航天员小组“摆渡”航天器。新的混合型空间站被称为“Zarya”（曙光），当 1971 年 4 月空间站耸立在发射台上的时候，这个名字骄傲地印在空间站身上。

当“Almaz”成为“Zarya”的时候，没有人注意到地面追踪网的无线电呼号也是“Zarya”，这在与轨道上的航天员进行往来通信的时候，无疑会导致混淆。就在发射前一些时候，“Zarya”成了礼炮号，以向加加林乘坐东方 1 号飞船所做的开创性飞行 10 周年献礼。可是要重新换空间站上的名字已经为时太晚了，于是礼炮 1 号就带着“Zarya”名字飞上了太空。（参见 A. A. Siddiqi 的《Triumph and Tragedy of Salyut 1》，Quest，Vol. 5 No. 3）。

联盟 11 号航天员在训练中：（从左到右）多布罗沃斯基（Dobrovolsky）、帕萨耶夫（Patsayev）和沃尔科夫（Volkov）。（经 Novosti 新闻社的航天资料服务库许可）

计划进行两次飞往空间站的任务——第 1 次持续 30 天，第 2 次持续 45 天。为了与这个计划相适应，挑选了 4 个航天员小组，前两组进行太空任务飞行，而其他的作为替补和支援小组。在接下来的几个月里，由于在航天员小组内部以及领导层之间存在管理和人事冲突，4 个小组的人员组成发生了不少变化。最初的“DOS 1 号”任命（最后在“DOS 1 号”中进行了飞行的航天员用斜体表示）是：

第一组：*V·A·沙塔罗夫*/*A·S·叶里瑟耶夫*/*N·N·鲁卡维什尼科夫*

第二组：G·S·肖宁/V·N·库巴索夫/P·I·科罗丁

第三组：B·V·沃里诺夫/K·P·弗科蒂斯托夫/*V·I·帕萨耶夫*

第四组：Y·Y·克伦诺夫/*V·N·沃尔科夫*/V·I·谢瓦斯特诺夫

航天员小组任命的一次早期变化——由于几个不相关的原因——结果在航天员训练主任卡曼宁将军的命令下，从航天员团体中去掉了沃里诺夫（Volynov）、弗科蒂斯托夫（Feoktistov）和克伦诺夫（Khrunov）。弗科蒂斯托夫是犹太人后裔，在苏维埃中央委员会的命令下，他被取消了太空训练的资格（他后来又恢复了飞行，而且于 1976 年飞了一次军事空间站任务!）。弗科蒂斯托夫当时刚离婚，无法代表一位英雄的苏联航天员的光辉形象；而 1969 年克伦诺夫涉及一次开车肇事逃跑的事故，在该事故中他没有救助受害者，处在接受“惩罚”期间。沙塔罗夫（Shatalov）被重新派去指挥第三小组，肖宁（Shonin）被提升为第一小组的指令长，而利奥诺夫被派遣到第二组，即：

第一组：G·S·肖宁/*A·S·叶里瑟耶夫*/N·N·鲁卡维什尼科夫

第二组：A·A·利奥诺夫/V·N·库巴索夫/P·I·科罗丁

第三组：*V·A·沙塔罗夫*/*V·N·沃尔科夫*/*V·I·帕萨耶夫*

第四组：*G·T·多布罗沃斯基*/V·I·谢瓦斯特诺夫/A·F·沃罗诺夫

航天员小组训练开始于1970年9月，其中的第四小组在1971年1月加入进来，当时距离计划的第一次发射仅有数周时间。1971年2月，肖宁由于持续缺席训练，作为纪律处罚的结果，他从第一小组中去掉了。虽然米申努力让第一小组全部由非军事人员组成，沙塔罗夫还是被重新任命为第一小组的指令长，因为他是唯一一位有对接经验的航天员。修改后的队伍成为：

第一组：（联盟10号）：*V·A·沙塔罗夫/A·S·叶里瑟耶夫/N·N·鲁卡维什尼科夫*

第二组：（联盟11号）A·A·利奥诺夫/V·N·库巴索夫/P·I·科罗丁

第三组：*G·T·多布罗沃斯基/V·N·沃尔科夫/V·I·帕萨耶夫*

第四组：A·A·古巴列夫/V·I·谢瓦斯特诺夫/A·F·沃罗诺夫

联盟10号原先计划在莫斯科时间1971年4月21日03时20分发射，不过就在倒计时剩下1分钟的时候，由于发射台上的一个服务平台无法缩回，发射被取消了。如果在倒计时为零的时候停止发射，则需要动力逃逸塔将航天员座舱弹射出来。发射任务被推迟了24小时，以便对该问题进行评估。第二天故障又一次出现，不过米申已经知道了故障的原因，由于它不会对发射或者航天员小组造成威胁，他亲自命令继续进行发射。

联盟10号于1971年4月22日发射，计划在礼炮1号上进行为期22到29天的太空任务。然而，虽然成功地和礼炮1号空间站进行了对接，可是航天员小组并没有进入空间站，5个半小时之后，两个航天器又重新脱离。航天员小组在脱离之后，在太空中只飞行了两天的时间，然后飞船就在距离一个湖只有50码远的地方进行了软着陆。航天员们报告了他们未能进入礼炮号的情况，虽然联盟10号的失败很叫人失望，不过又立即开始实施了新的派人登上空间站的计划。

苏联的官方声明报告说，航天员小组已经完成了他们的计划，进入礼炮号并不是他们预定计划的一部分，他们在完成了两天的进程之后就会按计划返回地球。不过对于联盟 10 号过早返回的传闻并没有因此销声匿迹。官方声明很难让人相信，尤其是飞行前报告说航天员小组曾经驾车出游，度过一个月的假期，来评估他们作为一个团队是否能够和谐共处。显然对于为时两天的飞行来说这是不必要的！另外，鲁卡维什尼科夫是礼炮号系统的专家，而沙塔罗夫和叶里瑟耶夫则已经是第三次一起执行飞行任务，沙塔罗夫更是当时在交会与对接程序方面最主要的航天员。

苏联航天员科罗丁是最初的联盟 11 号第一航天员小组成员，还有利奥诺夫和库巴索夫，不过三个人在库巴索夫生病之后都暂停飞行，由多布罗沃斯基领导的替补航天员小组接替。虽然他们很失望没能进行这次飞行，但是这次重新任命挽救了他们的生命，因为造成了悲剧的太空任务是由他们的替补航天员小组执行的（经 Novosti 新闻社的航天资料服务库许可）

很多年之后，联盟 10 号上发生的系列事件真相方为人所知，解释了他们在和礼炮号对接以及脱离时候面临的困难。关于这次失败的调查报告在 5 月 10 日完成。经过确认，联盟 10 号的对接装置存在问题，必须采取适当的措施来防止相同的问题再次发生，而在礼炮号计划年末脱离轨道之前，还有可能进行两次飞往礼炮号的任务。

米申和卡曼宁讨论了把航天员小组降为两人，允许他们带着庞大的舱外活动设备去礼炮号，希望能够进行舱外活动，对对接节点进行观察，并且打开卡住的试验舱盖。卡曼宁对此持反对意见，因为航天员都没有接受过舱外活动的训练，而且计划用于以后的礼炮号空间站的舱外活动航天服还没有为飞行做好准备。讨论中的其他计划是关于两次为期 30 天的太空任务，因为觉得并没有足够的补给来支持 3 人航天员小组进行两次太空任务。于是决定两次太空任务都不规定结束时间，它们的持续时间将在飞行中进行估计，这取决于航天员小组的活动、消耗品的使用以及对轨道高度逐渐降低的礼炮号的持续跟踪结果。

同时，3 名航天员组成的新小组正在为登上礼炮 1 号做准备。航天员利奥诺夫、库巴索夫和科罗丁正在接受训练，把礼炮号从现在的封存状态激活。在计划的联盟 11 号任务发射前仅一周的体检中，发现库巴索夫的肺部有一块阴影，因此他只能呆在地面。苏联开始的时候想用他的替补沃尔科夫来替换这名停飞的航天员，不过就在发射前两天，决定用整个替补小组来替换利奥诺夫的航天员小组，因为两个团队都已经各自融合成为一个很好的整体了，人们认为把他们分割开是“不合适的”。利奥诺夫和他的航天员伙伴们将轮换到以后的太空任务中去。

科罗丁对于这个安排并不是很高兴（因为他失去了太空飞行的机会），他争着要加入多布罗沃斯基的航天员小组参加联盟 11 号的太空飞行。他对于自己即将被替换怒气冲冲，据说甚至告诉米申说历史将不会原谅他作出送替补航天员小组上礼炮 1 号的决定。历史的确不会原谅，不过并不是因为科罗丁所说的原因。让科罗丁失望的是他并没有游说成功，他和利奥诺夫都停飞直到库巴索夫恢复健康。有趣的是，利奥诺夫和库巴索夫后来被任命为由两人组成的联盟号航天员小组，最后于 1973 年进行了阿波罗－联盟号试验项目的飞行，那时却没有人提到科罗丁，可能因为表达了太多的个人不满情绪，他并没有被派到另一个航天员小组，而是继续呆在地面上。

新的航天员 3 人小组将成为最新的宇宙探险家。航天员多布罗沃斯基、沃尔科夫和帕萨耶夫将要在太空飞行——他们中的两人是第一次。利奥诺夫和科罗丁将成为新的替补航天员小组，不过在距离发射如此近的时候插入第 3 个替补小组成员来顶替库巴索夫是不可能的。航天员小组仅在 16 周前建立（多布罗沃斯基于 1 月加入训练队伍），现在他们将被发射升空进行三到四周的太空飞行任务。只有沃尔科夫以前曾进入过太空——1969 年作为联盟 7 号航天员小组成员飞过一周。该小组中没人具有交会与对接的经验。经过这么少量的准备工作，要完成一次成功的太空任务，对他们的训练和素质都将是一次重大的检验。

莫斯科时间 6 月 6 日 04：55，联盟 11 号飞船发射升空，05：04 飞船抵达地球轨道。在 10：50 经过航向修正之后，联盟 11 号抵达了预定的 123 英里×180 英里轨道，开始准备转移到礼炮号空间站。飞船进行交会运行，以接近礼炮号，该过程于 6 月 7 日 07：24 时开始，飞船上的发动机点火 20 秒，来减少两个飞船之间的距离。通过联盟号上的潜望镜，航天员小组可以看到接近的礼炮号，在 492 英尺远的距离，他们进行对准，准备对接。

当飞船距离空间站 328 英尺远，并且以每秒 3 英尺的速度接近的时候，指令长多布罗沃斯基开始对联盟号进行手动控制。在他们接近的时候，注意到礼炮号稍微有点右偏。多布罗沃斯基利用联盟号上的推力器对此进行了补偿。在 228 英尺距离的时候，飞船接近速度降为仅每秒 1 英尺。最后，在莫斯科时间 07：49：15，联盟号的对接探测器进入礼炮号的漏斗形对接器，两艘飞船之间的软对接完成。07：55：30，两艘飞船之间的电子和机械连接完成。联盟 11 号现在紧紧地连接在礼炮号上，位于 141 英里×166 英里地球轨道上。这时候距离飞船从拜科努尔发射基地发射升空的时间仅仅 24 小时，载人太空探索的一个新阶段即将开始。

对接后 3 小时——在对飞船上的系统和保障两个航天器安全的密封完整性进行了一次全面的检查之后，舱门打开了。帕萨耶夫飘入空间站的工作舱，成为第一个进入太空科学研究空间站的人。在他之后是沃尔科夫，最后是多布罗沃斯基。人类进入世界上第一个空间站的任务胜利完成，苏联获得了又一个太空“第一”，这是太空任务漫长计划的第一步。

航天员小组进入礼炮号之后的活动（开始没有出现在西方的报道中）：修理空气再生系统，并立即替换了 6 个出故障的过滤器中的两个。空间站在太空中飘了两个月，却没有一个人在上面，空间站积累了一股很强的燃气的气味，逼得航天员们无法在礼炮号上度过第一个夜晚，而睡在相对安全一点的联盟号上。第二天气味散去了，航天员们开始了他们的工作程序。

在礼炮号上初步的活动是启动空间站上的系统和实验，封存联盟号运载飞船，进行了小规模的机动，升高联合体的轨道来延长它的寿命，并对对接结构的完整性进行测试。在接下来的三周内，航天员们使用一组实验和硬件展开了他们的研究程序。他们的实验从简单评估空间站的生活条件到观测地球表面、天文学观测、系列生物学实验和技术实验，以及一项针对“礼炮号”空间站所进行的完整的测试和评估程序，航天员小组任务很饱满。

从太空发来的电视节目表现了三个人兴高采烈的情景，并且显示出他们在工作上取得了丰硕的成果。当时苏联正在努力摆脱登月竞赛失败所带来的窘境，礼炮 1 号的航天员小组就成为他们太空计划的新明星。在加加林开创人类探索太空道路之后 10 年，他们以苏联共产主义英雄的名义，又一次在太空探索领域率先获得了一项重大成就。

礼炮号故事的另一面是航天员小组之间人际关系的破裂。他们组成为一个航天员小组的时间很短，而且与人们的预期相反，他们没来得及成为一个有效的工作团队。计划的快速改变，使得心理学家无法让他们成为一个亲密无间的团队，而很多其他的航天员小组在进行长期太空任务飞行之前，都已经磨合得很好了。

6 月 16 日，沃尔科夫还报告闻到很强烈的烟味，地面控制人员怀疑空间站上发生了火灾。航天员们疏散到他们的联盟号上，对主供电系统和备用供电系统进行了逐步评估。这对于航天员小组来说是一段很紧张的时期，他们发现电力系统明显是安全的，不过可能在动力电缆上产生了小火花。航天员小组要求立刻返回地球，不过在空间站被认为是安全的之后，地面拒绝了这个要求。沃尔科夫对这一事件反应很强烈，并且与指令长同时也是进行第一次飞行的新手多布罗沃斯基发生了冲突。沃尔科夫——这位太空飞行的老手——宣称他自己应该成为指令长，这导致航天员小组成员之间的关系进一步紧张。

6 月 19 日，帕萨耶夫庆祝了他的 38 岁生日。5 天后，另一个纪录被打破了，航天员小组超过了一年前联盟 9 号航天员小组创造的世界持续飞行纪录（18 天）。在这次太空任务快要结束的时候，地面太空任务控制中心的人们情绪高涨。一个缺乏经验且现在又敏感易怒的航天员小组却得到了很好的结果，他们随着飞行的进行，还能进行有效的工作。

6 月 20 日，他们准备利用为“Almaz”军事空间站开发的“Svinets”设备，对巨大的 N－1 号无人登月火箭的第 3 次发射试验进行观测。然而，火箭的发射被延迟，当它最后于 6 月 27 日发射升空的时候，礼炮号的地面追踪系统却并不在综合发射设施附近。不过登月火箭在飞了 57 秒之后就爆炸了，坠落在哈萨克斯坦的大草原上，同时苏联航天员登月计划的最后尝试也宣告失败。虽然没能对 N－1 号的发射进行观测，多布罗沃斯基还是设法利用“Svinets”对从综合发射设施发射升空的洲际弹道导弹进行了观测。

6 月 25 日，提交的报告说航天员们即将完成他们的实验，已经开始往联盟 11 号返回舱装载返回地球时携带的成果和物件。显然，计划 4 周的太空任务将在仅仅进行 3 周后结束。报告没有提及航天员小组不愿意进行任何体育锻炼以维持他们返回地球所需要的体力。这是由于没有时间修理存在故障的锻炼设备，而修理空间站上各种系统故障是当务之急。设备故障使得他们有必要提前返回，此外，航天员小组成员之间的不融洽也无助于修复工作。

在礼炮号上工作了 3 周之后，他们在接下来的两天里逐步封存了空间站，并且对他们的联盟 11 号进行了返回地球前的检查。6 月 29 日晚 18：15，航天员们转移到联盟 11 号上，沃尔科夫关闭了飞船和空间站之间的连接舱门。在用舱门密封联盟号的返回舱（航天员们将乘坐它返回）和轨道舱之间的联系时，一个状态灯无法熄灭，指示密封不正确。疲惫万分的沃尔科夫发现这个情况后，大声请求地面指示下一步行动。这将是轨道舱在返回大气层之前分离时，他们在增压的航天员舱室和宇宙真空之间唯一的安全屏障，因为他们没有穿任何压力服。对传感器和舱门进行了重新检查，航天员们被告知在传感器上放一张纸片。传感器探测到了舱门的关闭，控制面板上的灯熄灭了。由于怀疑这是一个发生了故障的传感器，而为了防止问题再次出现，多布罗沃斯基把一个录音带放在它的上面。3 名航天员将自己绑在座椅上，坐在从太空任务带回的各种科学研究结果中间。他们已经因为这次太空任务而紧张疲惫，而这个事件更是让他们身心俱疲。

18：25 发出了与礼炮号分离的命令，3 分钟之后，联盟 11 号从礼炮 1 号前的泊位滑出，没有发生什么意外。人类第一次在空间站上的历史性活动结束了，英雄们不久将回到苏联领土，接受他们应得的荣誉。他们对礼炮号的外部进行了拍照勘测，之后进行了分离点火，离开了空间站。绕轨道运行 3 周之后，航天员小组通知地面控制中心，他们可以开始进行他们的再入程序了。

联盟号带着降落伞着陆，回收直升机正在接近，一次成功的太空任务的结尾看上去很安全，但是里面的航天员再也不能说话了，当回收小组最终打开舱门的时候，目睹的却是一场悲剧

航天任务控制中心："再见 Yantar（他们的呼号是"Amber"），地球上见！"

联盟 11 号："谢谢，再见。开始定向。"这些是他们从联盟 11 号上接收到的最后的话。

22：35 时，进行了减速点火，看上去很正常的 40 分钟的再入过程开始了。在减速点火后不久，完成了轨道舱和服务舱的分离，返回舱以自动程序返回地球。在黑障期结束之后，地面控制中心好几次试图恢复和航天员小组之间的无线电联系，可是都没有反应。23：02 降落伞展开，飞船在伞盖下缓缓下降，而地面控制中心仍在不断努力通过无线电和航天员小组联系。他们认为这可能是设备故障——或许接收天线坏了，救援直升机看到下降减速火箭点火，飞船于 23：17 时轻轻落到地面。

救援队事先估计 3 名航天员会因为在太空呆了破纪录的 3 周而变得虚弱不堪，他们兴奋地打开了返回舱的舱门，却发现 3 名航天员躺在那里已经死去。他们就在凯旋归来的那一刻溘然长逝。抢救小组把 3 名航天员从舱里拖出来，试图使他们苏醒，但没有成功。对尸体的初步医学检查显示所有 3 个人都肺部出血，而且有脑溢血。在他们的血样中发现了高浓度的氮气。所有的一切都指明这是一次因为减压引起的快速死亡。关于航天员身体姿势和舱内布局的初始报告显示，所有人肩膀上的约束带都已经解开了。指令长多布罗沃斯基和他的安全带缠在一起，可能是在最后的时刻试图手动关闭两个已经开启的压力平衡阀中的一个，却没有成功。无线电收发器也是关着的。

这个新闻迅速传遍了全世界，所有的人都为之震惊。顷刻间，关于死亡原因的各种传闻四起，从舱门泄漏到 3 周太空飞行造成的影响以及重返大气层的紧张压力，还有航天员的健康或者战斗力。这对于苏联造成的损失可以和美国约翰·肯尼迪总统遇刺造成的影响相比。它又一次表明——在几乎夺去了航天员生命的阿波罗 13 号太空任务一年之后——太空飞行仍然是一项充满危险的职业。

联盟 11 号在太空中呆了 23 天之后，结束太空使命回到地球。这是着陆时激起尘土的情形

7 月 3 日，成立了一个特别的调查委员会，对这一悲剧性事故进行调查。礼炮 1 号仍然以自动状态在轨道上运行。在联盟 11 号太空任务成功之后，原本计划还将进行一次联盟 12 号太空任务，可能的时间是 1971 年 9 月，航天员小组由利奥诺夫率领。然而，在牺牲了 3 名航天员之后，所有的飞行都被取消了，等待调查结果出来，并且贯彻执行调查委员会的建议。事实上，经过几次轨道方向修正之后，礼炮号接到指令，在 10 月 11 日最后一次开启发动机系统，按计划返回大气层，并且在太平洋上空烧毁。这也是所有后继的礼炮号空间站的命运，它避免了失控坠落，这是 1979 年天空实验室重返大气层时曾经出现的问题。在一艘飞船有效生命的终点，控制这种太空残骸的终结是很困难的，2000 年和平号脱离轨道的过程是进一步的例子。结构越庞大，精确预计它重返大气层时的飞行轨迹就越困难。这是在建造国际空间站的过程中，空间站一开始进行轨道运行就需加以重点考虑的问题之一。

调查委员会开始进行调查的同时，西方提出了几种理论，来论证是什么引起航天员们的突然死亡。遗体庄重地陈列在那里，全世界对于载人航天飞行的安全性的疑虑日增，甚至开始谈论有可能取消进一步的努力。

当回收人员打开舱门时，发现里面的 3 名航天员都已经死亡

救援小组竭力想让航天员们苏醒，但是没有成功
（由英国星际学会提供）

当时围绕航天员之死，最为盛行的理论是人体可能无法在失重环境下生存那么长时间。在联盟 9 号（18 天）之前，美国人或者苏联人所经历的每次太空任务飞行都只持续仅仅数天，联盟 11 号为期 3 周的飞行是在这个新探索的领域迈了一大步。在美国双子星号计划期间，美国人的太空飞行持续时间纪录是 14 天，在漫长的飞行中，记录到了心肌萎缩的迹象。人们认为这可能是和双子星号飞船上狭窄的环境有关。在阿波罗计划中，在进行为期 12 天的登月飞行时，

为航天员小组提供了基本的锻炼系统。不过阿波罗号还是没有诸如礼炮号和即将出现的天空实验室（1973 年发射升空）等空间站宽敞。天空实验室和礼炮号的太空任务中可以对零重力效应进行进一步的调查研究。1969 年 7 月，太空猴邦尼（Bonny）结束为期 9 天的美国生物卫星 3 号太空任务飞行，回到地面后不久死亡，长期飞行导致心脏负担过重的理论得到进一步的支持。尸体解剖显示邦尼死于心脏病。如果这是联盟 11 号死亡事故的原因，那么拓展太空飞行——飞向行星的计划将不得不搁置，直到开发出人工重力系统为止。如此人类还将被束缚在地球上很多年。

联盟 11 号航天员们的遗体躺在着陆点，身上盖着裹尸布

NASA 执行主管乔治·罗（George Low）对心脏病理论表示怀疑，而 NASA 载人航天飞行办公室的生命科学部副主任沃尔顿·琼斯（Walton Jones）博士提出，航天员小组应该是由于他们的舱室迅速减压的原因而导致死亡的。航天员们没有穿压力服，因为苏联认为这对于联盟号来说是不必要的。载人飞船中心主任罗伯特·吉尔鲁斯（Robert Gilruth）支持这一理论。遗体庄重陈列的照片显示他们应该是压力阀系统泄漏导致的死亡，或是承压外壳有地方破裂。

同样来自休斯敦载人飞船中心查尔斯·伯利（Charles Berry）博士提出，有毒物质的突然释放可能毒死了航天员小组或者让他们窒息而死（1975 年，在某种程度上，它确实发生在返回的“阿波罗一联盟号”试验计划美国航天员身上)，也可能是自动模式并没有正常工作，或者操作程序不正确。无论什么原因，苏联和美国的航天界都意识到这次调查的严肃性，认为它将对载人航天飞行的未来产生重大影响。

联盟 11 号航天员们的遗体庄重陈列着

1971 年 7 月 1 日，成千上万的苏联人参加了在莫斯科为 3 名航天员举行的国葬。作为悼念仪式的一部分，苏联主席尼科拉·波德戈尔尼（Nikolai Podgorny)、总理阿列克谢·科西金和苏共总书记利奥尼德·勃列日涅夫相继瞻仰了 3 位国家英雄的仪容。航天员们被安葬于克里姆林宫墙下，与 1934 年 3 名 Osoaviakhim 气球驾驶员(费德申科、瓦申科和尤西金)、科罗廖夫、弗拉基米尔·科马罗夫和尤里·加加林等人葬在一起。

理查德·尼克松总统派航天员汤姆·斯塔福德到莫斯科，作为美国航天界的官方代表。苏联第一次同意了这件事，而在 1967 年科马罗夫以及 1968 年加加林的葬礼上，类似的请求都被礼貌但坚决地拒绝了。然而，1971 年，国际紧张局势缓和的趋势达到高潮，已经进行了几个月的对话，考虑在太空中进行一次包括美国阿波罗航天员小组和苏联联盟号航天员小组在内的联合太空任务。美国已经暗示斯塔福德将指挥美国的航天员小组，所以他被选中代表他的同事们参加葬礼是合适的。另外，尼克松总统给苏联领导们发了一封电报：“美国人民一起向你们和苏联人民对 3 名苏联航天员的不幸牺牲表达最深切的同情。全世界将继续沿着这些英勇的探索者们的足迹开拓未知的世界，并且分担他们的不幸。航天员多布罗沃斯基、沃尔科夫和帕萨耶夫的功绩永存。我确信，历史将证明他们的非凡贡献。这将推动苏联太空探索计划创造进一步的辉煌，并将极大地拓展人类的视野。”

航天员们在国葬中被葬入克里姆林宫墙

虽然遭受了这次挫折，苏联迅速恢复了他们的承诺，进一步发展载人航天飞行。航天员们肯定会重新回到轨道上继续联盟 11 号航天员小组开创的工作。在 7 月 12 日发表的公开声明中，联盟 11 号事故调查工作的特别委员会公布了它的部分发现。声明指出飞行在开始重返大气层之前工作正常，“着陆前 30 分钟，在飞船的下降轨道上，返回舱内气压迅速降低，导致航天员们突然死亡。气压下降源于飞船的密封系统故障。对于返回舱的检查显示它的结构并没有出问题。”对于确切的密封失败原因的调查工作还在继续。这段说明排除了所有可能导致悲剧的其他一些理论，例如失重、身体不适或者体能耗尽等。NASA 立即与苏联接触，表示关注，此时阿波罗 15 号正处在发射的最后阶段，将于 7 月 26 日发射，他们担心导致联盟 11 号失败的原因可能也会导致阿波罗 15 号相同的故障。苏联的回复打消了 NASA 的疑虑，他们说“压力下降是源于返回舱系统一个部件的具体故障，由于这是一个单独而特殊的情况，我们确信它和阿波罗飞船没有关系。”

发射阿波罗 15 号的计划以及随后直到 1975 年的发射都没有受到影响。顺便说一下，阿波罗 15 号的航天员小组将位于他们的着陆点附近的一座环形山命名为“礼炮”，以表示对牺牲的航天员们的敬意。在发射、对接和返回大气层的过程中，所有的航天员都穿着全套压力航天服，以保护他们不因发生快速减压而死亡。假如苏联航天员们当时穿了类似的压力服，他们就能够生存下来。然而，那时美国人针对将于 1975 年进行的阿波罗号和联盟号联合飞行，正在和苏联进行谈判，在斡旋之外，表达了对苏联设备安全性的真实忧虑。

美国方面一直想得到关于联盟 11 号悲剧发生的确切原因的细节信息。经过将近两年的坚持要求之后，美国负责“阿波罗－联盟号”试验项目的官员们终于在 1973 年 10 月在苏联举行的联合会议期间获得了完整的解答。苏联告诉美国官员的信息非常详尽，包括故障本身、飞行后的调查、故障重现试验以及为了保证这样的事故不再重演所要采取的措施等等。“阿波罗－联盟号”试验项目的苏联计划主管康斯坦丁·布舒耶夫（Konstantin D. Bushuyev）教授做了这一次的陈述报告，他说服了很多苏联的高层官员，假如要进行联合项目，那么美国方面的人员需要知道关于联盟 11 号的真相。

根据苏联的陈述报告，致命的减压过程发生的时候，“一个位于轨道舱和返回舱之间交界圆环上的通气阀门在飞船下降轨迹的某个位置无意中开启。”制动火箭点火发动之后，经过 723 秒，两个舱体的分离紧接着进行。在这个飞船上，12 处热爆破装置同时而不是依次点火，将返回舱与已经完成使命的轨道舱分离。爆破的作用力导致内部的压力平衡阀（球阀）机械装置不再密封，这个阀门通常是在比这晚得多的时刻才打开的，那时飞船下降到较为稠密的大气层，于是可以自动调整舱室内的气压。第一个阀门应该在 17 400 英尺的高度打开，而第二个应该在 14 275 英尺的高度打开。然而联盟 11 号上的阀门在 105 英里的高空就打开了，导致气压逐渐但是稳步地下降，在大约30～50秒之内就降低到了致命的水平。在火箭制动点火后 935 秒，舱室内的气压已经降为零气压了，并且保持了 1 640 秒。下降的返回舱进入大气层上层的时候，气压又开始增加。可是这时候对于航天员小组来说，已经为时太晚了。

航天员们当时已经明白了事故的严重性。没有压力航天服的保护，他们可以听见并且可能感觉到漏气。泄漏还导致飞船在坠向地球的时候姿态发生轻微改变，引起推力器自动点火，补偿计划之外的旋转。帕萨耶夫附近有一个手动泵可用，不过要操作它要耗费太长的时间。据说最后的确有一名航天员在几秒的狂乱中试图操作泵，可是无济于事。当航天员的遗体庄重陈列的时候，有人注意到帕萨耶夫尸体的头部有一条伤痕，在一些报告中，这被归结为他试图通过手动操作泵来维持返回舱内的压力。委员会报告说很明显多布罗沃斯基曾试图从座位上起来去检查舱门，他应该认为舱门的密封出了故障，而不是早些报告的传感器。舱门是安全的。其他两个航天员肯定是解开了他们的安全带，试图寻找泄漏气体的声源，可是由于开着的无线电的静电噪声，很难确定它的位置。可能这时候他们关闭了无线电收发器，以便确定出泄漏位置。声源实际上是在多布罗沃斯基的座椅底下，可是航天员们已经没有时间关上它了，他们在自己的座椅上陷入昏迷状态，随即他们的命运就成为定局。

人们判断返回舱内的事件发展得极为迅速。在阀门出故障后 4 秒，他们的呼吸频率就变为正常情况下的 3 倍。失去气压后，他们可能在 10～15 秒内就失去了知觉，并且在阀门出故障之后 50 秒就已经死亡。仅仅过了 112 秒返回舱内就完全没有气压了。据报告说，那时的航天员们并没有接受过在早期紧急启动阀门的训练。

当返回舱进入大气层的时候，自动下降系统还在继续工作。它展开了回收降落伞，在回收队伍看来，除了和航天员小组之间的通信故障之外，它表现得就像一次正常的着陆一样。在着陆点对返回舱做了简单的初步检查之后，返回舱被运走，进行细致的检查。

他们暴露在真空中700秒的时间内，不久就因返回舱内的气压突降导致血液沸腾，最终引起致命的组织损伤。

对姿态控制火箭的每次点火的详细遥测记录进行了分析，结果显示有计划之外的点火，来抵消返回舱气体泄露导致的姿态变化。对压力平衡阀喉道进行的检查也发现了火药的痕迹。所有的信息被汇总并且进行分析，苏联人得以确定事故发生的确切经过，他们也确定航天员的死因只有这一个。这些信息最后解开了围绕着联盟11号航天员之死的谜团。

刚开始，美国的专家们在早期的报告中被告知这个问题与飞船的“germerizatsyia”有关时，他们倍感困惑。因为这个词可以翻译为密封故障或者失去空气密封装置。而且，1971年12月埃德·史迈莱（Ed Smylie）（NASA“阿波罗－联盟号”试验项目的航天员部门代表）从拉夫罗夫（I. V. Lavrov）（苏联的对等职位）那里听到的私人谈话暗示联盟11号的问题出在压力平衡阀。其他苏联人则报告说问题出在保障航天员舱体之间的舱门安全性的密封装置上。有了现在新的资料，NASA在休斯敦的环境控制专家们将它和早期的信息以及提供的资料进行了比较确认，最后断定联盟11号出的问题并不会直接影响到美国的航天员小组。关于联盟11号和美国阿波罗13号不幸事件的信息交换有助于发展了一种伙伴关系，使得1975年7月的阿波罗－联盟号试验项目非常成功。从那时起，在太空事务上交换生物医学信息的行动一直持续了下来。

问题一得到确认，苏联人就修改了他们的硬件设备，避免这样的事件再次发生。他们完成了一系列的地面测试，并且进行了两次无人太空任务飞行（宇宙496号，1972年6月26日－7月2日飞行，和宇宙473号，1973年6月15－17日飞行），这证实了他们所做的修改是成功的。两年多时间之后联盟12号于1973年9月进行了第一次载人航天任务飞行。两名航天员，瓦西里·拉萨列夫（Vasili Lazarev）和奥列戈·马卡罗夫（Oleg Makarov）驾驶一艘改进的联盟号运载飞船，获得了巨大的成功。在发射时、重返大气层时以及进行太空任务的所有关键部分（例如对接操作）时，航天员都穿着轻型的航天服，可以在舱室减压的时候保护航天员。

随着阿波罗计划和天空实验室计划的结束，美国人的航天计划逐渐减少，在航天飞机飞行开始之前，美国人所有剩下来的项目就是“阿波罗－联盟号”试验项目了。而苏联则迅速从联盟 11 号的悲剧中恢复了元气，继续进行他们一系列的空间站任务，包括礼炮号和和平号空间站。联盟 11 号航天员小组将永远受到人们的怀念，他们最先证明了在太空平台上生活和工作是可能的。礼炮 1 号则常常被当作是一个失败，因为联盟 10 号的航天员小组无法进入它，而联盟 11 号的航天员小组则为此牺牲了生命。是的，这些是艰难而不幸的挫折，不过礼炮号空间站——能够支持人类航天员在太空中停留一个月之久——本身却是成功的。联盟 10 号的问题存在于联盟号的对接设备上，否则，联盟 11 号就不会第一个成功地把航天员小组转移到空间站上了。联盟 11 号太空任务虽然出现了不少设备故障，航天员小组缺少经验而且疲惫不堪，并且在离开礼炮号之后遭受了失败的命运。在它最重要的目标上，联盟 11 号是成功的。可是在航天员们的功绩能够受人瞻仰之前，飞船却在归途中失败了。

联盟 11 号还生动地表明，即便是像返回地球这种看似常规的程序，都会始终对每一个航天员小组造成严重的威胁。甚至在成功地达到飞行目标之后，在他们安全地活着返回地球之前，太空任务都不能算胜利结束。

5.4　总结

我们能够看到，从太空返回地球就像离开地球一样困难。我们的大气层，在地球的表面保护着我们并维系着我们生命的同时，也成为任何从太空返回的物体的一道屏障。随着空气分子浓度的增加，摩擦也随着增加，这会导致任何没有保护的飞船烧毁。还有一点很重要，就是要以一定的角度进入大气层，因为进入角度太大的话，会导致（飞行器）温度升得太高，被彻底烧毁。而进入角度太小的话，飞船会匆匆离开大气层，重新进入太空，就像石子擦过水面一样，这样可能就无法进行第二次返回尝试了。

在进入大气层的事件序列中，不仅开始时候的条件要正确，结束时候的条件也必须无误。天气和设备在从太空回收飞船的过程中扮演着关键的角色，而与太空飞行的其他方面一样，在飞船上加入人类航天员小组，会使得能让飞船从太空安全返回的系统的复杂性大为增加。

到目前为止，有 3 种方法可以用来从太空回收航天员小组：溅落在海洋中，早期美国太空任务喜欢采取这种方式，因为回收区域的尺寸够大，水的缓冲性能好，而且美国海军舰队的资源丰富；苏联/俄罗斯喜欢采取陆地上定点回收方式，这由于苏联辽阔而相对安全的中亚大草原提供了比海洋回收更容易的回收区域，虽然苏联也曾在自动的载人登月飞船和早期的航天飞机试飞中采用过海洋回收的方式；此外还有跑道着陆的方式，它是为火箭研究飞机和升力体而开发的，并且成为航天飞机的主要着陆模式。

虽然美国人更喜欢海洋的方式而苏联人更喜欢陆地的方式，这两个国家都曾经准备让航天员在陆地和水面上（1976 年联盟 23 号航天员就经历过）着陆。此外，虽然跑道是航天飞机的主要着陆方式，它理论上也可以在水上着陆，不过这是返回发射场的异常中止模式，它是否能够真正安全地完成，还值得怀疑。没法对它进行模拟，除非有一天为了挽救航天员小组的生命，真的要求如此去做。

回收技术还包括使用降落伞和轮子，还曾经打算在双子星号返回着陆的时候使用滑翔伞，虽然试验过，不过并没有在实际运作中用来从轨道上回收航天员小组。航天飞机使用在火箭飞机时代开发出来的无动力滑翔进场着陆技术，它只能一次成功，如果进场失误，就没有第二次机会。在 6 架航天飞机——企业号、哥伦比亚号、挑战者号、发现号、亚特兰蒂斯号和奋进号——约 100 次着陆飞行中，没有发生一次大的着陆事故。

利用降落伞让航天员小组从太空返回——所有早期的美国太空任务以及所有的苏联太空任务——有一个风险，就是一旦飞船离开发射台，那么无论降落伞是否能够打开，地面控制中心人员都无法再进行控制。还可以提供备用降落伞，不过肯定是希望同海洋或陆地发生碰撞之前，降落伞能够及时展开，让飞船减速。

用降落伞从高空回收人类探索飞行器，始于 20 世纪 30 年代的平流层气球计划，而在 1961 年到 1975 年美国的 31 次载人航天任务中，所有的航天员小组都用降落伞降落到海面上从而成功回收，只有阿波罗 15 号的 3 具降落伞中的一具发生故障没有打开。阿波罗 12 号发射时曾遭到闪电袭击，人们担心在指令舱顶部、位于发射逃逸系统的火箭保护罩之下的降落伞系统可能被损坏了。不过考虑到既然要发生这种情况，航天员小组或者地面也都无能为力，所以登月太空任务还是继续进行，10 天之后答案自见分晓。就在下一个的阿波罗 13 号太空任务中，飞行时发生爆炸，航天员小组在几乎冰冻的飞船中度过 4 天之后，终于得以返回，这时候同样出现了对于降落伞系统的担忧，一切都有赖于降落伞的正常工作，这样航天员小组才能在这次严酷的考验中生存下来。

至于苏联方面，东方号的航天员们在经过黑障期之后，选择弹射，用个人降落伞降落，而空的返回舱则在它自己的伞盖下降落到地面。重新设计的东方号返回舱（飞行时命名为东方 1 号和东方 2 号）不能为每个航天员提供弹射座椅，所以他们留在舱里，用降落伞着陆。几乎所有的联盟号飞船在结束它们的太空任务时，都是用降落伞下降的，只有其中之一——联盟 23 号——降落在水上。虽然联盟 11 号的航天员小组由于飞船上的空气平衡阀发生故障而丧生，而在联盟 5 号结束任务时，沃里诺夫的返回舱降落伞只有部分张开，不过只有联盟 1 号上的科马罗夫碰到降落伞故障并且直接导致他的死亡。

阿波罗 7 号的航天员小组回收的时候因为感冒而不得不擤鼻子来减轻鼻腔内的压力。航天员小组决定不戴增压头盔，这引起了飞行小组和任务控制中心之间的一些摩擦。没有压力服导致了联盟 11 号航天员们的牺牲，从 1973 年联盟 12 号开始，所有的俄罗斯航天员小组在发射升空和着陆时都穿上了压力服。从 1988 年起，作为挑战者号事故发生后采纳的建议之一，航天飞机在发射和返回大气层的时候，航天员们也都要穿上压力服。

所有的航天员都受过在远离正常着陆区的地点进行紧急着陆的训练。对于航天员谢尔盖·沃索维科夫（Sergei Vozovikov）而言，这种训练夺去了他的生命。1992 年他在黑海举行的一次海上测试中，被废弃的渔网缠住，溺水身亡。对于这种技术的要求，部分是由于下面一些事件：1962 年，卡彭特驾驶曙光 7 号在着陆时越过指定着陆区；1965 年上升 2 号飞船在远离预定着陆地的一个森林中着陆；而 1975 年联盟18－A号的航天员们则在紧急中止发射段飞行时紧急着陆。

对于进行长期太空任务的航天员小组来说，着陆返回有赖于在太空中的准备和定期锻炼。在微重力环境下逗留了数月之后，骨骼和心脏都会变得脆弱，航天员们在离开飞船的时候需要别人帮助。很多苏联的航天员在结束太空任务的时候，都是靠别人从飞船的返回舱抬出的。航天员小组必须在太空中保持健壮的身体，才能在结束任务，返回一个重力加速度环境时，承受这种变化。例行的锻炼可能乏味并且耗费时间，不过为了保证迅速恢复到飞行前的状况，这是必要的。在诸如 1997 年和平号事故这样的事件中，航天员的时间被迫用于生存，日常锻炼的优先权相对较低，这时候就增加了问题的难度。

1996 年，航天员姗侬·露西德（Shannon Lucid）证明她可以在和平号上停留 188 天之后，照样能够走出航天飞机。苏联航天飞机驾驶员埃戈·沃尔克（Igor Volk）在 1984 年，阿诺塔利·列夫曾科

（Anotaly Levchenko）在 1988 年分别在结束他们的联盟号太空任务之后不久，驾驶图－154 飞机进行了飞行，这种飞行技巧的示范是为了证实在微重力环境下停留一周后再紧接着突然回到重力环境所造成影响，这种变化在一次航天飞机任务结束的时候就会碰到。沃尔克在驾驶图－154飞行之后，穿上飞行服，驾驶米格－25 飞机飞到了 1.5 英里的高度，接着完成了一次无动力着陆过程。

航天飞机驾驶员们已经证明，在太空中停留一周之后，在自动系统的帮助下，完全可以做到在跑道上降落有翼飞行器。航天飞机最长的飞行时间达到了 17 天，之后安全着陆，这种情况下航天员还是能够保持对他自己肢体的控制。虽然双腿会觉得沉重，并且举步维艰，不过经过 3 周的轨道飞行回到地球，能够这样已经很不错了。

第 6 章　未来太空

6.1　概述

国际空间站的建设代表了人类探索太空的下一项主要进展。在建造工程完成之后，国际空间站的运行会给航天员带来新领域的飞行风险，包括在训练、发射、飞行和收回等过程中均存在风险。

在国际空间站建立之后，我们可能会再次将我们的注意力集中到月球及更远的火星，也就是离我们太阳系中两个最近的可以达到的目标。很多危险将和对这两个天体的探索联系在一起，不过它们取决于我们选择用来到达那些目的地的方法，也取决于运输系统的设计。然而，任何探索月球和太阳系行星的人类计划肯定有关键因素，我们在将人类送出地球之前，必须对这些因素加以重点考虑。

在设计最后成为国际空间站的项目时，吸收利用过去的经验是考虑点之一。随着国际空间站设计工作的开展，NASA 在“人一系统”集成标准（MSIS）库下建立了一个文档体系，一个相关的数据库和各种关联视频。这原先是列在 NASA 的 STD－3 000 名下共 4 卷，可以随着 NASA 载人航天部门的新计划的发展而进行扩充。

这些文档将会取代所有 NASA 航天中心的人类工程标准文档，而且它的设计目标是瞄准发射、再入、轨道运行和地球外环境等关键领域的人机直接交互集成，为他们提供详尽的用户信息。它们定位于设计、系统、可维护性等领域的工程师，以及运营分析师和人因工程专家，并且牵涉到所有 NASA 载人航天计划的定义和开发。

波音公司联合 3 个分承包商洛克希德导弹和空间公司、埃塞克斯（Essex）公司和卡莫斯（Camus）责任有限公司，共同为 NASA 编辑了这些文档。在发表前的最终内容检查工作由一个政府/企业的顾问团来完成，他们包括专家团以及很多特邀代表，这些代表是从各个美国主要航空公司、支持承包商、NASA 航天中心和总部、其他政府机构以及与国际空间站计划有联系的非航天公司邀请来的。MSIS 的最初内容发表于 1987 年 3 月，并且从那时起不断进行更新。

利用在过去的航天计划中积累的知识和经验，结合最新的科技信息，这项工程被分为 12 个影响载人航天器设计的关键领域。它们是：人体测量学和生物力学；人员绩效；自然和人工环境；航天员安全；健康管理；结构构造；工作站；活动中心；硬件和设备；可维护性设计；设备管理；还有舱外活动。其中，所有关于航天员小组成员健康和安全方面的设计考虑都列在航天员安全这一领域之内。专门的课题领域涉及机械、电、热或者燃烧性质等各方面产生的危害；另外，还有一些对航天员安全有影响的相关领域与交叉影响因素，如人员绩效、自然和人工环境、结构构造、工作站、硬件、设备可维护性和舱外活动等。

通过遵循这些准则和考虑事项，很多潜在的危险和设计错误在发射之前的硬件设计阶段就能够得以控制。反过来看，对在国际空间站上航天员的生活和工作，以及以后跟进的航天器来说，这样做可以控制风险，降低安全隐患。

6.1.1　国际空间站

1997 年 11 月，国际空间站第一个组件——曙光号控制舱终于从哈萨克斯坦境内的拜科努尔航天发射场由俄罗斯质子号火箭发射升空。1997 年 12 月，由美国 STS－88 任务的航天员携带团结号节点舱，在轨道上与曙光号控制舱实现了对接。

国际空间站的建设——将有 16 个国家参加，在美国、俄罗斯、南美和亚洲的发射中心进行 45 次发射，费时至少 5 年。国际空间站将由超过 100 个主要部件组成，将会涉及 75 次总计 1 000 小时的舱外活动。国际空间站的预期轨道寿命是 30 年，将成为有史以来要求最高的国际建设工程项目。

在早期的空间站计划（如俄罗斯的礼炮号或者美国的天空实验室）中，整个空间站只需要进行一次发射进入轨道，然后用小型单任务飞船运送航天员小组进入无人的空间站。发展到和平号空间联合体的时候，航天员小组在空间站上停留时间较长，且进行定期的轮换，更多的研究舱也加到和平号核心舱上，还进一步利用了进步号货运飞船，并且利用美国航天飞机进行了第一次重要的后勤再补给。

虽然过去空间站运行的经验是有用的，但这不能与国际空间站的建设相比，国际空间站的每次发射都有赖于以往任务的成功。国际空间站的发射清单曾经被一名 NASA 雇员比作“排成一排的多米诺骨牌”，一块倒下，就会导致整列骨牌连锁倒下的破坏效应。这种“多米诺骨牌效应”可以清楚地得到证明，例如 1999 年夏季俄罗斯星辰号服务舱反复推迟发射，还有美国设备在飞行认证上遇到不少困难。1999 年 6 月进行的第二次也是那一年最后一次空间站任务是后勤补给任务，这次任务还突出了空间站各舱体里的空气质量问题。虽然所有这些障碍都可以克服，不过却要耗费时间，因此接下来的发射任务被迫在日程表上推迟。在第一批常驻的航天员小组进入空间站，开始在这个联合体里定居前，必须发射俄罗斯的服务舱。到 1999 年末，国际空间站已经运行了一年，可是这时候计划完成情况也已经落后日程表将近一年了。

如果计划的拖延更为严重的话，会导致一架航天飞机损耗或者停飞，使得航天飞机机群的总运载能力下降 25%。实际上，只有 3 架航天飞机负责国际空间站的运行，所以这将意味着国际空间站航天飞机机群三分之一的有效载荷损失。哥伦比亚号（OV－102）并没有装备来进行国际空间站太空任务的飞行，虽然它理论上可以改装来进行这样的任务，可是成本的制约却是个问题，而且用另外的航天飞机(OV－106)来代替（就像奋进号 OV－105 取代损失的挑战者号 OV－099 一样）的可能性微乎其微。洛克韦尔公司/波音公司经历了挑战者号事件后，也没有准备好供应飞行备用部件、工具以及提供合格的人员。

国际空间站的艺术效果图，准备于 2004 年左右建成①。预计国际空间站将成为此后 30 年人类太空飞行活动的下一个主要关注的焦点

在国际空间站建设以及它的整个运行寿命中，已经确认了几个需要考虑的因素，可能对联合体上的航天员造成严重的伤害。为了处理这些事项，NASA 为国际空间站的危险事件设立了 4 种安全警示级别。

6.1.1.1　航天员安全

空间站不断增大，而且要支持不断轮换的常驻航天员小组，航天员安全和救援事项成了需要持续关注的重要问题。1997 年和平号系列事件显示，甚至是正常而普通的空间站家务琐事或者运行事务，都可能在毫无警告的情况下突然发展成为威胁生命的状况。

在国际空间站上，有几种报警方法和实时监控各舱状态的信息系统，时刻为航天员所掌握。包括仪器和显示面板上的指示灯，以及空间站上的声音设备发出的不同种类的音调，还有便携计算机系

① 由于国际空间站计划的延期，至今尚未完全建成。——译者注

统上显示的图文信息。

4 级警示级别为：

• 第 1 级，紧急。这种情况下某事件导致威胁到航天员生命的情况，要求立即采取行动。在国际空间站上只定义 3 种紧急状况：增压舱内着火或者冒烟；舱室气压水平的迅速变化；以及有毒气体环境。

• 第 2 级，警告。这种情况下探测到硬件和系统故障，要求航天员小组立即进行纠正，避免对太空任务的重大打击，或者可能造成空间站或航天员小组的损失。这样的故障可能是制导、导航和控制（GNC）计算机彻底损坏，或者检测到舱室高压，或者用来进行联合体姿态控制的控制力矩陀螺子系统发生故障。

• 第 3 级，注意。超出了许多条件，尽管并非处在关键时刻，但如果置之不理，意味着它们可能发展到警告状态。它们包括备用制导、导航和控制（GNC）计算机损坏，S 波段通信基带信号处理器（它处理通过跟踪与数据中继卫星系统（TDRSS）传来的国际空间站指挥和控制系统的遥测数据，然后传给位于休斯敦的太空任务控制中心）发生关键故障或者 4 个控制力矩陀螺中的一个发生故障。

• 第 4 级，提示。这是非注意和警告级别的信息，提供系统和进程状态信息给航天员小组。它包括 S 波段基带信号处理器的非关键故障，以及（电子开关的）远程动力控制舱的启动装置的非关键故障。

此外，国际空间站的航天员健康服务系统（CHCS）是 3 个子系统的联合，每个子系统涉及 3 个主要健康关注点中的一个方面，它们都与不断得到扩展的人类太空飞行持续时间相关。根据国际空间站训练和大家熟知的文件要求，航天员健康服务系统的目标是“通过确保国际空间站航天员们处在健康、安全、舒适和最佳状态，使得延长人类在太空中的停留时间成为可能”。

3 个与航天员健康相关的关注点是国际空间站发展过程中早期定义的，后来又加上了太空飞行的生理学对策、环境监控和医学保健。

航天员健康服务系统的每一个子系统涉及的关注点为：

• 对策系统（Countermeasures Systems，CS）评估航天员小组的适应性，并提供相应对策。并且在执行这些对策的时候对每一个航天员小组成员进行评估。

• 环境健康系统（Environmental Health System，EHS）监测空气和水的质量，检测其中的化学和微生物污染。它还监测辐射水平和表面微生物污染，还对水、微生物学、辐射和毒理学等 4 个领域进行监测。

• 健康维持系统（Health Maintenance System，HMS）监测航天员的健康，对每个人的疾病或者受到的伤害作出有针对性的反应，提供预防性的保健和保养。它还支持急诊病人在不同航天器之间的运送，例如从国际空间站返回地面途中控制病情和采取生命维持措施。

6.1.1.2　航天员救援

在航天飞机对接在空间站联合体以前，国际空间站有足够长的寿命，能提供在轨航天员等待救生与返回系统的到来。对接的航天飞机提供了对国际空间站的最初访问。第一批常驻航天员小组将利用对接的联盟号飞船来进行支持，它除了在航天员小组轮换的时候起到往返空间站的运输作用外，还可以——至少在装配完成（2005 年）前——用来撤离航天员小组，因为当有常驻航天员小组在空间站上的时候，总会有一艘或者两艘可容纳 3 人的联盟号飞船对接在空间站上。联盟号飞船自身会由新的飞船接替，这个和礼炮号以及和平号空间站的情形类似。

航天员救援飞船（CRV）或航天员转移飞船（CTV）可以为整个 6 人常驻航天员小组提供紧急返回的能力，一直到 2005 年后。最后的设计还在进行评估，不过当前的设计有些类似于 20 世纪 60 年代和 70 年代的航空航天器。按计划航天员救援飞船将在建设阶段的末期投入运行使用。CRV/CTV 将会有自动脱离轨道和着陆的功能，允许 6 人航天员小组完全撤离空间站，假如他们能够在 1 分钟内抵达 CRV 的话。对于着陆地点的选择，航天员小组有能力进行人工控制。

6.1.1.3 轨道碎片

就在 1999 年 6 月 STS－96 任务航天员小组从国际空间站返回后不久，美国空军航天指挥中心向国际空间站飞行控制人员通报说，可能有一节废弃的俄罗斯火箭会紧密接近已经无人的国际空间站。早期的预报显示紧密接近的距离只有 1.5 英里，不过 6 月 13 日的实际最近距离是 4 英里多一点。无论何时，只要发生轨道碎片非常接近联合体的情况，都有必要对和联合体的移动相关的手段和程序进行评审。作为这次相遇的结果，针对预计的下一次发生在 1999 年 10 月 25 日的轨道碎片紧密接近，国际空间站利用曙光号的轨道调整发动机向高轨道方向移动了 1 英里，以避开一节废弃的飞马座火箭。如果没有进行点火操作，这节火箭经过国际空间站的时候，和它的距离将最少只有 0.8 英里多。5 秒钟的点火使轨道速度增加了每秒 3 英尺多一点，因此增加了轨道高度。结果这节飞马座火箭和空间站错开了 15 英里。第二天早上又进行了小的调整点火，把空间站移回到它原来的轨道高度。

随着太空碎片的增加以及空间站结构体尺寸的增大，和一块旧的非自然来源（人造）的太空硬件发生轨道撞击的风险长期以来都是人们关注的重点之一。1997 年 12 月 16 日美国国家研究委员会一份关于轨道碎片的报告声称它们对航天飞机航天员造成的风险并没有引起 NASA 的足够重视——航天部门对此进行了驳斥。报告指出大概有 95％的存在威胁的物体（尺寸小于 2.5 英寸）无法用地面追踪设备（例如雷达和其他国防部操作的系统）探测到。委员会的报告还指出流星体和轨道太空碎片是造成航天飞机太空任务出现故障和提前结束的唯一最危险的威胁，而在最近的几年内，在航天飞机任务期间发生灾难性的撞击事故的可能性已经从每 134 次太空任务发生 1 次增加到了每 84 次发生 1 次。在提交报告的时候，已经飞行了 88 次太空任务。如果挑战者号事故被排除在外，因为它被归类为

在装配的第一年，当航天飞机没有对接在上面的时候，航天员小组的救援工作将由俄罗斯联盟号飞船进行，它类似于图中所示对接在和平号上的这一艘

发射事故，那么按几率来说可能发生撞击事故的太空任务已经超过 3 次了。根据国家研究委员会的报告，很快就有可能发生一次和太空碎片的大撞击。

作为答复，NASA 负责轨道碎片问题的首席科学家和风险规避项目经理尼古拉斯·约翰逊声称这并不真实，该报告是对事实的曲解。约翰逊答复说，航天飞机飞的次数越多，NASA 就越准确了解到底是什么会导致严重的破坏。那时，航天飞机飞行已经表明比原先设想的更具活力。

在 NASA 每一次的航天飞机飞行任务计划进度表中，都会对太空碎片在轨道上撞击航天飞机的可能性加以考虑。为了确定这种潜在的风险，航天部门采用了美国空间指挥报警系统。当航天飞机在太空中飞行的时候，被追踪的 8 000 块轨道碎片中任何一块如果经过航天飞机前后各 13 英里、两侧或者上下各 2.5 英里的报警区的时候，位于休斯敦的航天任务控制中心都会接到通知。

在航天飞机飞行运营的早期，计划工程师认为保护机翼表面的任何一块碳纤维板发生破损，都会导致航天飞机在重返大气层的时候烧毁。另外，还估计散热器管或者气动舵面如果发生破损，会导致主要系统故障。经过将近 100 次飞行之后，人们相信航天飞机可以承受小的破损，这取决于破损发生的位置。在非关键部位，甚至有一个大洞之后都能够坚持住，允许航天飞机安全着陆。在航天飞机升级期间，另一种位于机翼保护板下面的称为“Nextel”的陶瓷纤维材料，以及覆盖着铝带的散热器管（它带有新的用来对冷却剂泄漏进行保护和隔离的隔离阀门），都在国际空间站的建设期间增加了航天飞机系统的安全性，估计由于空间碎片撞击导致主要系统发生故障的风险为 700 次飞行任务发生 1 次。

随着国际空间站的发展以及它的轨道运行时间的增加，甚至是最小的碎片造成严重撞击的可能性也会增加。和只有数天轨道运行时间的航天飞机不同的是，国际空间站的轨道运行时间长达数十年。对回收的“长期暴露装置”（1984 年用航天飞机部署，1990 年收回）的研究，以及对和平号联合体过去的经验分析，已经为在一个较长的时期内碎片撞击航天器结构的严重性提供了额外的信息。

6.1.1.4 辐射

对于国际空间站上航天员安全的另一个忧虑是他们暴露在辐射之下，尤其是在建设联合体的过程中，要完成大量的舱外活动，这期间辐射问题更为严重。在计划的 75 次舱外活动中，总的舱外活动累计将达到 1 500 多小时。空间站于 1998 年开始建设，预计最早 2004 年完工，正好处在周期为 11 年的太阳活动周期的活跃期顶峰，期间会产生剧烈的太阳风暴，喷射出高能带电粒子流，将经过空间站的轨道路径。

早期自由号空间站的计划，轨道倾角是 28°，允许从位于佛罗里达州的肯尼迪航天中心发射升空，利用地球自转帮助把沉重的有效载荷放到轨道上，允许航天飞机在每次发射的时候携带最重的有效载荷。1993 年俄罗斯加入国际空间站计划，因此空间站的轨道倾角变为 51°，以方便俄罗斯从拜科努尔航天发射场发射。以前礼炮号和和平号空间站都是在这个轨道倾角上飞行的。

由于地球自然辐射带的保护，在这个轨道倾角上的暴露程度并不致命，不过空间站经过南大西洋异常区——在该区高度为 600～3 000英里的地球环状等面辐射带的最内层下降到距离地面只有数百英里的时候，会对空间站上的航天员们造成严重的威胁。然而，航天任务控制中心无法及时传递太阳耀斑的尺寸和形状数据给航天员，让他们立即采取行动。地面上的飞行指挥人员从第二方（例如国家海洋和大气局）接收信息受到限制。促使 NASA 不得不使用来自国家海洋和大气局及其他基于太空的气象数据，建立并提供相关模型，使国际空间站周围的“太空天气预报”成为可能。

辐射的威胁虽然并不会直接致命，但是确实会造成严重的情况，有时候相当于几百次 X 光胸透的剂量，在极端的情况下，可以让人得重病；而在超高剂量的辐射下，可以使人减寿。

国际空间站航天员小组吸收的辐射有三个来源：星系宇宙射线、俘获辐射和太阳粒子事件（太阳耀斑）。在和平号太空任务期间测量的数据提供了一个很好的基线，由此我们可以估计在国际空间站上会获得的辐射量。1989 年 9 月 30 日，航天员亚历山大·维克托连科（Alexandr Viktorenko）和亚历山大·谢列布罗夫（Alexandr Serebrov）——当时和平号上的常驻航天员小组——接到警告说会有一次太阳耀斑大爆发。正常情况下，一次太阳耀斑爆发产生的效应在空间站内只能记录几天的时间，可是这次太阳耀斑的结果却持续了 10 天之久。据估计，他们暴露在这次辐射下的效果，相当于给他们 168 天的太空任务增加不到 14 天的辐射量。

在空间站的建设阶段，随着它的发展，整个空间站中适当的航天员保护也会有所变化。在国际空间站运行期间，辐射监测和预防将是航天员小组时间管理和安全的一个固定不变的内容。会给每个航天员小组成员提供两个个人辐射剂量测量仪，分别记录在空间站内和空间站外进行舱外活动时受到的辐射量，这将有助于对每个航天员停留在空间站轨道期间的辐射量进行预测和文档记录。

国际空间站的建设和运营还有助于研究大型结构体在很多年里长期暴露在空间环境情况下的变坏情况，这也是一个重大的进展。飞船结构和体系的环境效应的数据已经从一些途径得到，例如在轨道上运行了6年的“长期暴露装置”以及对运行了13年的和平号联合体的外部进行的检查，还有航天飞机每次结束任务返回后对航天飞机结构进行的将近100次飞行后检查。这些资料将和从国际空间站收集的数据一起，用于未来太空硬件的设计。未来的太空硬件将会更具活力，更适应在太空中运行。这将允许我们造出寿命更长的结构，为未来的航天员提供更多的保护和可靠性。

6.1.2 返回月球和太阳系内行星

国际空间站建成之后，人类探索的下一个比较合理的目标是重返月球，并且开始初步探索火星。离开了地球轨道的保护，新的危险正在等待着航天员们——无论是在月球上，还是探索我们太阳系内的行星。

6.1.2.1 月球

探索月球的优势是我们曾经到过那里。阿波罗计划为我们提供了有限的却是很有价值的经验，以及冒险登上月球、在月球表面生活和工作的相关知识。它还向我们显示了当系统在近地球轨道之外发生故障的时候，让航天员小组安全返回地球的困难性。阿波罗13号事故是设备故障和发射前设定的程序缺陷所致，并不是因飞往月球而直接引发。在任何未来的探索中，如果有到月球这么远的距离，那么必须要求有合适的航天员小组救援和回收系统，以防万一这样的状况再一次发生。拯救了吉姆·洛弗尔和他的航天员小组的是他们的训练经验，还有仍可以正常工作的登月舱以及地面控制人员修改飞行计划保证受伤的飞船迅速返回的技巧。对于下一代的月球探索者来说，一个能够支持他们直到获救，或者可以紧急返回地球的飞船或者系统，必须加入到飞行的计划表中。

在月球表面，6 个双人阿波罗航天员小组都是很幸运的，因为登月舱上升发动机每次第一次点火之后，都能够让他们开始登上归途。虽然这种发动机的设计和操作都很简单，可是假如它当时不工作，那么两个不幸的月球探索者可能早已经死去，并且毫无获救的可能。最初的阿波罗之后的月球探索计划（后被取消）的一部分包括了不同的登月舱，它们将登陆月球，不带航天员小组，但是带着居住舱。它将允许航天员们在他们各自的登月舱中登陆月球，停留在月球上长达两个星期。在主登月舱无法离地升空的时候，居住舱还可以用作庇护所/救生船，保障航天员小组的安全，直到救援飞船赶到。很可能未来的人类登月飞船将会集成经过国际空间站评估的居住舱组件，而这些居住舱还可以用来在月球表面建造第一个研究基地。

月球赤道上的温度变化可以从月球正午的 261 华氏度变到月球天亮前的－279 华氏度。月球表面除了来自太阳和其他辐射源的电离辐射，还有微陨石的不断轰击，因此为月球探索者提供合适的保护是需要直接考虑的因素。阿波罗登月舱和压力服为微陨石袭击和温度变化提供了足够的短期保护，但是它们无法保护航天员避免辐射的侵害。利用月球的土壤作为遮盖，任何登月舱都可以为未来的月球探索者提供足够的保护，免遭极端温度和微陨石撞击的伤害，并且能够将辐射透射量降低到一个可控的水平。利用舱外活动服上的辐射计数器，航天员的个人在月表长期活动期间的辐射暴露量也可以得到监测，使它处于 NASA 设定的标准之下。

月球灰尘污染也是一个早在阿波罗太空任务期间就碰到的问题。月球的重力只有地球上的 1/6，灰尘不仅覆盖并且塞满放在月球表面的仪器和实验装置，而且在舱外活动之后，也成了登月舱内的一个问题。月球灰尘覆盖在舱外活动服的表面，在每次舱外活动结束的时候被带入。登月舱里面并没有可以有效清洁舱外活动服或者从登月舱舱室表面灰尘微粒的设备。阿波罗登月航天员们发现灰尘钻到他们双手和手指上的皮肤上，钻进指甲里面，他们回来后，费了好大的劲进行清理。幸运的是阿波罗登月航天员小组只在月球上逗留了几天，避免了长期吸入月球灰尘微粒所带来的更为严重的问题。让这些灰尘进入肺部的肺泡最末端会导致疾病，类似于石棉沉着病或煤矿工人从矿井吸入煤粉引起的疾病。在未来的月球研究站中，利用舱外活动压差隔离室和气流，可以减轻这个问题，限制灰尘进入主生活环境。

6.1.2.2 火星

阿波罗需要飞行大概 3 天的时间抵达月球——不过并不是因为土星 V 号火箭不能推进得更快，它可以在 24 小时内完成。问题在于阿波罗服务舱发动机的能力，它必须让飞船减速到能够被月球较弱的引力场捕获的水平，要不就会飞入星际空间。飞往火星的人可以利用大行星更大的引力，以比接近月球更快的速度接近火星，不过问题是火星离地球太远。

火星是太阳系第四行星，距离太阳大概比地球远 50%。这个红色星球绕太阳运转的周期是 686 个地球日，当它的轨道离我们的行星最近的时候，大概只有 3 800 万英里。当两个行星相距最远的时候，距离可以增加到 24 800 万英里。现在还没有设计出来可以直接对抗太阳引力的推进系统，无法在两个行星最接近的时候从地球直接飞往火星。

为了从地球飞到太阳系的另一个区域，所有的从地球进行的发射都要经过太阳椭圆转移轨道，该转移轨道与地球和目标行星轨道相交，该目标行星可能是最终的目的地，也可能是用来作为一个过渡轨道，让飞船可以飞往下一个目标。利用过渡轨道方法可以使用推力尽可能小的推进器，而且可以在途中纠正飞行路线。

飞往火星的最佳发射时机是两个行星相距最远的时候——也就是所谓的霍曼转移轨道。飞往火星的时间最少是 180 天去 180 天回，停留的时间大概是 550 天——任务周期长达 910 天，也就是 2.5 年的太空任务。然而，人类在太空中进行一次太空任务度过时间最长的纪录（到写书统计时间为止是 438 天零 17 个小时 58 分钟，也就是 14 个月），是俄罗斯航天员瓦列里·波雷亚科夫（Valery Polyakov）博士创造的，他在太空中的总计时间超过了 679 天。根据他的经验，在长期太空飞行中最大的障碍是心理上的。国际空间站的多国背景和性别混合的航天员小组，有助于在离开地球奔向太空中更遥远的目标前，克服这些障碍。

由于并没有飞往火星的明确承诺，所以现在对于完成这项壮举，有很多的飞行方案和飞船设计方面的提议。当前最可行的方案是在派送航天员小组之前，发射往返于地球—火星之间的往返飞船。这使得在同意派航天员小组登陆火星之前，可以对一架可用的往返/救援飞船进行全面检查，并且获得足够的支持。在确切的方案和硬件落实之前，关于航天员小组的确切风险评估是靠不住的。

火星，红色的星球——人类探索的下一个重要目标（图片来源于NASA/空间望远镜科学研究所）

然而，无论选择什么方案和硬件设计，无可避免的长时间太空任务肯定会增加在辐射中的暴露时间。在最弱的太阳活动周期内飞行，并且在任何居室的周围为航天员小组提供防辐射装置（铅，甚至是水装置），那么可以把辐射水平降到可接受和可控的限度之内。

人类飞往火星遇到的另一个威胁是这个行星上严重的沙尘暴。在着陆前，先让飞船进入火星轨道对地表的情况进行勘查，可以为航天员小组提供机会，避开在他们抵达时可能发生的沙尘暴。

另外，经过几个月的无重力飞行，登陆航天员小组能不能在重力环境下安全降落还是一个需要评估的因素。在飞往火星和从火星返回的过程中，内建在飞船之中、能同时对飞船进行热控制的小重力诱导系统（类似于阿波罗登月任务中发生的“烤肉式”转动），会影响飞船的设计和在惯性飞行阶段的运行。假如母飞船中改装了一个小重力诱导的系统，若在飞行中出现了故障，那么船上支持航天员的系统（生命支持、废弃物管理、制导和导航等）也都必须能够在微重力下运行。

在登陆舱上，着陆阶段必须有一个合适的紧急中止系统，这样在停止着陆的时候就可以派上用场。它应该允许返回母飞船，或者停留在一个安全的火星轨道上，允许进行救援。在火星表面，航天员小组必须要有能够抵抗风暴的设备，以及一个合适的压差隔离室系统，防止居住环境被火星的灰尘污染，他们还应该能够在上升发动机无法点火的时候在火星上逗留更长的时间，以便让第二架登陆飞船有时间从轨道上赶来，或者甚至有时间等待从地球上派出的执行救援任务飞船赶到。

自给自足、系统冗余能力和偶然事件处理都应该是最开始的火星探索太空任务的主要特征，直到我们能够建立火星研究基地或者轨道研究站，使“地球一火星一地球”运输系统具有更强的机动性为止。

6.1.2.3　金星和水星

这两个行星进行人类探索的可能性比较小。金星可以用来作引力弓（Gravity Slingshot）动作，以达到飞往太阳系的其他目标，可能成为火星航天员小组返回途经的最近目标。无人飞船已经记录到了环绕金星的大气层有极高的压力和气温，还有酸雨——这些都不适宜人类进行探索。

水星没有大气，温度在±360 华氏度之间极端变化，而且具有极高的辐射水平，这些都让人类探索变得极不可能。这个行星到太阳的距离只有地球的一半，因此接受的热量大概有地球的 4 倍。飞船将需要更苛刻的热防护，精密仪器和设备的指向应该远离太阳方向，而航天员小组则应该躲在永久性的遮光罩后面。在金星的轨道上进行任何人类舱外活动时，辐射水平将具有极高的危险性，所以可能将由机器人舱外活动系统来进行舱外活动。

6.1.2.4　小行星和彗星

人类探索更为可能的目标是遍布在太阳系内的大量的小行星、彗星和近地天体（Near－Earth Objects：迁移的小行星或者烧掉的彗星）。小行星任务将可能是交会和近距离探测，而不会进行登陆。要在不与小行星发生碰撞的前提下进入安全的轨道，这是一个新的挑战。在小行星上采集完样品后，我们将有可能对火星外围的小行星带中成百上千个可能的小行星目标进行矿产资源的开采。

彗星对于一个航天员小组来说更不容易到达。当彗星在火星的轨道之外，距离太阳很远的时候，接近它是“安全的”。假如彗星接近太阳，它会被加热，气体、冰和灰尘从彗星的冰壳下面喷射出来。这些物质受太阳风驱动，就形成了彗尾。在这种环境里工作，就像在雷区工作一样。即使离太阳很远，彗星也可能在引力作用下突然喷发并且抛射出物质。而且也没有肯定的证据表明彗核具有坚固性。它可能类似于黏稠而多泡的奶昔，或者可能是一个“像雪的脏球”或“脏雪球”，任何在它的“表面”着陆的尝试可能只会导致沉陷！

6.1.3　外太阳系

在小行星带之外是气态的巨行星木星、土星、天王星和海王星，还有小型的由岩石组成的冥王星。人类对于这些遥远位置的探索只可能在很远的未来进行，将依赖于新形式的飞船推进系统。在所有的外行星中，可能木星和土星是未来太空探险最有吸引力的目标。

人类探索木星系统时能碰到的最大威胁是它的各个辐射带，它们比我们自己的范·艾伦辐射带要强数千倍。不幸的是木星里的3个卫星——木卫一、木卫二和木卫三，它们是最让人感兴趣的，也正好在这些辐射区域内。任何要进行舱外活动的航天员进入这些区域可能会导致立即死亡，甚至机器人系统都必须要有高度先进的系统才能防止辐射污染。这些高水平的辐射会导致玻璃变黑，电子表走时不准，计算机组件发生随机故障，而CCD芯片更会受到干扰。

我们有可能探索木卫四，它是木星外层的最大一颗卫星，还可能支持无人的自动探测器在强大的辐射区域之外进行探测。木星还是一个很好的引力弓，可以借此抵达太阳系周围的其他目的地，例如太阳系的两极或者向外飞往土星，先锋10号、先锋11号、旅行者1号和旅行者2号以及尤利西斯号等自动探测器都利用了这一点。

人类飞往土星最感兴趣的目标是它最大的卫星土卫六，它有甲烷大气层，温度在零下302华氏度左右。人类研究平台可以支持一个自动的采矿装置，不过和任何范围超出月球之外的太空任务一样，如果要支持和保护航天员，保证他们的安全，这种复杂性会大大增加飞往外太空及返回的难度。

在土星之外存在着天王星和海王星，它们曾经在20世纪80年代接受过旅行者2号的短暂访问。这两个星球处在太阳系非常遥远而寒冷的区域，可能要一直等到22世纪，人类才能够忍受飞往这两个行星以及冥王星的漫长旅途，并且在有生之年返回地球。

6.1.4　人的因素

所有航天员参与的太空任务都要求一个具有高可靠性的、能够自给自足的再生式环境生命维持系统（CELSS)，航天员小组不仅需要依靠它完成太空任务，而且需要依靠它维持生存。假如CO_2吸收系统坏了，或者空气净化器堵塞，或者氧气循环装置发生故障，那么如果没有合适的备用设备，航天员小组就会陷入真正的麻烦之中，不会有机会让我们等待备用设备从地球送来。如果航天员小组无法使用备用系统或者修理故障，那么他们就会死去。提供完全自足并

飞往太阳系最外端的旅程——木星和更远的地方——会带来新的危险（图片来源于 NASA/空间望远镜科学研究所）

且完全可靠的再生式环境生命维持系统，是长距离太空飞行设计者最具有挑战性的目标。行星间的飞行以及星球殖民都有赖于是否能为人类提供可以生存的环境。这是任何“地球一月球”系统之外的太空任务的最重要的基本原则。

从积极的方面看，距离太阳越远减少了太阳活动导致的事件（如太阳耀斑）的冲击。不过太阳风吹走了很多在我们的太阳系外产生的宇宙射线，离太阳越远，宇宙射线产生的背景辐射就越强。不同形式的辐射仍然是人类在太空中进行探索的关注点。

推进系统是航天员小组健康和安全的另一个考虑因素。所有的外层空间任务都可能利用非化学的推进方式，这会带来它们自身的故障模式。太阳帆是星际航行的一个最安全的形式，但也会带来附加的问题，那就是无论帆缆如何小，无论它的结构如何，它都有可能缠结在一起。在这种情形下，可能未来的舱外活动航天员将要学习的新技巧就是攀爬帆缆，这是前几个世纪大型横帆船和高桅横帆船航海家的现代版本（虽然还不会有太阳帆飞船海盗给我们造成威胁!)。

核推进或者离子推进可能会导致反应堆泄漏、反应液体泄漏或者动力供给问题。在飞船上使用核燃料是多年来争论的焦点。1978年，当一颗核动力苏联卫星重返大气层并且在加拿大上空碎裂后，携带核动力源的卫星返回地球的危险成为人们关注的热点。另外，1989年和1990年用航天飞机发射了携带着放射性同位素热电式发电机（the radio isotope thermal electric generators，RTG）的星际航行飞船，也引起一些忧虑。因为可能发生发射事故，类似于1986年的挑战者号悲剧，那么导致的后果将不堪设想。不过人们忘记了从阿波罗12号开始的每一次阿波罗登月任务都携带有一台RTG，为留在月球上的阿波罗月面实验系统（Apollo Lunar Surface Experiments Package，ALSEP）提供动力，而阿波罗13号任务结束的时候，宝瓶座登月舱上的RTG重返大气层并且沉入了太平洋海底。

为了探索太阳系的最深处，探索太阳系的行星和卫星，在这本书的第一部分提到的支持人类生命需要的各种要求（空气、压力、湿度、温度、食物和水、废弃物管理）都同样适用。另外，为了提高航天员小组的舒适度和生产率，有赖于另外一些领域的要求，那些领域同样会对安全事项和太空任务的成功产生影响。

在南极的冬天进行长期的科学任务，或者在核潜艇里进行远征，都会导致紧张程度增加，这在某些太空任务中也已经得到了反映——其中一些在这本书中已经叙述过。紧张会对人的活动产生反作用，它可能是很多因素引起的：被迫闭居；与其他队员、家庭联系或者外界接触之间的隔绝；缺少隐私或者不得不与小组其他人交往；枯燥单调；害怕设备出故障；过量的噪声，振动和温度及引发的相关医学问题；还有担心个人的失败或者害怕不能完成某些任务等。

6.1.4.1 “浩瀚空间中的一大片绿洲”

毫无疑问，阿波罗登月航天员带回地球的最激动人心的图片是那些悬挂在黑色虚空中的蓝色星球——地球。虽然他们当时离另外一个天体更近，但是地球的视觉冲击如此强烈，以至于他们根本没有觉得已经彻底离开了家，除了他们位于月球的最远端那边的一小段时间之外。即便在那时候，地球从月球的地平线上升起的情景是他们永远都无法忘记或者彻底解释的场面。

对于任何超出“地球一月球”系统之外的太空任务，可眺望的家园会消失在星空的背景之中。甚至是在1997年和平号最危急的时刻，或者在1970年阿波罗13号太空任务期间，地球的景象（在能看到它的时候）总是提醒着航天员们，他们离家园是如此之近，即使他们认为自己可能再也无法回去。但在飞往火星或者更远处的飞行途中，航天员小组就无法看到这个景象，他们会发现自己已经远离地球，这有待于他们去体验或理解这种离开地球以后所经受的孤独感。

在还没成为现实的飞往火星的太空任务中，航天员小组将和地球分离至少两年之久，这可能是这个太空任务在心理学方面最困难的部分，没有任何训练量可以让他们做好这个准备。在发生紧急情况的时候，例如阿波罗13号或者和平号系统故障，和家园的分离将是对性格和耐力的真实考验。人类超越火星之外的飞行则是留给未来几代人来解决的问题。对于当今的人类来说，进行系统的、安全的、持久的太空飞行，飞往月球和更远的火星，仍然还有一段路要走——大概50～75年的样子，这就像莱特兄弟为协和号（Concorde）制定飞行计划表一样。我们还有一段漫长的路要走。

6.2　总结

从2000年开始，载人航天的首要任务是国际空间站的建设，它无疑有赖于过去我们获得的一些经验，例如俄罗斯的礼炮号以及和平号空间站的运行，还有美国的天空实验室和航天飞机计划。它们都为国际空间站在运行、补给以及航天员小组和后勤运输的例行访问等方面的发展作出了贡献。

我们不应该忘记在这些航天计划中遇到的航天员小组的健康和安全问题，应该利用它们来帮助维持国际空间站的轨道运行。重要的是，在建设期限内把全部国际空间站的组件发射升空虽然面临着压力，但不应该让我们忽视为保护航天员小组而设立的安全原则。此外，对于在空间站内部和外部不断扩充种种硬件，都需要进行仔细监控，这可以确保空间站上持续有人居住的时候，常驻航天员小组成员的安全和健康可以得到保证。

从礼炮号/天空实验室/和平号和航天飞机/空间实验室等获得的经验将用在国际空间站上，这是在这个空间站的运行寿命内一个重要但是还不为人所见的因素。在我们又一次冒险深入太空前，还要依靠这些经验。在每次太空使命和任务的最前线，只有保证了安全，国际空间站才能成功，并且对那些不仅面对地球而且可以远眺外层空间的研究计划提供支持。从那时起，人类的足迹将可以再次踏上月球，踏上火星甚至更远的地方。随着这些进步，也会带来额外的危险，1968 年阿波罗 8 号太空任务期间最先遭遇了这些危险。

阿波罗 8 号是人类第一次离开相对安全的地球轨道冒险“出去”的太空任务。一路上有好几个危险点，它们对于太空任务的成功和航天员小组的安全都至关重要：土星火箭第三级的正确点火，将航天员们送上飞往月球的征途；服务舱发动机的正确点火，使得飞船可以被月球引力捕获进入月球轨道；还有最重要的，服务舱发动机的点火，脱离月球轨道，让航天员们可以踏上回家的归途。在这些关键的危险点中，在接近月球期间发动机的前两次点火是最关键的，任何一次失败都会导致灾难和航天员小组的牺牲，或者消失在外层空间，或者坠毁在月球表面。

这些关键点是阿波罗 11 号第一次登月和从月球上起飞升空时增加进来的，航天员小组从 1972 年阿波罗 17 号太空任务之后没有再面临这些危险点。当我们重返月球的时候，这些危险点还将出现，虽然一个充分的救援系统或许能让它们不再像阿波罗太空任务那样惊心动魄。然而，当人类第一次冒险飞往火星的时候，漫长的距离

动力飞行中迷失方向。迈克·亚当斯在他早期的一次飞行后任务报告中，曾经示意说经历了严重的眩晕之后，“我不知道我到底在做什么”。在他致命的最后一次飞行中，他明显又产生了这些眩晕症状，可是这次他迷失方向的时间显然是太长了。

前 X—15 飞行员米尔顿·汤普森曾经声明说，米尔顿·汤普森可能是无知的牺牲品。在 20 世纪 60 年代，重力加速度对于人类感知器官的影响才刚开始为人所知，人们对它并不了解，亚当斯也就没有可能意识到这一点，或者甚至可能因为害怕飞行医生让他停飞而决定置之不理。航天员艾伦·谢泼德和德克·斯莱顿都曾经因为体检异常而停飞数年，没有一位顶级飞行员会愿意从驾驶当时最先进的飞机改为坐办公室。调查委员会断定虽然事故并非完全是飞行员的失误，但是亚当斯确实在飞行中发生了极度的眩晕，这进一步导致他迷失方向，并且进行了错误的飞行控制动作，导致 X—15 在半空中解体。当时，飞行员并没有进行眩晕易感性的例行检查。在生物医学领域和工程学领域，都要求进行深入研究，全面了解高空高速飞行对飞行员和飞行器的影响。现在针对返回的航天飞机飞行小组，还在继续进行一些这方面的研究。

7.2　航天员训练

一个人要为飞入太空做好准备，必须进行一段时间的训练。前面已经讨论过，这也导致了一些事故，包括牺牲了 3 名美国航天员和 2 名苏联航天员，其中一人溺水而死。

调查委员会关于 1967 年阿波罗 1 号航天员丧生事故的报告加起来有 2 375 页，它指出最可能的事故原因是位于指令舱内的电线火花，它引燃了 100%的纯氧空气。结果把一氧化碳泵入航天服的循环系统，3 名航天员窒息而死。

在调查和总结回顾期间，发现指令舱在它的设计、工艺和质量控制方面有缺陷。飞船舱里有一些可燃的材料，而一些仪器在安装前甚至没有经过鉴定和试验。通常认为发射台测试不会有危险，因为运载火箭并没有装上燃料，因此没有进行安全测试。此外还发现在发射台（白房子）内缺少灭火设备。

调查报告还强调指出了舱室中使用了可燃材料，这种材料甚至用在不稳定的100%纯氧空气中，因为人们认为不会有火源引燃大火。地面试验期间，在发射台上进行的舱室加压试验的气压是5.5磅/平方英尺——这将是飞船在轨道上飞行时的气压。然而阿波罗1号离开地面只有几百英尺，外面的大气压为14.7磅/平方英尺，航天员小组不得不把内部气压水平从5.5磅/平方英尺增加到20.2磅/平方英尺。这是一种潜在的危险状况，只要有一点火星，就会触发着火爆炸。据说这个火星来自格里索姆座位下面的电线产生的电弧。

调查还显示了主承包商北美公司的拙劣工作和NASA的不充分检查。调查期间没有隐藏任何东西，双方都承认了自己的严重错误并且进行了纠正。把100%的纯氧空气充入飞船，并且增压到20磅/平方英尺，这严重增加了火灾的危险，却完全被人忽视了。插拔式的飞船舱门设计阻碍了航天员小组的逃生，舱门完全密封设计，需要从外面打开。在第一批飞船上没有舱外活动的计划，所以并不需要在太空轨道上打开舱门，设计者没有意识到航天员小组可能还在地面上时就需要紧急逃离飞船。

此次火灾之后，改进了通信联系和系统安全等级，并进行了测试，重组了管理层，飞船内的可燃材料也被减少到最低程度。1967年1月27日的事件牺牲了3名航天员，在30多年之后，对于参与美国空间计划的人来说仍是一个惨痛的记忆。

具有讽刺意味的是，1961年一位年轻的苏联航天员受训者在隔离室中死于突发大火，事故发生在加加林飞入轨道前仅3周，发生在阿波罗1号航天员牺牲前5年。这个事件在苏联时期被尘封了25年，直到1986年才得以公开。要是当时西方知道了这个事故，或许阿波罗计划的程序就会有所改变——虽然或许不会，因为压力舱试验已经在美国进行多年了，人们也知道100%高压氧气的危险，被人们忽视的是明显的着火源。糟糕的工艺和糟糕的质量控制导致了阿波罗 1 号大火，假如没有电弧，火灾可能不会发生，但是第一批飞船的工艺状况如此低劣，事故早晚都会发生。

作为阿波罗火灾的结果，NASA 从中学到了很多关于通信联系和系统管理的经验教训，不过随着一种新型运输工具——航天飞机的发展，这些经验教训很快就被遗忘了。

7.3　航天发射

从硬件的准备、航天员训练、地面人员培养，到发射、飞行中的控制、数据的获取，整个任务庞大，需要耗费大量的时间、资源和金钱。达到任务目标的强烈期望，会限制用于太空飞行准备的时间和工作，并能影响进行太空任务（尽管有迹象表明等待也许更为明智）的决策。

发射是太空飞行最危险的阶段之一，在上升阶段出现故障的可能性已经在阿波罗号、联盟号和航天飞机的发射期间得到了证明。

1986 年挑战者号的损失，表明 NASA 已经不同于那个刚从 19 年前的阿波罗 1 号大火中恢复过来的组织。这个机构因为阿波罗计划的成功、阿波罗 13 号的回收以及后来星际探测器的接连成功而扬眉吐气，却和国会的预算限制发生了冲突。在航天飞机刚开始研制出来的时候，它被看作一种全能的飞行器，认为它最终能够为所有的顾客提供可靠而支付得起的常规太空飞行。

航天飞机开始时想作为庞大和复杂的太空基础设施的一部分，而不是单一的发射系统单元。经过 20 世纪 70 年代的预算约束之后，对航天飞机进行的持续的市场推广继续营造了一种假象，认为这种飞行器能够胜任美国未来运载器的几乎所有要求。如果当初这项计划只是被描述成一种研究型轨道飞行器，只能有限地进出微重力环境，作为昂贵发射工具的补充，那么它可能根本得不到资金来建造。

在进行第 5 次太空任务的时候，航天飞机系统就被宣称是可运营的，而且接受了商业客户参加未来的太空飞行任务——甚至作为发射一揽子交易的一部分，给客户自己的代表提供太空飞行任务的机会。在第 25 次太空任务时，一名教师成为第 10 次挑战者号太空任务的飞行小组成员之一。起飞后 73 秒，航天飞机爆炸，这名教师和航天员小组一起丧生，整个美国空间计划的商业多用途概念都成了泡影。

与阿波罗 1 号（那时 NASA 可以自己进行调查）不同的是，这次成立了一个独立的总统委员会，调查挑战者号以及它上面的 7 名航天员小组的损失。他们的发现又一次对航天机构的人们不利。不久就发现了航天飞机的技术故障，而着重指出的原因是 NASA 自身的错误。NASA 当时正竭力从一个研究发展机构——这是它极为胜任的角色——转变为一个具有国际竞争力的发射服务商，这个它显然不能胜任。

和阿波罗 1 号的调查类似，航天飞机事故调查又一次发现，管理结构、通信线路、质量控制和通过发射任务完全实现开支平衡之压力等因素都导致了挑战者号的损失。

调查还显示，所选固体火箭助推器结构上的弱点导致了挑战者号的损失，这种助推器是在 20 世纪 70 年代航天飞机的早期发展中优先于液体推进器被选中的。当时缺乏了解，不知道连接固体火箭助推器部分的安装接头在飞行条件下的表现，也不知道它在极端的天气和温度中会出现什么状况。对于公众而言，接头的密封在发射期间是无法看见的，而不可思议的是，在一些事情显而易见出了差错的情况下航天专家居然允许发射。更不能理解的是，NASA 和固体火箭助推器的制造商锡奥科尔公司都没有全面了解在极度寒冷条件下（这就是发生灾难的 1 月那天的情况）发射会造成的后果。虽然遵循了指导原则和飞行规则，他们还是犯了错误。

事后发现，在事故发生前很多年，锡奥科尔公司和 NASA 的工程师们就错误地理解了温度的技术规范。NASA 和制造商之间的通信大部分是通过全美国不同中心之间的电话会议来进行的。锡奥科尔公司的工程师们没有普遍地理解飞行规则，甚至没有理解基本的发射要求。另一方面，NASA 在肯尼迪中心的发射工程师也不知道固体火箭推进器并没有在 31 华氏度的低温下测试过。

在 20 世纪 80 年代，NASA 开始困惑于繁文缛节之中，雇员从需要动手的工程工作转移到办公室和捣腾文件的工作中。假如能够召开面对面的会议，那么信息和资料的交换会更清楚地让双方明白固体火箭助推器将会成为导致事故发生的罪魁祸首。

1969 年阿波罗 12 号勉强按照航天任务的规则进行了发射，当它被闪电击中后，NASA 决定再也不在不利的天气下进行发射。随后航天飞机的飞行规则也进行了修正。由于它是有翼飞行器，能够返回到附近的着陆点，发射时的一些约束条件——例如天气剖面和风力——在发射是否安全的决定中扮演着关键的角色，万一要求中断飞行，也可以安全着陆。在决定发射的时候，忽视了气温水平和发射台上的飞行器受到的风剪切载荷大小，因为这些参数对发射有何影响的相关信息并没有搞清楚并提供给 NASA。同样，发射台上温度剧降，并在航天飞机发射台上结冰等，锡奥科尔公司也一无所知。

挑战者号事故之后，在 39A 发射台和 39B 发射台周围都安装了天气预报装置，前航天员们进入到安全和计划管理的职位上，更多地参与到发射的决策程序中去。

从 1988 年开始，在每次航天飞机飞行开始的两分钟里，都会悼念挑战者号，而且不会在悲剧发生的周年纪念日里安排发射。

在航天飞机任务倒数计时的时候还发生过其他发射事件，不过安全程序都暂停或者取消了发射进程。1985 年的 STS 51－F 任务中，有一个发动机在升空阶段出现故障，成功地紧急中止了飞行。但是 1999 年哥伦比亚号发射期间，电流值下降并出现氢泄漏，几乎导致上升段的紧急中止，检查发现，重复使用的地面维护设施线缆已磨蚀了保护层。飞行前的检查显然没发现这个情况。结果，这架航天飞机停飞了 6 个月，进行修理和调查，采取适当的程序来避免事故再次发生。

7.4 太空生存

从1986到1999年，和平号空间站计划提供了大量关于人体在太空中长期（长达14个月）生活和工作能力的数据，以及持久的轨道飞行和永久性载人运行空间平台的后勤保障（将近10年）方面的资料。1997年和平号还提供了有价值的——或许不受欢迎的——太空中持续数周乃至数月的困难经历。

和平号火灾让人震惊，而它产生的后果也是令人担忧的。空间站上航天员们控制火势的程序进行得很顺利，可是虽然有两艘联盟号飞船对接在空间站上，人们发现只有一套重返大气层的发动机点火指令可用，第二份不得不打印出来。后来还意识到如果两艘飞船使用打印出来的相同的指令，那么它们可能并肩进入大气层并且降落。人们忽视了为联盟号制定可能的应急返回程序。

进步号撞击事件和特西利耶夫受到的训练不充分有关，他在地面上接受操作训练之后好几个月才在太空中进行操作。完成对接的压力还部分来自航天员的飞行奖金（在完成飞行目的和任务目标之后奖励）、在接近时视觉参照物不明显，以及特西利耶夫作为太空任务指令长的职业骄傲。航天员在进行操作的时候已经疲劳了，这也影响了他的反应。

在撞击之后迅速吸取的经验教训是，和平号上航天员和地面小组之间的亲密合作对于挽救空间站是至关重要的。迈克·福尔的适应能力以及他不仅要参与空间站的日常运行，而且要参与极其重要的太空任务，证明了在一次国际太空任务中，语言和风俗习惯的融通对于航天员小组的和谐、安全以及工作效率来说是不可或缺的。

和平号事故在人类航天史上是独一无二的，因为航天员小组长期处在持续的紧张压力下。联盟号当时还连在空间站上，航天员小组随时可以逃离空间站，不过为了满足安全分离要求必须维持至关重要的空间站电力供应和方向控制，这增加了航天员小组的压力。

在事件中，通信线路和对正在发生的事情的理解能力又一次经受了考验。它还表明，为了适应任何遭遇到的状况，必须进行充分的飞行准备。

和平号上没有料到的状况和阿波罗 13 号经历的状况形成了鲜明的对照。在阿波罗 13 号事故中，没有立即返回地球的希望，航天员小组很有可能会迷失在太空中。阿波罗 13 号展现了太空和地面人员的足智多谋。得到的另一个经验教训是，如果把所有的关键设备都放在飞船的一个区域，会很容易导致事故发生。因此，在阿波罗 13 号的飞行之后，第 3 个氧储箱安放在和其他两个不同的地方，放在服务舱的另一个区域里，而且有改进的恒温器开关，人们希望阿波罗 13 号事故永远不会重演。然而，已经发生的事故对 NASA 和国会都造成巨大的冲击，放弃了至少另两次阿波罗飞行，阿波罗计划只是利用已经建好并支付了费用的硬件，进行另外 4 次登月任务。人们从阿波罗 13 号中学到不能靠运气去多次冒险。还没有适当的救援系统可以用来救回困在月球轨道或者月球表面的航天员，当然如果有可能并且足够幸运，NASA 证实那还是可以做到的。

阿波罗 13 号还证明有必要设计可以在不同的飞行器中使用的生命支持设备。在指令舱中的氢氧化锂罐的形状和登月舱中的不同，无法装到另一艘飞船的接口上。设计可以适合其他系统的设备，可以确保冗余能力，增加安全性。通用对接系统的发展始于“阿波罗一联盟号”试验项目，它同样增加了航天员小组救援系统的性能——当然，前提条件是有飞船可以进行救援任务飞行，并且有时间来完成救援工作。

双子星 8 号事件清楚地表明，太空任务训练和及时反应的能力挽救了两个人的生命。在人类探索太空的整个过程中，在太空遇到的事件不断挑战航天员小组和地面控制人员，逼着他们克服障碍，继续进行太空任务。

在将近 100 次航天飞机飞行任务中，只有 3 次是由于设备故障提前终止的。虽然有 8 次联盟号太空任务没有按计划对接，不过在这30年里，苏联（俄罗斯）的确向我们展示了一系列成功的自动和手动对接操作。

轨道上航天员小组的工作负荷压力太大，会导致一些问题。1973年第3次天空实验室航天员小组执行太空任务期间发生的事情证实了这一点。在空间实验室进行昼夜不停的飞行所得的经验同在和平号长期空间站上所得，简直是小巫见大巫。所有被派往莫斯科进行和平号常驻航天员小组训练的美国航天员发现进展颇为艰难，训练并不是主要障碍，最难以克服的是文化、态度和语言的差异。在用新的方式进行太空飞行时，在7个人当中可能是福尔显示了最强的适应能力。

美国和俄罗斯训练体系和飞行程序的差异是从“航天飞机一和平号”项目中学到的最重要的经验。既然国际空间站是一个国际性的空间站，那种经验就可以在短期内得到应用。在和平号计划期间，俄罗斯和美国的航天机构之间更为密切的合作还帮助确定了需要进一步努力的领域——例如：飞行系统和程序的信息提供，工作任务的分享，进一步的语言和文化训练等。

7.5 从太空返回

源于升力体和X一飞机项目的经验为有翼飞行器从太空返回提供了有价值的信息。航天飞机的着陆程序被认为是该计划中最成功而麻烦最少的部分。

早期美国和所有苏联（俄罗斯）的太空任务都是用降落伞回收的，在将近40年的太空飞行中，只发生过两次灾难。联盟1号是硬件还没有准备好就进行太空任务发射的一个生动实例，结果是航天员弗拉基米尔·科马罗夫在轨道上碰到的问题直到着陆的时候还困扰着他。另外，据说回收降落伞包是导致飞船和航天员损失的因素之一。从1967年起，联盟号的降落伞回收系统在超过80次正常、两次中止的太空任务飞行中工作得非常出色——显然在联盟1号之后，苏联已经艰难地汲取了经验教训。

甚至在 1971 年联盟 11 号返回期间，降落伞自动展开系统和回收系统都工作正常。导致 3 名航天员在返回途中死亡的是轨道舱和返回舱之间的压力平衡阀发生故障。汲取经验教训之后，飞船上设置了改进的生命保障系统，并且在发射和重返大气层阶段航天员要穿上压力服。在这些年里，随着联盟号飞船的升级，这些事项都进行了改善。

就像飞入太空的训练是任何太空任务的主要的组成部分之一，在返回之后的重新适应过程就和确保航天员小组的健康恢复到飞行前水平一样重要。重新适应回到地球生活可能会像适应离开地球生活一样让人失去方位感。俄罗斯的长期太空任务在短期内对航天员造成了影响，不过没有迹象表明太空飞行之后会有永久性的伤害。航天员们已经证明了经过两周的飞行之后，让航天飞机着陆的技巧并不会因为微重力的影响而受到削弱，因此国际空间站航天员小组救援航天器的手动紧急着陆并没有被认为是一项需要重点考虑的问题。

7.6　未来太空

早在第二次“航天飞机—国际空间站”任务期间，人们就开始汲取关于维持航天员小组健康和舒适的经验教训。STS－99 任务航天员小组在俄罗斯的曙光号舱内遇到了空气质量问题，美国人没有预料到这一点，俄罗斯人也没有对此进行全面解释。双方还是没有完全理解联合的系统，也缺少充分的交流，这方面必须得到加强，以确保充分维持航天员小组的健康和安全。

随着国际空间站尺度的增大，从过去的计划中汲取的经验教训将变得更加重要。未来涉及人类的太空系统在进行下列工作的时候，必须考虑过去的经验：材料选择（X－飞机上的 Ulmer 垫圈，阿波罗 1 号上的可燃材料）、设备的设计和放置位置（阿波罗 13 号的氧储箱，联盟 11 号的压力阀，和平号火灾，阿波罗 15 号和阿波罗－联盟号试验项目中反作用控制系统的燃料供应阀门)、系统冗余性(双子星 8 号推进器故障，联盟号对接失败，联盟 1 号的回收降落伞)、航天员小组训练和适应（长期航天员小组训练和国际训练项目，和平号对接失误)、航天员小组安全（双子星 8 号、联盟 1 号、阿波罗 1 号、阿波罗 13 号、联盟 11 号、STS 51－F、STS 51－L、和平号)、机构间通信（阿波罗 1 号、STS 51－L、“航天飞机－和平号”)，以及有关“任何可能出错的事终将出错”的知识。或许对我们有所裨益的事情之一，是经常思索白宫科学技术委员会挑战者号事故报告上的几句话：

“虽然我们为挑战者号航天员小组的牺牲而悲痛万分，但是他们也不希望我们停止探索未知世界的脚步。相反，他们希望我们从我们的错误中学习，纠正所有已经确认有错误的问题，进而再次拓展我们在外层空间生活和工作的知识疆界。”

附录A　人类航天史上的重要里程碑

1961年4月12日	东方1号	加加林成为第一个进入地球轨道飞行的人；飞行一圈
5月5日	水星3号	谢泼德成为第一个进入太空的美国人
8月6—7日	东方2号	季托夫在空间停留了24小时
1962年2月20日	水星6号	格伦成为第一个进入地球轨道的美国人
8月11—15日	东方3号	尼科拉耶夫完成在轨道上4天的飞行；与东方4号联合飞行
1963年5月15—16日	水星9号	库珀成为第一个在太空停留一天的美国人
6月14—19日	东方5号	拜可夫斯基创造了单人飞船持续5天飞行纪录
6月16—19日	东方6号	第一位女性飞上太空（特雷谢科娃）；与东方5号联合飞行
1964年10月12—13日	上升1号	第一次3人航天飞行（科马罗夫，费奥科蒂斯多夫，耶格洛夫）
1965年3月18—19日	上升2号	第一次舱外活动被利奥诺夫实现
6月3—7日	双子星4号	第一次美国的舱外活动和美国太空连续飞行纪录（4天）

续表

8月21—29日	双子星5号	太空连续飞行纪录，8天
12月4—18日	双子星7号	博尔曼和洛弗尔实现了14天的太空马拉松
12月15—16日	双子星6号	2艘载人飞船在几英尺范围内的第一次空间交会（与双子星7号）
1966年3月16日	双子星8号	第一次空间对接；第一次紧急中止任务
7月18—21日	双子星10号	468英里的高度纪录
9月12—15日	双子星11号	新的850英里的高度纪录
1967年4月23—24日	联盟1号	第一次航天飞行灾难（科马罗夫）
1968年12月21—27日	阿波罗8号	第一次往月球的飞行；博尔曼、洛弗尔和安德斯总共绕月球飞行了10圈
1969年1月14—18日	联盟4号和5号	3个载人飞船的第一次对接；通过舱外活动实现转移
7月16—24日	阿波罗11号	第一次登月任务（7月20日）
11月14—24日	阿波罗12号	第二次登月任务（11月19日）
1970年4月11—17日	阿波罗13号	第三次登月任务紧急中止；服务舱爆炸；航天员返回
6月1—19日	联盟9号	太空持续飞行纪录，18天
1月31—1971年2月9日	阿波罗14号	第3次载人登月任务（2月5日）
1971年4月23—25日	联盟10号	第一次空间站任务；进入礼炮号失败
6月6—30日	联盟11号	第一批空间站航天员；在返回期间死亡；太空持续飞行纪录，24天
7月26—8月7日	阿波罗15号	第四次载人登月任务（7月30日）
1972年4月16—27日	阿波罗16号	第五次载人登月任务（4月21日）
12月6—19日	阿波罗17号	第六次也是最后一次阿波罗载人登月任务

续表

1973 年 5 月 25－6 月 22 日	天空实验室 2	第一批美国空间站航天员；太空持续飞行纪录，28 天
7 月 28－9 月 25 日	天空实验室 3	太空持续飞行纪录，59 天
11 月 15－1974 年 2 月 8 日	天空实验室 4	太空持续飞行纪录，84 天
1975 年 4 月 5 日	联盟 18－1	第一次发射段紧急中止
5 月 24－7 月 26 日	联盟 18	太空持续飞行纪录，63 天
7 月 15－24 日	ASTP/联盟 19	第一次国际性的空间站对接任务
1977 年 12 月 10－78 年 3 月 16 日	礼炮 6	太空持续飞行纪录，96 天
1978 年 6 月 15－11 月 2 日	礼炮 6	太空持续飞行纪录，140 天
1979 年 2 月 25－8 月 19 日	礼炮 6	太空持续飞行纪录，175 天
1980 年 4 月 8－10 月 11 日	礼炮 6	太空持续飞行纪录，185 天
1981 年 4 月 12－14 日	STS－1	哥伦比亚号航天飞机第一次轨道飞行
1982 年 5 月 13－10 月 10 日	礼炮 7	太空持续飞行纪录，211 天
1983 年 4 月 4－9 日	STS－6	挑战者号的第一次飞行；第一次航天飞机的舱外活动
6 月 18－24 日	STS－7	第一位美国女性进入太空（莱德）
9 月 26 日	联盟 T－10A	第一次发射中止
11 月 28－12 月 8 日	STS－9	第一次航天飞机飞行超过 10 天
1984 年 2 月 3－11 日	STS 41－B	第一次利用载人机动飞行器进行无安全索舱外活动
2 月 8－10 月 2 日	礼炮 7	太空持续飞行纪录，237 天

续表

7月17—29日	礼炮7	第一位进行舱外活动的女性（萨维茨卡亚，7月25日）
8月30—9月5日	STS 41—D	发现号第一次飞行
10月5—13日	STS 41—G	第一位进行舱外活动的美国女性（沙利文，10月11日）
1985年10月3—7日	STS 51—J	亚特兰蒂斯号第一次飞行
1986年1月28日	STS 51—L	挑战者号在发射73秒后爆炸，7名航天员遇难
1987年2月6—12月29日	和平号	罗曼年科创造了326天的新的持续飞行时间纪录
12月21—1988年12月21日	和平号	季托夫和马纳罗夫完成在空间站一年（366天）的生活
1988年9月29—10月3日	STS—26	在挑战者号事故后航天飞机恢复飞行
1990年1月9—20日	STS—32	最长的航天飞机飞行，11天
1992年5月7—16日	STS—49	奋进号第一次飞行；取代挑战者号
6月25—7月9日	STS—50	最长时间的航天飞机飞行，14天；最后超过双子星—7的纪录；美国飞行史上第4次最长时间飞行
1993年10月18—11月1日	STS—58	新的航天飞机持续飞行时间纪录，14天零8个小时
1994年1月8—1995年3月22日	和平号	波利亚科夫在单次任务中持续飞行438天17小时58分钟的纪录
7月8—23日	STS—65	新的航天飞机持续飞行时间纪录，14天17个小时
10月4—1995年3月22日	和平号	康达科娃创造了169天的女性航天员持续飞行纪录

续表

1995年2月2—11日	STS—63	第一次航天飞机跟和平号的交会任务；柯林斯成为第一个女性航天飞机驾驶员
3月2—18日	STS—67	新的航天飞机持续飞行纪录，16天15小时
3月14—7月7日	和平号	诺姆·萨加德创造了新的122天的美国持续飞行纪录；第一个美国航天员被联盟号火箭送上太空
6月27—7月7日	STS—71	第一次航天飞机与和平号的对接任务（接回萨加德）
11月12—20日	STS—74	第二次航天飞机与和平号的对接任务
1996年3月22—31日	STS—76	第三次航天飞机与和平号的对接任务（送上鲁西德）
3月22—9月26日	和平号	鲁西德创造了188天的女性航天员持续飞行纪录
6月20—7月7日	STS—78	创航天飞机持续飞行16天21小时的纪录
9月16—26日	STS—79	航天飞机第四次与和平号对接（送上布莱哈，接回鲁西德）
9月16—1997年1月22日	和平号	布莱哈在和平号上生活128天
11月19—12月7日	STS—80	航天飞机创持续飞行17天15小时的纪录；马斯格雷夫成为太空年龄最大的人（60岁，第六次任务）
1997年1月12—22日	STS—81	航天飞机与和平号第五次对接（利嫩格尔上，布莱哈下）
1月12—5月24日	和平号	利嫩格尔在空间站上生活了132天并在上面经历了一次火灾

续表

5 月 15—24 日	STS—84	航天飞机与和平号第六次对接（洛弗尔上，利嫩格尔下）
5 月 15—10 月 6 日	和平号	洛弗尔在和平号上生活 144 天；经历了一次碰撞和几次动力故障
9 月 25—10 月 6 日	STS—86	航天飞机与和平号第七次对接（沃尔夫上，福尔下）
9 月 25—1988 年 1 月 31 日	和平号	沃尔夫在和平号上生活了 127 天
1998 年 1 月 22—31 日	STS—89	航天飞机第八次与和平号对接（托马斯上，沃尔夫下）
1 月 22—6 月 12 日	和平号	托马斯在和平号上生活 140 天
6 月 2—12 日	STS—91	第九次也是最后一次航天飞机与和平号对接任务（托马斯下）
10 月 28—11 月 7 日	STS—95	约翰·格伦在 77 岁高龄回到太空，作为有效载荷专家
12 月 4—15 日	STS—88	国际空间站计划的第一次载人飞行
1999 年 7 月 23—27 日	STS—93	艾琳·柯林斯成为第一位女性航天飞机指令长
12 月 19—27 日	STS—103	第三次哈勃空间望远镜任务——20 世纪人类最后一次太空飞行

附录B　通往太空的艰难历程

1934 年 1 月 30 日	在 Osoaviakhim－1 成功地在平流层创造了 22 000 米的飞行高度后，3 名气球驾驶员（费杰森科，瓦森科和尤西金）不幸遇难，当时气球的气囊裂开，他们不能制止他们自己快速的下落，最终撞到了苏联 Potish－Ostrog，Insar Raion 附近的地面
1934 年 7 月 28 日	美国国家地理协会平流层气球探索者号在 60 000 英尺高空发生结构上的破裂而坠落地面。在这个狭长小气球撞到内布拉斯加州地面之前，3 名美国气球驾驶员安德森、史蒂文斯和凯普纳通过降落伞在坠毁前数秒钟逃离
1935 年 6 月 26 日	苏联－1 两次平流层飞行的驾驶员在气球发生破裂时没有受伤。2 名气球驾驶员普里鲁特斯基和瓦里果跳伞，奇里斯托普泽列控制轻气体气球安全降落
1936 年 10 月 12 日	气球驾驶员福明、克里昆和沃尔科夫通过降落伞安全降落。当时他们乘坐的气球 SP－2 共青团号（VR60）的伞盖在下降期间由于剩余氢气被点燃而造成失火
1948 年 5 月 3 日	D－558－1－2“天空飞跑号”飞行器起飞后坠毁，原因是压缩器解体。飞行员霍华德·利利遇难
1948 年 6 月 3 日	X－1－1 飞行员伦德奎斯特在第 35 次飞行时碰到左侧主传动装置门打开并且在降落时前轮崩溃

续表

1949 年 3 月 16 日	X－1－1 飞行员博伊德在第 41 次飞行中遇到发动机失火并关闭发动机
1949 年 5 月 5 日	在第 113 次自由飞行期间，由于 X－1－1 发动机爆炸，迫使飞行员埃弗里斯特让这个火箭飞行器紧急着陆
1949 年 8 月 25 日	X－1－1 在高空飞行期间由于增压失败迫使飞行员埃弗里斯特在飞行紧急事故中第一次使用局部压力服。飞行员获救
1951 年 8 月 22 日	发射中止，X－1D 在燃料喷射增压期间经历了一次低阶爆炸。飞行员埃弗里斯特在无人的 X－1D 飞机遗弃以前转移到了 B－50 母机上，然后 X－1D 发生爆炸并坠入沙漠。没有造成人员伤亡
1951 年 11 月 9 日	X－1－3 在进行喷管喷射轨道捕获试验中损毁。飞行器和 B－50 发射飞机在地面爆炸和失火中损毁。没有致命的灾祸
1953 年 12 月 12 日	伊格驾驶着飞行器创造了马赫数为 2.44（1 650 英里/小时）的一个新的速度纪录，但是他遇到了惯性耦合现象和进入尾旋失去控制。最后他在 25 000 英尺的高空成功地解除尾旋
1954 年 10 月 27 日	在第 10 次飞行中当马赫数为 0.92 和 1.05 时突然产生翻滚，X－3 飞行员约瑟夫·沃克经历了猛烈的耦合运动。他在一秒钟的时间里在所有三轴方向按设计要求施加载荷，从而幸免于难
1955 年 8 月 8 日	X－1A 从 B－29 上发射不久经历了一次低阶爆炸（后来追溯到厄尔默皮垫圈的问题）。飞行员逃到 B－29 挂弹架上。X－1A 的损伤程度迫使只能把它丢弃到沙漠，在那里爆炸并燃烧
1955 年 9 月 16 日	D－558－2－2“天空火箭”飞行员麦凯利用紧急液压系统放下了着陆架

续表

1956年3月22日	麦凯驾驶的D—558—2—2“天空火箭”飞行器被B—29母机丢弃，因为在母机B—29上发生了起落架脱落紧急事故。麦凯排空了燃料并安全着陆
1956年9月27日	X—2的飞行员阿普特创造了马赫数为3.196的新的非正式速度纪录，但是却遭遇了惯性耦合运动并导致飞机坠毁，飞行员丧生
1958年7月26日	美国的顶级试飞员伊文·肯切罗在起飞期间试图从F—104喷气机火焰中弹离时丧生。作为一名前X—2飞行员，他被指派为X—15的飞行员并且作为将来的航天员培养对象
1959年11月5日	X—15—2在紧急中止动力飞行期间，由于超量装载燃料，导致着陆失败，飞机背部破裂。燃料没有爆炸，飞行员克罗斯菲尔德也幸免于难
1960年6月8日	在新发动机XLR—99静态地面点火试验中，X—15—3飞行器发动机舱发生了爆炸并严重损伤了飞行器。克罗斯菲尔德在巨大的爆炸和火球中幸存
1961年3月23日	航天员邦达连科在一次高空舱试验中，因突发的火灾致伤而死，这是在加加林太空飞行三个星期前。他是受训航天员中第一个在训练中遇难的。1977年披露该次事故，但是直到1986年才披露死亡的原因
1961年5月4日	平流层实验室V号上的平流层气球驾驶员维克托·普拉泽在和麦凯伦·罗斯一起完成一次133 740英尺高的升空后降落在墨西哥湾时掉进水里溺死。他是从营救直升机吊索上面滑落并掉入水中的，海水通过打开的头盔迅速涌进他的压力服
1961年7月21日	当格里索姆正在等待营救时水星4号舱口盖突然爆开时，他差点淹死，他不得不逃离下沉的飞船

续表

1962 年 2 月 20 日	由于遥测数据显示载着格伦的水星 6 号返回舱友谊 7 号的热防护层被烧蚀了，从而造成了恐慌。幸好后来证实这个信息是不正确的，航天员最终安然无恙地返回
1962 年 5 月 24 日	由于卡朋特过度使用发动机燃料，使得水星 7 号越过了原计划的着陆点。人们担心他会被烧焦，最后发现他飘浮在靠近返回舱的救生艇上，超过了原计划的着陆点 250 英里
1962 年 11 月 1 日	在压力服和高空跳伞试验中，高空跳伞员多戈夫从平流层气球伏尔加上跳离时丧生。在他之前，安德里耶夫安全跳离。在东方号压力服的高空飞行实验中安德里耶夫成为了试验品
1962 年 11 月 9 日	X－15－2 由于着陆传动装置崩溃而撞击到地面，飞行器翻转过来。飞行员麦凯被压碎了三根椎骨，并且由于吸进泄漏的氨气导致肺部损伤。X－15－2 重建为X－15－2A，麦凯在不到六个月后恢复了飞行，但是他不得不因伤过早地从 NASA 退役，直到 1975 年去世
1963 年 8 月	美国空军飞行员学校飞行员戴夫·斯科特和迈克·亚当斯（这两个 NASA 第三组航天员的候补成员）在他们乘坐的 F－104 坠毁时逃离了死神。斯科特决定呆着，而同伴亚当斯则选择弹射逃离。假如这两种选择稍稍换一下位，那么斯科特会由于弹射系统的故障（事故后的评估证实）而丧生，而亚当斯则会由于飞机发动机冲向驾驶舱而献身
1964 年 10 月 31 日	T－38 在靠近休斯敦航天中心的埃灵顿空军基地附近着陆时，由于一群鹅的撞击而坠毁，航天员特德·弗里曼遇难。这是 NASA 的航天员第一次在训练中失去生命

续表

1965年3月18日	上升2号航天员利奥诺夫在完成人类历史上第一次舱外太空活动后，不得不靠手动放掉舱外活动航天服中的部分气体使自己可以再回到气压过渡舱。第二天航天员们不得不利用备用的火箭反推系统着陆，并且在森林里面呆了一夜，等待救援人员的到来
1965年12月12日	当发动机点火然后又熄火时双子星6号航天员选择呆在了飞船上。飞船没有爆炸
1966年2月28日	双子星9号航天员西伊和巴西特乘坐的T－38喷气机在大雾中降落时撞到圣路易斯的麦道公司厂房屋顶，航天员牺牲，这个厂房就是生产双子星9号的地方。候补航天员斯塔福德和塞尔南坐在第二架T－38上，实现了安全着陆
1966年3月16日	航天员阿姆斯特朗和斯科特在双子星8号飞船剧烈的翻滚中幸免于难，这艘飞船是要实现与阿金纳的对接。造成这个事故的原因是飞船推进器的故障。他们最后重新恢复了控制并启动了紧急恢复程序。这是空间飞行任务第一次被紧急中止
1966年5月1日	气球驾驶员/跳伞员皮安坦尼达的压力服在平流层跳伞3号升空到57 600英尺的高度时发生故障。他获救归来，但是一直处在没有知觉的昏迷状态，并在1966年8月29日死去
1966年6月8日	前X－15飞行员乔·沃克在他乘坐的F－104和XB－70在空中相撞时丧生
1967年1月27日	在肯尼迪中心34号台的阿波罗204返回舱失火。阿波罗1号的三名航天员——格里索姆、怀特和查菲丧生
1967年4月24日	航天员科马罗夫在联盟1号多灾多难的24小时处女航中挣扎着控制飞船，在着陆阶段由于回收降落伞被缠住，他因此而丧生

续表

1967年5月10日	升力体飞行员布鲁斯·皮特森在M2－F2升力体在爱德华兹空军基地着陆时身受重伤。手术后他在医院呆了两年，后又重回太空。这一事件被一家收视率很高的电视台在20世纪70年代中期拍成电视剧（《六百万美元的人》）
1967年10月5日	康拉德小组（他们后来执行了阿波罗12号任务）航天员威廉姆斯驾驶T－38喷气机作LMP项目训练，在佛罗里达Talahassee附近机毁人亡。他的位置后被艾伦·比恩替代
1967年11月15日	X－15－3在半空中碎裂，X－15飞行员成克·亚当斯丧生，此时，他刚刚达到50英里的高度和得到了美国空军的飞行奖章
1967年12月8日	载人轨道实验室航天员以及美国的第一位非洲裔美国航天员罗伯特·劳伦斯驾驶F－104在加利福尼亚爱德华兹空军基地的坠毁丧生
1968年3月27日	尤里·加加林，这位世界航天先驱在训练中死于米格－15的坠毁。他这次训练是为第二次太空飞行做准备
1968年5月6日	尼尔·阿姆斯特朗在埃灵顿机场进行登月舱训练时，发生故障，他从登月训练器（LLTV－A1）中弹射出来并通过降落伞安全着地
1969年1月18日	由于联盟5号返回舱未能正确分离，导致再入时头部朝前，航天员鲍里斯·沃雷诺夫差点丧生。他只能在进入地球大气层之前努力调正方向
1969年5月22日	以每小时3 700英里的速度飞行，离月球表面9英里，阿波罗10号登月舱上升级猛烈地旋转，斯塔福德和塞尔南感到有生命危险，这是因为航天员按错了电脑的键。旋转被迅速消除，允许两名航天员实现与指令舱的再次对接

续表

1969年11月14日	阿波罗12号在肯尼迪航天中心发射期间遭到雷电袭击。尽管导航平台失效了一段时间，但是飞船还是到达了预定轨道并成功地执行了任务
1970年4月13日	阿波罗13号在4月11日的发射中，土星运载火箭第二级的中央发动机未工作，在飞往月球的过程中第2号氧储箱的破裂导致发生了爆炸。航天员把登月舱作为一个救生船使用，进行轨道修正，并且在休斯敦地面控制中心和承包商的全天候支持下安全返回。阿波罗13号的戏剧性经历在1995年还被拍成一部长篇故事片。由于怀疑患上了风疹，指令舱驾驶员马丁利被斯威格特取代，实际上马丁利从没有感染过风疹
1971年1月23日	航天员吉恩·塞尔南在直升机坠入肯尼迪中心 Banana 河时脱险
1971年4月25日	联盟10号由于对接舱口故障而提前返回，航天员在距离湖边仅仅50米的地方着陆
1971年6月29日	在礼炮1号空间站运行三个星期后，联盟11号航天员由于在自动再入返回阶段因返回舱内压力的丢失而丧生。他们没有穿航天服
1971年8月7日	在完成第四次载人登月任务后，阿波罗15号在海上溅落，但是三个降落伞中只有两个正确展开
1972年4月21日	阿波罗16号在登月舱分离后辅助推进器系统发动机第一次点火失败。第二次点火获得成功并成功实现了登月。辅助推进器系统工作正常把飞船送回地球
1973年6月7日	航天员康拉德的有安全索约束的舱外活动是通过弹射装置弹射入太空的，他和他的同伴开尔文在天空实验室上努力拔出被卡住的太阳能电池阵列
1973年7月28日	天空实验室服务舱反推力控制系统（RCS）发生泄漏，几乎就在为了进行一次救援发射时，泄漏解决了，并破纪录地持续飞行了59天

续表

1974 年 8 月 28 日	联盟 15 号航天员在放弃与礼炮 3 号空间站对接后提前着陆
1975 年 4 月 5 日	联盟 18—1 号航天员在第一次发射紧急中止中脱险，当时第二级火箭分离失败，第三级偏离轨道。航天员经受了高过载和在崎岖的山脚下着陆的考验
1975 年 7 月 24 日	ASTP 项目中的三名航天员遭遇到了四氧化氮有毒气体的考验，由于返回舱一个通气口离发动机喷管太近，发动机尾气被吸入所致。三位航天员后来都获救了
1976 年 8 月 24 日	因为环境系统的刺激性气味联盟 21 号航天员匆忙地离开礼炮 5 号空间站。传说航天员的情绪低落
1976 年 10 月 16 日	联盟 23 号与礼炮 5 号对接失败，实施紧急回收，在暴风雪中溅落在湖面
1977 年 10 月 11 日	因为未能实现与礼炮 6 号对接，联盟 25 号航天员提前返回
1979 年 4 月 12 日	由于发动机故障造成与礼炮 6 号空间站的对接失败，联盟 33 号飞船的航天员几乎在轨道上搁浅，最终安全回到地球。这次任务经常被看作“苏联的阿波罗 13 号事故”
1979 年	为联盟号和礼炮号飞行做准备时，在高空舱里面进行的基础训练，候补航天员维克托年科被严重烧伤，迫使他不得不离队一段时间，后来又恢复了健康，完成了他的训练，并且三次飞往和平号
1980 年 9 月 8 日	苏联航天飞机试飞员奥尔格·科诺年科在一次雅克—38A 的飞行试验中丧生，这架飞机是从南中国海的明斯克号航空母舰上垂直起飞的
1981 年 11 月 12 日	11 月 11 日，由于 APUs 里面的燃料过滤器堵塞，在发射倒计时第 31 秒时发射中止。后来 STS—2 成功发射。然而由于燃料电池的损失导致只飞行了 54 小时，成为一次最短的航天飞行任务
1983 年 4 月 20 日	联盟 T—8 和礼炮 7 号对接失败，迫使航天员紧急返回

续表

1983年8月30日	飞行后的检查揭示STS－8的固体火箭助推器的外壳几乎被烧穿，在STS－9中得到了改进
1983年9月27日	联盟T－10的航天员在发射台上经历第一次紧急中止发射。逃逸火箭带着他们飞离发射台，运载火箭在他们下面发生了爆炸
1983年12月8日	STS－9遇到计算机故障和头部反推力控制系统（RCS）故障。航天员们在航天飞机着陆前进行了几个小时的艰苦控制。着陆以后，可以看到哥伦比亚号航天飞机上有小火
1984年6月26日	STS 41－D在发射前4秒钟中止，因为在固体火箭助推器点火前数秒钟，电脑探测到主发动机被污染了。航天员安全离开了飞行器。如果发生爆炸喷水系统喷出的水可以覆盖LSS和发射台
1985年7月29日	STS 51－F在一系列中断发射尝试后，由于三个主发动机中的一个关闭，经历了在轨中止模式（Abort To Orbit）。最后航天员到达轨道，成功完成了任务
1985年9月17－11月21日	在10月份，航天员瓦西尤京在礼炮7号上感冒，并且不适应抗生素治疗，体温上升到104华氏度，他在11月21日和同伴一起提前返回。一些报道说他还没有适应完全失重环境
1986年1月28日	挑战者号在发射73秒后爆炸，7名航天员全部遇难
1987年4月5日	不载人的量子1号天体物理舱与载人的和平号空间站核心舱的对接差点成为一次碰撞。最终实现了安全对接
1987年7月30日	航天员拉韦金在他延长的和平号停留期间被测出心跳异常，于是他提前和访问机组返回。后来他完全恢复了健康，但是没有再次进行太空飞行
1988年8月18日	苏联航天飞机试飞员和尚没有上天的航天员亚历山大·舍丘金在非任务期间在一架苏－26M单发动机螺旋桨飞机坠毁中丧生

续表

1988年9月5日	联盟TM—5阿富汗国际航天员组在完成了和平号的任务后试图分离时遇到了电脑故障。世界上的各大媒体立即以“在太空搁浅”为标题，报道了延迟一个晚上的回收，最后在下一次尝试中航天员成功着陆
1989年5月5日	当航天员戴夫·沃克（STS—30指令长）驾驶着NASA的T—38飞往华盛顿特区参加STS—30成员的表彰典礼时，他差点就经历了一次与“空中客车”飞机的碰撞。
1990年2月21日	由于几个技术性的问题和指令长克赖顿感冒，STS—36的发射被推迟了几天。这是第一次由于一名航天员的生病而推迟任务。生病太临近发射了，以致于一时难以找到合适的航天员进行替代。
1990年3月25日	在对接期间，不载人的进步M7号补给飞船几乎与和平号空间站发生碰撞，离太阳能电池板仅5码之距。如果发生碰撞，将可能导致空间站的严重损伤和航天员的伤害。在航天员利用联盟号检查对接系统以后，进步M7号成功地完成了与空间站的对接
1990年7月25日	当在和平号的航天员执行一次计划之外的舱外活动任务修复联盟TM飞船时，航天员别列佐沃伊在发射场的一个用来营救的联盟号飞船里面。该次任务中未能用营救飞船把他们接回来，而是通过空间站舱外活动修复的飞船成功返回
1990年7月7日	航天员罗伯特·吉布森在得克萨斯的新布朗费尔斯航展上的一次碰撞中幸免于难，但是和他相撞的另一架飞机中的飞行员却遇难。吉布森在地面上呆了一年，并且失去了STS—46指令长的位置，尽管他后来还是执行了两次飞行任务，前水星号航天员德克·斯莱顿一直可能填补他的位置
1990年9月9日	苏联航天飞机平民试飞员斯坦科亚维丘斯由于一架苏—27失事而遇难，发生在意大利的Treviso附近的Salveda航展期间。他是在为暴风雪号第一次载人飞行做准备训练，计划在1992年发射

续表

1991 年 4 月 5 日	航天员索尼·卡特乘坐的 NASA 公务班机在乔治亚州的布伦瑞克坠毁，航天员丧生
1991 年 7 月 27 日	在舱外活动期间航天员阿斯特谢巴尔斯基的舱外活动航天服的护目镜蒙上了雾，无法看见任何东西，同伴克里卡列夫解救了他，把他领回到舱外活动舱口
1993 年 3 月 22 日	由于 3 号主发动机点火不完全，STS－55 在发射倒计时第三秒时紧急中止
1993 年 7 月 11 日	航天员沃佐维科夫在一次联盟号救生训练练习期间不幸溺死
1993 年 8 月 12 日	STS－51 在发射倒计时第三秒时紧急中止发射，原因是在 2 号主发动机中监控燃料流量的传感器发生故障
1994 年 8 月 18 日	由于在 3 号主发动机中探测到高温流，STS－68 的发射在发射倒计时第 1.9 秒时紧急中止
1997 年 2 月 23 日	一个存在缺陷的产生氧气的“蜡烛”在和平号空间站上爆炸，造成了火灾并使得整个空间站上烟雾弥漫
1997 年 4 月 4 日	STS－83 飞行任务，它带着微重力科学实验室，但是由于燃料电池的故障，飞行日程从原计划的 16 天减为 4 天。不到 3 个月后这次任务被当做 STS－94 重新执行
1997 年 6 月 25 日	进步 M－34 在对接时与和平号上的光谱号研究舱相撞
1999 年 6 月 1－3 日	STS－96 航天员在飞行到第 6、7、8 天期间在国际空间站里面受到有臭味的溶剂的影响，导致头痛、恶心、呕吐
1999 年 7 月 23 日	在 STS－93 发射期间记录到了轨道器总线的电压下降，造成了三台主发动机中的两台发动机上的两个冗余控制器之一关闭。此外，3 号发动机喷管中氢的泄漏导致燃料短缺，轨道高度还差 7 英里。这次任务虽然成功完成，但是飞行后的检查持续了近 6 个月

附录C　牺牲的航天员

下面这个表只包括那些选自于NASA、美国空军、俄/独联体（表中列为苏联）并且在国际空间计划中飞行高度超过50英里的飞行员（航天员）。那些平流层气球或者高空跳伞、火箭研究飞机（包括X－15/X－20)和升力体飞行计划不包括在内。还有那些自然死亡或者在离职后事故中的死亡，或者在脱离了计划以后死亡的也未考虑。每个人的死亡年龄标在人名后面的括号中。

亚当斯·M·J（37）	美国	1967年11月15日	X－15－3失事
巴西特·C·A（34）	美国	1966年2月28日	T－38喷气机失事
邦达连科·V·V（25）	苏联	1961年3月23日	隔离室起火
卡特·M·L（43）	美国	1991年4月5日	NASA公务班机失事
查菲·R·B（31）	美国	1967年1月27日	阿波罗204发射台失火
多布罗沃斯基·G·T（43）	苏联	1971年1月30日	联盟11号再入
福里曼·T·C（34）	美国	1964年10月31日	T－38喷气机失事
加加林·Y·A（34）	苏联	1968年3月27日	米格15喷气机失事
格里索姆·V·I（40）	美国	1967年1月27日	阿波罗204发射台失火
伊万诺夫·L（30）	苏联	1980年10月24日	在米格23飞行试验中丧生
贾维斯·G·B（41）	美国	1986年1月28日	挑战者号爆炸